厚德博學
經濟匡時

大学通识系列

经济发展与伦理思辨

经济伦理学

郝 云 ◎ 主编

上海财经大学出版社

图书在版编目(CIP)数据

经济伦理学 / 郝云主编. -- 上海：上海财经大学出版社, 2025.5. -- (匡时). -- ISBN 978-7-5642-4625-9

Ⅰ. B82-053

中国国家版本馆 CIP 数据核字 2025FY0428 号

本书由上海财经大学课程与教材建设项目资助出版

□ 责任编辑　姚　玮
□ 封面设计　张克瑶

经济伦理学

郝　云　主编

上海财经大学出版社出版发行
(上海市中山北一路 369 号　邮编 200083)
网　　址:http://www.sufep.com
电子邮箱:webmaster@sufep.com
全国新华书店经销
上海叶大印务发展有限公司印刷装订
2025 年 5 月第 1 版　2025 年 5 月第 1 次印刷

710mm×1000mm　1/16　27.5 印张(插页:2)　419 千字
定价:98.00 元

前　言

　　经济伦理学的研究是当今我国经济高质量发展的重要课题。我国经过40多年的改革开放,取得了举世瞩目的巨大成就,经济保持高速增长,人民的生活水平不断提高。自党的十八大以来,在经济发展质量和民生问题的解决上取得了巨大成就,体现了经济发展与伦理进步的双向奔赴。党的十八届五中全会提出了"创新、协调、绿色、开放、共享"的新发展理念,充分体现了中国共产党领导下的"以人民为中心的发展"思想,展现了中国特色社会主义的制度优势,突出了人民的主体性原则,丰富了马克思主义唯物史观的思想。在这一发展理念的指引下,我国取得了脱贫攻坚的伟大胜利,解决了千年贫困问题和实现了全面建成小康社会的目标,这是实现分配正义的重要步骤。在新的发展阶段,我国还存在"人民日益增长的美好生活需要和不平衡不充分的发展之间的矛盾",加之经济增长变缓,贫富差距较大等经济伦理问题,需要改变过去的高增长模式,转化为高质量发展,同时进一步重视公平正义、权利伦理、责任伦理等。党的二十大提出的"高质量发展是全面建设社会主义现代化国家的首要任务"以及"中国式现代化是共同富裕的现代化",为中国特色社会主义经济伦理的发展提供了新的发展方向和路径。

　　《经济伦理学》注重联系新的发展阶段的新情况、新问题、新思想,把握经济发展的最新动态和前沿,始终从问题出发,分析矛盾、解决问题。以经济伦理为视野,注重相关经济学与伦理学理论的结合来研究现实问题,避免单一的判断方法。同时,注重以批判性思维审视资本主义经济发展中的问题,通过比较揭示中国特色社会主义的制度优势,为高质量发展经济与伦理双重目标实现创造有利条件。本教材力求结合经济发展的实际,始终围绕经济和伦理关系,从理论与现实两个维度进行思考,紧扣现代经济发展的前沿;从经济学与伦理学科交叉的视角,力图从理论与实践方面进行研究创新。还从马克思主义中国化的研究路向,以马克思主义中国化、时代化的视野关注新经济,采用新方法、解决新问题。

  本教材主编长期从事经济伦理的研究,注重用经济学与伦理学相结合的思维来研究问题,依托经济伦理学、政治经济学、工商管理学、思想政治教育学等教学研究团队,有20多年本硕博相关课程教学经验。如:《经济伦理学》《企业伦理学》《伦理学前沿问题研究》《经济伦理专题研究》《商业伦理与企业社会责任》《经济利益与伦理问题研究》等。本教材共分为四个部分:第一部分从元理论上探讨了经济理性与道德理性的逻辑统一关系,以经济伦理结合的思维方式对经济现象、经济目标进行伦理追问、伦理审视、伦理辩护和道德判断,并且对中国传统经济伦理及西方经济伦理思想进行了梳理。第二部分聚焦当今主要新经济形态、经济伦理前沿问题进行分析和探讨,涵盖宏观经济、微观经济领域的伦理问题,如数字经济、虚拟经济、共享经济等新经济形式下的权利、公正、信用、诚信等伦理问题,新经济条件下如何进行伦理决策等。第三部分探讨了微观企业伦理问题,如企业经营管理伦理、企业社会责任以及ESG等的分析与运用。第四部分聚焦社会主义市场经济条件下经济发展与伦理建设问题、中国式现代化与共同富裕以及社会主义基本经济制度伦理等。

  本教材分为十四章,具体内容如下:

第一章探讨了经济伦理原则。经济伦理原则是经济行为的指导方针,效用原则、权利原则和公正原则等是经济伦理最基本的道德原则。效用原则作为功利论的行为标准在中西方都有很大的影响,正确认识效用原则,对西方效用主义"最大多数人的最大幸福"原则进行批判的吸取,形成社会主义"最广大人民利益"为宗旨的效用原则,有利于确立正确的经济行为标准;道德权利原则属于道义论和义务论的范畴,强调每个人的权益,而非效用目标,是对效用主义的纠偏。道德权利有主动的权利和被动的权利之分,社会主义权利原则首先要保障生存权和发展权等主动权利,其次要发展和保护个人的权利不被侵犯;公正原则既强调权利公平、规则公平、机会公平,又强调结果公平。在实际运用中,要根据所处的环境灵活地运用这些原则,如果综合考虑这些原则,就会在道德判断和道德选择中更加合理和准确。道德原则具有抽象性、指向性作用,它是基于一定道德立场而确定的,带有意识形态和伦理学派的观点,在中外历史上出现过诸多伦理学派,他们的观点和分析方法都有区别,有的甚至大相径庭,因此在实际运用中要有所取舍。道德规范是具体化的规定性,是根据社会的道德现实或不同行业、职业所确定的规定,更为具体地反映了道德原则的要求。

第二章梳理了中国传统经济伦理思想。中国传统经济伦理思想十分丰富,呈现出以下特点:一是"重义轻利"的利益伦理模式。个人利益与社会利益关系是中国传统"义利之辨"的核心问题。儒家作为道义论的主要代表,主张"义以为上""义而后取""合理取利",体现出"重义轻利"的特征。当然,也有重利的观点,如法家、墨家等,但他们也非常注重取利的合理性。二是差等与均平共存的分配伦理。中国古代封建社会是以血缘关系为纽带的宗法等级制社会,反映到分配上实行的是等级分配制度。同时,为了维护社会的稳定,也有不少思想家和下层人士提出"均平"思想。三是戒奢、崇俭的消费伦理。崇俭是中华民族的优良传统,是中国古代社会众多思想家们的一贯主张。不仅如此,他们大多把奢侈与节俭作为消费行为价值判断的基础和标准,认为节俭为善、奢侈为恶。四是倡导"诚信",反对"欺诈"的市场行为道德原则。在中国古代社会,人们通过商品交换已经认识到"诚信"对于市场贸易、货物流通的重要意义。诚信之德是人们进行商品交换活动必须奉行的首要道德。商朝周公规定,商人只能在官府的监控下从事商业活动,做到尽其道,即买卖公平、诚信交易。中国传统经济伦理思想需要进行创造性转化和创新性发展。如"和谐""自由"观念的现代性转化、公平公正观念的现代性转化、"孝敬""孝廉"伦理观的现代性转化以及商业伦理精神的现代性转化等。

  第三章梳理了西方经济伦理思想。西方经济伦理思想的发展可以分为古代、近代和现代三个阶段。古希腊和古罗马是西方经济伦理思想的源头。当时社会的主要追求是政治稳定而非经济发展,个人经济活动的目的不是积累财富,而是德行与善的实现,经济伦理思想内含在政治伦理思想中。中世纪时期神学占统治地位,经济伦理思想主要蕴含在宗教信念追求中。古代社会更强调城邦或宗教利益的实现,轻视个人利益。随着资本主义经济的萌芽与发展,近代西方国家开始关注如何提升经济效率,专门讨论经济学的著作增多。英国诞生了以斯密为代表的古典经济学,经济学从道德哲学中独立出来。古典经济伦理思想强调经济发展以及个人利益的实现,认为个人自利能实现社会福利最大化。19世纪70年代诞生的边际效用学派坚持将伦理学请出经济学,新古典经济学代表马歇尔从制度上实现了经济学作为一个学科的独立。他们用抽象的逻辑演绎法、数理实证法以及模型化框架试图完全隔断经济学和伦理学的联系。20世纪30年代之后经济危机以及贫富差距等不平等问题凸显,现代经济学将解决经济问题当成一种责任赋给政府。政府干预和经济自由主义何者更能减少经济不稳定更好解决现实问题成为学者们的争论焦点。部分经济学家也开始重新关注经济学研究的伦理学维度，比如阿马蒂亚·森认为，经济学与伦理学的分离造成了现代经济学的贫困化，经济学研究最终必须与伦理学研究结合起来。

第四章从发展伦理视域，探析了高质量发展的深刻内涵。高质量发展作为一个内涵丰富的中国发展经济学"新范畴"，不仅为探究马克思主义经济发展理论新境界提供了最佳"素材"，还为探究我国经济社会发展的内在规律、解决发展难题、提升发展质量提供了根本遵循、现实进路。近年来"高质量发展"这一范畴深受国内学术界的关注并成为一个理论的热点问题，国内学者们也纷纷加入这场研讨中，他们争论的问题集中在高质量发展的内涵实质、高质量发展的实践路径、高质量发展的评价指标等，不论他们从哪些方面进行讨论，都会涉及经济发展的终极价值目标、与社会发展的协调关系、人的发展、结果分配、判断标准、发展效率等。以"高质量发展"作为研究对象，并从伦理视域展开研究，致力于不断拓宽"高质量发展"阐释空间。我国在实现中国式现代化目标的进程中，社会转型中遇到的矛盾和问题虽不能与西方社会的现代性危机相提并论，但是由于改革开放 40 多年以来中国经济社会的快速发展所形成的"时空压缩效应"，加上信息化与全球化带来的严重催化作用，使得西方发达国家在现代化运动过程中分时段出场且可以分阶段治理的"历时性问题"汇聚为当下我们必须同时面对的"共时性问题"。高质量发展不仅仅是解决发展和效率的问题，在发展中需要对伦理问题进行考虑，没有伦理问题的关注，就不是真正意义的高质量发展。

第五章探析了数字经济与科技伦理之间密切而复杂的关系。随着数字经济的迅速发展，数字科技与数字产业在推动科技伦理理论与实践的创新发展、完善科技伦理的治理规范、提升全社会的科技伦理意识和监管水平等方面起到了很强的促进作用。这些积极影响有助于推动科技伦理理论与实践的协同发展，为科技创新提供坚实的伦理支撑。然而，伴随着数字经济的快速发展，一系列与数字技术相关的科技伦理挑战也逐渐浮现。这些问题包括数据泄露与隐私侵犯、算法偏见与不公平竞争、人工智能带来的风险与伦理等多个方面。科技伦理旨在规范科技活动符合道德要求，确保科技发展的成果能够造福人类，而不是造成负面影响。科技伦理所包含的不伤害原则、人的自主性原则、公平公正原则、利益共享原则等为数字经济的健康发展和科技伦理的治理提供了重要保障。在实践中，科技伦理的治理需要得到科技工作者、政策制定者、社会公众等多方面的共同遵守和维护，新时代的每个人都应积极参与到发展新兴数字科技伦理的实践中，共同推动科技伦理与数字经济的健康、可持续发展。

  第六章主要探讨了虚拟经济所关涉的金融伦理问题。在当今数字化时代，虚拟经济已经渗透到我们生活的方方面面。从在线购物到数字货币交易，再到复杂的金融衍生品，虚拟经济不仅重塑了我们的消费习惯，还对传统的经济模式产生了深远的影响。然而，随着这一新兴领域的迅猛发展，金融伦理问题也逐渐浮出水面。虚拟经济的特点在于其高度的灵活性和匿名性，这使得交易更加便捷，但同时也为不法分子提供了可乘之机。一些缺乏道德底线的市场参与者可能利用信息不对称、市场操纵等手段谋取不正当利益，这不仅损害了其他市场参与者的利益，也破坏了市场的公平与公正。因此，金融伦理在虚拟经济中的重要性不言而喻。它不仅是维护市场秩序、保障交易公平的必要条件，更是推动虚拟经济健康、可持续发展的关键因素。金融伦理要求市场参与者遵循诚实守信、公平公正的原则，自觉抵制各种违法违规行为，共同营造一个良好的市场环境。虚拟经济与金融伦理的关系，是当下我国乃至世界经济发展必须正视的问题。在享受虚拟经济带来的便利与机遇的同时，我们也应时刻警惕其中潜在的风险和挑战，不断加强金融伦理建设，为虚拟经济的健康发展提供有力的道德支撑。只有这样，我们才能确保虚拟经济真正成为推动社会进步的重要力量。

  第七章是对生态环境与经济发展二者关系的伦理解读。生态经济作为经济与生态协调发展的新模式,其核心在于平衡经济发展与环境保护的关系,实现"绿水青山就是金山银山"的理念。马克思主义环境伦理为生态经济提供价值支撑,奠定了生态经济的内在统一性,其指导下的道路选择避免了生态危机的出现,其对全人类共同价值的遵循明确了经济的发展目标,其对人民立场的坚持强化了生态经济的人民立场。同时,生态经济为环境伦理的正确运用与倡导提供现实基础,绿色生产为综合效益观提供了运用基础,绿色消费为绿色消费观提供了倡导基础。环境伦理融入生态经济的实践既有广东迈向美丽中国先行区、乌干达的绿色经济发展道路的国内外先进经验,又有创收扶贫与保护环境发生伦理冲突的现实启示,生动地说明了正确环境伦理运用于生态经济中的现实意义。与此同时,生态经济实践中也面临包括部分地方生态环境法治实施偏离价值导向、部分企业生态思维融入企业价值观困难以及绿色消费观在实践中部分失效等多层次的环境伦理问题。针对这些问题,应当坚持习近平生态文明思想对生态经济的理论指导,将生态环境行为规范融入生态经济实践,加快完善生态环境法治体系,使正确的环境伦理能够融入生态经济实践之中。

第八章透析了共享经济与公平伦理问题。在人类社会早期就可以追寻到"共享"的最原始的形态。"共享"贯穿于中华传统文化之中。马克思主义经典作家虽未提及"共享"二字,但是马克思主义理论中却处处蕴含着"共享"的价值指向。党在领导新时代中国特色社会主义的实践中,赋予"共享"新的时代内涵,提出了共享发展理念,着力解决的核心问题是社会公平问题。生产力发展是共享发展实现的前提条件,中国特色社会主义制度是共享发展实现的制度保障,人的全面发展是共享发展的价值旨归。共享经济作为一种新型的商业模式,有着传统商业模式无法比拟的优势,它以大众参与为基础,以信息技术为依托,以资源优化配置为目的,以诚信为纽带。共享经济与共享发展,虽然这两个概念均包含了"共享"二字,但是二者属于不同范畴,性质不同、手段不同,因此要达到的目标也各不相同。共享经济与共享发展理念同向同行,在促进公平的实现方面起着重要的作用。共享经济能够提高权利公平、提升机会公平、促进结果公平。虽然共享经济能够促进社会公平的实现,但是现实生活中却存在着一些公平伦理悖论,出现了共享经济伤害劳动者分配权利、侵害平台用户隐私权、损害消费者利益的现象。面对这些问题,企业应自觉培育企业社会责任意识促进公平的提高,政府需充分发挥政府职能推动公平的实现,共享经济方能得到长远发展。

　　第九章主要探讨了企业伦理与企业伦理决策。企业伦理是随着现代企业的出现而发展起来的。现代企业作为市场主体要独立处理各方面关系,包括企业与外部和内部的关系,在企业内部要处理各要素之间的关系,包括生产与分配的关系等。企业伦理是作为行为主体的企业在生产经营活动中,以一定的价值观为核心,处理企业内部(包括企业与股东、企业与经理人员、企业与监督机构、企业与员工等)以及外部利益相关者,包括企业与社会、企业与自然环境关系的伦理原则和规范的总和。企业社会责任是企业伦理的重要内容。企业伦理与企业文化之间是相互联系、相互促进的关系,二者都是促进企业管理的重要文化因素。企业伦理寓于文化之中,企业伦理为企业文化提供道德行为规范,企业文化影响企业伦理的建构和正确实施。企业文化是企业共有的价值观,正是企业员工共同认可的价值观使企业达成价值共识,形成强有力的文化竞争力,这是单纯的企业管理所达不到的。企业伦理决策是指,在企业决策过程中充分考虑到伦理要素的重要性,将伦理原则、伦理规范及伦理要求引入实际的企业决策过程,使伦理要素对企业决策过程发挥规范、引导、制约和监督的作用,并最终达到满意的效果。

　　第十章是对企业经营管理伦理的深刻解读和对经营管理伦理失范行为的深度剖析。21世纪是一个管理的世纪。管理学俨然已经成为社会科学中最热门的显学,管理的技术手段业已达成人类历史从未企及的高峰,然而在世界范围内各种管理"失范"普遍存在于社会、企业以及个人管理的各个层面。随着科学技术的迭代跃迁和资本作用的不断强化,管理的唯一目的似乎就是帮助企业实现利润最大化,金融风暴的始作俑者们如雷曼兄弟、安然、房地美和房利美都无一例外地遵从以上的原则,而为什么管理的最终结果和衍生效应竟然是以世界经济的剧烈震荡,巨额资本蒸发,诚实无辜投资者的利益遭受侵害作为结局。这些已经发生,并且还在持续发生,以及未来势必以各种改头换面形势继续发生的事实,让我们不得不正视和审慎思考,管理作为一种最基本的社会职能,不可避免地要面临着正当性审视和价值评判。管理的价值判断理所当然地决定了各种管理行为,缺失了价值引导和价值判断的管理极有可能的结果是导致管理的"恶"。

第十一章探讨了ESG与企业社会责任的伦理问题。ESG即环境(Environmental)、社会(Social)、公司治理(Governance),这一概念起源于联合国2004年的报告,其中强调了企业在环境保护、社会责任和公司治理方面的综合表现是相互关联的,并且对企业的长期成功至关重要。该理论提倡在投资决策中融入非财务因素,以实现更广泛的社会目标,同时提升企业的可持续性和社会影响力。企业社会责任(Corporate Social Responsibility, CSR)作为一种管理理念和实践,旨在促进企业对社会、环境和利益相关者的责任担当,以推动社会的可持续发展和改善社会福祉。在当今全球化和信息化的背景下,企业社会责任已成为商界和学界关注的焦点之一。通过深入探讨ESG理论的定义与发展,阐释ESG的相关理论基础,发掘ESG与CSR之间的内在关联,探寻我国的ESG实践与挑战等内容,为理解和实施有效的ESG战略提供了全面的视角。结合具体企业案例(如娃哈哈、蒙牛、可口可乐等公司)及陈东山"日行一善"感人事迹分析ESG实践的具体应用,整合ESG原则来推动其商业和社会目标,为理解企业在全球经济中履行社会责任和实现可持续发展的复杂性提供了一个全面的学术视角,展示了 ESG 在现代商业实践中的重要性及其对未来商业和社会发展趋势的潜在影响。

第十二章深度解析社会主义市场经济体制所蕴含的市场伦理。市场经济是资源配置的一种方式，是一种分工合作的经济体系。市场经济下人们的经济合作主要是通过契约精神、以竞争为中心的价格机制实现交易的，市场经济是一种伦理经济、信用经济、契约经济，相比计划经济更有效率、更公平。在竞争的市场上，利己和利他本质上是统一的。在激烈的竞争环境下，市场主体需要遵守一定的伦理道德规范。在此基础上，由于市场经济是蕴含着契约精神的竞争的经济体制，也可推导出守约、诚实、进取、勤勉、大胆、谨慎等道德规范。但由于资源的稀缺性和人类生活的社会性，人们在进行经济活动的时候必然会发生各种利益冲突，并且也确实出现了一些损人不利己的道德行为，市场中充满着伦理危机。区别于自由市场经济下的个人主义价值观，我国社会主义基本经济制度与市场经济的结合，超越了资本主义市场经济的局限，不仅发挥了市场经济的优势，而且使得公共善得以实现。我国在中国特色社会主义市场经济体制下，经济建设取得了相当大的成就，但由于受各种因素的影响，道德状况在经济领域也存在一些问题。如在经济领域，有的经济主体为了个人善，不惜破坏别人的善甚至是公共善，经济领域中的道德示范行为在种类上和数量上都有扩大的趋势。为了实现市场经济可持续发展，在完善社会主义市场经济体制的基础上，我国还需要加强公共道德建设和加强道德力量在分配中的作用。

第十三章探讨了社会主义共同富裕与分配正义问题。对于我国社会主义制度来讲，共同富裕是社会主义的本质要求，是追求社会公平正义的富裕。习近平总书记在党的二十大报告中明确指出："共同富裕是中国特色社会主义的本质要求"，把共同富裕作为中国式现代化的一大重要特征加以阐述，强调要"扎实推进共同富裕"。推动实现共同富裕必须以公平正义的分配原则为保障,以公平正义为目标才能真正构建社会主义共同富裕。我国的社会主义现代化建设开启了中国特色社会主义分配正义的历史实践,历经了由计划经济体制下的平均主义分配制度到社会主义市场经济体制下的按劳分配制度的机制变迁,在中国特色社会主义市场经济体制下多元分配制度自身实现演变进化。在新时代背景下,走向共同富裕的分配制度需要正确处理效率与公平的关系、平衡三次分配制度、实现高质量发展、完善社会保障体系。

第十四章是对中国特色社会主义基本经济制度的伦理意蕴解读。党的十九届四中全会审议通过《中共中央关于坚持和完善中国特色社会主义制度、推进国家治理体系和治理能力现代化若干重大问题的决定》,对社会主义基本经济制度做了最新的具体概括与评价,即"公有制为主体、多种所有制经济共同发展,按劳分配为主体、多种分配方式并存,社会主义市场经济体制等社会主义基本经济制度,既体现了社会主义制度优越性,又同我国社会主义初级阶段社会生产力发展水平相适应,是党和人民的伟大创造。"我国的基本经济制度有别于其他的一般制度,一方面,作为社会主义生产关系核心部分的具体体现,社会主义基本经济制度由生产力所决定,基本经济制度建设与社会主义初级阶段的基本国情密不可分,因而制度本身必须具有长期性、稳定性特征,并且对其他一般经济制度建设起着规范与决定作用;另一方面,社会主义市场经济的导向对我国基本经济制度的建设产生决定性影响,基本经济制度要为社会主义市场经济的向好发展保驾护航。因而,我国基本经济制度作为一个统领性、导向性的基本制度,其制度伦理建设既能够对经济体系产生影响,同时作为上层建筑的范畴,也决定了其他制度的建设与发展的价值导向,重要性不言而喻。

本教材注重案例分析,每章均配有专门的案例和相应的思考。内容聚焦前沿问题,形式力求新颖,注重理论与实际相结合。本教材既适应于本科生教学，易于把握基本的经济伦理学理论和研究分析方法，又适应于研究生，特别是MBA，无论是在案例讨论还是专题研究中都能找到适应的内容。

编　者

2025年1月

目 录

第一部分 经济伦理学基本理论

导 论 经济伦理学概述 / 003
  第一节 经济伦理学研究的缘起及发展 / 003
  第二节 经济学与伦理学结合的必要性与基础 / 006
  第三节 经济伦理学的内涵与基本问题 / 012
  第四节 经济伦理学的任务及学习方法 / 016

第一章 经济伦理原则 / 019
  第一节 效用原则 / 021
  第二节 权利原则 / 028
  第三节 公正原则 / 034

第二章 中国传统经济伦理及其现代性转化 / 044
  第一节 中国传统经济伦理思想概述 / 045
  第二节 中国古代经济伦理思想 / 049
  第三节 中国传统经济伦理的现代性转化 / 067

第三章 西方经济伦理思想及其借鉴/ 073

第一节 古代西方经济伦理思想/ 074

第二节 近代西方经济伦理思想/ 082

第三节 现代西方经济伦理思想/ 094

第四节 对西方经济伦理思想的评价与借鉴/ 101

第二部分 新经济形态的经济伦理学探析

第四章 高质量发展与发展伦理/ 109

第一节 传统发展方式的伦理审视/ 110

第二节 高质量发展：一种新的伦理性发展/ 118

第三节 高质量发展面临的伦理问题与挑战/ 127

第四节 高质量发展伦理问题的解决路径/ 134

第五章 数字经济与科技伦理/ 143

第一节 数字经济的内涵与发展/ 144

第二节 科技伦理的基本概念与原则/ 151

第三节 数字经济的发展对科技伦理的影响/ 158

第四节 数字经济下新兴科技伦理的治理对策/ 170

第六章 虚拟经济与金融伦理/ 175

第一节 信用制度与虚拟经济/ 176

第二节 虚拟经济中存在的金融伦理悖论/ 181

第三节 金融伦理悖论的解决/ 195

第七章 生态经济与环境伦理/ 210

第一节 生态经济与环境伦理的概念及关系/ 212

第二节 环境伦理融入生态经济实践的典型案例/ 224

第三节　生态经济中的环境伦理问题 / 228

第四节　环境伦理融入生态经济的实践路径 / 232

第八章　共享经济与公平伦理 / 241

第一节　共享与共享经济 / 242

第二节　共享经济促进公平的实现 / 253

第三节　共享经济中的公平伦理悖论 / 258

第四节　共享经济下的企业与政府责任 / 265

第三部分　企业行为主体的经济伦理分析

第九章　企业伦理与企业伦理决策 / 273

第一节　企业伦理与企业文化 / 274

第二节　企业文化价值取向与企业竞争力 / 281

第三节　企业伦理决策 / 283

第十章　经营管理伦理 / 289

第一节　经营管理与伦理 / 290

第二节　经营管理中的伦理原则 / 294

第三节　市场营销管理中的伦理问题 / 306

第四节　人力资源管理中的伦理问题 / 313

第五节　生产制造管理中的伦理问题 / 317

第十一章　ESG 与企业社会责任伦理 / 324

第一节　ESG 的概念、起源发展及相关理论 / 325

第二节　ESG 的基础——企业社会责任 / 332

第三节　我国的 ESG 实践与挑战 / 343

第四部分　新时代中国特色社会主义经济伦理建设

第十二章　社会主义市场经济体制与市场伦理 / 353
 第一节　市场经济与市场伦理 / 355
 第二节　市场伦理局限性 / 362
 第三节　我国社会主义市场经济的伦理要求 / 366
 第四节　中国特色社会主义市场经济运行中的伦理建设 / 373

第十三章　社会主义共同富裕与分配正义 / 378
 第一节　共同富裕与分配正义的理论逻辑 / 381
 第二节　共同富裕道路中分配正义的演变 / 389
 第三节　实现共同富裕的分配正义路径 / 393

第十四章　中国特色社会主义基本经济制度伦理 / 399
 第一节　我国基本经济制度经济性与伦理性的统一 / 401
 第二节　我国基本经济制度的公正性分析 / 406
 第三节　我国基本经济制度伦理建设与实践 / 414

后记 / 423

第一部分

经济伦理学基本理论

导　论　经济伦理学概述

经济伦理学是一门交叉学科，所涉及的学科主要为经济学与伦理学。当然，相关学科还有经管类和人文类的一些学科，研究方向就更广泛了。在伦理学科中，经济伦理学属于应用伦理学范畴。

第一节　经济伦理学研究的缘起及发展

经济伦理学作为一门交叉学科，它的出现是近几十年的事情，但经济伦理思想则发端于久远。经济伦理思想是在处理人们之间经济利益关系以及对经济行为的价值判断中产生的，近代经济学的产生为经济伦理学的出现奠定了经济学的基础。而作为经济伦理学学科研究的推动力则是伴随着人们对不道德经济行为反思中开始的。

一、经济伦理学的研究起始于经济伦理运动

(1)20世纪60—70年代，由于企业的一些不道德行为，诸如童工、污染、贿赂、安全问题等引发社会的不满，于是兴起了经济伦理(企业伦理)运动，最先在美国是由消费者和社会发起的。

(2)70年代，随着洛克希德贿赂案等的曝光，经济伦理问题成为人们关注的焦点，美国政府和立法机构也意识到问题的严重性，国会于1977年通过了反公司腐败法令，明确规定行贿属违法行为。在公众舆论和政府管理的强大压力下,许多企业认识到制定公司伦理规范的重要性,由于违反伦理的事件受到广泛关注,许多行业组织已经将价值观与伦理道德贯穿到成员公司中去。

(3) 80年代中期开启了行业伦理原则构建运动,通过制订公司伦理章程及伦理培训计划、定期召开经济伦理问题研讨会等活动,有意识提高企业的伦理素质,恢复公众对企业的信任。这样,从国家到企业,推动了从硬性规范立法和软性规范伦理建设两方面结合的制度性安排,产生了较好的效果。

(4) 随着经济的发展,社会和企业对伦理问题越来越重视,90年代以来,企业注重社会责任伦理建设。持续至今,企业的社会责任意识不断提高,减少了许多不道德的行为。

二、经济伦理学学科的形成

经济伦理学学科的形成起始于一些研究经济伦理学机构的成立和相应的经济伦理学课程的出现。早在1976年,美国本特利大学成立了全球首个经济伦理研究中心(Center for Business Ethics, Bentley)供各国学者前往交流和研究。德国和欧洲的经济伦理学研究机构也相继成立。一些工商管理院校开设经济伦理学课程、撰写经济伦理学教科书、创办专门研究机构和杂志等,并加强与企业界的合作。在课程建设方面,经济伦理学(Business Ethics)课程最先开始在商学院开设。

20世纪70年代,哈佛大学商学院开设了"伦理、价值观和决策制定"(Ethics, Values and Decision-making),运用大量的案例探讨商业行为中的伦理问题及解决方案。本特利大学开设"企业伦理:利益相关者管理"(Business Ethics: A Stake-holders Management)等,之后,各国商学院都将"经济伦理学""商业伦理与企业社会责任"等作为必修课或选修课。

我国的商学院虽然成立较晚,但在成立之初就陆续将之建设成必修课或选修课,并作为商学院认证的指标之一。此外,许多学校,尤其是财经类大学将"经济伦理学"作为本科生或研究生必修课或者通识选修课。

三、美国经济伦理学建设实践最初是由几个典型事件推动[①]

(1)通过高额罚款的惩罚性法律。1991年11月,美国实施《联邦组织判罚指导条例》,它强化了高额罚款的强制性体制,并且对那些违反联邦法律的犯罪企业给出了严格的缓刑条件,这是"大棒"因素。还有"胡萝卜"因素,公司或高层管理人员如果之前在企业进行了伦理或法纪规范工作,公司能够减少罚款、避免刑事诉讼法。

(2)"凯尔马公司案"和"道康宁公司案"的影响。凯尔马克公司作为一家医疗服务公司,由于疏于对员工的监督,结果赔付了2.5亿美元的罚款和偿还金。好消息是,由于董事会和公司在出现问题之前,在政府调查期间就已经建立了伦理与法纪的汇报机制,因此法院豁免了董事会成员的过失。还有像道康宁公司,由于其1%的产品出了问题,坑害了消费者,结果被罚了40亿美元,但还不能令消费者满意,最后只得申请破产保护。这些案件具有较强的警示作用和导向作用。

(3)在公司里出现了伦理主管新职位。由于企业伦理运动高潮的来临,出现了伦理主管这一新型职位,并于1992年成立了全国性的"伦理主管协会"(EOC),每年开会进行企业伦理的交流讨论。这些措施对企业产生了巨大的威慑力,驱使企业建立伦理规范,使法纪与伦理规范相结合。

四、中国经济伦理学理论和实践研究的发展

中国的经济伦理学理论和实践的研究是随着我国商品经济的产生和发展而兴起的。20世纪90年代社会主义市场经济产生以后,市场经济存在合理性的辩护,主要有经济合理性和道德合理性,即效率辩护和伦理辩护。特别是赵修义教授的《论市场经济的伦理辩护》一文,起到了重要的推动作用,经济伦理的理论与实践问题被广泛讨论。理论的研究主要是关于经济伦理学何以成立,如何界定?经济伦理学是以经济学还是伦理学为主导,经济伦理学研究的对象

[①] [美]唐玛丽·德里斯科尔,迈克·霍夫曼.价值观驱动管理[M].徐大建,郝云,张辑,译.上海:上海人民出版社,2005:1—14.

及学科性质等元理论问题。

经济伦理学也更加注重理论与实践的结合,在现实的经济发展中探讨伦理解决方案,理论的研究要服务于实践,伦理学的实践理性要求在实际经济发展过程中践行、规范、发展。更加重要的议题是企业的经济伦理行为,企业作为独立的伦理主体地位的确立,为企业伦理问题的探讨奠定了坚实的基础。由此出现了丰富的研究对象,如企业伦理、管理伦理、营销伦理、市场伦理、消费伦理、生产伦理、分配伦理等热点问题的讨论,这些显然都属于经济伦理问题。迄今,各个时期经济伦理的热点问题的讨论折射了不同时期经济伦理研究的印记,如金融伦理、职业伦理、信息经济伦理、人工智能伦理、共享经济伦理、数字经济伦理、高质量发展伦理等具有中国特色社会主义的经济伦理,这些问题的研究推动着人们对经济伦理观念的更新,既有利于经济的健康发展,又推动了伦理理论的创新。

当下,新时代中国特色社会主义经济伦理随着新经济形态的不断涌现而丰富多彩。在高质量发展及中国式现代化建设过程中,经济的发展不仅注重数量的发展,更要注重质的跃升,最终服务于人的幸福和全面发展。因此,目前经济伦理学的任务,一方面要从宏观的角度研究中国特色社会主义经济伦理的发展规律,对新时代中国特色社会主义、以人民为中心的发展观等进行经济伦理辩护;另一方面,要研究微观经济的经济伦理问题,对新的经济形态进行伦理反思,为新经济的发展提供价值指引。

第二节　经济学与伦理学结合的必要性与基础

经济伦理学学科成立的基础在于经济学与伦理学的交叉和融合。如何正确看待经济学与伦理学的关系是经济伦理学研究的重要前提。

一、经济学需要伦理价值判断

长期以来,在经济学的研究中有一种倾向认为,经济学主要是一门实证科学,不应包括规范的内容和价值判断,这些经济学家用纯科学的方法,用数理逻辑来研究经济学。经济学家罗宾斯对经济学的定义影响较大,他强调:"经济学对于各种目的而言完全是中立的;只要达到某一目的需要借助于稀缺手段,这种行为便是经济学家关注的对象。经济学并不讨论目的本身。"[1]这一观点影响了许多所谓主流经济学家,以至于只要研究规范性问题、价值问题就不是科学研究。他们力图将价值、规范排除在经济学研究之外,用数学模型的方法去进行实证研究,有些则完全脱离了现实,被称为"黑板经济学"。这种形式主义、抽象研究的结果使经济学越来越脱离现实,尽管经济学的模型、范式做得越来越精细、漂亮,但在实际中并不管用。出现这一结果的原因在于,对经济学理解的偏差以及研究方法的单一。

经济学是不是价值中立的纯科学?在西方,经济学起源于希腊哲学,经济学的英文是"economic",指的是家政管理。但这里所指的"家政"与我们现在的"家政"概念不同,古希腊的"家"指的是氏族及家族。所以,一般的经济史学家认为,西方经济分析的鼻祖是柏拉图和亚里士多德,而这两位伟大哲人所说的经济学,绝不是现在一些所谓主流经济学家所指的单纯研究"稀缺性"和"资源配置"的纯经济学或形式经济学。从一开始,他们就在经济学中贯注了浓郁的人文关怀精神,使经济学成为"讲道德"和"讲良心"的科学。

马克思认为,近代资本主义经济学的真正始祖是英国的威廉·配第。他有强烈的人文关怀精神,利用业余时间研究、调查社会经济现象与问题,经常就有关国计民生的重大问题对英国的决策者提些经济政策建议。经济学家琼·罗宾逊在《现代经济学导论》中说:"经济学包括三个方面或者起着三种作用:权力要理解经济是如何运转的;提出改进的建议并证明衡量改革的标准是正当的;断定什么是可取的,这个标准必定涉及道德和政治判断。经济学绝不可能是一门完全'纯粹'的科学,而不掺杂人的价值标准。"阿马蒂亚·森在《伦理学与经济学》[2]一书中提出,从亚里士多德开始,经济学本来就具有两种根源,即两种人类行为的目的:一种是对财富的关注,另一种是更深层次上的目标追求。由此产生两种方法:一种是工程学的方法,也就是数学的、逻辑的方法,另一种是伦

---

[1] [英]莱昂内尔·罗宾斯:《经济科学的性质和意义》,朱泱,译.北京:商务印书馆,2000:26.
[2] [印]阿马蒂亚·森.伦理学经济学[M].王宇、王文玉译.北京:商务印书馆,2000.

理的方法。这两种根源或方法，本来应是平衡的，但不同学者关注的方面有所不同。从亚里士多德到亚当·斯密，比较注重伦理问题，而大卫·李嘉图等更注重工程学方面。现代经济学则主要发展了工程学方面，而忽略了伦理方面。

工程学的思维方式和方法论是注重逻辑的推演和判断，而忽略与人类行为密切相关的伦理问题，不关心人类的终极目标和价值判断，这种倾向使经济学不可避免地出现了危机，出现了经济的失灵。要解决这个问题，靠经济学的研究方法无能为力。因此，许多经济学家试图在其他领域寻找解决的办法，特别是从伦理学领域来找寻答案并取得了一定的成效。德国伦理学家彼德·科斯洛夫斯基在《伦理经济学原理》一书中认为："伦理学是市场失灵的调整措施和补救，宗教是伦理学失灵的调整措施和补救。当经济学失灵的时候，伦理学就会出现，当伦理学失灵的时候，宗教就会出现。"[①]为什么伦理学或道德是解决经济失灵的措施呢？他对此作了进一步的说明："因为这些道德行为降低了交易支出费用，所以提高了市场的能力，减少了市场失灵的概率，减少了对国家强制合作的刺激。伦理学是对经济失灵和市场失灵的一种调整措施，因为它降低了制裁和监督的费用。因为通过法制机关实施的国家监督也要花费国家大量的费用，所以伦理学也减少了国家行为的费用和'国家失灵'的概率。"[②]伦理学不仅是解决经济失灵的重要方法，它也可以对经济学的模型、范式、假设进行修正。阿马蒂亚·森力图通过恢复经济学与伦理学的渊源关系，以对经济学的基本假设和论证范式进行有意义的反思。他对主流经济学把理性的人类行为等同于自利最大化的倾向进行了批判，认为这种严重忽视伦理考虑的人性假设，既不是对于真实世界中人性的最佳近似，也不能说明自利最大化就是导致最优的经济条件。他认为："自利理性观是对'伦理相关的动机观'的断然拒绝。尽自己最大的努力实现自己追求的东西只是理性的一部分，而且其中还可能包含对于非自利目标的促进，那些非自利目标也可能是我们认为有价值的或者愿意

---

① [德]彼德·科斯洛夫斯基.伦理经济学原理[M].孙瑜，译.北京:中国社会科学出版社,1997:33.
② [德]彼德·科斯洛夫斯基.伦理经济学原理[M].孙瑜，译.北京:中国社会科学出版社,1997:25.

追求的目标。把任何偏离自利最大化的行为都看作非理性行为,就意味着拒绝伦理考虑在实际决策中的作用。""把所有人都自私看作现实的可能是一个错误;但把所有人都自私看作理性的要求则非常愚蠢。"①其实,早在经济学家马歇尔那里,这个观点就有表现。他说:"经济动机不全是利己的。对金钱的欲望并不排斥金钱以外的影响,这种欲望本身也许处于高尚的动机。经济衡量的范围可以扩大到包括许多利人的活动在内。"②"经济学家所研究的是一个实际存在的人:不是一个抽象的或'经济的'人,而是一个血肉之躯的人。"③

我们再回过来看看亚当·斯密的观点,许多经济学家认为亚当·斯密的"经济人"是不考虑人的道德性的。然而,这是对斯密"经济人"思想的误解。因为,虽然斯密承认人的自利是个经验事实,但这只是一个强烈的行为动机,而非人性本身。相反,他指出,人除了利己之外,还有同情的本性,有把别人的幸福看成自己的原始感情。斯密把"经济人"作为经济学说的出发点,是出于研究方法的需要。他试图仿效牛顿力学的实证方法,把复杂的经济现象还原为抽象的个人的行为,以此说明分工、交换、竞争的动力。从"经济人"这一概念的发展与演变来看,我们也可以看出它的价值内涵被不断地赋予。当代的"新经济人"注重把非经济因素的制度、道德和法律等融入经济人的概念中。这样,经济人既具有自利、理性选择,又受制度、道德等非经济因素的影响。贝克尔、布坎南、诺斯等经济学家及其学派把各种非经济因素的解释融入经济人分析模式中,从而用个人可能追求的任何目标集合的效用函数最大化来解释经济人的动机。可见,作为经济学分析的基础,我们也不能把经济学的研究置于伦理学之外。

二、经济学与伦理学研究方法结合的必要性

(一)经济学需要借用伦理学研究方法

目前,经济学中伦理学方法的运用日渐增多。一些西方经济学派已经将伦理学方法运用于经济分析中。福利经济学、制度经济学、发展经济学、公共选择

---

① [印]阿马蒂亚·森.伦理学与经济学[M].王宇,王文玉,译.商务印书馆,2000:18.
② [英]阿尔弗雷德·马歇尔.经济学原理[M].朱志泰,陈良璧,译.北京:商务印书馆,1964:42.
③ [英]阿尔弗雷德·马歇尔.经济学原理[M].朱志泰,陈良璧,译.北京:商务印书馆,1964:47.

学派等在经济分析中引入了价值判断。伦理方法的运用给经济学的研究提供了广阔的空间。福利经济学关注道德、人的福利、公平、道德风险及经济金融与美好的生活等问题,特别是在公平与效率的关系问题上把公平看成与效率是相关的,不能只关心效率而忽视公平问题。进而讨论经济增长与分配正义的关系,甚至有些经济学家认为分配公平对经济增长有重要的促进作用。把价值判断作为经济分析的重要内容。尤其是对人类社会的发展进步、整体福利的关注都有重要的伦理意义。制度经济学把伦理制度作为一种重要制度纳入经济分析中,具有重要的经济意义和规范意义。行为金融学探讨金融领域的角色道德以及金融公平和金融与美好的社会等。

不过,经济学对伦理方法的运用是有一定条件的。经济学特别是部分西方经济学虽然关注道德、人的福利、分配正义、制度规范等问题,但与伦理学关心的重点是不一样的。例如,旧福利经济学家庇古把福利分为两类:一类是广义的福利,即所谓"社会福利";另一类是狭义的福利,即所谓"经济福利"。在庇古看来,广义的福利包括由于对财物的占有而产生的满足,或由于其他原因(如知识、情感、欲望等)而产生的满足,涉及"自由""家庭幸福""精神愉快""友谊""正义"等,但这些是难以计量的,所以庇古认为,经济学所要研究的,是能以货币计量的按部分社会福利,即经济福利。他写道:"这种福利,即直接或间接能与货币这一尺度建立关系的福利。这部分福利可称为经济福利。诚然,并不可能在严格意义上与其他部分福利相分离……不过,在经济福利与非经济福利之间虽无精确的界限,但对货币尺度接近性的测验可用来建立一大概的区别。"[1]在庇古那里,我们还不能把福利看作像伦理学那样的价值判断。

同样的还有关于公平的问题。庇古虽然也重视公平问题,但是,他的目的是促进效率,公平只是作为手段而被重视。庇古提倡收入的均等化,认为这是增大社会福利的途径之一。在国民收入既定的情况下,国民收入分配越来越平等则社会福利就越大。他认为按照边际效用递减规律,货币也和其他商品一样,其边际效用是随着数量的增加而递减的。一个人的收入越多,货币收入的

---

[1] [英]阿瑟·赛西尔·庇古.福利经济学[M].朱泱,张胜纪,吴良健,译.北京:商务印书馆,2006年.

边际效用就越少；收入越少，货币收入的边际效用就越大。按照这一推论，当原来的富人由于不断转移自己的收入而直到不比其他任何人富裕为止，社会上一切人的收入的边际效用就都趋于相等，从而总满足也就达到最大量。这里他无疑揭示了效率与公平的关系，但公平只是充当手段的价值而没有目的的价值。不过这一主张客观上对那些只重效率而忽视公平的现象是一种矫正。

现代福利经济学虽然在形式上对旧福利经济学作了某些修正，但在对待"福利"的含义上基本沿袭了以往的观点。帕累托最优其实就是从效率的角度来论证福利的。作为把帕雷托最优当作基本福利概念的新福利经济学的领袖人物之一，萨缪尔森表述了自己的以社会福利函数论为代表的福利经济观点。在《经济分析的基础》里，他按照自己的观点整理并勾勒出一条福利经济学发展的轮廓线，尤其突出了新旧福利经济学在效用基数论还是效用序数论，是局部均衡分析还是一般均衡分析等问题上的区别。他的福利观念在帕累托效率的基础上引入了价值判断。研究社会福利的目的是在帕累托最适度分析的基础上再引入对收入分配的价值判断，以便据此唯一地确定社会从整体角度考察最大的福利。因此，社会福利函数的表达形式，是把社会福利看作决定于全体社会成员获得的效率水平，又由于个人效用水平是其消费的商品和劳务，以及提供的生产要素的函数，所以社会福利函数本质上是把社会福利看作社会中各个人所购买的货物和所提供的生产要素以及任何有关变量（其中许多是非经济的）的函数。他的这一考虑显然对以往的福利经济学进行了有意义的补充。但"分配最优"是以"生产最优"为前提条件的。

制度经济学派从交易费用、制度分析的方法出发研究经济问题。他们把包括道德、习惯等意识形态的领域纳入其经济分析中，从而当然地把伦理学纳入了其研究视野。然而，制度经济学把伦理学纳入研究的视野主要是看到了伦理道德作为一种制度有比其他制度更能节省交易费用。制度经济学认为，制度的首要价值是效率，通过集体行为控制个人行为而使集体行动成为可能以此增进效率，这与罗尔斯的公平是制度的首要价值的制度价值标准有一定的差异。

(二)伦理学也需要经济学方法来拓展研究

经济学与伦理学的结合既拓展了经济学的研究方法，同时也拓展了伦理学的研究方法。经济学方法在伦理学中的运用也在不断深入。例如,利益、效益以及计算在伦理决策中的运用等。研究财富的分配正义与共享性增长体现了经济学与伦理学二者方法的结合。一方面,二者要找到共同的价值判断和目标,即共享与公正;另一方面,公平与效率标准可以相互借鉴。经济增长有公正标准,分配正义有效率标准,二者既有矛盾,又有内在的统一。

当然,要注重二者的差异性。主要表现为经济学对分配公正和道德要求的工具性色彩以及伦理学对效率实现的规范性规定。显然,经济学的价值判断的重点与伦理学的价值判断有一定差异。一方面,不能将经济学的价值判断泛化到社会生活的其他领域,就是说,不能泛化到社会政治生活、文化生活和公共生活等领域中去,否则会导致社会生活的道德失范。另一方面,也不能将伦理学的普遍原则、规范、规则简单地受制到经济学中去,这样会使经济学迷失自己的方向。另外,经济学研究经济增长注重的是工具价值,伦理分析方法的必要性在于它能够使经济学更加完美,避免经济失范导致效率的损失,甚至有利于效率的提高、经济的增长。当然,经济学本身也有义务关注人类社会的进步和发展,虽然关注的重点与方式不同。经济学注重分配正义的手段善与伦理学注重公平正义的内在价值或目的善。二者结合有现实基础和必要性。

第三节 经济伦理学的内涵与基本问题

伦理学是研究道德的一门科学,伦理与道德是紧密联系在一起的,二者经常被联用,例如,当我们说某事违背伦理道德时,伦理与道德就有同样的含义。但二者也有一定区别的,需要在概念上加以区分。

一、伦理与道德

1. 伦理和伦理学

伦理(Ethics)这个词源于希腊语的 ethos,最初在荷马时代,它指的是习惯、住址,后来才获得了新的意义:风俗、性情、思维方式。中国传统文化中,"伦"有类别、辈分、顺序等含义,可以被引申为不同辈分之间、人与人之间的关系。

"理"有道理之意。

在伦理学的定义上，亚里士多德把研究道德的德性及其在取得幸福的过程中所起的作用的科学，以及研究何种性格，何种性情对人是最好的科学，称作伦理学。同时，用"理智的德性"与"道德的德性"把哲学与伦理学区别开来，使伦理学成为一门独立的科学，这对后面的研究产生了深远的影响。伦理学，简而言之，就是研究道德的一门科学。伦理学可分为：描述伦理学（Descriptive Ethics）、元伦理学（Metaethics）、规范伦理学（Normative Ethics）、应用伦理学（Applied Ethics）等。其中，描述伦理学和元伦理学研究不采取特定的道德立场，因而被称为"非规范方式"；而规范伦理学和应用伦理学都选择一定的道德立场，因而被称为"规范方式"。

2. 道德的内涵

道德（Morality）是人类社会生活中特有的社会现象。它是最终由社会经济生活条件决定的，以善恶为标准，依靠社会舆论、传统习惯和人们的内心信念维系的，调整人与人（包括个人与集体、社会）、人与自然、人与自我生命体等的关系的原则规范、心理意识和行为活动的总和。可以从以下几个方面来解读道德的内涵。

（1）道德是一种特殊的意识形态，道德具有一定的社会性和阶级性，它不是抽象的，而是具体的。每个社会及社会的不同阶段都有特定的道德原则和规范，虽然道德具有普遍性和全人类性的特点，但是在阶级社会里具有阶级性，道德作为社会意识形态的重要内容有统治阶级的道德和被统治阶级的道德，统治阶级的道德往往占据主要位置。

（2）道德是一种实践精神。研究道德的目的在于让人们如何遵循道德，在实践中去把握生命是最符合人类行为规则的，最终要引导个人和社会做出符合一定社会规范的行为。这与哲学等有区别，因为哲学是研究思维的运行规律的，伦理学是研究人的行为规律的，研究人的行为的真理问题。亚里士多德认为，德性在于行动不在于认识，由此批判了苏格拉底的"德性即知识"的观点。康德继承和发扬了这一观点，认为道德是实践理性，实践理性是判断行为是否正确的依据。

（3）道德是一种价值判断，是一种"应当"。道德评价是有一定范围的，不是所有的行为都能用道德的善恶来评价的。道德行为与道德的行为的区别在于：道德行为是可以进行善恶评价的行为，可以是善的或恶的，而道德的行为就是善。

（4）道德是一种特殊规范。法律虽然是规范，但是法律规范具有强制的性质。法律作用的范围、方式与道德是不一样的。如法律虽然强调义务，但是和道德义务不一样，道德义务是对他人做自己应当做的事，虽然或多或少具有一定的强制作用，但是出于自愿，是以自愿为基础的。道德作用的发挥借助于三种力量：社会舆论、传统习惯和内心信念（良心）。三者均为制裁力量，前两种力量属于他律范畴，而后一种是自律的要求，依靠良心起作用。

良心是内心的道德法庭。良心是在对他人和社会履行道德义务的过程中所展现的自我评价能力，是依靠内在的约束机制和制裁机制起作用的。费尔巴哈说："良心是在我自身的他我……我是在我之外的'超感性的'良心的起源，而感性的你是在我之内的'超感性的'良心的起源。我的良心不是别的，而只是我的自我，即被放在受损害的你的地位上的自我；不是别的，而是他人幸福的代理者，即立足在自己追求幸福的基础上和根据自己追求幸福的命令的他人幸福的代理者。"[1]良心是他人幸福的代理者，是把他人当做自我，这需要自我对他我的认同，情感上的相通，对他人有同情、共情、同感。将他人的痛苦看作自己的痛苦、他人的幸福视为自己的幸福，这才算作有良心的人，否则就是没有良心或良心丢失。

【案例引入】

电影《我不是药神》中的良心问题

电影《我不是药神》讲述了一个交不起房租的男性保健品商贩程勇（徐峥饰）从印度带回了天价药格列宁的仿制药"印度格列宁"，并私自贩卖，引起警方调查。从自私走向无私，为病人的生存权而抗争，最终被抓，却赢得了尊严，多位角色的命运也因为"药"这一元素串联，演绎了一场悲欢离合的草根众生相。

---

[1] 周辅成.西方伦理学名著选辑（下）[M].北京：商务印书馆，1996：484.

主人公程勇如何从一个只为赚钱而不顾道德、良心,靠卖印度仿制药为生的小商贩,蜕变为不惜冒着坐牢的风险,以低于成本的价格卖药给白血病患者呢?是因为良心发现!并不是外在的经济规则的驱动,良心使他选择了不计报酬、敢冒风险去为白血病患者提供所需要的药品。他的这一改变不是一时兴起,而是有一个过程的,这个过程也是良心发现的过程。之前他赚钱后打算洗手不干,开工厂以洗白自己,尽管他的朋友也希望他继续卖仿制药以拯救众多白血病患者,但都被他拒绝了。他认为别人的生死与己无关,没有产生共情,直到他知道最好的朋友死去,他才产生了拯救白血病患者的想法,这次贩卖仿制药不是为了赚钱,是良心起了重要作用。

【案例问题讨论】

良心发现是什么意思?怎样才能良心发现?

良心的作用可以用事前、事中和事后来判断。在行为前,良心起导向作用,提示行为者要以良心为准则,凭良心办事;行为中,良心起监督作用,监督行为者不做违背良心的事;在行为结束之后,良心起评价作用,反省所做的事是否符合良心准则,以便今后继续做符合良心的事,如果不符合良心标准,会自责,之后引以为戒。

二、经济伦理学

经济伦理学的定义虽然很多,但比较一致的看法是:经济伦理学是一门研究经济制度、经济政策、经济决策、经济行为的伦理合理性,并研究经济活动中的组织和个人的伦理规范的科学。经济伦理学可以翻译为 Economic ethics 或 Business ethics,前者注重理论的研究,后者更注重实践。本教材是从理论与实践、从宏观与微观层面来看待经济伦理问题的,既注重宏观经济政策、经济制度以及新的经济形态的经济伦理分析,也注重微观企业的经济行为、社会责任等的伦理案例分析。

三、经济伦理学的基本问题

伦理学研究的基本问题是道德与利益的关系,经济伦理学的基本问题是经济利益与伦理关系问题,如效率与公平、个人利益与公共利益、企业盈利与社会责任、经济发展与生态保护等的关系问题,单独研究经济效率或研究伦理问题不能成为经济伦理学的基本问题。本教材的研究主要包括以下几个方面:(1)一般伦理学原理在经营活动的具体案例与事件中的应用;(2)对特定经济系统、经济制度或企业结构进行伦理分析和评价;(3)经济伦理学的研究与其他学科的结合;(4)归纳并推崇好的经济伦理规范和行为。经济伦理学研究规范的层次有个体层面的规范、组织的规范、行业协会的规范、社会的规范以及全球的规范等,这些都渗透在各个具体的经济形态和经济伦理建设的分析中。

第四节 经济伦理学的任务及学习方法

一、经济伦理学的任务

经济伦理学的主要任务有:一是理论研究。以经济理论、经济制度、经济政策、经济主体等作为研究对象,探讨经济伦理学的发展规律,破解当下经济伦理研究的难题,为现实经济发展提供价值信条和伦理准则。二是实践研究。研究新时代中国特色社会主义经济发展实践中的经济伦理问题,为经济发展提供伦理依据和道德辩护等。

二、经济伦理学的学习方法

经济伦理学的学习方法:(1)认真阅读经济学和伦理学的经典文献及经济伦理学的相关知识,培养经济伦理思维模式。(2)既要思考经济制度、经济行为的效率,又要善于伦理判断。(3)在经济决策中既要加入伦理的判断,也要有利弊得失的思考,达到经济合理性与伦理合理性二者的平衡。例如,当我们思考经济发展时,是否存在忽视生态环境问题。同样的,当我们思考环境伦理问题时,是否考虑了经济的价值?习近平总书记提出的"绿水青山就是金山银山"生态经济思想就是经济伦理思维模式的典型代表。(4)在理论和实践中,总是面临着经济决策与伦理决策的矛盾问题,要善于运用经济伦理学的相关原理和原则来解决,还需从中国传统文化中寻求解决二者矛盾的智慧。

【案例引入】

商业与伦理的边界——"视频慈善"

近年来,短视频受众甚广、观看性强、变现效果好,成为互联网经济新的增长点和角斗场。"视频慈善"就在这一过程中被开发成新的蓝海。这些视频的内容大多是通过创作者看望贫困老人或残障人士,并赠送他们生活必需品或衣物,再搭配感人至深的背景音乐,来吸引观看者。随着创作者通过这种方式迅速盈利,并吸引了大量模仿者,这种模式的伦理问题也逐渐显现。

"视频慈善"的营利主要依靠粉丝流量变现,可以分为三种主要途径。(1) 平台分红收益模式。为了维持用户黏度,进一步开发平台的流量资源,各视频平台都推出了奖励计划来鼓励创作者生产优质内容。(2) 付费广告模式。在吸引了大量的粉丝与关注度后,创作者就会承接商家的广告,以赚取广告费。广告表现的形式可以分为软广告和硬广告两种。(3) 电商模式。视频平台为了扩宽盈利途径,设置了橱窗功能。视频创作者在具备了一定的资质后就可以向平台申请开店,平台审核通过之后就将在橱窗板块中提供商品的购买链接,并显示为来自创作者的推荐。用户点击后可链接到对应的电商平台下单购买,本质上是付费广告的变种。

这种"视频慈善"得以快速盈利的原因,在于其内容的慈善性。主要都是帮助老人或者残障者清理屋子、擦拭身体、做饭或者赠送生活用品,并在赠送环节进行广告植入,或在视频最后插播广告。视频中贫困老人的生活状况引起了观众的同情心,同时创作者为老人做饭、赠送生活用品等行为也满足了人们朴素的正义感。此时观众是以围观者的视角观看视频,无法意识到视频背后的盈利目的,而是将视频内容单纯地看作一种帮助弱势群体的公益性行为,由此产生了关注和支持的心理,流量也由此形成。

在视频内容的慈善性为创作者团队带来巨大收益的同时,也存在不容忽视的道德风险。以慈善为噱头吸引流量的行为彻底混淆了商业与慈善的边界,受助老人的获益程度与视频团队的盈利规模之间的矛盾也使得这种行为存在正当性问题。

【案例问题讨论】

1. 商业与慈善的边界是什么？如何区分真慈善与"伪善"？视频收益是否正当？

2. 如果"视频慈善"作为一种营利行为，贫困老人在收益分配过程中本处于弱势地位，如何避免收益不公正问题？

本章思考题

1. 什么是伦理？什么是道德？
2. 什么是经济伦理学？
3. 如何处理经济与道德的关系？
4. 经济学是价值中立的纯科学吗？为什么？

参考文献

1. 习近平.习近平谈治国理政：第4卷[M].北京：外文出版社，2022.
2. 亚当·斯密.国民财富的性质和原因的研究[M].郭大力，王亚南，译.北京：商务印书馆，1997.
3. 周中之.经济伦理学[M].上海：华东师范大学出版社，2016.
4. 郝云.经济理性与道德理性的困境与反思[J].上海财经大学学报，2005(2).

第一章　经济伦理原则

哪里有善良的风俗,哪里就有商业;哪里有商业,哪里就有善良的风俗。这几乎是一条普遍的规律。

——孟德斯鸠

【案例引入】

安娜帕娜想要雇一个人来清理由于很久没人打扫而脏乱不堪的庭院,三个失业工人——迪努、毕山诺和若季妮——都非常想得到这份工作。但这份工作无法分割,她不能让三个人来分担,她只能雇用其中一个人。安娜帕娜可以付同样的钱雇用其中任何一个人,而得到大体上同样的工作成果。但作为一个习惯反思的人,她很想知道应该雇用谁才对。

她获悉虽然三个人都很穷,但迪努是其中最穷的,大家都同意这个事实。这使安娜帕娜倾向于雇用迪努。(她问自己:"有什么能比帮助最穷的人更重要呢?")

然而,毕山诺是最近才家道败落的,为此心理上最受压抑。与此相反,迪努和若季妮一直就穷而且穷惯了。大家都同意毕山诺是三人中最不快乐的,而且,如果得到这份工作,肯定会比另外两个人更感到快乐。这使安娜帕娜更倾向于雇用毕山诺。(她告诉自己:"消除不快乐当然应该是第一优先。")

但是,若季妮患有慢性病,而且坚强地承受着。她可以用挣到的钱来治愈那种可怕的疾病。没有人否认若季妮不像另外两个人那么穷(虽然她确实很穷),并且也不是他们中最不快乐的人,因为她相当乐观地承受着剥夺,而且久已习惯于伴其一生的剥夺(她来自贫穷家庭,已被训练成一个相信年轻妇女不应该有抱怨也不应该有野心的人)。安娜帕娜想,把这份工作给若季妮会有什么不对?(她推测:"这可以对生活质量和免受疾病的自由做最大的贡献。")

安娜帕娜反复思量她到底应该怎样做。她承认,如果只知道迪努最穷这一事实(其他人情况不知),那么她肯定会把这份工作给迪努;如果只知道毕山诺是最不快乐的,而且会从这一机会得到最多的快乐这一事实(其他人情况不知),那么她有极好的理由去雇用毕山诺;如果只知道若季妮可以用挣来的钱来治愈疾病(其他人情况不知),那么她会有一个简单明确的理由把这份工作给若季妮。但是她同时知道了这三件事实,而且这三条理由各有道理,她不得不在三条理由中做出选择。①

【案例问题讨论】

安娜帕娜如何做出选择?依据是什么?

显然,这个案例可以看出,道德的理由非常重要,我们可以给出很多理由支持自己的观点。这些理由许多是生活中的常识或者自己的经验的总结,或者是自己的价值观。但如果是道德的理由,一定是从某一原则出发来说明的,要用一种原则来概括你所支持的观点就需要有分析工具和原则,这是评价具体行为或事件的基本准则。如果安娜帕娜选择雇用最穷的迪努,她是遵循了公正原则,因为公正原则关心的重点是贫富差距,维护的是穷人的利益。如果她选择了毕山诺,她遵循的是效用原则,因为效用原则是以增进快乐减少痛苦来衡量的。显然,毕山诺是最痛苦的,工作给了她会减少痛苦的可能性。但如果工作给了若季妮,她遵循的是权利原则,因为"这可以对生活质量和免受疾病的自由做最大的贡献",遵循的是自由、基本权利的保障等。在道德选择中,无论选择以上任何一种行为都是道德的,只是各自的理由不同。当然,这些道德选择有时是有冲突的,其中有的合理,有的不合理。

---

① [印]阿马蒂亚·森.以自由看待发展[M].任赜,于真,译.北京:中国人民大学出版社,2013:46—47.

在实际运用中,要根据所处的环境灵活的运用,如果综合考虑这些原则就会在道德判断和道德选择中更加合理和准确。道德原则具有抽象性、指向性作用,它是基于一定的道德立场而确定的,带有一定的意识形态和伦理学派的观点。在中外历史上出现过诸多伦理学派,他们的观点和分析方法都有区别甚至大相径庭,因此在实际运用中要有所取舍。道德规范是具体化的规定性,是根据社会的道德现实或不同行业、职业所确定的规定,它更具体地反映了道德原则的要求。本教材选取了有代表性的效用原则、权利原则和公正原则等作为经济伦理最基本的道德原则进行分析讨论。

第一节 效用原则

从伦理学发展史的角度看,无论是中国还是西方传统伦理学的发展逻辑都有效用论(功利论)和道义论的两条传统主线。中国主要有以儒家为代表的道义论和墨家、法家等为代表的效用论;西方文化传统中也有效用论和道义论之争,主要有以康德为代表的道义论以及边沁、穆勒为代表的效用论之争等。效用论作为一种伦理学理论,将效用作为判断行为的标准并以社会效用或社会效用最大化作为行为方针,称为效用主义。要认识到效用主义(utilitarianism)思想的核心要义,就需从效用主义的源头进行探寻。

一、西方传统效用主义观点

西方效用主义从源头可以追溯到古希腊罗马时期的幸福论,近代的哲学伦理学思想发生了转向。在古代,伦理学关注的主要问题是人生哲学,探讨个体如何达到幸福和至善,虽然也讨论社会的公正问题,但大多以个体的幸福为旨归。近代关注的主题转向个人与社会的关系,个人主义、利己主义、效用主义等价值观念相继出现。效用主义学说在培根、霍布斯那里就奠定了基础,后经洛克、休谟和亚当·斯密,效用主义有了进一步的发展,而在边沁那里,效用主义已具有了较完备的形式。

效用主义被称为"社会快乐主义",至19世纪,在社会关系中有两条线索:

一是工业资产阶级同土地贵族及金融贵族的矛盾；二是工业资产阶级和无产阶级的矛盾。效用主义代表前者说话，在经济上为资本主义生产关系辩护，如穆勒非常赞赏自由竞争的资本主义生产方式；在政治上为资产阶级政治、法律和其他国家机器的改革和完善提供思想武器，如边沁提出要从效用主义原则出发进行立法等。

（一）边沁的效用主义

边沁最先对效用主义下定义，把快乐与痛苦作为衡量功利与否的标准。受爱尔维修等人的影响，边沁认为人的本性都是追求快乐、逃避痛苦。"自然使人降生在一个快乐和痛苦的帝国中。我们的全部观念莫不来源于快乐和痛苦；我们的所有判断，人生的所有决定，莫不与快乐和痛苦有关。"[①]效用原则是苦乐的计算。"效用是一个抽象术语。它表达一个事物使某些恶不能发生或导致某些善发生的性能或倾向。恶即痛苦，或痛苦的原因；善即快乐，或快乐的原因。凡与某一个人的功利或利益一致的事物，即为有助于增加该个人幸福总量的事物。凡与某一共同体的功利或利益一致的事物，即为有助于增加组成该共同体的诸个人的幸福总量的事物。"[②]一切行动、政策、法律的原则的制定都要遵循这个原则，人为什么要行德，就是因为行德给人带来快乐，如果行德给人带来痛苦，那么，这种美德就违背了快乐，也就称为恶了。经济、立法、政策的制定也是这个道理。

由上可以看出，边沁认为，如果行为或政策影响的是大众，就不能以某个人的利益作为判断的标准，或按特定的利益群体来做标准。边沁还用"最大多数人的最大幸福"代替"社会利益"概念，在《政府片论》中就认同"最大多数人的最大幸福是正确与错误的衡量标准"[③]，认为个人追求最大多数人的最大幸福是最合乎个人利益的；同时，个人利益的满足，也就促进了最大多数人的最大幸福。

"最大多数人的最大利益"的评价标准需要计量。苦乐大小的计算的依据有6个方面：(1)强度；(2)持久性；(3)确定性或不确定性；(4)迫近性或遥远性

---

① [英]吉米·边沁.立法理论[M].李贵方等，译.北京：中国人民大学公安出版社，2004：2.
② [英]吉米·边沁.立法理论[M].李贵方等，译.北京：中国人民大学公安出版社，2004：2—3.
③ [英]边沁.政府片论[M].沈叔平等，译.北京：商务印书馆，1995：92.

(时间上);(5)继生性,或苦乐之后随之产生同类感受的机会,也就是乐后之乐、苦后之苦;(6)纯度,或者苦乐之后不产生相反感受的机会,也就是不产生乐后之苦、苦后之乐。计算的范围则是苦和乐扩展所涉及的人数。根据这一标准,把每种行为所涉及的人增加或减少的快乐或痛苦的总量计算出来,再将各个人快乐的净值加起来构成快乐的总量。"一件事物如果趋于增大某个人的快乐之总和,或者(也是一回事)减少他的痛苦之总和,那么我们就说它是增进那个人的利益或者有补于那个人的利益。"[1]"从而有一种行为,其增多社会幸福的趋向大于其任何减少社会幸福的趋向,我们就说这种行为是符合功利原则的,或者为简短起见,只就是符合功利的(意思是泛指社会而言)。"[2]具体到经济政策、法律制定,就要看其是不是增多社会幸福的趋向大于其任何减少社会幸福的趋向。

社会利益是如何构成的呢?边沁的社会利益是什么呢?他认为:"社会是一种虚构的团体,由被认作其成员的个人所组成。那么社会利益又是什么呢?——它就是组成社会之所有单个成员的利益之总和。"[3]边沁在阐述个人利益与社会利益关系时采取的是"原子主义"的方法。在他看来,社会利益,如果脱离了个人利益,就是一种虚构,只有个人利益是唯一现实的利益。既然社会利益只不过是个人利益的简单相加,那么,增进社会利益的唯一方法就是各人追求自己的利益。个人的利益是得到充分满足,社会利益也就愈能增加其总量。边沁的社会利益是什么呢?他认为,"社会是一种虚构的团体,由被认作其成员的个人所组成。那么社会利益又是什么呢?——它就是组成社会之所有单个成员的利益之总和"。在他看来,社会利益如果脱离了个人利益,就是一种虚构,只有个人利益是唯一现实的利益。增进社会利益的唯一方法就是各人追求自己的利益。

(二)穆勒的效用主义思想

约翰·穆勒继承和发展了边沁的效用主义思想,主要伦理著作是《效用主

---

[1] 周辅成编.西方伦理学名著选辑[M].下.北京:商务印书馆,1996:212.
[2] 周辅成编.西方伦理学名著选辑[M].下.北京:商务印书馆,1996:212.
[3] 周辅成编.西方伦理学名著选辑[M].下.北京:商务印书馆,1996:212.

义》(有译为《功利主义》)。穆勒提出幸福是道德的基础和本质,而且也认为最大多数人的幸福是道德原则的基础和标准。不同之处在于,他认为快乐不仅有量的区别,而且有质的不同。在如何实现最大幸福主义与个人幸福、整体利益与个人利益的关系时提出了"合成说",把整体利益看成个人利益的简单合成,为了增加最大多数人的最大幸福,各人只要努力增进自己的幸福就可以了。

穆勒的效用主义持效果论观点,认为动机无善恶。"只要在每一个别场合,参照动机产生的结果,动机才能被确定为好的或坏的。"判断一种行为的好坏,唯一的根据是效果。效果好,动机就好;效果坏,动机就坏。这是因为,每个人都是追求快乐逃避痛苦的,因此动机是一样的,而且也都是符合人的本性的,关键在于,这种趋乐避苦的动机付之行为时,效果才是评价行为的标准。穆勒根据行为的效果来评价人们的行为和人品。产生好的效果的行为,不管动机如何都是好的,反之则是坏的(如救小孩)。区分评价行为与评价人品的不同标准。

在如何做到有利于最大多数人的最大利益上,提出了道德制裁理论,穆勒并不反对外在制裁的效果,但是更为注重道德的内部制裁力——良心。边沁认为,为了达到功利目的,就应该取消道德规则,而根据"功利计算法"来选择行为(唯利主义)。穆勒认为,达到效用的最佳途径或方法,不是取消道德规范,恰恰相反,是遵循道德规范。穆勒既强调效用,又重视道德原则,表现出一种试图统一道义和利益的趋向和努力。这是对效用主义的一大发展。

二、效用主义的作用及局限性

(一)效用主义的作用

1.效用主义作为道德原则在实际中经常被运用

一是效用主义观念经常被应用于立法工作。许多立法原则是以效用主义为基础的,"法不责众"说的是一个法律把大多数人制裁了,这个法律一定是有问题的,应该修改。二是作为道德原则的基础。一个行为是否符合道德,按照效用主义标准,首先看它是否符合大多数人的利益,"撒谎"之所以是不道德的,是因为在大多数情况下,撒谎会产生伤害,或在自己获利的同时,对他人的利益造成了损失。三是在经济学说中经常被应用,经济学中强调在资源稀缺的情况下,以最小的花费取得最大的效用。四是企业经营活动中用于成本－收益分析,当然在这里并不只是单一的成本－收益问题。效用主义是强调"最大化的效用",如果某项投资的成本－收益虽然是正收益的,不一定符合效用主义,只有在多种可能的方案进行比较时,选择成本－收益最大化的方案才是符合效用主义的。此外,效用主义除了收益最大化的要求,损失最小化也是符合效用主义的。在各个可能选择的方案都产生负收益的情况下,选择损失最小的就是符合效用主义的。

2.效用主义把苦乐驱使下所得到社会快乐作为衡量人们行为善恶的道德标准,有利于克服利己主义

以往的思想家只是在本能上谈趋乐避苦,并未赋予它更多的道德意义,至多在狭小范围,边沁把这种特性的功效扩大到社会的各个方面,泛指整个社会。在解决各人利益与社会利益之间的矛盾时采取了"合成说",即把各人利益与社会利益二者简单等同。显然,效用主义与利己主义是不同的,利己主义者考虑的出发点和受益人是自己,而效用主义的受益人是社会,尽管社会是虚拟的。"最大多数人的最大幸福"的"最大多数"不能被理解为自我,此时的自我并不是利益的判断者。如果是以我为目的,那么就不是效用主义,而是利己主义。

(二)效用主义的局限性

1.忽视精神价值作用

效用主义的显著特点是以功效、利益作为衡量标准,这就导致了其对精神价值的忽视,在效用面前,一切精神价值都不值一提。特别是以"唯利主义"为原则的行为效用主义,不管道德的一般规则,为了利益可以牺牲一切道德规范。效用原则者穆勒尽管提出了"提倡自我牺牲",但认为要值得,所谓"值得",就是要符合"最大多数人的最大利益"要求。因此他并不认为"自我牺牲"都是有价值的。

2.忽视个人权利和社会公正

效用主义在实际运用中容易导致社会公平和个人权利受损问题。一是按照效用主义"最大多数人的最大幸福"作为行为标准,牺牲少数人的利益就是应该的,这样势必违反了少数人的权利。特别是在具有强烈侵犯个人权利的决策

中不能用效用原则的标准进行决策。二是效用主义"最大多数人的最大幸福"有两个"最大",看起来是大多数人的利益,实则不尽然。"最大多少人"作为"利益相关者"的定位只是基本计量要求,只要将他们统计进去就可以了,而最终要看的是"最大幸福"的总量,有可能总量最大的方案是符合少数人利益的。可见,"最大多少人"并不能狭义理解为受益人员的多数(除非是以人的数量为单位的决策行为),如果是以利益总量为计(如GDP的总数),那么,少数人获益得多也会被选择。"最大多少人"并非指大多数人获益,而是指利益相关者参与统计,无论获益或损失都进行计算加总。效用主义的公正观就是按照"最大多数人的最大利益"作为公正标准的,这与通常所理解的公正并不相同。

【案例引入】

某汽车制造商为了说服所在城市的主管领导,使用本企业的汽车作为出租车乘用车,于是对城市分管领导进行贿赂。企业总裁认为他的行为是合理的,因为汽车商获得出租车购买订单对公司的发展和竞争力有很大帮助,这样就提高了该城市的就业率,也避免了工人失业带来的负面影响。同时,汽车业也是该城市的支柱产业,企业的发展给城市带来了税收,这个城市也因此获得了它所需要的出租车供应,这是对各方都有利的方案。这名企业总裁认为他的行为是合理的,因为这确保了企业生存、工人就业和居住地的安定;而城市也获得了所需的汽车。他的行为所产生的利益远远大于贿赂行为可能造成的消极影响。[①]

【案例问题讨论】

他的观点符合效用主义吗?为什么?

三、社会主义效用原则

马克思主义经典作家并不一般地反对效用主义,而是主张用社会主义改造效用原则,代之以社会主义效用原则。毛泽东指出,只要有90%以上的人同意的,就是我们的行为目标。如果正确地、合理地利用社会主义效用原则,就会有

---

① [美]理查德·T.,德·乔治. 经济伦理学[M]. 李布,译. 北京:北京大学出版社,2002:66.

利于社会主义市场经济的发展、有利于社会主义道德原则和规范以及社会主义法治建设。

社会主义效用原则既追求效用、利益等,同时又要符合真正的"最广大人民的利益",这里的最广大人民的利益,并不是简单的每个人的利益之和,是人民的整体利益与个体利益的共同提升,这里显然有共同利益的概念,而西方效用主义下的共同利益并不是每个人的利益,这其实就掩盖了共同利益最大化下的不公平现象,特别是共同体中的弱势群体、穷人的利益是不能得到根本保证的。从这点来看"最大多数人"是整体概念,并不代表多数人的利益。正如马克思指出的那样,效用主义无非是文明的利己主义。马克思认为,在私有制条件下,共同利益没有基础,社会利益是难以实现的。在阶级社会中,共同利益的本质实际上是特殊的阶级利益。西方社会利益论者倡导的"最大多数人的最大幸福"具有一定的欺骗性,他的功能之一就是为资本主义制度作辩护。所以,马克思和恩格斯指出,边沁效用主义理论"是同占统治地位的发达的资产阶级相适应的"。恩格斯进行了入木三分的评述:"公民应当轻视个人的利益,应当只为公共福利而生活;边沁与此相反,他在实质上进一步发展了这一原则的社会本性,他和当时全国的倾向相一致,把私人利益当作公共利益的基础;边沁在人类的爱无非是文明的利己主义这一论点(后来这个论点被他的学生穆勒大大发展了)中宣称,个人利益和公共利益是同一的,他还用最大多数人的最大幸福这一概念代替了'公共福利'的概念。"

无产阶级夺取政权后,无产阶级的利益也会上升到普遍的社会利益。马克思说:"每一个力图取得统治的阶级,即使它的统治要求消灭整个旧的社会形式和一切统治,就像无产阶级那样,都必须首先夺取政权,以便把自己的利益又说成是普遍的利益,而这是它在初期不得不如此做的。"由于无产阶级是代表大多数人的利益,因此,它的利益具有更为普遍的性质。在社会主义社会建立以后,由于以公有制为主体的社会结构个人利益与社会利益具有了和谐一致的条件。社会主义的效用原则表现为:

(1)以最广大人民的利益作为行动的指南。这是从宏观层面的行为原则判断。国家宏观政策的制定以及基本经济制度的确立,看是否有利于最广大人民的经济利益。这是满足人民对美好生活需要的标准。这是以公平正义作为基础的,是所有人的利益,是社会主义下的共享利益。

(2)注重利益和效用的判断。中国自改革开放以来,实现了经济的大发展,极大地提升了效用。通过制度创新和经济体制改革、分配体制改革释放活力。当下,新质生产力的提质和高质量发展已经显示出强大的驱动力,使经济发展的质量和效益都有了最大化的提升,符合社会主义利益目标要求。

(3)要维护利益相关者的利益,不能有损人利己的行为。社会主义效用原则是有利于最广大人民利益的,把人民作为整体,以社会主义人民为中心的发展理念指引,而不是以原子式的个人主义作为标准的,人性利己出发,每个人的利益相加的社会利益。此外,社会主义效用原则避免了西方效用原则的忽视公正的现象,是以最大多数人的最大幸福视为公正。当然,单纯的效用原则容易导致对精神价值的忽视,还要注重道德权利、精神价值等的维护和塑造。

第二节 权利原则

权利是重要的经济伦理原则。在道德行为选择上,往往会出现重功利比较的现象,为了多数人的利益牺牲少数人的利益,或者为了物质利益而忽视精神利益,此时运用道德权利原则就会起到应有的作用。

一、道德权利的含义

对权利问题的争论比较多。例如,如何界定权利? 有哪些权利? 权利是天生的,还是后天争取的? 权利是抽象的还是具体的? 是否有放之四海而皆准的权利? 等等。中西方、中国传统文化与现代文化的回答都有不同。

从道德权利的角度看,权利就是资格,每个人都有平等做某事的资格。有的学者认为:"道德权利,是指那重要的、规范的、合理的要求或资格。"[1]但是,权利并不是"天赋的"资格,马克思主义认为,权利是一定社会经济条件的产物。

---

[1] [美]理查德·T.,德·乔治.经济伦理学[M].李布,译.北京:北京大学出版社,2002:114.

马克思指出:"权利,就它的本性来讲,只在于使用同一尺度"①"权利决不能超出社会的经济结构以及由经济结构制约的社会的文化发展。"②可见,作为上层建筑一部分的权利,既由一定社会的经济基础决定,又受一定社会的文化影响和制约,因此,只有从唯物史观的角度看待权利的概念才能避免抽象地理解权利。

二、权利的分类

权利种类有法律权利、政治权利、经济权利、文化权利、道德权利等。法律权利和道德权利是两种最主要和基本的权利。

在权利体系中,权利是多层次的,且有轻重层次的差异,因此存在着权利价值观之争。主要有两种权利观,即消极权利(Negative rights)与积极权利(positive rights),或称被动的权利与主动的权利。(1)消极权利,即他人有义务不干涉个人有权利进行的某些活动。作为被动的权利,他人有义务不侵犯你的权利。如果不需要政府或社会提供帮助,如富人不需要寻求主动的权利,但他有权利要求政府和社会不要剥夺合法的财富。同样,你也有不得侵犯他人权利的义务。(2)积极权利即其他机构(或社会整体)有积极义务向权利拥有者提供任何帮助,让他们追求权力保障的利益。例如,穷人处于危难之中,无法通过个人保障自己的生存和发展,诸如基本生活保障、疾病的治疗等,他有权利向政府、社会提出必要的帮助,政府和社会也有义务帮助权利所有者。

随着社会经济的发展,人们在满足主动权利的同时,越来越注重被动权利的保护,特别是数字经济时代,被动权利问题凸显。如隐私权、安全的权利等。隐私权有法律意义上的隐私权,也有伦理意义上的隐私权。隐私,本质是一种信息,一种属于私人的排他性的不愿为他人知晓或干涉的信息。例如信件、记事本等,这些本身并不是隐私,只是其中记载并反映出来的信息才是隐私。隐私有相对个人的隐私权和绝对个人的隐私权。绝对个人隐私是指纯个人的,与一切非本人的他人无关的信息,如人身性数据等。相对个人隐私是指由于某种

---

① 马克思恩格斯文集:第3卷[M].北京:人民出版社,2009:435.
② 马克思恩格斯文集:第3卷[M].北京:人民出版社,2009:435.

关系如夫妻关系、合同关系等与特定的他人相关的应为他们共同支配的共同保护的隐私。家庭关系是典型的相对个人隐私。隐私应当是一种合法的、不危害到公共利益或他人利益的事物或行为的信息。①

三、康德的权利观

在西方伦理学中，康德是义务论的代表人物，也是西方权利观的主要代表。他提出："人是目的，不是手段。"每一个人都要把他人视为目的，而不能只是工具，这是"绝对命令"的一个原则，目的是保障每个人的权利不被剥夺。这在当时社会是具有进步意义的。要完整地把握康德的权力观还需要了解康德的权利义务论的基本观点。

首先，判断道德价值的标准是"善良意志"。康德是动机论者，他认为，一个行为要具有道德价值，行为者的动机必须是善良的，"善良意志"本身就是好的。"在这世界内，或是在这世界以外，除了好的意志之外，没有什么东西有可以无限制地被认为好的可能。"②如果人们的行为仅仅是出于个人利益或个人爱好甚至天然情感，而外在方面及其结果符合于道德法则要求的，那么，这一行为就具有合法性，但不一定具有道德性。

其次，行为具有道德价值必须是"为义务而义务"。他认为："行为要有道德价值，一定是为义务而实行的"③"道德法则是作为我们所先天意识到而又必然确实的一个纯粹理性事实给予我们的。"康德的义务论，(1)注重的是"为义务而义务"，不注重目的。赡养父母并不都是道德义务，如果出于其他目的，赡养父母只具有合法性，而不具有道德性。(2)主张形式的义务论而非实质的义务论。只提出抽象的原则而不是具体的规范，而儒家是实质性的义务论，注重规范的重要性。(3)强调被动的权利而非主动的权利。提出"人是目的""你不愿做的也不要强迫别人去做"，相比之下，儒家的"忠恕之道"要求主动与被动相结合。"忠"是积极主动的——"己欲立而立人，己欲达而达人"；"恕"是被动的——"己

---

① [美]理查德·T.，德·乔治.经济伦理学[M].李布，译.北京：北京大学出版社，2002：385.
② [德]康德.道德形而上学探本[M].唐钺，译.北京：商务印书馆，2012：8.
③ [德]康德.道德形而上学探本[M].唐钺，译.北京：商务印书馆，2012：15.

所不欲不施于人"。

最后,道德法则是"绝对命令"。他认为原则与规范有三种:(1)技巧的规则,如操作规则;(2)明则的劝告;(3)道德的命令或规则。而道德的规则是绝对命令——"道德法则是作为我们所先天意识到而又必然确实的一个纯粹理性事实给予我们的。"道德法则是关于经验而确立的,是不依具体条件而变化的,是无条件的,是无条件的命令。如"不撒谎",如果是道德命令,就是任何时候都不撒谎。

四、中国特色社会主义的道德权利观

我国积极发展最广大人民的权利,既强调人民的主动权利,又重视被动的权利,相比之下,首先要注重人的主动权利,如生存权和发展权。习近平关于权利的论述深刻体现了实质性的权利,他指出:"生存权和发展权是最重要的人权。""时代在发展,人权在进步。中国坚持把人权的普遍性原则和当代实际相结合,走符合国情的人权发展道路,奉行以人民为中心的人权理念,把生存权、发展权作为首要的基本人权,协调增进全体人民的经济、政治、社会、文化、环境权利,努力维护社会公平正义,促进人的全面发展。"[①]这里将人的权利(人权)发展看作一个过程,是与一定社会的生产关系及生产力状况所决定的。中国正是基于这一理念,成功走出了一条中国特色的扶贫开发道路,使 7 亿多农村贫困人口成功脱贫,这是实实在在人权的提升和进步。社会主义的道德权利观还要注重被动的权利,即权利的保护,避免伤害。诸如隐私权、知情权、自由权、安全的权利等。

而西方有些国家追求的主要是被动的权利,对主动的权利如帮助穷人不太关心,有些主张是反对政府的再分配政策的。如有些持自由主义观点的学者提出"权利优先于善",将权利置于政治优先地位,这实质是抽象的权利观,而非发展人民实质性的权利。"权利优先于善"的另一层含义就是个人权利的优先性,而忽视了集体权利问题,导致个人利益至上而损害社会和他人利益的现象产

---

① 习近平.致纪念〈世界人权宣言〉发表七十周年座谈会的贺信[N].人民日报,2018-12-11.

生。

权利并不是从来就有的,也没有什么天赋的权利。在阶级社会,被剥削阶级没有权利,在资本主义社会,拥有资本的人就有一切权利,资本的权利还衍生出其他权利,如经济权利、政治权利等。因此作为上层建筑的权利也是受一定社会的经济基础和生产关系所决定的。历史上看,人的权利都是通过斗争争取的。只有在消灭了阶级、消灭了剥削的社会主义社会,人民才能获得真正的权利。

中国特色社会主义的权利的真正实现还要建立在生产力的高度发展基础上,马克思认为,共产主义是"以生产力的巨大增长和高度发展为前提的"①,作为"新质生产力"的重要形态的数字经济是推动高质量发展的重要引擎,数字经济时代的新质生产力,"完全超出资产阶级权利的狭隘眼界"②。

【案例引入】

互联网企业的隐私保护

保护信息隐私,倡导行业自律。近年来,互联网企业对个人信息的过度收集、滥用和泄露,不仅侵犯公民的隐私权,而且导致诈骗、勒索、非法监控等社会问题,引起各方高度关注,个人信息保护已经成为数字经济领域的国际国内热点问题。据媒体不完全统计,我国2016年通过不同渠道泄露的个人信息达65亿条次;也就是说,平均每个人的个人信息被至少泄露了5次。互联网企业为避免陷入维权纠纷,纷纷采取措施设立隐私条款。

2017年7月以来,中央网信办等四部门组织评审十大常用网络产品隐私条款的"成绩单"。评审内容包括隐私条款内容、展示方式和征得用户同意方式等。首批参与测评的网络产品,包括京东商城、航旅纵横、滴滴出行、携程网、淘宝网、高德地图、新浪微博、支付宝、腾讯微信、百度地图10款常用的网络产品。评审认为,10款产品和服务在隐私政策方面均有不同程度的提升。10款产品和服务均明示了其收集使用个人信息的规则,并征求用户的明确授权。其中,8

---

① 马克思恩格斯文集:第1卷[M].北京:人民出版社,2009:538.
② 马克思恩格斯文集:第3卷[M].北京:人民出版社,2009:436.

款产品和服务做到了向用户主动提示并提供更多选择权。

用户控制力增强也是此次评审中一大亮点。在 10 款产品隐私条款中，用户的权利更加明确，具体包括访问权、更正权、删除权和注销权等。京东新版隐私条款中，以增强告知或即时提示的方式在收集、使用及共享个人信息时给用户明示选择权，并在产品设置中允许用户即时撤销授权。以评审得分最高的微信为例，微信在功能设计层面进行了用户撤回其同意采集、使用敏感信息的设置，用户可以根据其需要通过便捷的操作随时撤回其同意。

【案例问题讨论】

1. 你认为中央网信办等四部门组织评审互联网企业的隐私条款有哪些作用？访问权、更正权、删除权和注销权对用户的意义是什么？

2. 你认为要保护个人的信息隐私各方需要采取哪些措施？

【案例引入】

从杭州 HR 智库联盟看打工人就业自由权的边界

2020 年 11 月，杭州高新区（滨江）HR 智库联盟成立，首批成员由阿里、海康、网易、吉利等 30 余家重点企业 CHO 或 HRD 组成，旨在打造最具"使命感、凝聚力、生长力"的人力资源共享赋能平台。通过标杆学习、经验分享，开展前沿研究，共同推进人力资源管理的创新实践与价值提升，赋能企业创新发展，打造热带雨林式的人才发展新生态。此消息虽得到杭州滨江区人力资源和社会保障局相关负责人回应，表示该联盟目的在于发挥智库作用，提升人力资源管理服务水平，为区域人才政策优化建言献策，不存在交流讨论员工个人情况与共享员工信息行为，但仍引起广大群众反感。工人们结合 2019 年浙江提出的拟用个人征信系统的机制来约束"恶意频繁的跳槽行为"，对就业自由权的边界、就业市场垄断行为展开深度讨论。

多数群众对于联盟的排斥主要有以下几种观点：一是认为联盟成立后工资议价空间或被压缩，工薪阶层不再有跳槽议价的可能；二是职业生涯或被标签化，可能存在工作态度、具体薪资待遇情况等信息都被一一记录、公开的情况，甚至被恶意标注，换工作难度增大；三是联盟意味着资本联合，举足轻重的企业企图形成对就业市场的垄断,就业市场的垄断必然对提供岗位的资本和企业有利,但对多数打工者不利;四是企图以控制职工流动,增加员工跳槽成本,对于企业而言,保证了用人成本的利益最大化,但对于大多数普通打工者则意味着职业生涯的限制,个人发展在一定程度上受阻。

打工人对就业自由的维权行动一直未曾间断,对于 HR 联盟的抵触也可从其他类似案例中找到参照。2011 年苹果、谷歌、英特尔以及 Adobe 四家公司签订了互不挖角协议,同意互不挖角彼此的员工,数千名员工进行了集体诉讼,把这四家公司告上了法庭。最终,法官判苹果、谷歌等四家公司赔偿 4.15 亿美元,以此和解。2016 年 9 月,三星和 LG 因一份"互不挖角"协议遭到了员工起诉。放眼世界,科技巨头谷歌、苹果、Facebook 正在遭遇有史以来最严苛的调查。2020 年 11 月,我国市场监督管理总局也发布了《关于平台经济领域的反垄断指南(征求意见稿)》,剑指平台的垄断行为……普通的打工者需要更为规范化的劳动环境,也更期待更加公正的就业环境。

【案例问题讨论】

1. 如何看待 2019 年浙江提出的拟用个人征信系统的机制来约束"恶意频繁的跳槽行为"?

2. 针对案例,你认为对于就业市场与劳动者,企业应如何体现其社会责任?

第三节 公正原则

公正原则是一条重要的经济伦理原则。什么是公正?什么样的行为是公正的?历来有不同的观点,如效用主义的公正观与道义论的公正观就有显著的不同。还有公正与公平、正义、平等等概念有何区别?对这些概念的区分和明确界定是我们能够正确运用公正原则的基础。因此,有必要对一些概念进行探讨。

一、公正、公平、平等的界定

一般而言,公平和平等的意思比较相近,公平意味着人人平等,没有特殊和例外,公平一般指权利、机会、规则的平等,而公正和正义的意思比较相近,强调的是每个人都得到应有的利益,这就存在着差异性问题。从分配的角度而言,公平的分配是按标准,统一尺度来分配,没有例外。而公正的分配则更注重差别对待。因此,有的学者认为,公平注重客观的尺度,而公正则更注重价值标准。公平与公正似乎存在矛盾,许多情况看似采取公平原则,但却不公正;采取公正原则又不公平,这也是导致在公平正义问题上存在诸多争议的原因。如许多自由主义经济学者认为公平比公正重要,在规则平等的前提下的经济是最人性化的经济,也是最公平的。这就需要我们在具体实践中对公平与公正协调考虑。

从经济的角度看,公平正义涉及生产、交换和分配等环节。经济交换强调的是公平交易,以平等原则为主,由此形成了公平观念。例如,亚当·斯密从自由市场竞争角度谈公平,认为每个经济行为主体是自由的,个人所得的利益也是公平的,至于其结果是否出现贫富差距则不是他所关心的。从权利平等的角度看,生产的权利、劳动的权利等要求自由、平等。

公正的分配原则,是指给予每个人应得的权益,对可以等同的人或事物平等对待,对不可等同的人或事物区别对待。但是,各个时期对什么是"应得"就有较大不同。古希腊时期斯拉斯马寇认为,"正义是强者的利益",强者的利益是应当的。苏格拉底认为:"我确信,凡是合乎法律的,就是正义的。"柏拉图则从地位的高低角度看"应得",人人各尽其能,各自在自己的岗位上发挥应有的作用,这种自然的分工就可视为正义的定义。亚里士多德第一次明确说出了"按应得分配","如果两个人不平等,他们就不会要分享平等的份额。只有当平等的人占有或分得不平等的份额,或不平等的人占有或分得平等的份额时,才会发生争吵和抱怨。从按配得分配的原则来看这道理也很明白"。"公正在于成比例。因为比例不仅仅是抽象的量,而且是普通的量"[1]。他的"应得"也是有倾向性的,不是所有的人都配有应得财富的权利。站在"自由民"的立场上谈"按配得分配","按配得分配"的原则其实就是这种思想的反映,带有明显的阶

---

[1] [古希腊]亚里士多德.尼各马可伦理学[M].廖申白,译.北京:商务印书馆,2012:134—135.

级立场。亚里士多德把公正区分为分配的正义、矫正的正义以及补偿的正义等几个方面。

二、罗尔斯与诺齐克的公正观

现代政治哲学和伦理学对公平正义的研究有了新的进展，使公平正义的焦点问题及解决的思路更加清晰。主要有两种具有代表性的观点：一是罗尔斯的"公平的正义"(Justice as fairness)理论；二是以诺齐克的"持有的正义"(Justice of holdings)理论。他们都是从契约论的角度出发来看待正义的，但就按什么原则来分配的问题上出现了分歧。罗尔斯强调平等优先原则，制度的公平性是优先考虑的，认为正义是制度的首要价值。在罗尔斯看来，自由、机会、收入和财富的分配首先必须符合公平的程序。人们处于"原初状态"能保证达到基本契约的公平性。原初状态的观念，旨在建立一种公平的程序，以使任何被一致同意的原则都将是正义的，其目的在于用纯粹程序正义的概念作为理论基础，以排除使人们陷入争论的各种有关因素的影响，引导人们利用社会和自然环境以适宜于他们自己的利益。为达到此目的，假定各方是处于一种"无知之幕"的背后，他们不知道各种选择对象将如何影响他们自己的特殊情况。[①] 在由基本结构所建立的背景正义的框架内，在制度规则容许的范围内，个人和团体可以做他们所希望的任何事情。除了背景制度和从实际工作过程中产生的资格以外，不存在任何用来评判一种分配是否正义的标准。在此基础上，确立正义的两个基本原则。

在《作为公平的正义》一书中，罗尔斯对两个正义原则的最新表述为：(1)每一个人对于一种平等的基本自由之完全适当体制都拥有相同的不可剥夺的权利，而这种体制与适于所有人的同样自由体制是相容的。(2)社会和经济的不平等应该满足两个条件：其一，他们所从属的公职和职位应该在公平的机会平等条件下对所有人开放；其二，它们应该有利于社会之最不利成员的最大利益。第一个原则优先于第二个原则；同样在第二个原则中，公平的机会平等优先于

---

① [美]约翰·罗尔斯.正义论[M].何怀宏,等,译.北京：中国社会科学出版社,1988：136.

差别原则。① 他认为,第一个原则优先于第二个原则,在于第一个原则所涵盖的基本权利和自由与差别原则所调节的社会利益和经济利益之间,这种优先性排序排除了相互交换。譬如,不能以有利于经济增长和提高效率为借口而牺牲一些自由,并以这样的借口来拒绝某些群体拥有平等的政治自由,他强调这两个原则都是政治价值,而不要误认为第一个原则表示政治价值,第二个原则(差别原则)不是。

罗尔斯的两个正义原则中的第一个正义原则确定与保障公民的平等自由,第二个原则是制定与建立社会经济不平等方面的,适用于收入和财富的分配。虽然财富和收入的分配无法做到平等,但它必须合乎每个人的利益,同时权力地位和领导性职务也必须是所有人都能进入的。人们通过坚持地位开放,运用第二原则,同时又在这一条件的约束下安排社会和经济的不平等,以便每个人获得利益。② 对于差别原则,他列举了美国篮球职业选秀规则的例子,冠军队在新球员的选秀中处在最后,像职业体育运动中的选秀规则一样,这种为差别原则所要求的安排,是公平的社会合作观念的应有之义,而不是同他毫不相关,即使分配正义带有这种背景正义的规则,它仍然可以被理解为一种纯粹的程序正义。

由上述内容可以看出,罗尔斯主张社会生活中的正义包括起点的公平、机会均等和有限的结果公平,并由此引申出两个关于分配正义的原则,即平等自由原则以及机会公平和差别原则。平等的自由原则处理的是对于公民的基本权利和基本义务的分配,这一原则要求对公民基本自由的分配是平等的;差别原则主要调节的是社会和经济利益的分配,即允许在财富和收入方面存在一定的差别,在差别原则中还包含机会公平原则,即"在社会的所有部分,对每个具有相似动机和天赋的人来说,都应当有大致平等的教育和成就前景,那些具有同样能力和志向的人的期望,不应当受到他们的社会出身的影响"③。

---

① [美]约翰·罗尔斯.作为公平的正义——正义新论[M].姚大志,译.上海:上海三联书店,2002:70.
② [美]约翰·罗尔斯.作为公平的正义[M].姚大志,译.北京:中国社会科学出版社,2011:56.
③ [美]约翰·罗尔斯.正义论[M].何怀宏,等,译.北京:中国社会科学出版社,1988:69.

诺齐克也是从权利的角度来看待公平的,但主张用"持有正义"来代替分配的正义。他认为,关于分配的正义原则离不开每个人获得持有资源的历史条件。他的资格理论为核心的"持有正义"主要包括三个方面:(1)获得的正义,持有的最初获得,或对无主物的获取(获取的正义)"一个符合获取的正义原则获得一种持有的人,对那个持有是有权利的"[1]强调持有的最初获得,即最原始的财产或者资源的获得来源清白,没有来自强取豪夺或者欺诈勒索;(2)转让的正义,持有从一个人到另一个人的转让(转让的正义)"一个符合转让的正义原则,从别的对持有拥有权力的人那里获得一种持有的人,对这个持有是有权利的"[2],在财富或者资源的持有过程中,每一次的转让和交易都是自由的,没有强迫的外界权力或者欺瞒的恶意手段;(3)矫正的正义,对最初持有和转让中的不正义进行矫正(矫正的正义),"所有这些都不是从一种状态到另一种状态的可允许的转让形式,有些人并没有按获取的正义原则核准的手段获得其持有,它构成民非正义,则须对其进行矫正,这就是矫正正义。"[3]这种持有带来的正义必须具有完整的历史过程。诺齐克在其代表作《无政府、国家和乌托邦》中特别强调"权利优先于善",提出否定性的"道德边界约束理论",即"其他人的权利决定了对你的行为所施加的约束"。依据是康德的"人是目的,而不仅仅是手段"。同时,强调"非模式化历史原则的程序论"。分配是否正义依赖于它是如何演变过来的,与之相对的是"即时原则",所关注的是谁最终得到了什么。

阿马蒂亚·森批判了以契约论为基础的分配正义论。他认为,罗尔斯初始正义的特点是封闭的排他性,而封闭的排他性的缺陷在于:(1)封闭的中立性。将不属于焦点群众的人们的意见排除在外,当封闭的焦点群体所做的决策会对这一群体自身的规模和组成产生影响时,就可能出现不一致。(2)程序上的地域狭隘性。设计封闭的中立性是为了消除在焦点群体中有既得利益和个人目

---

[1] [美]罗伯特·诺齐克. 无政府、国家与乌托邦[M]. 何怀宏,译. 北京:中国社会科学出版社,1991:157.
[2] [美]罗伯特·诺齐克. 无政府、国家与乌托邦[M]. 何怀宏,译. 北京:中国社会科学出版社,1991:157.
[3] [美]罗伯特·诺齐克. 无政府、国家与乌托邦[M]. 何怀宏,译. 北京:中国社会科学出版社,1991:158.

的造成的偏狭,但它并不能解决焦点群体自身所共有的偏见这一局限,而亚当·斯密采取的是中立的旁观者,分析中相关判断可以来自主要协商者的视角之外,可以来自任何公平和中立的旁观者。当然,斯密的目的并不是将决策交给一些中立的局外人去裁定。

阿马蒂亚·森还认为:"任何关于道德和政治哲学的实质理论,尤其是关于正义的理论,都要选择一个信息焦点,也就是说,在判断一个社会和评价正义与非正义的过程中,必须决定我们应将关注点集中在世界的哪些特征上。"[1]他的聚焦在可行能力上,强调能力不平等在社会不平等的评估中的核心作用。他认为,可行能力方法超越了对于生活手段的关注,而转向实际生活机会的视角,这也有助于改变以手段为导向的评价方法,这一方法尤为专注于称为基本品的事物及适用于各种目的的手段,无收入和财富、权力和职权、自尊的社会基础等。可行能力方法所关注的,是纠正那些专注于手段的方法,从而将注意力放在实现合理的目的的机会与实质自由上。如果一个人有高收入,但容易患病或者有严重的身体残疾,那么此人不一定会只因为是高收入而被视为具有很大优势。罗尔斯提出的"差异原则",完全是通过基本品来判定分配问题的。他认为,对基本品赋予重要地位就会忽视个体的差异或物质和社会环境的影响。

总之,上述公平正义思想都各有特点,为人们探讨公平正义提供了重要启示,但是都有各自的局限性。为此,还需要马克思的公正观来作为指导。

三、马克思的公正观

马克思认为,财富分配的公正性取决于一定社会的分配制度。他认为,利益是在人们相互联系、相互依赖的经济关系中产生的,是生产关系的表现。在谈财富公正性时不能离开所有权、分配关系以及其他关系。

1. 财产所有权是分配正义的前提

从所有权来看,人们为什么要对财产进行占有?在马克思看来,一方面,财富是以是否真正拥有或占有财产为前提的,离开了财产的所有和占有,不能说

---

[1] [印]阿马蒂亚·森.正义的理念[M].王磊,李航,译.北京:中国人民大学出版社,2012:214.

明任何问题；另一方面，人们不是为占有而占有，而是为享有财富而占有。人们构建和拥有财产权，总是为了维护它的利益。在封建社会，拥有土地财产才能晋升贵族行列。在资本主义初始阶段，在实行普选制以前，财产是公民享有选举权的重要条件。这些情况表明，占有财产是从属于一定的政治社会的利益的。

2. 建立在政治经济学批判基础上的分配正义观

马克思的分配正义是在批判古典政治经济学分配正义的基础上建立的。他认为，生产关系决定分配关系，所有制形式决定分配制度和分配方式。具体而言，体现在以下几个方面：

首先，从生产关系决定分配关系的立场出发来讨论分配的定位问题。马克思明确指出，生产决定消费，生产关系决定消费关系。"分配的结构完全取决于生产的结构。分配本身是生产的产物，不仅就对象说是如此，而且就形式说也是如此。就对象说，能分配的只是生产的成果，就形式说，参与生产的一定方式决定分配的特殊形式，决定参与分配的形式。"[①]同时，马克思也看到，分配不仅包括生活资料的分配，也有生产资料的分配，针对政治经济学认为，分配只是产品的分配，马克思指这是一种浅薄的认识，分配是与整个生产过程有关的，包括生产资料的分配。他说："照最浅薄的理解，分配表现为产品的分配，因此，它离开生产很远，似乎对生产是独立的。但是，在分配是产品的分配之前，它是（1）生产工具的分配，（2）社会成员在各类生产之间的分配（个人从属于一定的生产关系）——这是同一关系的进一步规定。这种分配包含在生产过程本身中并且决定生产的结构，产品的分配显然只是这种分配的结果。"[②]

其次，从"劳动价值论"与"按要素分配"理论的关系出发看分配正义。单从"按要素分配"的角度来看，马克思并不否定其公正性。在某种程度上，马克思是肯定政治经济学的"按生产要素的贡献分配"的。在《资本论》中，马克思认为财富不仅是劳动创造的，"劳动并不是它所生产的使用价值的唯一来源。正像

---

① 马克思恩格斯选集：第2卷[M].北京：人民出版社，1995：13.
② 马克思恩格斯全集：第30卷[M].北京：人民出版社，1995：37.

威廉·配第所说,劳动是财富之父,土地是财富之母。"①马克思在《哥达纲领批判》中也指出:"劳动不是一切财富的源泉。自然界同劳动一样也是使用价值(而物质财富就是由使用价值构成的!)的源泉,劳动本身不过是一种自然力即人的劳动力的表现。"②这说明不仅劳动创造使用价值——财富,而且其他要素也创造财富。

接着,从资本主义制度本身的批判来解决分配正义的前提问题。马克思认为,政治经济学把资本主义制度当作正义的前提。资本主义私人占有方式成了分配正义的基础。政治经济学如果撇开一定的政治制度和经济制度谈公正是没有可能的。他认为,在没有触及所有权制度下谈财富分配正义是虚妄的,在谈财富公正性时不能离开所有权、分配关系以及其他关系。此外,财产也涉及所有者的政治、社会利益。在封建社会,拥有土地财产才能晋升贵族行列。在资本主义初始阶段,在实行普选制以前,财产是公民享有选举权的重要条件。这些情况表明,占有财产是从属于一定的政治社会的利益的。

最后,马克思确定了社会主义与共产主义分配原则。马克思并非把所有社会的分配看作为单一的分配原则,它分为一般的分配原则、资本主义社会的分配原则和社会主义的分配原则、共产主义社会的分配原则。这些分配原则的不同在于各种社会的公正标准是不同的。按劳分配的原则只有在社会主义条件下才能真正做到,即便是按劳分配的原则,马克思认为也有不公正性,因为,劳动者的劳动能力是不一样的。按需分配原则则是共产主义社会的分配原则。

很显然,马克思的分配正义思想是在对西方政治经济学分配正义批判的基础上建立起来的,是从唯物史观和对西方政治经济学批判的视角来看问题的——分配正义是与一定社会的经济条件和生产关系相适应的,从而既实现了对古典政治经济学的超越。同时,它又比西方政治哲学从抽象的自由、权利角度看分配正义的观点深刻得多、现实得多,马克思主义分配正义观是社会主义分配正义的理论基础。

---

① 资本论:第1卷[M].北京:人民出版社,1975:56—57.
② 马克思恩格斯选集:第3卷[M].北京:人民出版社,1995:298.

【案例引入】

特朗普式的公平贸易观

其他国家都应像美国对待进口企业一样,关税水平要像美国那样低。美国的关税水平是基准,其他国家如果实施了和美国相同的关税,则贸易是公平的;其他国家如果关税水平高于美国,则贸易是不公平的。

【案例问题讨论】

请用罗尔斯的正义论观点分析特朗普的"贸易公平论"。

本章思考题

1. 什么是效用主义?它主要有哪些优缺点?
2. 康德义务论的基本观点是什么?
3. 罗尔斯的公正观与诺齐克的公正观的区别在哪里?
4. 公司在工作时间有权监控员工的电子邮件吗?为什么?
5. 请运用效用原则分析共享单车的伦理问题。
6. 在康德看来,"善意的谎言"是道德的吗?为什么?
7. 请谈谈马克思的公正观的内涵。

参考文献

1. [美]约翰·罗尔斯.正义论[M].何怀宏,等,译.北京:中国社会科学出版社,1988.
2. [英]约翰·穆勒.功利主义[M].徐大建,译.北京:商务印书馆,2014.
3. [美]罗伯特·诺齐克.无政府、国家与乌托邦[M].何怀宏,译.北京:中国社会科学出版社,1991.
4. 周辅成.西方伦理学名著选辑:(下)[M].北京:商务印书馆,1996.

5. 马克思恩格斯选集:第 3 卷[M]. 北京:人民出版社,1995.

6. [美]理查德·T.,德·乔治. 经济伦理学[M]. 李布,译. 北京:北京大学出版社,2022.

第二章 中国传统经济伦理及其现代性转化

非诚贾不得食于贾,非诚工不得食于工,非诚农不得食于农,非信士不得立于朝。

——《管子·乘马》

"人无信不立",行业更是如此。《管子》在中国历史上第一次将社会成员按照各自所从事的工作分为"士、农、工、商"四大职业集团,对每种职业都提出了相应的道德要求,认为诚信是最基本的道德规范。"非诚贾不得食于贾,非诚工不得食于工,非诚农不得食于农,非信士不得立于朝。"(《乘马》)即不是诚实的商贾,不得依靠经商为生;不是诚实的工匠,不得依靠做工为生;不是诚实的农夫,不得靠务农为生;不是诚实的士人,不得在朝廷做官。只有各行各业都诚信务实,才会形成正常的秩序。即使官职有空额,也没有人敢自求补缺;即使国君有珍贵的车、甲,也没有人敢私自置备;即使国君要兴办事业,臣下也没有人敢谎称自己力不胜任。国君了解臣下,臣下也了解国君、了解自己,所以臣下没有敢不尽心竭力、怀着虔诚之心来为国君效力的。

在四大文明古国中,唯有中华文明的生命力顽强不灭、传承不息。在这里,民族的古老,历史的悠久,无不与中国的思想文化的丰富性和深刻性相关联,其中自然包括经济伦理思想之树的繁荣。

第一节　中国传统经济伦理思想概述

从奴隶制到封建制时期，在中国历史分期中一般称作古代社会，是中国传统经济伦理思想的主要形成时期。此时的经济伦理思想主要围绕义利关系、奢俭问题、分配问题以及诚信问题等展开。总体来看，呈现出以下几个方面的特点。

一、"重义轻利"的利益伦理模式

自《管子》最先将行业划分为"士、农、工、商"四大职业集团，并将"商"排在了末位以来的两千余年中，"商"就被视为"末作"（农业为"主业"），从此，"重农抑商"开启了中国传统社会君主统治的基本国策。在这里抑商就是轻利，因为商业行为总是伴随着盈利目标，抑商即抑利便是必然之举。

在中国传统"义利之辨"的核心问题上，"重义轻利"思想占据主导地位。一般认为，"义利之辨"主要是"公利"与"私利"的关系。私利即"利"，公利即"义"。程颐认为，义利即是公私之别。他说："义与利只是个公与私也。才出义，便以利言也。"[①]

儒家在利益关系问题上所采取的价值取向是重"义"轻"利"。儒家主张，私人利益要服从公共利益，个人利益服从宗族整体利益，价值取向是重"公"轻"私"，重"义"轻"利"。孔子倡导"以义制利""义以为上""义而后取"的理念，虽然，他并未完全否定利（私人利益），甚至有"义利并举"的思想，但他所赞赏的"利"主要是公利。荀子在义利问题上也总是把"义"放到首要位置来考虑，荀子曾称"义"为"公义""公道"；称"利"为"私事""私欲"。以此为原则，他认定："义胜利者为治世，利克义者为乱世。"其"义主利从"的思想可见一斑。

墨家主张义利并举，他所讲的"利"不是个人私利，将"利"理解为天下之利，这一思想是与欧洲传统的效用主义的"最大多数人的最大幸福"原则相一致的。

---

① 《河南程氏遗书》卷十七《伊川先生语三》，《二程集》第176页。儒家就是这种观点的主要代表。

法家尽管也有极端利己主义的主张,但在中国历史上不占主流。况且,即便是法家,也非常重视"国富民强",《管子》、商鞅都以富国兴邦、富国强兵为己任。《管子·全修》说:"欲为天下者,必重其国;欲为其国者,必重用其民;欲为其民者,必重尽其民力。"可见,重"义"轻"利"是中国传统经济伦理的重要特征。

二、差等与均平共存的分配伦理

中国古代封建社会是以血缘关系为纽带的宗法等级制社会,这就决定了分配上实行的是等级分配制度。同时,为了维护社会的稳定,也有不少思想家和下层人们提出"均平"思想。这二者的要求体现在分配上,就形成了"礼以定分,贫富均平"的分配伦理模式。"礼以定分"是指社会纵向结构的财富分配,即《荀子·礼论·正制》所说的"制礼义以分之,使有贫富贵贱之等",也就是所谓"礼以定分"。在荀子看来,这就是分配的"正义",符合社会的等级关系秩序。"贫富均平"是指社会横向层面的利益分配,用以防止"贫富不均",勿使贫富过于悬殊。《论语·季氏》提出:"不患寡而患不均,不患贫而患不安。益均无贫,和无寡,安无倾。"就是这种思想的反映。孔子认为,人们过分追求财富会导致尔虞我诈、你死我活的残酷斗争。统治者如果不给人民一点好处,使人民过于贫穷,则会激化社会矛盾。因此,他主张既不能使富者太富,也不能使贫者赤贫,而应折中取之,这样社会就安和无事。孔子的均平思想是其中庸之道在经济分配领域中的必然反映。《管子·揆度》也从社会稳定的立场出发,提出了"民平国安"的思想。反对贫富悬殊,认为:"贫者重贫,富者重富,失准之数也。"汉董仲舒在《春秋繁露·度制》中释"均"为贫富均衡,"使富者足以示贵而不至于骄,贫者足以养生而不至于忧。以此为度而调均之,是以财不匮而上下相安,故易治也"。均平"不是绝对平均,而是贫富各得其分"。可见,"礼以定分"与"贫富均平"相辅相成,是中国传统的由统治者所坚持的最基本的利益分配伦理原则。

三、戒奢、崇俭的消费伦理

戒奢、崇俭是中华民族的优良传统,是中国古代社会众多思想家们的一贯主张。不仅如此,他们大多把奢侈与节俭作为消费行为价值判断的基础和标准，即认为节俭为善，奢侈为恶。从而在社会舆论导向上极力宣扬节俭之德，抨击奢侈行为。墨子把"节用""尚俭"作为其消费利益观的基本原则，他指出："其用财节，其用养俭，国富民治。""凡足以奉给民用则止，诸加费不加于民利者，圣王弗为。"除墨子外，孔子也主张"弃奢取俭"；荀子训诫人们应"身贵而愈恭，家富而愈俭"；老子视"俭"为"三宝"之一；韩非也提倡"俭于财用，节于衣食"。

唐皇李世民在其治国之道中，节俭占有重要位置。他在《帝范·崇俭篇》中指出："夫圣代之君，存乎节俭。富贵广大，守之以约……茅茨不剪，采椽不斫，舟车不饰，衣服无文，土阶不崇，大羹不和，非憎荣而行位。故风淳俗朴，比屋可封，此节俭之德也。"唐代开元盛世的出现与其倡导节俭之风不无关系。《宋史》指出："凡言节用，非偶节一事，便能有济。当每事以节俭为意，则积久累日，国用自饶。"北宋司马光教导儿子司马康："俭，德之共也。侈，恶之大也。"清代启蒙思想家魏源为消费伦理确立了"度"，他认为，适度消费生活必需品是"俭"，超过这个限度则为"奢"。

从消费促进经济利益经济观上，如何从消费中得到经济利益也是中国社会自古代以来一致探讨的问题。主要有两种观点：一种是从节俭中得到利益；另一种是主张从奢侈消费中得到利益。相比之下，主张节俭消费创造利益者占有主要地位。

王安石从理财的立场出发认为，过度的奢侈性消费对于经济发展而言是极为有害的。他从自然人性出发，认为人对于物质财富的消费需求总是无止境的，"人情足于财而无以礼节之，则又放辟邪侈，无所不至"，而在宋代，整个社会已形成了尚奢之风气，"天下以奢为荣，以俭为耻""富者竞以自胜，贫者耻其不若"，这种风气所导致的后果不仅使大量的财富浪费于吃喝玩乐之中，而且更重要的是，助长整个社会道德风俗的沦丧、吏治腐败。王安石认为，消费问题既是一个经济、理财问题，同时也是一个政治、伦理问题。如果消费不节俭、没有限制，最终的结果必然是造成民众的贫困、危害他们的利益。所以，统治者要安民，"其要在安利之"，即使百姓之利得到一定的保障。而"安利"的关键，除了通过各种改革措施发展经济外，还在于在消费上的"制奢"与"尚俭"，形成良好的生活方式，王安石说："而安利之要，不在于它，在乎正风俗而已。故风俗之变，迁染民志,关之盛衰,不可不慎也。"王安石认为,首先应该严禁官员的奢侈消费。"然而其闺门之内,奢靡无节,犯上之所恶,以伤天下之教者,有已甚者矣,未闻朝廷有所放绌,以示天下。"

当然,也有注重奢侈消费促进经济发展的观点。《管子·侈靡》篇认为,侈靡消费对刺激经济及宏观管理具有重要的价值意义。其中,有齐桓公与管仲的一段对话可资证明。"无事而总,以待有事,而为之若何?""积者立余日而侈,美车马而驰,多酒醴而靡,千岁毋出食,此谓本事。"意思是,如果用余粮进行侈靡消费,装饰车马尽情奔驰,多酿美酒尽情享用,这样一千年也不会贫困乞食,这就叫做积财之根本。无疑它把侈靡消费作为一种新的经济调控管理手段加以运用。《管子》认为侈靡消费在经济管理中可发挥很大的作用:一是可以促进生产,因为消费越高需求越旺。"天子藏珠玉,诸侯藏金石,大夫蓄狗马,百姓藏布帛",只有全国上下都实行高消费,就能活跃市场,搞活经济。二是能增加就业机会,"富者靡之,贫者为之",富人进行侈靡消费,穷人才可增加就业机会。三是可以促进道德的进步。侈靡消费还可以促进廉政建设,"故上侈而下靡,而君、臣、相上下相亲,则君臣之财不私藏,然则贫动肢而得食矣。"国中上下都奢侈消费,国君、朝臣、辅助上下相亲,君臣的财产都不会私藏不动,这样穷人就有活干、有饭吃。

《管子》主张侈靡,并不反对节俭,相反它非常重视节俭之德,看似矛盾,其实这是辩证法。《管子》一方面认为"用财不可以啬""俭则伤事";另一方面认为"侈则伤货"。这表明,选择哪种消费方式并不是绝对的,就要看哪种有利于经济利益和社会利益,这才是消费行为的标准。

四、倡导"诚信",反对"欺诈"的市场行为道德原则

在中国古代社会,人们通过商品交换。已经认识到"诚信"对于市场贸易、货物流通的重要意义。诚信之德是人们进行商品交换活动必须奉行的首要道德。商朝周公规定,商人只能在官府的监控下从事商业活动,做到尽其道,即买卖公平,诚信交易。《荀子·王霸》总结说:"商贾敦悫无诈,则商旅安,货财通,而国求给矣。百工忠信而不楛,则器用巧便,而财不匮矣。"同时也反对"造伪饰诈,趋利无耻"的行为。主张"明督工商,勿使淫伪"。荀子还对"良贾"和"贾道"作了区分。认为"良贾"即品行良好的商人不因亏本不做生意。相反,"贾道"即奸商争货财,无辞让,果敢而振,猛贪而房,然唯利之见。对于"良贾",荀子给予充分肯定,而对"贾道"则主张给予严厉打击。

《管子》一书也极力主张诚实守信的市场行为道德。他还把诚信之德与物质利益挂起钩来,认为诚信之人必得利益、必然富足。只有让诚信之人富足,人们才会去履行诚信之德。《管子·揆度》认为:"天下宾服,有海内,以富诚信仁义之士,故民高辞让,无为奇怪者。"天下宾服,海内统一时,就要诚信仁义之士更富足。以使民众崇尚谦让,不做荒诞怪异的事。

随着商业交换活动的日益扩大,度量衡制度得以完善。秦始皇统一中国后,统一了度量衡制度。进一步促进了商品流通和商品交换活动的发展。度量衡制度成为一切商业活动的基础。严格以度量衡制度从事商品交换,就成为"信"的一项重要内容。明清之际,商品交换日趋活跃,资本主义工商业得到进一步发展。诚信不欺更成为商业和人们日常商品交换活动的重要道德。我国明清时期的徽商商业活动"几遍禹内",尤其是在江南各地,有"无徽不成镇"之谚。甚至远涉重洋,经商异国也不乏其人。其秘诀就在于其"忠诚立质",信奉诚实守信之德。纵观中国历史传统,精明的商家无不以诚信务实良好的信誉立足于商界。可见,诚信不欺一直是中国古代社会的重要的市场行为道德。

第二节　中国古代经济伦理思想

一、先秦时期的经济伦理思想

(一)儒家经济伦理思想

先秦儒家经济伦理思想的代表人物主要有孔子(前551—前479)、孟子(前372—前289)和荀子(生卒年份不详),他们的经济伦理思想呈现出以下基本特征:

1.以价值理性为特征的经济伦理

儒家的经济伦理是建立在其特有的价值理性原则基础上的,其行为原则、价值方针、管理目标的设置以及决策的制订都是建立在价值理性基础之上的。

首先,从行为原则来看,儒家的行为原则追求一种绝对的排他目的,追求绝对的价值,将行为后果放在次要的位置。以孔子为代表的儒家学说创始人十分推崇周礼,认为"礼""义"是理顺社会关系之准则,是"利""欲"取舍的标准,因此,很自然地把社会经济活动和经济问题限制在伦理范围内来考虑。如孔子强调"义以生利",只有讲道义,才有正当之利可言,否则就是所谓的小人之利;同时,他还主张要以道义获取利益和财富,即"见利"也应"思义"。并把"义"与"利"的取舍态度作为划分君子与小人的标准。他说:"君子喻于义,小人喻于利。"把他的学生樊迟"请学稼"斥之为"小人"之举,这实际上是将"义"和"利"视为不可调和的矛盾体。以此突出"义"的至上性,并将"义"意视为人们追求的最终目的。

孟子在经济伦理思想的阐释上,更加偏激于德性主义倾向。孔子"罕言利",但不是不言利。从他的"义以生利""见利思义""因民之所利而利之"的思想中可见孔子并不忌讳言利。而孟子则提出了一个绝对反对言利的"何必曰利"。可见,他比孔子更强调仁义的重要性,对人们的"怀利"行为给予了更多的人为干涉。

荀子在义利问题上,也总是把义放到首要位置来考虑。在《荀子·大略》中说:"义胜利者为治世,利克义者为乱世"。显然,荀子处理义利关系的立足点是"义"而不是"利",认为取利的标准在于其是否合乎礼仪。因而在荀子眼里,义是第一位的,而利是第二位的,即"重义轻利""先义而后利"。据此,荀子道德价值观上仍属于道义论的范畴。

其次,儒家调取利方式的合理性。儒家关于义利关系的经济伦理思想的主旨,不仅在于其轻视物质利益的倾向,还在于其阐发的求取利益的方式。孔子非常关心在求利过程中是否做到"合理取利"以及取利是否有道。这一原则是儒家经济伦理中的价值合理性的基本方针之一,并把这一方针视为判断经济行为合理与否的重要标准。

孔子并不反对取利,而是认为必须对得利的方式进行审视,他在《论语·里仁》中说:"富与贵,是人之所欲也,不以其道得之,不处也。贫与贱,是人之所恶也,不以其道得之,不去也。"在《论语·里仁》中说:"富而可求,虽为执鞭之士,吾亦为之。如不可求,从吾所好。"这说明孔子也并不是不讲利,不讲利并不是儒家经济伦理的唯一特征,他们重点关注的还有如何讲利。孔子甚至在《论语·泰伯》中说:"邦有道,贫且贱焉,耻也。邦无道,富且贵焉,耻也。"即认为符合价值理想的利不去追求也是耻辱的。在这点上倒是德国社会学家马克斯·韦伯看得很清楚。他的《新教伦理与资本主义精神》中认为,对利益的追求并不是资本主义的特征,包括中国的儒教在内不排斥这种对立的攫取,只是取利的方式才体现出各自的经济伦理特征。儒家的经济伦理是倡导以价值理想指导下的经济活动和经济行为的。

孟子虽然也主张"何必曰利",但它主要是指人们对"利"的求取行为要合乎仁义。如果是这样便自然可要;如果求取的行为不合乎仁义,则不可要。孟子所倡导的"仁政",最终是要落脚在"王天下"之大利上。

荀子认为:"义与利者,人之所两有也。虽尧舜不能去人之欲利,然而能使其欲利不克其好义也。虽梁纣亦不能去民之好义,然而能使其好义不胜其欲利也。"荀子这段话明显地发展了孔孟重义轻利的思想。将经济(利)与伦理(义)的关系做了较有成效的探讨。既没有以讲义和利来区分君子和小人,也没有把义和利视为对立。

2. 奉行"人是目的"的行为原则

如上所述,儒家经济伦理思想是一种道义论(或称德行主义)的思想。道义论的一项重要道德评价标准和行为原则就是"人是目的"或"以人为本"。康德的绝对命令三原则中就有"人是目的"这一条。在儒家经济伦理思想中,将人的因素放在重要的位置,认为在经济行为和管理行为中,必须考虑人的因素,尊重人、关心人,充分发挥人的作用。儒家的"人是目的"的行为原则是以其最高价值目标"仁"为基石的。孔子最先提出"仁",并且对"仁"有许多解释,其核心定义是"爱人",即关心他人。其目的是使管理主体对人民实行宽惠,要更能"博施于民而能济众"。只有如此,才有利于缓和管理者与被管理者之间的矛盾,在双方之间建立和保持一种比较和谐的关系,从而有助于实现管理目标。

孟子继承了孔子"贵仁"的思想,并突出了"义",将"仁义"标准作为处理人与人之间伦理关系的基本原则。《孟子·离娄下》中说:"人之所以异于禽兽者几希,庶民去之,君之存之。舜明于书庶物,察于人伦,由仁义行,非行仁义也。"因而,遵循仁义而行也就成了人们所应有的道德志向。

儒家认为,要在经济行为中实行"人是目的"的道德标准,就要做到:(1)要把下层人们当做人来对待,使他们参加过去只有"君子"才有权享受的"学道",孔子在《论语·阳货》中说:"小人学道则易使也!"学道的目的,一方面是能"得人心",另一方面是由于他们学道之后更容易接受"君子"的使役。《孟子·尽心上》中说:"善政不如善教之得民也。善政,民畏之;善教,民爱之。善政得民财,善教得民心。"(2)要给予人们物质物质利益。孔子在《论语·阳货》中认为,"惠则足以使人",为政,治国要"惠而不费"。而要做到"惠而不费"《论语·尧曰》要求做到"因民之所利而利之"。为提高人民的积极性,《孟子·梁惠王下》要求国家统治者"置民恒产",主张一定按每户人口的多寡和土地肥瘦的不同,做适当的规划安排、斟酌分配,以达到"居者有积仓,行者有裹粮"。

总之,儒家经济伦理思想非常重视人的因素。注重经济行为的人格、地位、需求以及协调关系。在经济行为与管理行为过程中,充分体现了伦理本位原则。

3. 追求富国富民目标

儒家富国思想主要见于荀子,荀子以前的儒家,对"富国"问题关注较少,他们较多的是关注"民"的利益问题,如孔子的"庶民"、孟子的"制民之产"等强调的都是"民"的利益。荀子则较早地把国家利益与民众的利益结合起来,并强调富国的重要性,把富国与富民统一起来。荀子给"富国"下的定义是"兼足天下""上下俱富"[①]在《富国》中,荀子说:"上好功则国贫,上好利则国贫,士大夫众则国贫,工商众则国贫,无制数度量则国贫。下贫则上贫,下富则上富。"因此,荀子把君主的好大喜功、贪财好利以及"士大付众"等视为"国贫"之源,提出了"下贫则上贫,下富则上富"的命题,从而将"民富"与"国富"有机统一起来。

---

① 《荀子·王制》。

就"富国"而言,这是所有君主的共同目的,也是君主王天下的必要物质基础,但并不是每一个君主都能够找到实现这一目的的正确方式。那么,正确的方式是什么呢?荀子认为,君主欲"富国",只有处理好"富国"与"富民"之间的辩证关系,才是可能的。

探讨富国富民的途径。孟子的"百姓足,君孰与不足?百姓不足,君孰与足?"的论点,齐法家的"府不积货,藏于民也"的论点,都已认识到富民是富国的基础。荀子也认为,富民是富国的基础,不过他把富民的工具意义表现得更为清楚,国富是目的,民富是手段。对于民众,"不利而利之,不如利而后利之之利也。不爱而用之,不如爱而后用之之功也。利而后利之,不如利而不利者之利也。爱而后用之,不如爱而不用者之功也。利而不利也,爱而不用也者,取天下者也。利而后利之,爱而后用之者,保社稷者也。不利而利之,不爱而用之者,危国家者也"①。"利民""爱民""富民"关系到国家的利益、社稷的安危。

如何使国家富强,使国家的利益得到最大限度的实现,荀子认为主要的途径有两种:一种生产,只有抓社会生产,才有整个国家财富的增加,就可使百姓的财富和国库收入两方面同时增加,国家利益才得以保障。"故田野县鄙者,财之本也;垣仓廪者,财之末也;百姓时和,事业得叙者,货之源也,等赋府库者货之流也。故明主必谨养其和、节其流,开其源,而时斟酌焉。潢然使天下必有余,而上不忧不足。如是则上下俱富,交无所藏之,是知国计之极也。"②

另一种是"节用"。荀子的"节用"与墨子所言"节用"在富国方面的作用也大不相同。荀子对墨子的节用论作了深刻的批判,指出墨子的节用思想是"昭昭然为天下忧不足"③,事实上,只要努力发展生产,社会财富增长了,就"不忧不足";如果不去或不能发展生产,而只从再分配方面"忧不足",结果不仅不能富国,反而会"使天下贫"。④ 简言之,其节用论并不是一般意义上的强调,或者说为节用而节用,或者单纯将节用理解为道德原则,而是通过节用来增加生产投

---

① 《荀子·富国》。
② 《荀子·富国》。
③ 《荀子·富国》。
④ 《荀子·富国》。

入,使社会财富不断增长。可见,荀子的"富国富民"论无论是在思想的深度上还是在体系的完善上,都大大超过了先秦时期其他思想家的富国、富民思想的水平。它是在批判、吸收、融合各学派有关富国、富民思想的基础上形成的,是先秦时期富国、富民思想的总结和深化。他的以"重农"为主要内容的"强本"论也是"富国"论的组成部分,是"富国"论的继续和深入;以"制礼明分"为纲的分配论和以"开源节流"为基本原则的理财论,都是以"富国"论为基础的,是"富国"论在分配领域和财政领域的延伸。

(二)墨家经济伦理思想

墨子(约前468年—前376年)是先秦诸子百家中的一位重要人物,是墨家学派的代表,在经济伦理方面有许多独特的思想,他是中国传统思想中具有效用主义思想的第一人,对后来中国效用主义的发展有一定的影响。

1. 效用主义的经济伦理观

墨家的效用主义利益标准主要表现为:一方面,以"利"的大小为处事原则。之所以称墨家的利益观是效用主义的,其依据之一是他们以利益作为衡量行为和社会生活的标准和尺度。"利,所得而喜也。"[①]"利"就是在于使人们得到满足。"害,所得而恶也。"[②]"害"就是使人感到厌恶。用"利"来解释和衡量"义","义"就是"利","义,利也"。不仅如此,他们还从利的比较出发,选择尽可能大的利益而避免"害"的出现。

墨家提出,人在行动中,应该放弃目前的小利而避将来之大害,或忍受目前的小害而趋将来之大利。他们把这种智慧的选择称之为"权"。他们说:"于所体之中而权轻重之谓权。权非为是也,亦非为非也;权,正也。断指以存(臂),利之中取大,害之中取小也。害之中取小者,非取害也,取利也;其所取者,人之所执也。遇盗人而断指以免身,利也;其遇盗人,害也。……利之中取大,非不得已也;害之中取小,不得已也,所未有而取焉,是利之中取大也。于所既有而弃焉,是害之中取小也。"[③]人所避的就是所应避的,不是目前的小害,而是将来

---

① 《墨子·经上》。
② 《墨子·经上》。
③ 《墨子·大取》。

的大害。

另一方面，墨家的"利"是"天下之利"，"以天下之利"为目标。墨家所讲的"利"不是个人私利，将"利"理解为"天下之利"，这符合效用原则的"最大多数人的最大幸福"原则。墨家观点认为，判断任何行为的道德价值，必须以功利为尺度，看是否对国家和民众有利，是否"中国家百姓之利"[①]。衡量人们的道德生活和经济行为，也应以"必兴天下之利，除天下之害"[②]、符合"万民之利"为准则。使人民能自觉做到"利人乎即为，不利人乎即止"[③]。这是符合效用主义原则的，功利不是一己之利，而是大多数人的功利，是全社会的功利。墨家效用主义的价值观的基本精神，是把国家和人民的利益放在第一位，其利的内涵是"利人""利百姓""利国家""利天下"。

2. 以"交相利"为手段

墨子认识到，如果纯粹"利人"，则利不会长久。因此，墨子提出了"交利论"，"交利论"同时也成为支持其效用主义利益理论的重要内容。他说："利人者，人必从而利之。"[④]认为"交相利"是处理人们经济关系应当遵循的基本行为准则。

"交相利"是与"兼相爱"同一的，"若夫兼爱、交相利，此其有利且易为"。交利论主张互利，并不是利他主义，在利人中实现自利。墨子说："子自爱，不爱父，故亏父而自利；弟自爱，不爱兄，故亏兄而自利；臣自爱，不自爱君，故亏君而自利。"[⑤]如果天下人都兼相爱，就不可能有邪恶的行为出现，要做到这样就要达到"视人之国若视其国，视人之家若视其家，视人之身若视其身"[⑥]。

"兼相爱"与"交相利"互为条件。"夫爱人者，人亦从而爱之；利人者，人亦从而利之；恶人者，人亦从而恶之；害人者，人亦从而害之。"[⑦]如果人与人之间不

[①] 《墨子·非命上》。
[②] 《墨子·兼爱中》。
[③] 《墨子·非乐上》。
[④] 《墨子·兼爱中》。
[⑤] 《墨子·兼爱上》。
[⑥] 《墨子·兼爱上》。
[⑦] 《墨子·兼爱上》。

相爱,必定造成利益的损失。"天下之人皆不相爱,强必执弱,富必侮贫,贵必敖贱,诈必欺愚。"①

因此,墨子提出要利天下。"兴天下之利,除天下之害",天下之害是什么?墨子说:"今若国之与国之相功,家之与家之相篡,人与人之相贼,君臣不惠忠,父子不慈孝,兄弟不和调,此则天下之害也。"②天下之利是什么?"今吾本原兼之所生,天下之大利者""姑尝本原若众利之所自生。此胡自生?此自恶人贼人生与?即必曰非然也,必曰从爱人利人生。分名乎天下爱人而利人者,别与?兼与?即必曰兼也。"③也就是说,天下之大利产生的根源就是从爱人利人产生,即互亲互爱是天下的大利。

3. 崇尚节俭的消费伦理

墨子的消费伦理思想是节用论。墨子在中国古代思想史上,首次把经济领域的消费观念与伦理道德结合起来。提出节俭是人类美德的观点。此前的思想家虽然提倡"节用"和"节俭"的经济思想,但并不把他们视为道德问题来加以阐述。墨子从尊重劳动人民的生产成果,维护老百姓经济利益出发,针对过度耗费社会物质财富的贵族生活方式,提出节用理论,是节约简朴还是挥霍视为有无美德的分水岭。认为有没有节俭的美德,是关系到国家贫富兴亡的大事。他说:"俭节则倡,淫佚则亡。"

墨子所以把节用尚俭作为消费伦理的基本原则,很重要的一点是考虑到生产与需求之间的矛盾,即需求大于生产。"为者缓,食者众",特别是在农业生产中自然条件影响较大。不稳定因素很多,容易造成财用不足。而要解决这个矛盾,除了靠"固本"及加强农业生产外,还要靠"养俭""节用"。即"固本而用财,则财足""其生财密,其用之节也""财不足则反之时。食不足则反之用"。如果说墨子的"节用能够促进国家的富裕,提高个人的美德"的观点是为他提倡节俭消费做道德辩护的话,那么墨子关于节俭能够缓解消费与需求的矛盾的观点,则为其追求节俭的价值和倡导节俭的消费伦理提供了经济上的辩护。

---

① 《墨子·兼爱上》。
② 《墨子·兼爱中》。
③ 《墨子·经说上》。

4.动机与效果相结合

墨子的效用原则不仅仅注重利益的效果,而且还重取利的动机。在《墨子·大取》中说:"义,利;不义,害;志功为辨。"认为"义"不仅是主观动机的问题,而且应该在客观效果上也有利于人。"忠,利君也""孝,利亲也""功,利民也""仁,爱也;义,利也。爱利,此也;所爱所利,彼也。爱利不相为内外,所爱利亦不相为外内"[①]在他们看来,主观动机"志"与客观效果"功"并不一定契合,"志功不可以相丛也"[②]。因此,人们有意"志"的合乎目的的活动,不一定都是对的,必须与"功"结合起来,才能产生"正确"的标准,"力立反中志功,正也"。[③]

(三)《管子》的经济伦理思想

《管子》是中国思想史上的一部重要文献,它的作用是管仲。《管子》的政治、经济、管理、伦理等思想内容十分丰富,其中,管仲以大量的笔墨论及了诸如经济行为的伦理原则、经济行为的伦理判断以及具体的伦理规范等问题。《管子》中表现经济伦理思想特点的观念如下。

1.效用主义为原则的经济伦理观

《管子》的经济伦理带有明显的效用原则色彩。并且,效用主义作为一种指导原则一以贯之地存在于《管子》这部著作中。管仲的人性论、价值目标、行为原则和评价标准都是以此为依据来展开和说明的。

首先,在人性论上,管仲主张人性"自利""趋利避害"。并把这种"自利""趋利避害"的本性作为阐释其效用主义的出发点。他指出:"凡人之情,见利莫能勿就,见害莫能勿避。"[④]《管子》在对待人的"自利"欲望上认为不仅不应加以节制,而且要加以满足和张扬。管仲主张"以天下之财,利天下之人"[⑤],对人要"围之以害,牵之以利"[⑥]。这其实就是一种效用主义的判断。所谓"名主之道,立民

---

① 《墨子·经说下》。
② 《墨子·大取》。
③ 《墨子·经说上》。
④ 盛广智.管子译注[M].长春:吉林文史出版社,1998:528.
⑤ 盛广智.管子译注[M].长春:吉林文史出版社,1998:269.
⑥ 盛广智.管子译注[M].长春:吉林文史出版社,1998:528.

所欲,以求其功"①"功利不尽举,则国贫疏远"②都是这种效用主义的表现。

其次,《管子》还确立了效用原则的价值目标。这种效用主义的价值目标,就是要达到富国富民的目的。国家要富裕就要讲利,要富国强兵,增加综合国力,最终达到"九合诸侯,一匡天下"③的目标。所有这些都必须建立在一定的物质基础之上。因此,管仲强调要大力发展农业,把重农、多粟、储粮、富国联系起来,并且以此提出了他的农战思想。

最后,《管子》把效用主义行为原则作为道德判断的标准,把人们物质利益的满足是为提高社会道德水平的必要条件。书中指出:"仓廪实则知礼节,衣食足则知荣辱"④。意思是,只有满足"仓廪实""衣食足"这些物质条件,才能使人们"知礼节""知荣辱",从而提高整个社会的道德水平。他还进一步论述了利益对道德的决定作用,在《枢言》篇中指出:"爱之、利之、益之、安之,四者道之出"。以此为依据,很自然地从对人的自然欲望的合理性的功利判断中推出价值判断。

2.工具理性为特征的"经济民本"思想

从《管子》这部著作中不难看出,管仲是"重本"的,这里的"本"应是"农本"与"民本"的统一,它们是并行不悖、合为一体的。并且《管子》的"农本"与"民本"思想,是其经济伦理观的重要内容。

首先,《管子》把"民本"作为政治经济的基础。书中指出:"政之所兴,在顺民心。政之所废,在逆民心。""民恶忧劳,我佚乐之,民恶贫贱,我富贵之;民恶危坠,我存安之;民恶灭绝我生育之。"⑤这里其实就是把名的价值放到了突出的地位,民的需要、民的好恶成为重要的价值判断的依据。从当政的角度来看,要能巩固政权,就必须首先满足人们的物质欲望以及经济利益。

其次,从辩护的角度来看,论证了"民本"的合理性与正当性。在《管子·侈

---

① 盛广智.管子译注[M].长春:吉林文史出版社,1998:642.
② 盛广智.管子译注[M].长春:吉林文史出版社,1998:626.
③ 盛广智.管子译注[M].长春:吉林文史出版社,1998:236.
④ 盛广智.管子译注[M].长春:吉林文史出版社,1998:1.
⑤ 盛广智.管子译注[M].长春:吉林文史出版社,1998:2.

縻》中指出:"足其所欲,瞻其所欲,则能用之身。"也就是说,统治者只有充分满足民众的物质利益,才能调动民众的积极性,从而达到治国的目的。文章还从道德的角度阐释其利民的合理性。认为从政者只有满足民众的利益才能使他们听从安排,这种从政方式才是正当的、善的。在《管子·五辅》中指出:"民必得其所欲,然后听上,然后政可善也。"即便是取利于民也应取之有度,不能无限制的搜刮民财,否则国家将会陷入危险的境地。"故取于民有度,用之有止,国虽小必安;取于民无度,用之不止,国虽大必危。"①

最后,管仲还认为统治者除以利利民外,还应以德利民,"德利百姓,威震四海""无德而王者危,施薄而求厚者孤"②。总之,《管子》从利益与道德两方面阐释了管仲的"民本"思想的内容,并为其合理性与正当性进行辩护。

管仲虽然提倡"以民为本"的价值观,但他的"以民为本"的经济伦理思想还没有真正达到以人民为主体的思想境界,更不用说"民贵君轻"了。他的"经济民本"思想带有明显的工具理性色彩。从《管子》的"富民观"看,"富民"是服从于"富国"的。尽管《管子》把富国富民相提并论,但从本质上看,富民只是一种手段,富国才是目的。《管子》一书从国家主义的立场出发把封建国家的富强确定为社会经济活动的最终目的,并视之为判断经济行为的价值标准和道德标准。"富民"为的是"牧民""御民""使民""役民",书中指出:"凡治国之道,必先富民",而"富民"的目的是"富民易治"。并且民富超过了一定的限度,从而有可能使封建国家感到难以驾驭时,《管子》主张由国家通过轻重之术加以调节。

3."士农工商"分业而治的职业伦理思想

《管子》主张将社会成员按照他们所从事的工作划分为四大社会集团,即士、农、工、商。按职业划分,并且概括为四大社会集团的这一主张,在当时情况下是难能可贵的。并且以此为理论阐释了他的职业伦理思想。

首先,强调每一种职业都有存在的合理性和必要性。士、农、工、商这四大职业集团对国家来说缺一不可,都是国家的基石。"士、农、工、商四民者,国之

---

① 盛广智.管子译注[M].长春:吉林文史出版社,1998:18.
② 盛广智.管子译注[M].长春:吉林文史出版社,1998:270.

石民也"①。这是因为"天不一时,地不一立,人不一事,是以著业不得不多"②。为此,《管子》不仅强调农业的重要性,而且认为手工业、商业这些"末作"对国家而言也同样重要,是国富的重要组成部分。书中认为国家要富裕,这些职业都不可缺少。与商鞅、韩非相比,《管子》并不把"重本"与"抑末"相提并论。只不过认为职业有轻重、主次之别而已,书中在肯定农业本业地位的同时,并不否认工商业的重要性。

其次,《管子》主张"四民分业定居",以便造成各安企业的职业环境。为此,书中采取"参其国而伍其鄙"的措施,将士、农、工、商居住的"国"分为三部二十一乡,将农居住的"鄙"分为五属,使四民分别按其职业集中居住在一起,把职业世世代代传下去,以求得保持社会经济秩序的稳定和安全。《管子》还从道德方面来论证了营造各种职业环境对封建道德的培养和巩固的必要性。书中指出:"士群萃而州处间燕,则父与父言义,子与子言孝,其事君者言敬,长者言爱,幼者言第。旦夕从事于此,以教其子弟,少而习焉,其心安焉。"③同样,士、农、工、商各自"群萃而州处",便于世代传授有关事业,并达到"其父兄之教不肃而成,其子弟之学不劳而能"④的目的。

最后,每一种职业都有特定的职业道德要求,不得相互逾越。这些道德要求表现在以下几个方面:(1)每一从事职业的人都应安守本分,"处士必于间燕,处农必就田野,处工必就官府,处商必就市井"⑤。"工之子恒为工""农之子恒为农",不得相互逾越。对农民来说,不得去经商,"悦商贩而不务本货,则民偷处而不事积聚"⑥。对商人来说,不得以金钱获得官爵。"金玉货财商贾之人,不论志行而有爵禄也,则上令轻,法制毁。"⑦还有对其他职业的要求,如"豪杰不安其

---

① 盛广智.管子译注[M].长春:吉林文史出版社,1998:230.
② 盛广智.管子译注[M].长春:吉林文史出版社,1998:104.
③ 盛广智.管子译注[M].长春:吉林文史出版社,1998:230.
④ 盛广智.管子译注[M].长春:吉林文史出版社,1998:230.
⑤ 盛广智.管子译注[M].长春:吉林文史出版社,1998:133.
⑥ 盛广智.管子译注[M].长春:吉林文史出版社,1998:133.
⑦ 盛广智.管子译注[M].长春:吉林文史出版社,1998:133.

位,则良臣出;积劳之人不怀其禄,则兵士不用"①。(2)每一种职业都有内在的职业规范,《管子》指出:"君明、相信、五官肃、士廉、农愚、工商愿"②。管仲还特别强调了商人要讲商业道德反对不公平竞争,打击投机商人的非法经营,禁止工艺技巧等奢侈品生产。书中指出:"工事竞于刻镂,女事繁与文章,国之贫也。"③(3)每一种职业除遵循各自的道德规范外,还应遵循共同的道德规范,诸如诚、信等。书中指出:"非诚贾不得食于贾,非诚工不得食于工,非诚农不得食于农。"④

二、汉唐时期的经济伦理思想

汉唐时期是中国封建社会经济相对发达的时期,伴随着这个时期的经济伦理,思想也比较活跃,新的经济伦理观念在汉唐经济的土壤中滋生和发展。其中,最有代表性的经济伦理思想是司马迁和刘晏。

(一)司马迁的经济伦理思想

司马迁是中国历史上杰出的历史学家,他的著作《史记》不仅记载着王朝的变更、文化的嬗变、经济的变动,更有对经济活动的伦理主张。其经济伦理思想大多在《史记·货殖列传》中。

司马迁认识到利益对道德的重要作用。他认为,作为重要的社会道德规范的"礼",是以人类的性和情为基础的,故其基本内容仍然要以具体的物质生活资料所体现。由于人之性情,有声色、乘驾、五味、珍善之好,才产生了相应的礼仪之节。他在《史记·货殖列传》中指出:"仓廪实而知礼节,衣食足而知荣辱。礼生于有而废于无。"这显然是受《管子》思想的影响。司马迁从人的自然本性出发,认为人们的天性是好利、好富的。"耳目欲极声色之好。口欲穷刍豢之味",而且总是尽力追求财富,"富者,人之情性,所不学而俱欲者也"。他还说:"天下熙熙,皆为利来,天下攘攘,皆为利往。"把人性好利的观点更具体化为人

---

① 盛广智.管子译注[M].长春:吉林文史出版社,1998:133.
② 盛广智.管子译注[M].长春:吉林文史出版社,1998:316.
③ 盛广智.管子译注[M].长春:吉林文史出版社,1998:30.
④ 盛广智.管子译注[M].长春:吉林文史出版社,1998:47.

人天性喜好追求财富的观点。为了求富、求利,每个人都会自动的拿出自己的全部"能"和"力",从事能农、虞(采集自然财物)、工、商等经济活动。

司马迁的这一经济伦理思想影响到他的经济政策主张,司马迁在《史记·货殖列传》中提出:"善者因之,其次利道(导)之,其次教诲之,其次整齐之,最下者与之争。""善者因之"就是说:封建国家的最好的经济政策是听任私人进行生产、贸易等经济活动,顺应由此形成的经济状况和经济形势而不加干预和抑制。"因之",是最好的经济政策,是因为他把这看作唯一合乎人性的政策。

既然经济利益是促进道德进步的重要条件,那么,他就把个人从事农、虞、工、商等经济活动看作自然的事。把"因之"看作唯一自然的政策、看作"自然之验"。把从事农、虞、工、商等经济活动看着求财致富的正当途径。为了使人们的经济活动合乎道德规范,司马迁将人们追求财富的行为的正当性做了价值判断。他按照汉代流行的观念,把从事农业得到的财富成为"本富",把从事工商业得到的财富称为"末富",而把用各种违法手段(如抢劫、盗墓等)取得的财富,称为"奸富"。他认为:"本富为上,末富次之,奸富最下。"可见,司马迁的经济伦理在把经济利益作为道德判断的标准时,还强调了追求利益的正当性。

(二)刘晏的经济伦理思想

刘晏(715—780),中国封建时代的杰出的理财家。

唐代的商业已经比较发达,还有数十万外国商人经常侨居长安、扬州及广州等城市从事国际贸易。对外贸易的空前发展也在统治阶级的思想家中形成了较多支持他的观点。在这一社会背景下,刘晏的财政思想倾向于对商业的保护,在封建中国的财政史上,刘晏是以往秉政的儒者中特别强调与一般商业经营原则处理封建国家财政的唯一的思想家,他的财政措施对人民的干扰较小。在《新唐书·刘晏传》中,他的看法是,一种租税之征课,必须遵循两条原则:一是课税须能"知所以取人之不怨"。二是"因民之所急而税"。这两条原则充分体现了义利统一的经济伦理在财政领域的运用。

在刘晏的经济伦理思想中,还特别强调用物质利益刺激劳动兴趣的办法,他在理财工作中不仅已广泛地运用了以物质利益来刺激个人工作兴趣的办法,而且在一定程度上用体现着买卖双方形式平等关系的雇佣劳动,来代替完全基于超经济强制的封建徭役劳动。他还强调稳定物价的重要性,"使天下无甚贵贱之忧",能防止荒歉谷价暴涨于未然,并能"权万货之轻重",以获利益。"如见钱流地上,每朝谒马上以鞭算",这些思想体现了一定形式的交换正义原则。

三、宋明清时期的经济伦理思想

(一)王安石的经济伦理思想

王安石(1021—1086)是一位改革家,他在变法革新的实践中与理学相对立,提出了"以义理财"的财经伦理思想。

王安石的"以义理财"的财经伦理观,是同把理财视为"不义"的贵义贱利论相对立的。贵义贱利论自从西汉晚期形成封建正统经济思想的一个主要教条以来,就一直被各封建王朝下的保守势力用作反对财政、经济改革的理论。王安石则认为,在理财问题上,"义"与"利"是可以统一的。通过理财增加了国家的财富,这固然是"利",但由此可以使国家转弱为强、转危为安,这也正是义的要求。所以,利和义在这里是一致的,绝不能认为言利就是违背义;反之,如果置国家的积贫积弱于不顾,一味反对理财、反对"言利",那恰是不义的,由此,他又在《续资治通鉴长编》卷二一九中进一步提出了义当为利服务的思想说:"利者义之和,义固所以为利也。"

王安石"以义理财"的财经伦理思想还较好地把"家富"与"国富"结合起来。他认为,生产发展了,社会财富增长了,国家自然就可在不增加百姓负担的基础上增加财政收入,还有可能使财政收入和百姓财富同时增长。他在《王安石久集》上中说:"富其家者资之国,富其国者资之天下。欲富天下,则资之天地。"

(二)陈亮、叶适的经济伦理思想

陈亮(1143—1194),南宋永康人;叶适(1150—1223),温州永嘉人。两人的经济伦理思想呈现出效用主义特色。

陈亮认为,人有欲是与生俱来的。《陈亮集·问答下》中指出:"耳之于声也,目之于色也,鼻之于臭也,口之于味也,四肢之于安佚,性也。""出于性,则人之所同欲也。"①人们有各种各样的欲望,是由人性决定的。陈亮认为,人都有追求物质欲望的本性,因此讲人道、道德,就应该见之于人们的物质利益。在他看来,道德与功利不是绝对对立的,而是统一的。

陈亮对农商一视同仁,提出"农商一事"思想,他在向朝廷呼吁关心富人利益时,既包括了农之富人,也包括了商之富人。他借赞扬古代农商的和谐关系,表达他对重本抑末思想的否定。他在《陈亮集·四弊》中说:"古者官民一家也,农商一事也。上下相恤,有无相同,民病则求之官,国病则资诸民。商籍农而立,农赖商而行。求以相补,而非求以相病,则良法美意,何尝一日不行于天下哉!"

叶适是功利之学的集大成者。他在《叶适·财计上》中指出:"夫聚天下之人,则不可无衣食之具。衣食之具,或此有而彼无。或此多而彼寡。……是故以天下之财,与天下共理之者,大禹、周公是也。古之人未有不善理财而为圣君贤臣者也。后世之论则以为小人善理财,而圣贤不为利也。圣贤诚不为利也。上下不给而圣贤不知所以通之。徒曰,'我不为利也',此其所以使小人为之,而勿疑欤!"在这里,叶适的观点很明确:一是大禹、周公被后人赞颂在于他们并不认为善理财的是小人,而且由于善理财而为圣君贤臣;二是他们之所以善于理财,在于"以天下之财,与天下共理",理财不是被看作自己的事,这个"财"也是天下之财。

叶适还批判了董仲舒的"正其谊不谋其利,明其道不计其功"的观点,为效用原则正名。他在《习学记言》卷二十三中指出:"仁人正谊不谋利。明道不计功,此语初看极好,细看全疏阔。古人以利与人,而不自居其功,故道义光明。后世儒者,行仲舒之论,既无功利,则道义者乃无用之虚语耳。"可见,在叶适的经济伦理思想中,"功利"思想占主导地位。

总之,效用主义是叶适经济伦理思想的出发点和归宿。他不以重视功利及追求功在国家、利在生民的事上为满足,还注意对功利之学的理论基础以及对他认为是妨功害利的制度、观念进行思考、辨析,叶适所讲的功利,主要是指整

---

① 《陈亮集·问答下》,第40页。

个地主阶级国家社会的功利,并且重视长远的功利。

(三)朱熹的经济伦理思想

朱熹(1130—1200)将二程(程颢和程颐)的"理学"进一步完善,使正统儒家伦理思想的发展达到了最高阶段。朱熹在论述义利观的同时,一再推崇孔子关于"君子喻于义,小人喻于利"的思想,并把克除利欲作为教化劳动人民的重要目的。他在《朱子·语类》卷三中说:"正其谊不谋其利,明其道不计其功。"显然,与先秦儒家一样,朱熹的经济伦理思想带有德性主义的印记。

朱熹对先秦儒家的思想不是简单的继承,他把儒家学说上升到道德本体论的位置,即"天理",并将"天理"与"人欲"绝对地对立起来。认为:"天理存,人欲亡,人欲胜,则天理灭。"还绝对地把"天理"说成是公,"人欲"说成是私,"天理"与"人欲"的对立,就是公与私的对立;要达到圣人之境,就必须"存天理,灭人欲"。在消费伦理上,他主张节俭的消费方式,这与他的禁欲主义思想是一致的。为此,他把饮食和要求美味做了区分,他说:"饮食者,天理也;要求美味,人欲也。"这种区分的目的是要求劳动者以饥则食、寒则衣、渴则饮作为物质生活需求的标准,以遏制劳动人民改善物质生活的欲望。朱熹还认为,统治者的钟鼓、苑囿、游观之乐,好勇、好货、好色之心,若能与百姓同乐,也属于天理范畴。这样就肯定了统治者在与百姓同乐的幌子下的奢侈生活,使其"存天理、灭人欲"的主张成为只针对劳动者的禁欲要求。

"存天理灭欲论"是中国封建社会后期居主导地位的经济伦理思想,它在维护封建专制统治中逐步走向僵化,最终成为明清时期新兴资本主义发展的严重障碍。随着资本主义经济的进一步发展,出现了反理学的经济伦理思潮,这就是"理在欲中,以理导欲论"。其主要代表是王夫之、戴震。

(四)王夫之、戴震的经济伦理思想

王夫之(1619—1692)、戴震(1723—1777)的经济伦理思想是在反理学中确立的。王夫之、戴震在人性论、理欲、义利观的问题上,对宋明时期的伦理思想做了批判总结。

在经济与道德、义利问题上,王夫之重义轻利、先义后利。他反对《管子》中"仓廪实则知礼节,衣食足则知荣辱"的观点。他批评这是"执末以求其本",王夫之强调义可以生利，主张应以道德的提倡去促进衣食、财用的增长。他在《读通鉴论》中说："天下之大防二，而其归一也。一者，何也？义、利之分也。""君子、小人之大辩。人、禽之异，义、利而已矣。"义只是君子才具有的品德，而小人只懂得追求利。

在理欲关系问题上，王夫之反对"存天理，灭人欲"的禁欲倾向，并把人情、人欲提到天和天理的高度，充分肯定人类物质生活欲求的合理性，从人类私利本性上来谈经济思想。王夫之将"欲"分为"公欲"和"私欲"。所谓"公欲"（又称人欲），是指人人皆有的正当欲望。如饥则食，寒则衣，这是不可去的。所谓私欲，是指利己之欲。他在《正蒙注·卷四》中认为，人欲与天理是统一的，"天理必寓于人欲以见"。他说："天下之公欲，即理也；人人之独得，即公也。"天理与私欲则是对立的，因而他又主张遏欲存理。可见，王夫之"理在欲中，以理导欲论"较程朱"存理灭欲论"是一个进步，它反映了明清之际新兴资产阶级发展经济的迫切要求。

戴震抨击了程朱"存理灭欲"的禁欲主义，程朱视"人欲"为"私欲"，从而把"人欲"与"天理"对立起来，主张"存天理，灭人欲"。戴震则区别了"欲"与"私"。认为欲不是私，"欲之失为私，私则贪邪随之矣"，同样，"情之失为偏，偏则乖戾随之矣"[1]。因此，所要反对的是"私"而不是"欲"、"是故圣贤之道，无私而非无欲"[2]。

他还以"气化即道"的唯物主义"理气观"，否定了程朱的"理在气先"的唯心主义，并揭露了理学"以理杀人"的实质。戴震进一步揭露了后儒以理杀人的恶果，指出后儒以理杀人甚于酷吏以法杀人。他的思想具有积极的启蒙意义，对于新兴资产阶级冲破理学桎梏以发展经济，具有重要的指导价值。但是，由于明清时期封建统治阶级对资本主义萌芽采取遏制的政策。在思想文化领域实行怀柔与高压相结合的手段。乾嘉之后，启蒙经济伦理思想转向沉寂，统治者大力提倡的仍是以僵化的程朱理学经济伦理思想。

---

[1] 《孟子字义疏正》下。
[2] 《孟子字义疏正》上。

第三节　中国传统经济伦理的现代性转化

一、中国传统经济伦理思想现代性转化的可能性与必要性

(一)中国丰富的传统经济伦理思想可资借鉴

中国传统经济伦理的现代性转化需要两个基本条件：一是在中国传统文化中有贯通古今的文化基因，有丰富的经济伦理思想资源；二是许多资源不能直接照搬来适应，有现代性转化的必要性。显然，中国传统经济理论思想有条件进行现代性转化，并且非常必要。

中国特色社会主义经济伦理建设如果离开了传统经济伦理思想就成了无源之水。传统伦理文化中的讲仁爱、重民本、守诚信、崇正义、尚和合、求大同的思想等都可以传承和借鉴。中国传统经济伦理的内容在现代社会的价值观中都能找到依据，如民主、自由、平等、公正等价值，但明显与西方文化价值的内涵不同，体现了中华民族文化的个性和优越性，是中华民族文化的血脉。但是，就其价值观所指导的行为方式来看，必定在现代社会的发展中，有些场景已经变迁，需要进行创造性转化和创新型发展。习近平总书记指出："任何一种优秀文化传统，只有与时俱进，不断扬弃与更新，才能永葆青春与活力。保持和发展本民族文化的优良传统，同时实现文化的与时俱进和开拓创新，是关系民族前途和命运的重大问题。文化传承与文化创新是内在统一的。传承是基础、是前提，创新是方向、是生命，两者不可偏废。"这需要我们在总结中国传统经济伦理思想的基础上认真做好创造性转化和创新性发展工作。

(二)中国传统经济伦理思想现代性转化的必要性

1.古代社会的经济伦理不可避免地带有阶级利益因素

中国古代的阶级利益的争论贯穿于整个中国古代社会。以春秋战国时期为例，"古今""礼法"之争反映了地主阶级革命时代的社会变革，给经济伦理思想的发展产生了深刻的影响。诸子蜂起，从不同的阶级立场出发，对这一问题提出了自己的政治主张，为各自的阶级立场辩护。例如，孔子、老子为饱受复古

的政治主张辩护,而墨家、法家则反对复古主义。

秦汉至鸦片战争时期,地主和农民的矛盾是封建社会的主要矛盾。农民阶级用实际行动来反对封建等级制度,与封建主义的"政权、族权、神权、夫权"进行了坚决的斗争。在意识形态方面,表现为农民要求平等、平均的思想同封建等级思想的对立,从而迫使继起的封建王朝改换统治思想的形态,这当然影响着经济伦理思想的演变。但农民阶级不是新的生产力的代表者,不可能建立新的生产方式,因而不可能像无产阶级那样建立科学的经济伦理思想体系。在漫长的封建社会中,斗争主要是在地主阶级内部进行的,例如,王充反对董仲舒儒学的斗争,范缜、张载反对佛学的斗争,王夫之、戴震反对理学的斗争等。但在地主阶级内部,不可能有从根本上反对封建主义的利益思想。因此,仅仅用地主阶级的革新派反对顽固派,或中小地主反对大地主的政治斗争来解释,也是缺乏说服力的。王充、柳宗元等人都很关心物质生产和物质利益,例如,王充反对董仲舒利益思想的斗争,同时也是科学反对神学的斗争的一部分。由于这些利益论者属于地主阶级的中下层,他们对豪强大地主的反动统治和土地兼并有所不满,对贫苦人民有所同情。

2.传统经济伦理思想的整体主义思想需要甄别

整体主义是中国传统伦理文化中处理个人利益与整体利益关系的一种原则。在中国古代封建社会中,整体主义表现为家族主义特征。它要求人们的一切行为都必须以维护家族利益、保持家族利益和谐为目的,个人利益必须依赖于此、服从于此。并通过巩固家族关系,以达到维护封建国家利益的目的。

中国的封建社会是以血缘关系为纽带的宗法等级社会,社会的基本单位是家庭、家族,而国家是由家族构成的,家族的利益关系及利益规范延续到国家利益关系,"家国同构"的社会结构使家庭的利益关系、伦理关系成为国家利益关系及伦理关系的基础。因此,从这个意义上来讲,家族利益与国家利益是联系在一起的,一方面,国富是家富的前提,没有国富就没有家富;另一方面,家富是国富的基础,也可以说没有家富就没有国富。当然,在现实中,由于人们所处的阶级不同,利益也必定不同,加之"大家"与"小家"的矛盾,于是就有了"家富"与"国富"孰重孰轻的争论。在中国传统社会,由于受"朕即国家""普天之下莫非王土"观念的影响,国家被看作国君、皇帝的私有财产,于是出现了国家与国王同构的现象。国王把人民称为"子民",爱国在于爱君。因此,在中国封建社会,国家利益有时被狭隘地理解为统治者的利益,反映到利益关系中,就出现了国王与大臣以及统治阶级与被统治阶级的矛盾。

在这种关系中,王权至上是整体主义的核心内涵和基本原则。这就有了"君为臣纲"的信条。服从、维护民族、国家利益成了最高形态的整体主义精神。与这两种社会结构相适应的利益观表现为个人利益必须服从家庭、宗族的整体利益,"家国同构"又使个体利益必须绝对服从以君主为代表的整体利益,至于个人利益就很少考虑,甚至被忽略了。因此,个人利益有时与整体利益严重背离,这样就束缚了个体发展生产的积极性。这也是中国奴隶制以及封建社会缺乏活力、经济发展极为缓慢的一个重要原因。

不过,中国整体主义伦理文化赋予了更多的爱国主义精神和中华民族共同体意识这个优良传统,激励着人们舍生忘死、舍己利人、舍己爱人的精神传统,这些都是需要发扬光大的。

二、中国传统经济伦理思想的现代性转化探索

(一)"和谐""自由"观念的现代性转化

中国传统文化的"天人合一""和合"等观念中,蕴含着人与自然、人与社会的和谐思想,"和谐"思想是中国传统文化的显著特征。从"天人合一"的观点来看,个人不具有完全独立性,总是受一定的制约。因此,人的权利与自由也是有制约的,是和谐中的权利与自由。有人认为,中国传统文化中没有强调自由和权利,认为只有义务本位,这有失偏颇。中国传统文化中对自由的理解更注重内在的精神自由,强调道德自律,是心性的自由、自律的自由,孔子的"七十而从心所欲,不逾矩"就是这个意义上的自由。此外,自由思想又与中国传统性善论的文化特征有关,自由在于不受私利和功利的影响,更多的在于摆脱物质的东西,从而获得自由。这种自由观对实现自由而全面发展提供了重要的借鉴作用。我们也要对传统社会和谐、自由观进行现代性转化。一是要突出以人民为中心的发展观,建立新型的平等的人与人之间的和谐关系;二是要从物质和精神两个层面为人的自由发展创造条件,把人们对美好幸福生活的向往作为社会和谐和自由的重要内容。

(二)公平公正观念的现代性转化

中国传统伦理标准并不像西方重点强调制度的约束,而是把内外兼修结合起来。平等、公正等价值执行并非完全靠外在的制度,而是建立在内在约束与外在约束结合的基础上。仁义、礼义廉耻、孝廉等,都有公平正义内容,具有内在品德与外在制度相结合的特征。西方许多学者把公平正义建立在个人权利或自由的基础上,认为这本身就是公正的,而中国传统文化则认为,正义不仅要靠制度,还要靠管理者的德行。儒家倡导管理者的个人品德公正,才有行事公正、内圣外王,举直措诸枉,使枉者直。《管子》一方面认为法律如日月星辰,是恒定不变的,强调规矩对方圆的重要性,但也肯定了道德的重要性,提出"礼义廉耻,国之四维,四维不张,国乃灭亡",认为"礼义廉耻"之德不张,国家就有危险。

从《管子》对"礼义廉耻"的强调不难看出,"礼义廉耻"已超出了单纯道德规范的范畴,它更是作为重要的管理手段为统治者所沿用。"礼义廉耻"作为管理手段何以可能?关键在于"管理伦理化"或"伦理管理化",只有使二者自然地交融耦合,才有可能发挥作用。不过,笔者认为管理伦理要发挥作用,还必须取决于伦理规范要求的内在层次性或维度,取决于他律规范与自律规范是否能够结合统一。从"礼不逾节,义不自进"来看,"礼义"主要强调的是他律要求,属于一种制度、正义原则;从"廉不蔽恶,耻不从枉"来看,"廉耻"主要强调的是内心的道德情操。"礼义廉耻"之德就是他律规范与自律要求的统一,这种公正观有其文化的独特优势,应该为中国特色社会主义公正观的建构所吸收,但还需要进行现代性转化,还要吸收现代的权利、平等观念在公平正义建构中的作用。

(三)"孝敬""孝廉"伦理观的现代性转化

"家国同构"是中国传统文化的特征,注重家庭伦理与社会伦理的结合。一个善事父母,重视人伦关系的人一定是一个在家庭中充满仁爱之心的人。由家及国,由个体推及社会,小的仁爱之心必定在一定程度上得以扩展和表现,这样在处理各种社会关系的时候就能够更多地偏向于诚信、廉洁、公平和正义,较为自觉地服务于底层人民和民族国家。

汉代开始以"孝"治天下。孝何以治天下？在于廉洁与尽孝的结合。廉洁守法就是对父母尽孝，一旦触犯了底线，就是对父母不孝。所谓大德胜小德、小德胜无德，尽忠报国谓之大德，孝敬父母谓之小德。若要尽忠，必得守廉，因此，守廉便是大孝。当然，中国传统伦理思想要有现代性转化，不能简单地从传统文化中去寻找，要有时代精神，孝在现代性社会遭遇强烈的挑战。

传统社会中孝的经济基础、社会结构和文化氛围与当今社会有很大不同：一是传统孝行社会的社会结构是以血缘关系为纽带的宗法等级社会，家国同构，家长制。孝是自上而下的道德遵从；二是传统社会是乡土社会、熟人社会，人们受地域局限，交往的限制，要求"父母在，不远游"；三是伦理文化传统注重义务而轻视权利。四是政治伦理要求统治者用伦理代替部分管理功能。

现代社会的社会结构发生了很大的改变：平等、自由的观念越来越深入人心，子女越来越独立，家庭观念越来越淡漠，孝的观念日渐式微。由家庭宗族的长老礼教统治，转向现代契约关系。交往领域越来越宽广，陌生人社会使人更多地相信契约的力量，伴随而来的是权利意识的增强。小孩对父母的依赖性减弱，家庭的结构不太稳定，离婚率上升，单亲家庭增加。父母对子女的包办、溺爱使子女的没有感恩之心；与父母的长期分离导致情感淡漠；老人的赡养也出现问题；等等。这些问题表明，加强孝文化的建构成为非常紧迫的任务。当然，对孝的见解也应该与时俱进，要与现代经济社会发展相适应，不断充实其现代元素和内容。

(四)商业伦理精神的现代性转化

传统经济伦理思想中，商业伦理精神是宝贵的财富，在经营与管理的过程中体现在儒商精神、职业道德精神等。例如，"诚信之德""守约之德"、良心、知耻心等。我国的经济伦理建设也要以民族传统伦理文化为基石，如在职业道德方面，我国当代职业道德对诚信规范的他律性与自律性都较为欠缺。《管子》中诚信职业道德思想的具体要求和实践对现代职业道德规范具有重要的借鉴意义，也要符合时代性。新时代的时代特征是建设中国特色的社会主义，要加强社会主义核心价值观对职业道德规范的引导。职业道德水平的提高要靠建设，要靠社会道德环境的熏陶。社会道德与职业道德是相互影响的,只有社会风气好,才能有良好的职业道德出现。与此同时,只有从事每一种职业的人们恪尽职守,加强自身的职业道德修养,才能使整个社会道德水平得以提高。

本章思考题

1. 中国传统经济伦理思想的基本特征是什么?
2. 如何理解儒家的"义利观"?
3. 《管子》中的经济伦理思想的主要内容是什么?
4. 中国传统消费伦理思想如何继承和创新?
5. 谈谈中国传统经济伦理思想现代性转化的必要性。

参考文献

1. 杨伯峻. 论语译注[M]. 北京:中华书局,2024.
2. 盛广智. 管子译注[M]. 长春:吉林文史出版社,1998.
3. 郝云.《管子》与现代管理[M]. 上海:上海古籍出版社,2001.
4. 朱怡庭. 中国传统道德哲学6辩[M]. 北京:文汇出版社,2018.
5. 胡寄窗. 中国经济思想史(上中下)[M]. 上海:上海财经大学出版社,1998.
6. 朱怡庭,等. 中国传统伦理思想史[M]. 上海:华东师范大学出版社,2009.

第三章　西方经济伦理思想及其借鉴

虽然从表面上看经济学的研究仅仅与人们对财富的追求有直接的关系,但在更深的层次上,经济学的研究还与人们对财富以外的其他目标的追求有关,包括对更基本目标的评价和增进。

——[印]阿马蒂亚·森

【案例引入】

1943年孟加拉大饥荒

阿马蒂亚·森在《贫困与饥荒》一书中描述了1943年孟加拉大饥荒的案例。据当时统计,该次饥荒给当地人民带来巨大灾难,实际死亡人数可能在300万~400万。人们往往将饥荒归因于粮食供给增长赶不上人口增长。当时的调查人员认为,饥荒原因是:"在1942—1943年,暴风和洪水使孟加拉国的大米产量减少了大约1/3。"

但阿马蒂亚·森发现,1943年当地粮食产量只比前5年的平均数低5%,甚至比1941年还高13%。为什么1941年没发生饥荒,1943年却发生了?阿马蒂亚·森认为,绝大多数饥荒是"丰饶中的贫困",饥荒并非只在灾年发生。在孟加拉国,甚至在大米产量增加13%的情况下,依然发生了大饥荒。当今,世界的绝大部分地区(非洲的部分地区除外),粮食供给的增加已经相当于或者略快于人口的增长,但饥荒并没有消灭;相反,一些最严重的饥荒正是在人均粮食供给没有明显下降的情况下发生的。

这意味着,饥荒有更复杂、更深刻的原因。阿马蒂亚·森改变了研究视角,他得到的结论是:遭受饥饿的人只是因为他们未能获得充分的食物权利,并不涉及物质的食物供给问题。[①]

【案例问题讨论】

饥荒背后的真正原因是什么?除了追逐物质财富增长的经济学理论,我们还可以从哪些理论中获得更多思想启迪呢?

二百多年前,亚当·斯密指出市场经济的发展有利于最下层阶级生活水平的提高,富人"同穷人一起分享他们所做一切改良的成果,一只看不见的手引导他们对生活必需品做出几乎同土地在平均分配给全体居民的情况下所能做出的一样的分配,从而不知不觉地增进了社会利益,并为不断增多的人口提供生活资料"[②]。斯密认为,虽然富人无意为社会总体福利考虑,但在追求自身欲望的过程中能够间接帮助穷人获得基本生存资料。不幸的是,在社会生产力足够发达的现代社会仍然出现饥荒问题,纯粹经济学理论并不能很好地解释背后的原因。阿马蒂亚·森认为,随着经济学与伦理学之间隔阂的不断加深,现代经济学已经出现了严重的贫困化现象。我们需要重新审视经济学与伦理学之间的联系,需要从经典经济伦理思想中汲取营养,为认识解释现实经济现象、解决现实经济问题提供更有效理论视角。

第一节 古代西方经济伦理思想

一、古代西方经济与思想背景简介

西欧前资本主义时期包括古希腊古罗马以及欧洲中世纪,社会形态分别是奴隶制和封建制。公元前11至公元前6世纪,古希腊经历原始公社向奴隶制的过渡时期,奴隶制城邦国家逐步形成发展。公元前594年,梭伦在雅典实施

---

① [印]阿马蒂亚·森.贫困与饥荒[M].王宇,王文玉,译.北京:商务印书馆,2009.
② [英]亚当·斯密:《道德情操论》,蒋自强,钦北愚等,译,商务印书馆,1997:230.

了一系列改革措施，包括支持私有财产的继承自由，由此带来雅典农业、工商业和金融业等各方面的发展。公元前431年至公元前404年的伯罗奔尼撒战争中，奴隶主寡头制国家斯巴达战胜了民主政治的雅典，希腊各城邦国家陷入危机。古希腊已经发展出较为繁荣的商品生产、贸易往来、资本生息等经济活动，色诺芬、柏拉图和亚里士多德等思想家的著作均涉及系统或非系统的经济论述。

公元前8世纪至公元5世纪，古罗马从氏族制向奴隶制社会过渡，历经古罗马共和国及古罗马帝国时期，社会生产力取得较大发展。古罗马哲学是古希腊哲学的延续，其代表人物西塞罗的思想是对亚里士多德学派、伊壁鸠鲁学派、斯多葛学派和学院派等思想的综合与扬弃。基督教在公元1世纪到2世纪出现于古代罗马社会中，早期基督教社团实行财产公有和平均主义分配原则。古罗马政体具有较明显的宗教与法治特征，其法学家的著作已经包含公共价格等相关思考。古罗马也出现了专门论述农业经济活动的著作，像贾图、瓦罗、西塞罗和科鲁麦拉等人写过《论农业》，他们崇尚自然经济，主要研究如何提高农业生产效率。

公元5世纪西罗马帝国灭亡，西欧进入"中世纪"封建社会，自给自足的自然经济占统治地位。11世纪，西欧确立了教皇在宗教与世俗事物各方面的权力，基督教在经济、政治、文化等各个领域占支配地位，整个社会充满神学色彩。13世纪初，以托马斯·阿奎那为代表的多米尼克经院哲学正统派占统治地位，他的著作包含了中世纪封建社会的主流经济学说。

古希腊、古罗马时期经济活动旨在追求政治稳定与社会和谐，中世纪经济活动旨在追求宗教教义的实现。我们可以从古希腊、古罗马思想家的经济探讨、政治追求以及中世纪神学家的宗教追求中总结其内含的经济伦理思想，具体包括对财富追求、财产安排、个人经济行为以及国家经济管理等各方面的观念认知。这些对近代以来的经济伦理思想产生了深远的影响。

二、古希腊罗马时期的经济伦理思想

（一）色诺芬的经济伦理思想

色诺芬（公元前430年—公元前355年）是古希腊著名的历史学家、哲学家,其著作《经济论》和《雅典的收入》对经济理论和政策进行了讨论,回答了什么是财富、财富的价值如何判断、国家财政管理等问题,被认为是最早的经济学家之一。

1. 家庭经济管理与财富伦理观

色诺芬在《经济论》中最早使用了"经济"一词,其主要涉及家庭经济管理,研究主人应如何管理财富以使其不断增加。色诺芬指出物品有使用和交换两种功能,物品应最大限度、最有效地满足人们的需要,对于钱财庄园主应"善赚善用",应善于出售自己的商品来扩大自身的财富。色诺芬认识到,财富是具有使用价值的东西,是一个人能够从中得到利益的东西,而经济活动就是创造使用价值的过程。这实际上认为财富的价值由人的主观效用决定。在财富观的基础上,色诺芬还对劳动分工做出评价,他认为分工一方面能够促进劳动生产力的提高而增加财富,另一方面也会给专注于一件事的工人造成身体和精神的伤害。

2. 重视农业与肯定国家管理

色诺芬重视农业生产,认为希腊的海上贸易和工场手工业有赖于农业的繁荣。农业不但是国民经济发展的基础,而且具有社会道德效益:耕作的农场更方便人们修身养性,带来娱乐闲暇;耕种土地的农民更愿意保卫国家,也因而更加团结。色诺芬同时意识到,商人对于市场价格非常敏感,商业发展能增加城邦的经济收入,所以国家应加强对他们的保障和奖励以刺激经济发展。国家还应该参与有关国民经济命脉的产业管理,采取积极政策增加人口以增加公共收入,并奉行和平外交政策为经济发展创造良好的环境。

(二)柏拉图的经济伦理思想

柏拉图(公元前427年—公元前347年)是古希腊伟大的哲学家、思想家和政治家。他出身雅典贵族家庭,其哲学思想深受苏格拉底、毕达哥拉斯学派以及爱利亚学派的影响。柏拉图的经济伦理思想主要体现在他的理想国信念中。

1. 实现社会公平正义

柏拉图认为,经济活动的目的是维持社会稳定,实现社会稳定即实现公平正义。当时商品经济的发展一方面带来社会繁荣,另一方面也带来贫穷、堕落、阶级分化等社会不安定因素。柏拉图指出，发展商业的主要作用是为了满足人们基本生活需要，而不是为了牟取暴利。如果一味追求物质财富，陷入欲望的洪流，就会出现不讲商业道德等非正义现象。因此，货币、贸易、利润和利息等是"必要之恶"，过度追求会使得富人得到尊重而拥有美德和高尚品质的人无法得到尊重，结果会产生少数富人掌权的寡头政治，出现贫富分化和贫富斗争，这样的国家永无太平之日。

2. 建立等级制社会结构

柏拉图认为经济活动的公平正义实现有赖于建立和谐有序的等级制社会结构。稳定的社会结构包括三个分高低的自由民阶级：最高等级是哲学家，他们是执政者；第二等级是负责保卫国家的战士；第三等级是从事经济活动的农民、手工业者和商人，他们为其他阶级提供生活资料。三个等级之外还有奴隶阶层，他们不是公民，是会说话的工具。各等级中每个人应分别按自己的天赋各司其职。柏拉图指出："如果商人、辅助者和卫士在国家中都做他自己的事，发挥其特定的功能，那么这就是正义，就能使整个城邦正义。"[①]在此基础上，柏拉图充分肯定社会劳动分工，包括三个等级阶层之间的分工以及同一等级内不同工种的分工，前者有利于政体稳定，后者有利于技艺水平的提升且有利于扩大生产增进交换。

3. 统治阶级内部财产共享

柏拉图还指出，统治阶级内部应实行财产制度的"共产"安排。为了防止两极分化以及内部纠纷，统治阶级们应该过"共产、共妻和共子"的共产主义乌托邦生活，即使不能完全消灭私有制，也应该规定产品共有，追求"各尽所能，各取所需"的生活。为了保持灵魂的纯洁，他们不应追求世俗的财富，不应拥有私有财产，他们每年的生活必需品应由国家提供。统治阶层还应摒弃私人感情以更好地培养公共精神，专心致力于维护国家团结一致和永久和平，实现国家的整体幸福。

(三) 亚里士多德的经济伦理思想

亚里士多德(公元前384年—公元前322年)是古希腊集大成的思想家、哲

---

① 柏拉图全集：第2卷[M].王晓朝，译.北京：人民出版社，2003：411.

学家,其经济伦理思想主要反映在《家政学》《政治学》和《尼各马可伦理学》等著作中。

1. 财富是手段而非目的

亚里士多德的财富观与柏拉图的基本一致,认为个人追求经济发展用来满足基本生活需要是正当的,但如果只是为了无限制地敛财,就是不正当的。这实际上认为财富只应是手段,不应是目的。在此基础上,亚里士多德区分了通过不同产业获得财富的合理性:从土地获取生活资料的农业生产是最符合自然的,因而是最公正的;以赚钱为目的的商业贸易是为了从别人那里获得利益,是不自然因而应受到指责;而高利贷是最不合乎自然且尤其可恶,因为它的目的是利用金钱本身去获取暴利。

2. 分配正义与交换正义

亚里士多德认为,公正是经济活动的目的和准则。城邦是自由人组成的共同体,政体要考虑公民的共同利益,即公正,这是政体应追求的善,一切具体的经济行为和职业活动也应以此为目的。亚里士多德详细论述了经济活动中的两种正义。第一种是在财物和荣誉分配时需要遵循的折中主义分配正义观:既需要注重数目上的平等分配,又需要兼顾依据价值或才德的比例分配。第二种是给交换提供是非标准的交换正义观:交换中要计算利得和损失的均等,实现商品交换的公正,这就需要比较商品的均等性。亚里士多德指出,一种商品的价值可以通过任何别的某种商品来表现,这体现了它们在某种形式上是可以相比较的。马克思因此指出:"亚里士多德在商品的价值表现中发现了等同关系。"[1]

3. 提倡私有制

亚里士多德拥护私有制,反对限制私有财产数量。他在《政治学》中批判了柏拉图的共产主义理想国,认为"共妻、共子"不但会带来亲属关系的淡漠,还会频繁引起伤害、乱伦、杀戮等不良现象;而"共产"制度下付出与回报不成比例会引发抱怨与争执。亚里士多德认为,私有财产制比公有制更符合人的自然本

---

[1] 资本论:第1卷[M]. 北京:人民出版社,2004:75.

性,因为自爱是人的天性,"任何人主要考虑的是他自己,对公共利益几乎很少顾及,如果顾及那也仅仅只是在其与他个人利益相关时"①。这里的自爱仅仅指的是人对自身利益的关心,不包括人性中的贪心。亚里士多德认为,符合人类天性的私有制比公有制能更好地改善人们的生活环境,减少贫困,从而保持社会的稳定。

(四)西塞罗的经济伦理思想

西塞罗(公元前106年—公元前43年)生活于古罗马共和国晚期,是古罗马著名的政治家、哲学家和法学家。其思想对后来的文艺复兴、启蒙运动有重要影响。

西塞罗继承了斯多葛学派"万物由'神'或'自然'来支配"的思想,认为凡是符合"自然"的生活都是善的,反之都是恶的,并用这一原则评价人们的各种行为。他指出,自然既赋予人自我保存、维护自身利益的本能,也赋予人追求德性,维护公共利益和维持社会秩序的本性。前者来说,西塞罗肯定个人对自身正当利益的追求,肯定私有财产观。"每个人都应该维护自己的利益,只要那样做不伤害他人的利益。"②西塞罗认为,私有财产制度是自然形成的,是符合自然法的。并且私人财产制度的稳定有利于国家的和谐稳定,因此国家有责任保护每个人自由地、无忧无虑地持有自己的财产。西塞罗同时指出,公平正义也是来自自然法,是人与生俱来的道德情感:"人类是为了人类而出生的,为了人们之间能互相帮助,由此我们应该遵从自然作为指导者,为公共利益服务,互相尽义务。"③这里,公正准则要求个人不伤害他人且做有利于公共利益的事。

因为自然同时赋予了人两种本性,所以西塞罗实际上认为义利是可以统一的,并指出两者在本质上是相互联系的,不应被分开。"凡高尚的均是有利的,凡非高尚的均是不利的。"④但另一方面,西塞罗也承认,只有真正有智慧的人才能实现义利统一,而一般民众往往被利益所驱动,被利益所驱动的行为又会破

---

① 亚里士多德全集:第九卷[M].苗力田,译.北京:中国人民大学出版社,1994:35.
② [古罗马]西塞罗.论义务[M].王焕生,译.北京:中国政法大学出版社,1999:283.
③ [古罗马]西塞罗.《论义务》,王焕生,译.中国政法大学出版社,1999:23.
④ [古罗马]西塞罗.《论义务》,王焕生,译.中国政法大学出版社,1999:257.

坏人类的共同生活和社会联系,这是违背自然的。这里西塞罗实际上又认为义和利是冲突的,但义是第一位的,利应该服从于义,因此现实中需要确定规则让大家遵循以减少义利冲突。而不同职位的人应该遵循不同的规则:比如,国家领导人应将自己完全奉献给国家,应以维护公民利益为行动宗旨;从事商业行为的人应将公正视为生命线,绝不能为了自身利益而损害他人;普通人在日常生活交往中不能使用暴力,也不能欺骗,应在不损害他人的情况下在自身能力范围内给予他人应有的善与恩惠。

三、欧洲中世纪经济伦理思想

(一)托马斯·阿奎那的经济伦理思想

托马斯·阿奎那(1225—1274)的主要著作是《神学大全》,包含对封建农奴制、私有财产、公平价格、货币、商业、利息等问题的论述。他的思想无所不包,同时他也是一个折中主义者。

阿奎那为封建农奴制和私有制辩护。古希腊斯多葛派认为整个宇宙存在一种由神性决定的、支配万物的普遍法则,即"自然法",人类行为应服从它。依据自然法,人们在本质上是相同的,具有平等权利,共同占有一切产品。但阿奎那利用斯多葛派听天由命的思想,指出万物有高低之分,人有上下等之分,前者从事脑力劳动,后者从事体力劳动,下等人应服从上等人的统治。这实际上论证了封建农奴制的合理性。同时,阿奎那认为私有制虽然不是自然所规定的,但却是人的理性创造,就像自然没有创造衣服,人自身创造出衣服一样。阿奎那认为私有制能使人类处于比较和平的境地,对人类社会是有增益的。这样,阿奎那将私有财产权看成是人类基于自然法的一项权利。

阿奎那同样反对财富的累积和享受,反对超过民生必需品的过多财富,因为拥有过多的财富等于间接剥夺了穷人的需要。因此他把商业看成卑鄙的行业,也认为放债取利是罪恶。但同时折中主义的阿奎那又断言商业和利息收入在以下情况下可以免受谴责:利润是用来维持自己的家庭生活;或用来帮助穷人;在买进商品时并无转手卖出的意图;或对物品作了改进;或因时间地点的改变而带来价格改变;或因物品运输承担了风险。这些情形下的利润可以看作

"劳动的报酬"而被认为是合理的。

阿奎那接受了古罗马著作家们关于公平价格的思想,认为商品平等交换的基础是双方耗费了相等的劳动。他从宗教伦理角度论证在买卖中支付的价格必须是公平的:把一个物品卖得贵于它的价格,或者隐瞒所出售的物品的缺点,都属于欺骗行为。他又认为,公平价格取决于从物品中得到的利益的大小,取决于它们对人的主观效用。因此,有人认为阿奎那是劳动价值的先驱,也有人认为他是主观价值论的代表。

(二)新教经济伦理思想

传统基督教对经济活动的肯定仅限于满足基本生活需要,对金钱和财富的追求持反对态度,宗教改革后的新教则将劳动、赚钱归为上帝的意思,使得世俗劳动获得教会的认可而具有合理性。主要代表人物有德国的马丁·路德和法国的加尔文。

马丁·路德(1483—1546)信奉奥古斯丁教义,崇尚中世纪早期的简朴经济生活。他对商业主义持担忧的态度,反感功利算计,认为贸易应只限于必需品的交易,商品的价格应恰好补偿其劳动和风险,商品售卖的意义在于服务邻舍,而非赚钱。他依然认为"钱财是世界上最微末的东西",基督徒赚得越少越圣洁,因为世俗利益会阻碍信徒对宗教的热忱。不同的是,路德承认个人在尘世间履行义务是他的天职,是上帝的要求,但其世俗职务要限制在既定的范围之内,不能变动。不信神的人可以追求物质利益,但路德仍然谴责利润心和高利贷,认为贪婪是对别人财产的侵占。路德赋予了政府重要的经济职能,看重国家的财富,尊重国家活动中的企业精神和进取精神。路德宗教伦理还无法为个人牟利辩护。

加尔文不藐视财富和经济,赞成积累和享受,他肯定了当时新兴的商业市民阶级,认为人们应重视并积极投身于自己的职业,致力于贸易和商业的复兴,用赚取的金钱再投资发展以增加经济效益。事业成功的人在来世会得到拯救,这样的宗教信念激励着众商人不辞劳苦、努力经营。马克·韦伯认为,加尔文主义者为资本主义精神的诞生提供了思想源泉,对现代资本主义的诞生与发展有重要影响。

第二节　近代西方经济伦理思想

一、近代西方经济与思想背景简介

该阶段从 15 世纪欧洲资本主义经济萌芽一直跨度到 20 世纪初资本主义经济发展成熟。为方便理解,我们大致将其分为三个阶段:(1)15 世纪到 16 世纪,封建社会解体到资本主义经济萌芽。(2)17 世纪到 19 世纪上半叶,资本主义社会经历了资产阶级革命,资产阶级取得政权,资本主义经济逐渐发展成熟,尤其是经历第一次工业革命之后,生产力获得极大发展,资本主义生产的主要形式从工场手工业发展到机器大工业。(3)19 世纪 70 年代到 20 世纪初,在第二次工业革命的推动下,资本主义经济处于高速发展时期,自由资本主义向垄断资本主义过渡,国际工人运动也迅速发展。

重商主义是西方政治经济学的前史,之后诞生了古典经济学。经济主题逐渐丰富,包括明确财富是什么？财富来源于什么？财富应如何分配？经济活动旨在追求经济效率提升和物质财富增加,以更好地实现富国裕民。经济学理论研究的主要任务在于从理论上论证实现经济自由的必要性和合理性,清除影响资本主义发展的不利因素。19 世纪末经济学领域出现了边际效用学派、新历史学派、制度经济学派等新的经济学流派,集大成者马歇尔在综合古典经济学和边际效用学派等经济学理论和方法的基础上建立了以均衡价格论为核心的微观经济学体系,标志着新古典经济学的诞生。

二、古典经济学产生前期的经济伦理思想

(一)重商主义的经济伦理思想

15 世纪左右是西欧封建社会解体和资本主义生产方式产生时期,随着地理大发现以及国际贸易扩大,商业资本在西欧占统治地位,重商主义正是代表了商业资本的利益要求,成为 16—17 世纪欧洲经济思想的主流,它也是对资本主义经济最初的理论考察。

1. 重商主义的公平正义观

重商主义的公平正义观主要体现在两个方面：第一，中世纪宗教神学统治之下，宗教阶层利用手中的权力压榨信徒的劳动收入，重商主义者出于社会公平视角考虑，认为应废除教会特权，人们为教会做出的捐税应当等于他们从教会中获得的利益；第二，重商主义者已经认识到国家征收赋税的目的是满足公共利益需求，如果赋税被国王滥用享乐，这对于人民是不公平的。因此，政府应加强议会的作用，以保证政府收支为民众服务。

2. 重商主义的财富伦理观

重商主义反对古代思想家鄙视货币财富、维护自然经济的思想，认为一切经济活动的目的都是获取金银，金银多寡是衡量财富程度的标准。但重商主义认为，财富的源泉只能是流通领域。早期重商主义坚持尽量少买或不买以实现货币积累，增加国家的财富。晚期重商主义的代表有英国的托马斯·孟（1571—1641）和法国的柯尔培尔（1619—1683），他们的进步在于，认识到应不断把货币投入流通，在对外贸易中扩大买卖，保持顺差，以保证金银流入增加财富。为此，需要发展本国的工场手工业，以保证国家在对外贸易中的优势地位。这样的财富观体现了重商主义开始"以'金钱本位'取代封建神权统治下的'身份本位'，对于冲破中世纪宗教神权统治的樊篱、推进资本主义取代封建主义具有重要的作用。"[①]

3. 重视国家的作用

无论是鼓励对外贸易还是发展国内工业，都需要国家对经济进行积极干预。晚期重商主义者十分重视国家的作用，建议政府出台各种政策——取消关卡林立的国内税种、国际贸易中实行保护性关税、积极改善国内交通与港口设施、增强军队建设等——以增强国家实力、实现国家富裕。重商主义实际上是把民族国家利益放在第一位。

(二)威廉·配第的经济伦理思想

17世纪中叶英国工场手工业迅速发展，成为工业生产的主要形式。随着资

---

① 乔洪武等.西方经济伦理思想研究：第一卷[M].北京：商务印书馆，2016：281.

本主义生产关系的发展,封建统治者和新兴资产阶级之间产生激烈矛盾,资产阶级革命爆发。威廉·配第(1623—1687)正是生活在这样的时代,他是英国资产阶级古典政治经济学的创始人,被称为政治经济学之父。

配第第一次较为系统地讨论了政治经济学的研究方法问题,并在经济研究中广泛运用了数学、统计学方法以及个别到一般的归纳方法。配第深受17世纪英国唯物主义哲学的影响,指出经济发展必然有其客观规律,试图认识经济现象的本质。他摆脱了重商主义的影响,将经济学的研究对象从流通领域转入生产领域,通过大量统计材料分析,深入研究资产阶级生产关系。他最先提出劳动决定价值的基本原理,在此基础上考察了工资、地租、土地价格和利息等范畴。他把地租看作剩余价值,认为其来源于工人的剩余劳动,这实际上是剩余价值思想的萌芽。配第经济学理论为古典政治经济学的建立奠定了初步基础,马克思认为配第是"现代政治经济学的创始人"。

(三)重农学派的经济伦理思想

在法国,极端的重商主义政策导致农业发展长期处于停滞状态,这对社会整体经济发展极为不利。重农学派详细分析了法国贫困现状和原因,对生产、分配、交换和消费以及四个环节之间的关系进行了部分理论探讨,呼吁重视农业,平衡国民经济各部门经济。其主要代表人物包括早期的布阿吉尔贝尔(1646—1714)、坎蒂隆(1680—1734)和后期的魁奈(1694—1774)、杜尔哥(1727—1781)等。

"自然秩序"是重农学派思想体系的理论基础。重农学派认为人类社会和物质世界一样,存在着不以人们意志为转移的客观规律,即"自然秩序",这是所有人以及一切人类权力必须遵守的规律。因此,经济发展需要听任大自然的安排,需要保持各部门平衡。就生产领域来看,重农学派认为农业是一国经济的基础,土地耕种是所有阶层居民生存和致富的源泉。而土地生产物本身不是财富,只有当它为人所必需和被买卖时才是财富。所以,财富是一切用于消费的东西,是维持生活的资料。就交换领域来说,重农学派发现了市场价格围绕内在价值上下波动的价值规律,并且进一步指出农产品的内在价值是由土地和劳动共同决定。交换应按价值规律进行:一切产品都需按比例价格交换,不仅能使生产不亏本,而且能继续经营并获得利润。而自由竞争是带来正确比例价格的社会过程。重农学派主张自由贸易,主张取消各州间和地区间的商品流通限制,因为只有自由竞争和自由贸易政策才符合自然秩序,一切垄断、限制和政府干预都是违反自然秩序。魁奈还是私有制的积极维护者,他认为私有制符合自然秩序,私有制是社会经济秩序的基础。国家政权的职能是保护私有制,而不是干预经济生活。

重农学派深入生产领域考虑收入分配问题。他们对经济主体进行了阶级划分。比如魁奈把社会分为三个阶级:生产阶级、土地所有者阶级和不生产阶级。土地所有者是天然独立的,其他阶级必须依靠他们来维持生活和致富。杜尔哥又进一步将生产阶级和不生产阶级各自划分为两个对立的阶级,生产阶级分为农业工人和农业资本家,不生产阶级分为工业工人和工业资本家。在此基础上,社会基本收入被划分为工资、利润和地租等。

三、古典经济学家的经济伦理思想

(一)亚当·斯密的经济伦理思想

1776年《国民财富的性质和原因的研究》一书出版,标志着政治经济学作为一门学科从哲学中独立出来。但亚当·斯密(1723—1790)并没有抛弃经济学的伦理基础,而是吸收利用古典自由主义道德哲学的重要思想来论证经济学的伦理基础,为市场经济发展扫清了思想障碍。

1. 追求自身利益是人的天性

(1)自利与公共利益具有内在一致性。虽然个人主观上"既不打算促进公共的利益,也不知道自己是在什么程度上促进那种利益"[①],但是,斯密认为自利心这种天性,使人保持勤劳并追求技艺的进步,以使得自己的产品具有更高价值,也给资本找到更好的用途,这就在不自觉中提高了社会生产力与人类生活水平,实现了社会利益。这里蕴含着曼德维尔(1670—1733)个人劣行与公共利益具有一致性的重要哲学思想。(2)斯密将利己心纳入正义的应有之义。对个

---

① [英]亚当·斯密.国民财富的性质和原因的研究:下卷[M].郭大力,王亚南,译.北京:商务印书馆,1974:27.

人利益和幸福的追求只要是没有给别人造成伤害就是合乎正义的,所以限制人们对个人利益的追求就变成非正义的。人们互通有无、物物交换的倾向之所以能够实现,是因为有了利己心的存在。如果没有自利就不会产生商品的分工生产与交换,不会有物质财富的迅速增加,人们也享用不到多样丰富的产品。从这个意义上来讲,自利是包含在正义里面的。

2. 互利是市场经济最基本的道德准则

斯密虽然认为自利是推动经济发展的动力,但从来没有把它看作市场经济的道德准则,而是在承认"互利"的前提下肯定自利。互利是对自利的限制。斯密指出,人和动物的重要区别之一在于,人自出生起就为了生存而不得不需要随时随地得到同胞的帮助,所以与他人达成互利是实现自利的保障。为了实现互利,自利应"保持在谨慎和正义的范围之内"[1],不对别人造成什么不良后果,如果它妨害到别人的利益,它就是一种罪恶。因此,不侵害他人的财富和幸福是个人在追求自利时不可逾越的底线。斯密同时认为,每个人内心还有一种美德会敦促我们关心并促进别人的幸福,这便是同情心。同情心是人的本性,会制约人自身的行为,甚至还会促使个人为大团体的利益而牺牲自身利益。斯密的这些认识深受古典自由主义道德哲学的影响。斯密的老师哈奇森(1694—1740)认为,人皆有自爱之心,也皆有仁爱之心,两者可以同谋,可以互不相干,也可以相互反对,此"仁爱"之心有利于他人和公众利益。斯密的朋友大卫·休谟(1711—1776)认为,财产权产生于人性的自私和资源的稀缺,人类社会同时需要正义来限制自私,而人的行为会受到人自身的同情心以及是非感等本性约束。

3. 鼓励自由竞争

自由竞争是自利实现社会利益最大化的桥梁,政府与法律制度不能干预经济,但是,政府和法律制度有义务保护个人的自由权利以及自由竞争。

(1)自由竞争要求市场参与者是独立自主、有理性且有创造精神的主体。工人有选择职业与工作地点的自由,资本家有投资生产、经营与贸易的自由,这

---

[1] [英]亚当·斯密.道德情操论[M].蒋自强、钦北愚等,译.北京:商务印书馆,1997:213.

样才能保证市场资源自由流动、市场交易自由自在。只有在这种充分的自由竞争环境中,市场经济的价值规律才能够充分发挥作用。(2)自由竞争的伦理基础是个人的自由权利以及自然秩序思想。经济学以外的自由主义思想最早可以追溯到14—17世纪的文艺复兴,它开始于对宗教权威、君主神圣权力的怀疑与反抗。而经济领域中的自由主义是在启蒙运动和工业革命以后才出现。洛克(1632—1704)继承和发展了培根和霍布斯的思想,反对天赋权利说,主张自然权利论:在自然状态中人人受自然法的统治,人们是平等和独立的,任何人不得侵害他人的生命、健康、自由或财产。斯密也秉承这样的观点。(3)在斯密看来,政府与法律制度不能过多干预经济,但又不是绝对放任自流,而是应该起到保护个人自由权利、维护自由竞争环境的作用。《国富论》中斯密集中论述了政策干预会造成工资与利润分配不均、重商主义限制自由贸易严重有害于经济长期发展以及国家在指导与监督个人逐利时极易犯错。

斯密也着重论述了政府的三个必要义务:(1)保护社会使不受其他独立社会的侵犯;(2)设立严正的司法机关尽可能保护社会上各个人,使不受社会上任何其他人的侵害或压迫;(3)建设并维持有利于社会全体的公共事业及某些公共设施。

(二)约翰·穆勒的经济伦理思想

约翰·斯图亚特·穆勒(1806—1873)和斯密的相同点在于,他们既撰写有经济学著作也撰写有哲学著作,是经济学家同时也是哲学家,并且对于经济学理论背后的伦理思想有深入论述。

1. 自由主义思想

相比于斯密,穆勒的自由主义思想具有自己的特点。他从哲学上更为明确地论述了约制性自由观,他肯定个人在更为广泛领域的自由权利,包括意识内向境地中的自由(良心自由、思想与感想的自由、各种意见和情操的绝对自由)、趣味和志趣的自由以及个人之间无害于其他人的相互联合的自由。同时,穆勒的自由不是绝对的,而是有限相对的,是受约制的自由。其受到的限制主要有:(1)人与人之间互相不损害对方的利益;(2)每个人都需要为保卫社会担负自己的一份责任。如果个人不肯做到这些,那么社会有理由强制执行。

2. 效用原则思想

相比之前的效用原则思想，穆勒的效用原则不是仅仅追求个体利益，而是强调公共利益的实现。穆勒效用原则的幸福强调的并不仅仅是行为者自身的最大幸福，而是全体相关人员的最大幸福，强调爱邻如己，强调效用原则者需要具备普遍的高尚品格，甚至包含自我牺牲的高尚情操。穆勒所追求的作为人生的终极价值的快乐，是高尚的快乐，因为人是具有高级官能的高等动物。穆勒效用原则所认同和宣扬的个人对于快乐和幸福的追求已经远远超出个人主义者对自身利益的追求，甚至认为为了社会整体幸福的提升可以牺牲个人利益。

3. 政府职责

虽然穆勒也是坚定的经济自由主义者，但相对于斯密的夜警政府，穆勒赋予了政府更多的职责，目的是帮助参与市场经济的人们拥有起点公平和机会均等。具体实施措施有：主张商人之间地位平等，推崇自由竞争，反对垄断；提倡财富捐赠，限制遗产继承权，反对职业特权世袭；提高劳动阶级独立自主性：工人可以通过工会组织罢工的行动来要求提高工资水平。政府也有义务帮助工人提高精神文明和知识水平，为以后个人发展铺平道路。政府还应通过法律手段干预人口增长或通过工资补贴等方式解决贫困问题。总之，政府有义务提升社会整体福利水平，包括提高人民素质、保护扶持妇女儿童、维护规范市场秩序等。

【案例引入】

一定要站着挣钱

在电商与社区团购的冲击下，传统商超遇冷，永辉超市2023年年报显示亏损13.29亿元。而同样是一家传统超市，胖东来却变成了全国人民的旅游打卡地。根据许昌文旅局公布的数据，春节8天假期全市11家4A景区共接待游客约127.3万人次，而胖东来的3家商超仅3天时间就接待游客116.33万人次。胖东来九点半开门，但每天六七点门口就会排起长队。胖东来创始人于东来称，原本去年（2023年）计划挣2 000万元，没想到年底挣到了1.4亿元。

于东来在调研湖南步步高超市时针对小米售卖情况说道："你不是那种心计，我今年多种一点就便宜，明年我猛的就要从中盈利，那是炒作，是品德丑陋。

一定要站着挣钱,还能让农民受益,还能让顾客受益,自己合理地受益,这是心怀善良,心怀大爱去做。"在谈到如何对待企业员工时,于东来说:"像胖东来现在员工的工资已经达到8 000多元了,胖东来能做到,其他的企业为什么不能做到呢?企业不就是造福员工的吗?员工不只是一个打工的,我们的人格是平等的。他们也是战友,也是自己的兄弟姐妹,只是我们每一个人,我们的位置不一样。(每个人)都去释放我们自己身上的能量,活出我们更美的自己,这样我们的社会充满了更多的友善、信任和美好。"

胖东来是一家在河南许昌市开创了商业奇迹的零售企业,它的服务好到让人难以置信,它的员工福利好到让人嫉妒,不用加班却能拿到高于平均水平的工资。于东来认为,员工不是机器,而是最大的财富,只有真心对员工好了,员工才会真心回报你。他认为,企业存在的目的是创造幸福,而不是赚钱;企业的核心竞争力是人,而不是产品;企业的最高价值是真诚,而不是利润;企业的目标并不在于做大到极致,而是更加注重培养员工的内在素质和生活质量;企业是推动人类进步的,企业的价值是让人类更美好的生活。

【案例问题讨论】

1. 如何理解案例中的"一定要站着挣钱"?你认为胖东来超市取得成功的底层逻辑是什么?

2. 请列举其他类似成功案例。

3. 请结合斯密和穆勒的经济伦理思想,分析自利和利他对社会经济发展的作用。你认为何者更能推动社会进步?

(三)西斯蒙第的经济伦理思想

西斯蒙第(1773—1842)从小生产者的破产和工人的贫困中发现了资本主义内在矛盾和危机的必然性,认识到资本主义制度下,一方面是生产力和财富的无限发展,另一方面劳动群众只能获得最低限度的生活必需品。他在政治经济学中开辟了新的时代,试图通过国家干预和改革分配等方法消除矛盾。

西斯蒙第认为,政治经济学研究更应关注以下内容:(1)政治经济学不能仅仅考察财富的生产与扩大,而且应该关注国民是否真正享受到国民财富的增加。只有国民真正享受到增加的国民财富,才说明国民财富真正增加了。另外,财富增长应和人口增长一致,财富应在人群中合理分配。(2)政治经济学不能只考虑少数人致富的问题,而是要关注大多数人的福利实现问题。虽然英国古典经济学论证了在自由竞争的环境下个人逐利能自动实现社会利益的最大化,但现实发展出现了较为严重的财富分化现象。西斯蒙第指出:"政府应该通过政治经济学来为所有的人管理全民财产的利益;它应当设法维持秩序,使富人和穷人都享受到丰衣足食和安宁的生活。"①(3)政治经济学关注的客体应该不是财富,而是人,所以不能用抽象的研究方法,而是应该把道德评判和伦理分析作为经济分析的起点和归宿。

西斯蒙第否认个人利益能自动实现社会利益最大化,认为这是荒谬的,并且认为追求个人利益的最终结局必然走向利己主义。因为,"最强有力的人就会得到自己所要得到的利益,而弱者的利益将失去保障。……个人利益乃是一种强取的利益,个人利益常常促使它追求违反最大多数人的利益,甚至归根结底可以说是违反全人类的利益。"②西斯蒙第指出,利己主义的本质是个人至上、弱肉强食,并且以此为基础的自由竞争必然会带来供求失衡。由此,西斯蒙第否认经济自由主义,呼吁政府应对经济进行积极干预,包括干预经济发展中的各种比例关系以使得财富的增长能让大多数人受益,保证劳动产品的合理分配维护劳动者阶级的利益,保护普通工人的收入不受竞争的影响而出现下降的情况。

(四)李斯特的经济伦理思想

李斯特(1789—1846)是德国历史学派的先驱。相比于斯密的个人主义,李斯特是典型的国家主义者。他同样否认个人利益能自动实现社会利益最大化,认为只有个人利益和国家利益不冲突的时候才会实现,而这一条件在现实中往往是得不到满足的,甚至经常存在矛盾。个人利益是局部暂时的,国家利益是长期全面的。国家追求的不仅仅是经济利益,还应该包含教育、文化、安全等社会利益,而这些不能简单归结为个人利益的总和。李斯特还指出,固然自由竞争能激发人们的上进心,但如果竞争精神超过了团结精神,也会招致失败,而不

---

① [法]西斯蒙第.政治经济学新原理[M].何钦,译.北京:商务印书馆,2009:18.
② [法]西斯蒙第.政治经济学新原理[M].何钦,译.北京:商务印书馆,2009:239.

是一定能自动转化为公共利益。

相比于英国古典经济学家提出的经济人概念,李斯特推崇的是"道德人",即和实体国家联系在一起的具有爱国主义精神的个人。李斯特认为,经济发展的精神动力不是来自个人逐利,而是来自公民的爱国主义精神。英国古典经济学家提出的经济人概念实质上体现了狭隘的个人主义,将个人经济动机无限夸大。李斯特强调,个人是所在国家的成员,个人的祸福系于国家的独立和进步。作为"道德人",个人应随时准备为国家利益而牺牲个人利益。国家追求财富也不是为了追求享乐,而是为了进一步发展经济,追求物质与精神更高层次的进步。同时,李斯特批判绝对的经济自由主义,认为应站在国家利益视角充分考虑之后再做出贸易保护或者贸易自由的政策决定。

四、新古典经济学及同期学派的经济伦理思想

(一)边际效用学派的经济伦理思想

边际效用学派是19世纪末20世纪初几乎同时出现在奥地利、法国和英国的新经济学流派,主要代表人物有英国的杰文斯(1835—1882)、法国的瓦尔拉斯(1834—1910)以及奥地利的门格尔(1840—1921)、庞巴维克(1851—1914)等。他们倾向于采用心理分析方法和数学论证方法研究经济学。在对经济学的前提假设、研究对象、研究方法等基础性问题进行讨论时涉及经济学和伦理学之间关系的研究。边际效用学派新方法的应用以及新问题的讨论彻底改变了经济学的面貌。

1. 将主观效用价值论作为经济学研究的基础

区别于古典经济学以劳动价值论为基础的客观价值论,边际效用学派将经济学研究的出发点归为人类的欲望需求,完全采用主观效用价值论。早在17世纪英国的尼古拉·巴贲提出商品的价值取决于效用,德国的赫尔曼·戈森(1810—1858)在《论人类交换规律的发展及人类行为的规范》一书中提出了效用递减规律以及边际效用相等规律。边际效用学派继承了他们的理论,以心理欲望为出发点,主观效用为中心,用边际方法评价主观价值。在边际效用学派看来,商品价值是人们对财货效用的主观评价,受稀缺性影响,商品价值由商品给人们带来的边际效用量决定。

2. 在经济学研究中采用抽象演绎法和数理分析法

在同历史学派争论是否应将自利作为经济学研究的前提假设时，奥地利学派明确用抽象演绎法来研究经济学。门格尔并不否认除自利动机之外人还有许多非自利动机，但为了把握经济学研究规律，仅仅是为了研究的方便与科学，需要将自利作为理论框架的前提假设，由此门格尔创立了经济学研究的抽象演绎法。这种方法要求将个人从特定的历史和社会活动中抽象出来以作为经济分析的立足点，再把人的需要和物质的有限性抽象出来，这样经济学就变成了对稀缺问题的研究。

3. 对经济学进行了较为细致的学科划分，确定了经济学的研究边界

杰文斯在《政治经济学理论》中首先界定了经济学的学科性质，并探讨了经济学和伦理学之间的关系，指出应该将伦理学请出经济学。瓦尔拉斯在《纯粹政治经济学要义》中指出应将经济学划分成三个学科：纯粹经济学、应用经济学和经济伦理学（或经济社会学）。其中，纯粹经济学研究财富的交换，属于自然的普遍的现象，这应是一门类似于物理与数学的较为精确的科学；经济伦理学理应研究的是怎样更好地"把个人所应有的归还给个人"，这应是一门关于社会财富分配的科学。在边际经济学派这里，经济学和经济伦理学具有完全不同的学科属性，应被明确分开。

（二）马歇尔的经济伦理思想

马歇尔（1842—1924）于1890年发表《经济学原理》，标志着新古典经济学的诞生。他的理论以边际效用学派思想为基础，集19世纪上半叶至19世纪末西方经济学理论大成，具有较强的融合与折中主义特点。进入20世纪后，新古典经济学占据了西方经济学的主流地位。

马歇尔将"理性经济人"作为市场经济的研究起点，对于经济学研究的假设前提进行了较为具体的说明。马歇尔首先肯定假设的经济人对于经济学分析非常重要，因为正是这一假设构造才使得经济学能够比其他任何一门社会科学更为精确，这是一种使得经济学研究更加具有科学意义的重要方法。但马歇尔同时强调，经济人只是经济学分析的逻辑起点，使用这一假设不代表人真的只

有自利动机,相反,非自利动机的经济行为也广泛存在。因此,马歇尔用"理性经济人"来替代"经济人"一词。"理性经济人"一方面是一个追求自身利益最大化的人,另一方面又是"理性"的。"理性"是对经济人的伦理约束,具体包含以下特性:懂得节省、重视道德和法律制度约束、能够深思熟虑全面考虑利害得失、遵循风俗习惯符合社会规范。马歇尔还指出,经济人的自利行为不是仅仅追求物质利益,而且会追求精神满足。

马歇尔认为,经济进化不是突然的,而是渐进的、连续发展的,因为人类社会的发展也受支配生物界的进化论原则支配——"自然不能飞跃"。因此,马歇尔反对任何激进的社会暴力革命,他认为"经济学家的目标应当在于经济生物学,而不是经济力学"①,经济学应该采用渐进改良主义的方法去解决现实社会发展遇到的实际问题。

(三)福利经济学派的经济伦理思想

庇古(1877—1959)以解决社会贫困问题增加社会福利为出发点系统探索了经济活动对全社会及各个阶级的福利影响,建立了较为完整的福利经济学理论体系。他的经济理论具有强烈的人文关怀。

不同于之前的经济学家,庇古福利经济学的研究重心不是财富的增长,而是福利的增加;不是起点公平,而是重视结果公平。在资本主义市场经济发展初期,政府不对个人福利水平高低负责,19世纪初期开始,政府成为提供各种社会福利的主体。庇古认为,在社会财富增长之后如果还容忍绝对贫困的存在,不仅有悖于人类社会的基本道德,而且会严重制约社会生产力的解放。为提高社会整体福利水平,政府有义务更好地改善个人福利。庇古提出一系列将财富从富人手中转移到穷人手中的政策建议,认为削减高收入不但不会造成损害,反而具有积极的道德意义。基于此,庇古反对自由放任,重视政府干预,认为政府在消除贫困、减少不平等、抵制垄断以及纠正外部经济效应等方面具有重要作用。

(四)旧制度经济学派的经济伦理思想

旧制度经济学派是19世纪末在美国产生的一个经济学流派,代表人物有

---

① [英]马歇尔.经济学原理:上卷[M].朱志泰,译.北京:商务印书馆,1964:18.

凡勃伦、康芒斯和密契尔。旧制度经济学将"制度"作为一个变量引入经济学的分析框架,研究制度对经济行为和经济发展的影响。

凡勃伦(1857—1929)是美国经济学家和社会学家,是旧制度学派的创始人。他采用历史方法、社会达尔文主义和职能主义心理学展开经济学研究。他认识到社会经济发展已经出现的各种弊端问题,并将其归于社会制度问题,这形成了旧制度学派的学术传统。凡勃伦认为,伴随财产私有制,会出现一个有闲阶级。这个阶级的人们并不是闲着不工作,而是他们的工作具有掠夺性,他们不是通过劳动获得财富,而是通过武力和狡诈占有财富。这使得现代资本主义市场经济制度具有金钱至上、个人至上和掠夺至上等特征。为维持自身既有利益,有闲阶级还会进一步用经济、法律、文化和道德等各种手段阻碍社会变革。

康芒斯(1862—1945)从法学、伦理学、社会学、政治学等多角度研究经济学问题,强调制度是经济发展的动力,而在所有的制度因素中,法律是推动人类社会进步和经济发展的决定性因素。制度使得个体行动受到集体行动的控制,也使得个人利益受到集体的保护。从无组织的习俗到有组织的机构,因为制度的存在,所以都可以列为集体行动。比如大型垄断企业、工会和政党等具有强大力量的利益集团,控制了个人的活动,支配了整个社会生活,同时使得个人免受强迫、威胁、歧视和不公平的竞争,使得个体的行动得到解放和扩张。康芒斯认为,现代资本主义的社会关系实际上是一种交易关系,他把交易作为经济研究的基本单位,因为交易是使得法律、经济学和伦理学有相互联系的单位。这里交易的含义不是指简单的物品交换,而是指个人与个人之间对物质未来所有权的让与和取得,这些取决于社会集体的业务规则。

第三节　现代西方经济伦理思想

一、现代西方经济与思想背景简介

20世纪初,西方国家经济和政治发生了极大的变化,自由资本主义向垄断资本主义过渡,世界上第一个社会主义国家建立。经济发展给社会带来极大财富的同时,也凸显很多问题。1929 年爆发了严重的经济危机。这次危机使得资本主义世界的工业生产下降了约 37%,贸易数量减少了 2/3,1933 年资本主义国家失业者的总和达到 3 000 万人,如何渡过危机成了社会亟待解决的问题。

传统西方经济学认为,无阻力的自由放任的资本主义社会不会出现严重的经济危机和长期萧条。20 世纪 30 年代的经济大危机使得西方经济学理论出现了危机,凯恩斯用有效需求不足理论代替了传统的供给理论、用宏观分析代替微观分析、用国家干预代替自由主义,主张国家干预的思潮发展和传播起来。政府干预政策一度起到刺激经济的作用,欧美经济进入快速增长的"黄金时代"。《就业、利息和货币通论》一书也被视为对传统经济学的一次革命,随后出现了追随解释凯恩斯理论的学派:新古典综合派、新剑桥学派以及新凯恩斯学派。20 世纪 60 年代之后,面对滞涨并存的经济现实,凯恩斯主义也无力解决,出现了与其抗衡的各种新自由主义流派,包括货币学派、理性预期学派、供给学派,哈耶克的新自由主义经济理论,弗莱堡学派,公共选择学派、新制度经济学派等。

二、凯恩斯及其追随者的经济伦理思想

(一)凯恩斯的经济伦理思想

凯恩斯(1883—1946)在 1926 年发表的《自由放任主义的终结》一文中,批判了"看不见的手"这一理论。他指出,"个人在经济活动中拥有天赋自由"这种说法是不确切的,"私人利益和社会利益一定互相一致"这一点也是毫无根据的,甚至个人在争取自己目的时,也不总是明智或能够顺利实现的,而丧失理智的利己主义绝对会破坏社会公共利益。

凯恩斯将经济衰退归因于有效需求(包括消费需求和投资需求)不足,其理论建立在三大心理因素分析之上:(1)边际消费倾向递减规律:虽然居民消费会随着收入的增加而增加,但由于人类天性,消费的增加量总是小于收入的增加量;(2)资本边际效率递减规律:企业投资会受到资本边际效率(未来利润率)和借债利息率的影响,资本边际效率递减会让资本家对未来缺乏信心从而妨碍投资增加;(3)流动性偏好规律:由于货币使用的灵活性,人们会因交易动机、预防动机以及投机动机而产生流动性偏好,引起投资需求不足。

传统经济学认为,资本积累一定能够增加就业,自动实现社会福利最大化,从而推动社会进步。但无论是对"看不见的手"哲学基础的批判,还是建立在心理因素基础上的有效需求理论分析,凯恩斯都得出市场经济不一定能够自动调节经济发展这个结论。据此,凯恩斯提出需要用国家干预来消除现行经济发展的弊端,政府应实施积极的财政政策以增加政府支出,引导刺激私人消费,弥补私人投资不足,从而实现扩大有效需求、增加就业、提高总体国民收入的目的。

(二)后凯恩斯学派的经济伦理思想

1. 新古典综合派的经济伦理思想

萨缪尔森等人将凯恩斯经济学和新古典经济学进行了第一次综合,弥补了凯恩斯经济学在微观基础方面的不足,形成新古典综合派。

萨缪尔森在将"看不见的手"和"看得见的手"进行折中的基础上,提出了私人经济和社会化公共经济并存的"混合经济"模式,这是对经济伦理思想的一大发展。他认为,混合经济相比纯粹私人经济具有优越性,混合不是削弱市场经济,而是去克服市场经济的弊端,以便更好推动其发展。汉森较为系统地解释了"混合经济"的含义,认为从19世纪末以后世界上大多数资本主义国家的经济形式已经不再是单一的纯粹的私人资本主义经济,而是同时存在着"社会化"的公共经济,因而成了"公司混合经济",又称"双重经济",包括生产领域的公私混合经济以及收入与消费方面的公私混合经济。

延续凯恩斯的需求管理政策方向,新古典综合派关注消费、储蓄、投资、政府支出、税收、进出口等宏观经济变量之间的关系,通过多种数理分析,进行需求方管理,实现政策目标。新古典综合派不仅仅关注经济增长目标的实现,而且重视物价、就业、贫困、医疗等民生问题的解决,主张兼顾效率与公平。

2. 新剑桥学派的经济伦理思想

区别于新古典综合派对于新古典经济学均衡概念的继承,罗宾逊指出经济是存在于时间中的,在经济分析中应采用历史时间观而不是均衡概念。这是新剑桥学派的重要方法论基础。未来是不确定的,在经济分析中需要重视"不确定性"，罗宾逊认为这也是凯恩斯论证问题的本质。虽然未来受过去影响，但人们只能依据过去的经验去判断未来，所以并不存在严格的理性行为。另外，罗宾逊指出经济关系实质上是人与人之间的关系，经济研究不能单把个人作为研究的出发点，应考虑社会制度和阶级分析方法的应用。

新剑桥学派经济学家分析了经济增长速度和收入分配之间的内在联系，认为二者是相互影响的，并且指出资本主义生产资料私有制是造成各种矛盾和冲突的重要原因。生产资料私有制直接导致分配制度的不合理、带来收入分配不公。不能指望市场能自动做出调整，需要政府实施合理的收入分配政策，改变国民收入分配，使得工人工资水平能够随着生产率的提高而提高，从而解决经济增长过程中的矛盾。新剑桥学派认为，政府可以根据经济增长率来制定实际工资增长政策，扭转分配的不合理；也可以用累进税收制度改变社会各阶层收入分配不均等的状况；用高额的遗产税和赠与税消除私人财产的大量集中，抑制食利者阶层的财富增长；或通过财政拨款补贴低收入家庭和培训失业者，增加低收入家庭的收入。

三、新自由主义经济学的经济伦理思想

(一)货币学派、理性预期学派的经济伦理思想

弗里德曼(1912—2006)认为，战后经济出现大波动的主要原因是政府使用了错误的财政金融政策。他在货币需求理论分析的基础上指出，市场经济具有趋向均衡的自发力量，政府应减少干预。理性预期学派认为，只要不反复遭受政府的冲击，经济就能维持基本的稳定，因为市场比任何模型都聪明。政府干预经济能够生效的暗含前提是，政府可以出其不意地实行某种政策以影响经济，而现实中由于理性预期的存在，人们对政府的经济政策及其实施后果早已充分预计到，并会做出相应的预防措施，这使得政府的经济政策不能有任何效果。理性预期学派认为，政府干预越少，经济效率就越高。政府的任务是提供稳定的政策，为私人经济活动提供稳定的良好环境，而不是推行积极行动主义政策。理性预期学派是比货币学派更为彻底的经济自由主义派别。

(二)哈耶克的经济伦理思想

哈耶克(1899—1992)是维护自由市场经济制度的斗士。他从哲学、法理学和经济学多个角度对自由进行研究,给出了经济自由主义所依据的基本事实。

1. 哈耶克的自由观

哈耶克认为,自由本身就是目的,我们追求自由就是为了自由本身。这种自由是否定性自由,即要求其他人某些方式的不作为,"一个人不受制于另一个人或另一些人因专断意志而产生的强制的状态"①。自由的重要价值在于它使人们有能力去不断适应且变更整个文明结构。世界的不确定性、知识的有限性以及人类天生的不平等决定了自由应是必不可少的。因为只有在自由的条件下,所有个体的积极性和创造性才能被充分调动,人类才有可能应对未知的困难与挑战。只有这样才能推动文明的多样化发展、推动社会进步。

2. 自生自发秩序

哈耶克认为,每个社会都必定拥有不经刻意创造的秩序,是"自我生成的或源于内部的秩序",它不是人类设计的结果,而是在人类合作中不断扩展自发产生的。这种自然秩序的重大价值在于它对人类文明的进步有促进作用。在所有自生自发秩序中,最重要的是市场经济秩序,它是社会经济自由发展的结果。市场是一种整理分散信息的机制,它比人们精心设计的任何机制都更为有效。在理想状态下市场竞争在效率上优越于其他任何制度,它的价值在于它是一种发现过程,能给新情势以新机会,使得市场经济自身快速发展进步。所以我们应尽可能利用竞争力量来协调人类经济行为。

3. 集体主义的无效性

哈耶克还通过揭示集体主义制度在经济上的低效率和政治上的不民主来反证经济自由主义的合理性。哈耶克认为,计划当局不可能具有求解最好资源配置的一切资料和数据,不可能迅速做出各种决策,不可能不犯错。集体主义和民主制度、法治是不相容的,集体主义会破坏个人的选择自由。哈耶克甚至认为集体主义控制了全部生产、价格、产量,甚至各行各业的人数或报酬以及人

---

① [英]哈耶克.自由秩序原理[M].邓正来,译.北京:北京三联书店,1997:4.

的全部活动。这种情况下,个人不再有选择的自由,而在实质上变成了实现社会福利等抽象目标的工具。

(三)新制度经济学派的经济伦理思想

新制度经济学体系尝试把新古典经济学的基本方法运用于包括法律、企业组织、市场组织和社会文化等制度研究中,把研究领域拓展到人与人之间的交易活动,使得经济学研究能够和现实更为接近。其代表人物有科斯、诺思、威廉姆森、巴泽尔等。

科斯(1910—2013)是新制度经济学的创始人,他考虑到制度的运行成本,提出交易成本的概念。在《企业的性质》一文中,交易成本是指每一笔交易的谈判和签约的费用。从广义来看,可以将交易成本理解为达成交易前后需要花费的所有成本,包括信息搜寻、谈判签约、契约保障等各项成本。科斯定理认为,如果不考虑制度运行成本,无论权利如何界定,都能实现资源配置最优,一旦存在交易成本,权利的初始界定会对资源配置效率产生影响,清晰的产权界定非常重要,它是市场交易的前提,将有助于改进经济效率。应在考虑交易成本约束的情况下对权利进行法律界定,这会影响到收入与财富的再分配。科斯对斯密人性观也有所讨论。他认为,自利是社会经济生活的基础,正是受自利支配,人们才形成了自由竞争和合作关系,市场经济体系才得以形成。但同时自利并不意味着人完全失去了仁慈与爱等利他道德情感,虽然人类不能依赖这些情感去生存、满足各种需求,但它们有利于促成合作,我们不能忽视其存在。

威廉姆森理论体系的基础是关于人的两个假设:第一,人是有限理性的人,因为稀缺的信息资源以及人的理解能力与计算能力的有限,所以人解决现实问题的能力有限;第二,人是具有机会主义行为倾向的人,即以欺哄手段追求自身利益或损人利己的行为倾向是基本人性之一,所以人是不可信的。这两个假定将我们带到现实世界,人们需要研究现实中的制度,需要设定各种制度去约束人的行为。因此,威廉姆森注重研究那些现实世界提出的问题,主张通过案例分析阐述深奥而又精湛的新制度经济理论。

(四)阿马蒂亚·森的经济伦理思想

阿马蒂亚·森(1933—)将经济学和哲学两个领域的研究工具结合进行一

系列研究,恢复了经济学研究的伦理维度。阿马蒂亚·森关注分配问题以及底层贫困人群的生活,在福利经济学和社会选择理论等方面做出重要贡献。

1. 加强伦理学与经济学之间的联系

加强伦理学与经济学之间的联系是阿马蒂亚·森学术研究的基本出发点。他认为,经济学去伦理化的运动是现代经济学的重大缺陷,二者的分离导致了经济学的贫困化,削弱了描述经济学和预测经济学的基础。而更多关注人类行为和判断等伦理学内容会让经济学变得更有说服力。他不仅从哲学方法论去批判经济学的去伦理学运动,而且吸收运用各种有价值的伦理思想去解决现实重大经济问题,试图创造"伦理相关"的经济学。

2. 关注"真实的人"

阿马蒂亚·森对于经济人假设进行批判,认为真实世界中人类行为不可能如此,我们应关注真实的人。阿马蒂亚·森认为,对自利行为的狭隘解释是现代经济学对斯密的误解,我们应该重回斯密,人不仅有自利的一面,也有同情心的一面。"经济学中极为狭隘的自利行为假设,阻碍了它对一些非常有意义的经济关系的关注。"[①]他认为,更好解释预测人类行为与经济现象的重要前提是更充分考虑人的多样化动机,包括责任感、忠诚和友善等,这些非自利目标也是人们愿意追求的价值目标,对实现个人和集体的经济效率都非常重要。他对自利、同情心和承认进行了更为细致的区分,提出构建更宽泛的人类理性观。

3. 保障"应得权利"

阿马蒂亚·森用权利方法认识饥荒问题,指出产生饥荒的根本原因不在于粮食供给问题,而是人们的应得权利遭到了剥夺。这里,应得的权利是指无论人的贫富贵贱,都有资格去获得一定的经济、社会、文化权利,这是基本的、无条件的人权。具体包括:第一,所有权;第二,直接的权利关系:包括以贸易和生产为基础的权利、自己劳动的权利、继承和转移的权利;第三,复杂的权利关系,比如拥有自己发现并且无人认领的东西。前两种权利是最主要的,阿马蒂亚·森认为,这些权利决定了一个人是否能够避免饥饿。而这些权利的实现不仅依赖

---

① [印]阿马蒂亚·森.伦理学与经济学[M].王宇、王文玉,译.北京:商务印书馆,2018:前言第3页.

于市场交换,而且依赖于国家所提供的社会保障。

4. 提升"可行能力"

阿马蒂亚·森在批判效用原则、福利主义和罗尔斯三种已有平等观缺陷的基础上,提出了"能力平等"原则。他认为,影响公平的最主要因素在于人的基本能力,即一个人赖以进行基本活动的能力。阿马蒂亚·森提出"可行能力"概念,同样的资源会因人际或环境差异而产生不同的可行能力,"可行能力"内含个人责任和能动性,本质上反映了人们真实享有的福利和自由。社会经济发展的根本目的应该是保证个人能公平地提高自身的能力,扩展人们享有的"可行能力"意义上的"真实自由"。阿马蒂亚·森从社会文化等更广的角度指出,社会应涉及更多的平等保障,只有充分利用教育、卫生等措施,使得平等、正义、人道、自由等在社会文化更多领域中实现覆盖,才能真正起到提高个人能力的作用。只有通过能力的提高,才能减少人类权利的被剥夺现象以及贫困现象,才能对经济的公平问题有所帮助。

第四节 对西方经济伦理思想的评价与借鉴

一、简要评价

(一)西方经济伦理思想研究内容变化

古代西方社会是以农业经济为主、商业经济为辅的社会,生产力长期处于不发达状态。社会追求的主要是政治稳定而非经济发展,因此并不存在专门研究社会经济发展的经济学理论。古希腊、古罗马时期经济一词强调的只是家庭事务管理,即便如此,古希腊、古罗马仍然是西方经济伦理思想的源头。当时的思想家认为,发展经济的目的在于维持政治稳定,个人追求经济活动的目的也不应是为了积累财富,而应是为了实现人的道德追求,其经济伦理思想内含于政治伦理思想中。到了中世纪神学占统治地位,经济伦理思想主要蕴含在他们的宗教教义中。

随着商业经济的发展、民族国家崛起以及资产阶级的兴起,16 世纪之后,税收和货币问题成为政治经济学的主题之一,人们开始关注如何使一个国家变得更加富有。重商主义主张财富就是金银货币,应通过国家干预保护本国产业,通过贸易顺差获得财富。在古典自由主义思想的启蒙下,英国诞生了以亚当·斯密为代表的古典经济学,使得经济学逐渐从道德哲学中独立出来。古典经济伦理思想更加强调经济发展和经济效率的提升,在关注个人权利实现的同时一并实现社会福利最大化,且认为社会福利增长能够惠及所有阶层,带来社会整体繁荣。

20世纪30年代之后经济危机以及贫富差距等不平等问题凸显,学者们将解决现实经济问题当成一种责任赋给政府。而"政府干预和经济自由主义哪一个更能减少经济不稳定?""政府出台什么样的政策能更好解决现实问题",成为学者们争论的焦点。他们在不同程度上返回到古典或新古典经济思想中去,对于前提假设、研究方法与内容,或批判或修正,努力使新理论更接近于现实,以解决现实社会所出现的各种问题。

(二)西方经济伦理思想研究模式变化

西方经济学发展伊始,只是神学和道德哲学的分支,而研究经济中的道德问题主要是神学家和哲学家的事,他们大多采取从伦理到经济的认识模式来研究经济中的道德问题,即主要对经济问题和人的经济行为进行伦理判断和道德评价。这一模式在哲学家那里一直被沿用,现代西方哲学家罗尔斯等从政治哲学视角认识解决经济正义问题,显示了伦理学解释经济问题的强大力量。

斯密出版了第一本专门的政治经济学著作,他也是第一个作为哲学家和经济学家双重角色来研究经济学以及经济中的伦理道德问题的思想家,之后穆勒、西季威克延续了这一模式。他们采用从伦理到经济和从经济到伦理的双向认识模式来研究经济中的伦理道德问题。现代经济学家阿马蒂亚·森回归这一双向认识模式,认为经济学与伦理学的分离造成了现代经济学和现代伦理学的严重贫困,经济学研究最终必须与伦理学研究结合起来。

19世纪70年代的边际效用学派坚持将伦理学请出经济学,瓦尔拉斯明确将经济学划分为纯粹经济学、应用经济学和经济伦理学(或经济社会学)三个学科。此后在新古典经济学代表马歇尔的努力下,从制度上成功实现了经济学作为一个学科的独立。他们认为纯粹经济学不存在价值判断,所以也不存在经济到伦理的研究模式。他们试图用抽象的逻辑演绎法、数理实证法以及模型化的分析框架完全隔断经济学和伦理学的联系。我们可以从他们的经济学研究方法、前提假设以及研究结论中去发现其中蕴含的经济伦理思想。

(三)辩证地看待西方经济伦理思想

简单来说,古代经济伦理更强调城邦或宗教利益的实现,轻视个人利益。近代资本主义兴起之后,主流经济伦理从追逐国家利益逐渐演变为肯定个人利益并实现个人利益与社会利益的统一。对于西方经济伦理思想的评价不能一概而论,不能简单做出孰对孰错的判断,因为不同时期不同国家经济伦理思想有其特定的社会经济背景,也有其特定使命。但是,我们可以站在当今理论和实践发展的立场去辩证地看待西方经济伦理思想。

1. 梳理西方经济伦理思想的积极意义

(1)通过梳理西方经济伦理思想的主要内容,帮助我们了解西方经济学的价值观和哲学基础,明确新时期新经济背景下经济伦理的主要研究方向和内容;(2)通过梳理西方经济伦理思想的研究模式,让我们明确坚持经济学和伦理学两个学科结合研究的必要性和可行性,为发展更能解决现实问题的经济学理论提供一定的伦理维度支撑;(3)通过西方经济伦理思想的研究,我们可以更好地认识和理解西方经济政策的价值导向和道德评价标准,为我们提出更合理的经济政策主张提供依据。

2. 经济伦理思想研究的不足之处

(1)主流经济伦理思想总是以自身经济学研究为背景进行一般规律总结,认为自身的规律具有普遍适用性,但实际上不同历史时期不同国家背景不同文化观念会产生并适用于不同的经济伦理思想,对于经济伦理思想应坚持普遍性和特殊性相结合,应加以批判性吸收不能持简单的拿来主义态度对待。(2)经济学和伦理学在历史发展中曾出现分割的情况,一方面,我们应该看到这种分割的进步之处,即使得经济学研究变得更为纯粹和精确;另一方面,我们也要注意到这种分割确实带来了经济学贫困化现象以及市场经济发展出现的一系列困境等实际问题,这些实际问题的解决亟待经济学和伦理学重新碰撞结合。

二、启示借鉴

(一)经济理性应与道德理性相结合

为了研究的方便,新古典经济学之后人们设立了经济人假设这个前提。但是,所有经济学家都承认的现实是:除了自利,还有其他动机影响着人们的经济行为。学者们也在用不同的方法去拓展研究的假设前提,以丰富经济学理论。在现实经济发展中,我们应该充分认识到市场经济的发展不仅仅需要维护个人权利,还要推崇仁爱之心、互利性、同情心、利他心。不能仅把市场经济中的人归为经济人,他还应该是具有道德约束的社会人。个人不能脱离社会,个人利益的存在要以公共利益为基础。所以利他应是市场法则的重要补充,这些道德约束的存在才能够保证真正的长期的自利实现。无论是斯密的公正的旁观者,还是穆勒的幸福观、约制自由观,他们在本质上都强调人的社会性一面,且正是这些社会性才保证了个人逐利背后社会整体繁荣的实现。如阿马蒂亚·森所说,我们应该关注真实的人,考虑人的多样性动机,这样才能更好地认识人类经济行为和社会经济现象。

(二)应发挥好教育等各种制度的作用

通过教育,唤醒并加强市场经济制度下人的道德本性。市场经济条件下,在自利心驱动下,人们往往面临许多诱惑,会导致道德观念的淡化和扭曲。需要通过教育手段来培养和提升人的道德品质,发挥传承人类本性中的道德力量,摒弃恶习。人们不仅要充分认识到诚信、利他、公平、正义等在市场经济发展中的积极作用,更需要身体力行,自觉践行。教育不是一蹴而就,而是一个漫长的过程;教育也不是单个主体的责任,而是需要家庭、学校、企业,政府共同参与的系统工程。拥有德性的保障才能够真正长久地实现个人利益与公共利益。另外,个人权利的实现、道德性力量以及社会性倾向的发挥需要真正自由、公平的环境,环境的构建不是自然就形成的,而是需要人为建设完善,需要各种制度建设来保证,包括法治建设、社会保障制度建设、教育制度建设、经济制度和政治制度建设。通过这些制度建设,不断提高国家整体治理能力水平,以更好地保障个人权利以及自由公平的实现。

(三)应加强经济伦理学研究

从西方经济伦理思想的发展来看,经济学和伦理学的结合源远流长,可以追溯到古希腊色诺芬时期。亚里士多德也将经济学和人类行为的目的联系起来。在经济学诞生初期,经济学家也是哲学家,从经济学和伦理学双重视角去认识经济学以及经济发展中的伦理问题。随着数理知识在经济学上的应用,经济学家致力于将经济学发展成像物理学和数学那样更为精确的科学,此背景下出现了经济学和伦理学的背离,主流经济学在追求模型化数量化的路上越走越远。虽然仍有学者坚守经济学和伦理学的结合,但它一直处于边缘地位。现实的经济学贫困化现象以及市场经济发展遇到的很多现实困境都要求我们要加强经济伦理学这门学科的建设与发展。我们需要全面深刻的审视经济伦理学研究的价值基础,确定其基本研究对象与问题,形成标准化研究体系,增强学科建设与传播。另外,我们还需要加强经济伦理学科研工作,促进经济伦理学自身理论发展,利用经济伦理学理论认识解释现实经济现象,更有效地解决现实经济问题。

本章思考题

1. 请比较古代西方经济伦理思想各代表人物对于私有财产权的认识异同。
2. 简述新教经济伦理思想。
3. 亚当·斯密的经济伦理思想主要体现在哪些方面?
4. 如何认识边际效用学派的经济伦理思想?
5. 阿马蒂亚·森的经济伦理思想主要体现在哪些方面?

参考文献

1. 乔洪武,等.西方经济伦理思想研究[M].北京:商务印书馆,2016.
2. 徐大建.西方经济伦理思想史[M].上海:上海人民出版社,2020.

3. 杨玉生,杨戈.经济思想史[M].北京:中国人民大学出版社,2015.

4. [美]亨利·威廉·斯皮格尔.经济思想的成长[M].晏智杰、刘宇飞、王长青、蒋怀栋,译.北京:中国社会科学出版社,2006.

5. 蒋自强,史晋川.当代西方经济学流派(第二版)[M].上海:复旦大学出版社,2006.

·第二部分·

新经济形态的经济伦理学探析

第四章　高质量发展与发展伦理

高质量发展是全面建设社会主义现代化国家的首要任务。必须完整、准确、全面贯彻新发展理念，始终以创新、协调、绿色、开放、共享的内在统一来把握发展、衡量发展、推动发展；必须更好统筹质的有效提升和量的合理增长，始终坚持质量第一、效益优先，大力增强质量意识，视质量为生命，以高质量为追求；必须坚定不移深化改革开放、深入转变发展方式，以效率变革、动力变革促进质量变革，加快形成可持续的高质量发展体制机制；必须以满足人民日益增长的美好生活需要为出发点和落脚点，把发展成果不断转化为生活品质，不断增强人民群众的获得感、幸福感、安全感。

——习近平 2023 年 3 月 5 日在参加十四届全国人大一次会议江苏代表团审议时的讲话

【案例引入】

小米：从制造走向智造

小米 SU7 汽车是新质生产力在新能源汽车领域的重大突破，见证了中国企业从"制造"走向了"智造"，作为制造业高质量发展典型范例，这既是企业对技术创新的追求，更是新质生产力在整个制造业成功应用的一个典范。

作为小米汽车的首款车型，小米 SU7 上市后反响热烈。2024 年 3 月 28 日晚，小米 SU7 正式上市迅速成为"热搜第一"。小米汽车发布："4 分钟大定破万，7 分钟大定破 2 万，27 分钟大定破 5 万。"小米 SU7 正式上市之夜引人注目。

小米汽车从 0 到 1,与 14 年前小米手机从 0 到 1,小米的成长阶段和面临的用户期待非常不同。小米汽车,需要做出点不一样的东西,其中重要的是,智能科技。这引起了广大网友的热议,有网友甚至评论道:隔行如隔山,雷军翻过了一山又一山。小米汽车的发布可以说是新质生产力的体现,也从侧面展示了我国以科技创新引领现代化产业体系建设的高质量发展。

近日,小米 SU7 官宣上市,27 分钟预定 50 000 万台的数据,更是引爆全场,引发全网围观,有人说这是新质生产力在汽车领域的一次重大突破。新质生产力是基于信息化、数字化和智能化的先进生产力形态,与高质量发展的关系日益紧密。这种生产力推动了效率和创新的飞跃,但也引发了伦理问题,如数据隐私侵犯、就业结构失衡以及技术监控过度等。在追求高质量发展的同时,亟须在法律和道德层面建立相应的规范体系,确保技术进步在增进社会整体福祉的同时,能够维护个体权利和社会公正。

生产力发展是人类社会进步的根本动力,也是实现宏观经济长期稳定发展的根本力量。科技创新能够催生新产业、新模式、新动能,是发展新质生产力的核心要素。要以科技创新推动产业创新,特别是以颠覆性技术和前沿技术催生新产业、新模式、新动能,发展新质生产力。这是对马克思主义生产力理论的创新和发展,为我们在实践中推进高质量发展提供了根本遵循。形成和发展新质生产力,关键在于以科技创新为核心驱动力,以劳动者、劳动资料、劳动对象及其优化组合的跃升,催生新产业、新业态、新模式,不断塑造高质量发展新动能新优势。

第一节 传统发展方式的伦理审视

传统发展方式由于单纯追求经济增长而忽略社会正义、人的发展、环境可持续性等伦理因素。因此,对发展进行伦理审视和道义评判就具有了必要性。

一、传统发展方式的基本观点

发展观反映了人们对发展的基本价值判断。随着社会经济的不断深化,人们对发展的理解也在不断演进,传统发展观经历了三次主要变革,包括经济增长发展观、社会综合发展观以及可持续发展观。

(一)经济增长发展观

人类发展的理性自觉和相关发展观念的演化,最早可以追溯于17—18世纪工业革命的兴起,该观念在20世纪50—60年代达到了理论体系的成熟。在这一历史阶段,主流的经济学理论将发展与经济增长画等号,强调效率的重要性,并在分析过程中赋予经济因素以优先地位,这导致了物质主义、科学主义和个人主义等价值取向的兴起。此时期的主导思想认为,经济是一个演进中的有机体系,将发展视为一个逐步、连续的过程,并持乐观态度认为经济增长的益处将自然而然地惠及整个社会,从而推动经济和社会的共同进步。这一时期的发展观主要分为两个阶段:20世纪20—40年代,以工业发展为核心的工业文明理论(代表为法兰克福学派);20世纪50—60年代,以国民生产总值增长作为主要指标的经济增长观(代表为发展经济学派),分别在各自时期占据主导地位。

诺贝尔经济学家刘易斯作为主要代表人物,在其著作《经济增长理论》中提出的二元结构论是对现代与传统部门之间相互关系的一种理论化阐述。该理论认为,经济发展可划分为"现代"工业部门和"传统"农业部门,其核心在于现代部门吸纳传统部门劳动力,进而促进经济结构的根本转变。刘易斯进一步指出,发展中国家在经济发展过程中,可以通过借鉴发达国家的发展历程来寻找理论与政策指导。然而,经过时间的检验,人们发现,仅追求经济增长的发展模式并不足以实现社会全面进步。许多发展中国家即便在主要经济指标上取得提升,社会整体进步、民众生活质量、健康状况与文化素质却并未同步提高。

(二)社会综合发展观

在以经济增长为核心目标的发展策略指导下,虽然许多发展中国家取得了显著的经济进步,但他们往往未能实现全面和均衡发展的广泛目标。事实上,这种单一追求经济增长的路径不仅未能带来普遍的福祉提升,反而常常导致资源分配的不公、社会不公正、腐败泛滥以及政治不稳定等一系列负面后果。这些问题凸显了单纯依赖经济增长指标来评价发展成功与否的局限性,从而促使学界和政策制定者思考更加全面和综合的发展模式。

自20世纪70年代起,对于"发展"概念的广泛学术反思揭示了将发展简化为经济增长的局限性。这种反思认为,仅以经济指标作为评估标准,无法充分捕捉到发展中国家面临的复杂挑战和多维度问题。随着时间的推移,越来越多的研究强调,发展应当被理解为一个多维度的过程,不仅涵盖经济增长,还应包括社会公平、文化自尊、环境可持续性以及政治稳定等方面。因此,现代发展理念倡导将发展重新定义为一个系统工程,旨在实现经济与社会各方面的综合协调发展。因此,经济增长不应被视为社会发展的唯一标准,而应作为达成更广泛社会目标的手段。真正的发展应是满足社会各个层面的需求,包括但不限于物质财富的增长,同时重视社会公正、环境可持续性和文化多样性。比如阿卜杜勒—马利克等学者所述:"发展应该是全面的,不仅仅限于经济领域,而是包括社会、文化、生态等多个维度的综合发展,是集科技、经济、社会、政治和文化,即社会生活一切方面的因素于一体的完整现象。"[1]在对发展问题全面认知的基础上,到了20世纪80年代后期,随着多学科对发展观的研究加深,社会综合发展观开始兴起,它强调了发展的多方面性和系统性。这种多维度的发展观推动了对社会发展中经济、社会、文化和生态等领域相互关联性的深入理解,为全球化时代下的发展提供了新的理论视角。

法国学者弗朗索瓦·佩鲁与美国学者托罗达成为综合发展观领域的代表人物。在佩鲁的作品《新发展观》(1983年)中,他提出了一个"全面的""综合性的""自发性的"新发展理论。佩鲁指出,发展不仅仅关系到人与人之间相互配合的问题,也包括了人与自然之间的和谐共生。它覆盖了经济和社会发展的各个方面,是各种社会要素相互作用的综合结果。发展是一种追求主观选择自由的过程,必须根据各国的具体情况来制定独立的发展战略。托罗达则认为,"发展应当被视为一个广泛的过程,其中包括对整个经济和社会结构的重组和调

---

[1] [埃]阿卜杜勒—马利克,等.发展的新战略[M].杜越,等,译.北京:中国对外翻译出版公司,1990:4.

整。除了收入和产量的增长外，发展显然也涉及人们习惯和信念的改变。"①

（三）可持续发展观

20世纪中叶，随着环境问题日益成为全球性挑战，可持续发展的议题逐渐成为国际社会广泛关注和深入研究的焦点。1968年，见证了一个历史性的转折点，来自世界各地的数百位专家和学者在意大利罗马聚集，共同探讨人类发展面临的重大挑战及其解决方案，并在此基础上成立了具有里程碑意义的"罗马俱乐部"。这一跨国学术组织的成立，象征着对全球环境和发展问题的跨学科和跨国界关注。1972年，罗马俱乐部发布的《增长的极限》研究报告，成为全球环境和发展议题的一个重要转折点。这份报告以其深刻的分析和前瞻性的预测，引起了全球范围内的震撼，标志着可持续发展观念开始得到国际社会的广泛重视。报告中明确强调，如果不对当前的发展模式进行根本性调整，人类将不可避免地面临资源枯竭和环境恶化的严重后果，这一预警在当时引发了广泛的学术讨论和政策反思。因此，可持续发展观念的提出和普及，不仅反映了全球社会对环境问题和不断扩张的发展模式的深刻反思，也是对历史发展路径的一种必然回应。该报告的结论是："如果在世界人口、工业化、污染、粮食生产和资源消耗方面按现在的趋势继续下去，这个行星上的生长的极限将在今后一百年中发生。"②《增长的极限》报告的发表，不仅在全球范围内产生了深远的影响，更在学术界引发了一场广泛而深入的讨论。这份报告提出的观点和预测，引起了多方面的关注和争议，特别是在经济和环境政策领域。报告所揭示的环境和资源限制问题，促使一些学者提出了限制增长，甚至实现"零增长"的策略建议。这些观点认为，通过限制经济增长的速度，可以有效地减缓资源消耗和环境退化的趋势，从而避免潜在的生态和社会灾难。1980年3月，联合国大会上首次正式提出了"可持续发展"这一概念，标志着这一理念开始获得国际政治和政策制定层面的认可。

---

① 李小云.普通发展学[M].北京:社会科学文献出版社,2005:7.
② [美]丹尼斯·米都斯等.增长的极限——罗马俱乐部关于人类困境的报告[M].李宝恒,译.长春:吉林人民出版社,1997:17.

二、传统发展方式的伦理审视

(一)经济增长发展观的道德缺失

长期以来,传统经济发展观在"人类中心主义"的哲学框架和对亚当·斯密"看不见的手"理论的片面解读下,将物质财富的增加作为社会发展的主导目标和唯一衡量标准。在这种观念的指导下,经济发展被视为必然导致社会进步和人类幸福的途径。然而,这种单一维度的发展观念导致了对物质文明的过度追求,而忽略了人类和环境的可持续发展;在追求个人利益时忽视了整个人类共同利益;在追求经济增长时忽视了环境保护和社会公平的重要性。

在经济增长主义的框架下,由于对伦理规约的忽视,人类最初在征服和改造自然的过程中体验到了一种成就感,但未能充分预见这种行为对生存环境所带来的潜在危害。随着时间的流逝,对自然环境的过度干预和盲目开发逐渐演变成了全球性的生态危机,如温室效应、臭氧层破坏、水土流失以及草原和森林的退化等。这些现象共同表明了生态系统整体危机的加剧。

同时,随着科学技术的发展,其从仅仅作为发展工具到成为一种支配性意识形态和霸权主义的转变,开始在社会生活中产生了强大且有时过于单一的话语权。这种转变不仅将人的社会存在物化,也同样将人的精神存在物化,导致了人的异化现象的出现。这表明,科学技术的发展和应用若缺乏相应的伦理约束和人文关怀,将可能引发严重的社会和环境问题。"在个人层面,这种情况导致了人际关系的疏远和冷漠,使得个体感受到精神上的空虚和迷茫。这种现象促使了思维的机械化,抑制了想象力和创造力,减弱了情感的表达,削弱了意志力,进而导致了社会性和精神意识的持续退化和流失。"[1]在群体层面上,经济增长主义导致了发达国家与发展中国家之间的差距加剧,同时也加剧了社会内部富裕人群与贫困人群之间的不平等。这一趋势揭示了一个核心问题:即使在经济总量增长的情况下,社会的整体福祉并未得到实质性提升,而且经济增长的成果并未能有效地促进社会的全面发展。这种现象表明,经济增长主义背离了

---

[1] 沈步珍.技术向度发展的反思与技术人性化的现实呼求[J].科学理性与科学方法,2005(5).

社会发展的终极目标和最高价值,即增进社会的整体福祉和公正。

在具体实践中,经济增长主义导致了经济结构的畸形发展,包括经济效率的低下和经济增长的质量问题。这种模式虽然在短期内实现了快速的经济增长,但常常忽略了社会进步和精神文明的同步发展。结果是,人与自然的和谐关系被破坏,人际关系受到负面影响,社会贫富差距不断扩大,社会不稳定性增加。因此,片面追求物质财富的发展模式,最终使经济增长转变为一种破坏人类生存和可持续发展的因素。在这种模式下,效率被错误地当作一种反人道的价值尺度,而非实现社会整体福祉的工具。显然,在单纯经济增长主义的理论指导下的社会发展模式是不可持续的。

(二)综合发展理论的道德局限

在对经济增长主义理论进行哲学反思的过程中,社会综合发展观作为一种对经济增长主义的批判性继承而形成的理论,已经逐渐发展并显现其重要性。这一理论对发展的内涵和目标进行了更为全面和深入的探讨,相比于经济增长主义,它在理论上的进步性是不言而喻的。然而,社会综合发展观在摒弃经济增长主义的消极方面时,也面临着诸多挑战,这导致了一系列难以解决的道德和实践上的局限性。

虽然社会综合发展观强调了经济、政治、文化和科技等多个领域之间的互动和影响,但在实际执行过程中,这一发展模式仍显示出一定程度的不协调性和不平衡性。此外,在注重社会各个领域协调发展的同时,社会综合发展观经常忽略了对自然环境的伦理考量,这对其可持续性构成了挑战。这种视角的缺失可能导致自然资源的过度利用和环境破坏,从而对长远的可持续发展带来威胁。因此,为了确保社会综合发展观的实际应用能够实现真正的可持续性,它需要在追求多领域协调发展的同时,融入对自然环境的深刻关怀和保护。这不仅是对传统经济增长主义的超越,也是对社会发展理论的必要完善,以确保经济发展、社会进步和环境保护之间能够实现真正的和谐与平衡。

在综合发展观看来,"真正的发展必须是经济、社会、人之间的全面协调共进"①,综合发展理论主张的"经济—社会—人"综合发展,旨在实现全面的人类进步。在 20 世纪后半期,面对生态系统的危机,这是对长期以来忽视自然和环境价值的直接反击。在这样的大背景下,虽然社会综合发展观提出了以社会为中心的发展理念,试图超越传统的以经济增长为核心的"物本位"发展观,但其在实践中却往往未能充分实现"以人为本"的全面理念。这种理论虽然在关注社会进步方面代表了一定的进步,但如果忽视了个人层面的自由、道德、安全等非物质价值,以及社会公平与正义的构建,则所谓的发展将会是不均衡、不公正,甚至是不可持续的。

此外,社会综合发展观在很大程度上忽略了对未来世代的考量,缺乏对可持续发展核心价值的深入理解。然而,由于受限于现实主义思维框架,该发展观忽视了未来世代的权利和需求,未能有效地平衡当前和未来的发展诉求。这种短视导致了环境恶化、资源日益紧缺的问题日益加剧,进一步激化了代际的紧张关系,使得代际公平成为一项日益严峻的全球性挑战。

(三)可持续发展理论的道德窘境

在人类历史长河中,由于自然资源并非无限,人类不得不依赖改造自然以满足生存需要。这种改造虽然带来了物质利益,却也给生态系统的稳定性和平衡带来了不同程度的干扰和破坏。在这种情况下,传统发展观强调的经济增长和社会进步忽略了对自然环境的保护,从而暴露出其道德局限性。这种干扰和破坏不仅影响了人类社会的直接生存环境,而且对生态系统本身——作为所有生命存续的支持系统——产生了深远的影响。这样就形成了人类生存的一个悖论:"人类不改造自然就不能生存;但人对自然界的改造又必然破坏生态系统的平衡。"②

20 世纪 70 年代,全球生态危机的爆发成为人类反思工业化和技术发展的契机,引发了全球范围内的生态保护运动。这一时期标志着人类在伦理、价值观念和生活方式方面的根本性思考。生态伦理学由此应运而生,深入探讨了人类存在的悖论,以及这些悖论对我们所依赖的生存环境所带来的影响。其核心

---

① 蔡建波.佩鲁对发展观的反省与探讨[J].山东工业大学学报(社科版),1997(4).
② 张兴桥.人类生存的悖论与发展伦理学[J].理论探讨,2003(1).

关注点在于人类与自然环境的错综复杂关系，强调了对动植物和整个生态系统的伦理责任。这一学科试图建立新的伦理范式，以规范人类行为，特别是那些可能破坏环境平衡的行为，从而解决人类生存的悖论。在日益凸显的人类生存危机下，生态伦理学的理论探索促使人们对自身行为及其影响进行更深入的反思。这种反思推动了可持续发展观念的逐步形成。

可持续发展观念源于全球性环境危机，反映了人类对环境问题的日益深刻认识，对纯粹经济增长导向的工业文明进行了深刻批判，并提出了环境保护与发展并重的新理念。与社会综合发展观相较之下，可持续发展观提供了一个更加全面和深远的视角，它不仅关注人类当前的多样化需求，而且着眼于长远利益，以确保未来世代同样能享受到地球的资源和美好。这一理念强调在制定经济发展目标和模式时，必须综合考虑经济、社会与环境三个维度的平衡和谐，其影响远超以往任何经济增长主义或社会综合发展的理论框架。

可持续发展观作为一个进步的理念，被普遍认为对推动全球环境保护和社会经济发展具有重要的贡献。它的核心在于寻求满足当代人类需求的同时，不损害未来代际的利益，确保环境、经济、社会三者的和谐共存。

然而，此理念在理论构建和实际应用中存在一些显著的缺陷，特别是在面对新兴的伦理挑战时。具体而言，可持续发展观在探索如何促进人类社会福利时，往往强调从外部视角进行宏观层面的分析，比如注重通过改善自然环境和社会环境的方式来提升人类整体福祉。这种方法在一定程度上忽略了不同国家和地区的具体情况，尤其是发达国家与发展中国家之间的差异。这导致了对自由、福利制度、环境正义等深层次伦理问题的探讨不足，未能充分反映全球范围内的多样性和复杂性。此外，尽管可持续发展观强调代际正义的重要性，但它在处理空间维度上的公平问题时表现出一定的不足。具体而言，它未能充分关注和解决不同群体、地区和国家之间实际存在的区域公平和贫富差距问题。这种偏差可能导致理论和实践的落差，使得可持续发展的目标在不同区域的实施过程中遭遇障碍。

第二节　高质量发展：一种新的伦理性发展

从"发展是硬道理"到"发展是党执政兴国的第一要务",从"科学发展"到"高质量发展",反映了近些年来中国主动提升质量和效益所做出的努力。高质量发展已经成为全面建设社会主义现代化国家的首要任务和遵循经济发展的必然要求。同时,我国发展理论的转变强调在推进现代化进程中满足人民对美好生活需要的重要性,凸显了发展过程不应忽视道德哲学的反思和伦理价值的考量,同时强调了对发展进行伦理审视和价值导向的必要性。

一、高质量发展——一种新型发展观

(一)高质量发展观的提出

发展问题在国家历史进程中扮演着至关重要的角色,它不仅决定着一个国家的未来走向,也是历史发展和社会变迁的生动体现。自中华人民共和国成立以来,中国共产党领导的国家发展战略经历了从传统农业社会到现代工业社会,再到今天积极探索社会主义现代化道路的百年历程。这一过程不只是经济和技术层面的进步,更涵盖了思想、文化观念以及社会结构的深刻转变。在不同的历史阶段,中国共产党提出的发展目标和策略,深刻地反映了对国家和社会主要矛盾的认识。

中国共产党的十九大明确指出,中国经济已从高速增长阶段转向高质量发展阶段,这是新时代中国经济发展的显著特征。中国正处于一个关键时期,旨在转变发展模式、优化经济结构并创新增长动力,这是对国家经济发展模式的根本性调整。中国经济发展的重点已从解决"有没有"转变为着力解决"好不好"的问题。

党的十八大以来,对于国家发展模式的转变,特别是对高质量发展的追求,成为中央政府的核心议题。在习近平总书记的领导下,这一概念得到了明确的阐述和强调。在2012年党的十八届一中全会上,习近平总书记首次明确指出,必须将发展的重点从单纯的速度转向更加强调质量和效益;2013年,习近平总

书记在博鳌亚洲论坛上进一步强调,转变经济发展方式和调整结构是必须着重发展质量和改善民生的关键;2014年,在金砖国家领导人会晤上,他再次提出调整经济结构以实现更高质量的发展。经过长期努力,中国特色社会主义进入新时代,站在发展新的历史方位,我国社会财富的积累达到新的水平,GDP 名列世界第二;绝对贫困得以消灭,全面建成小康社会,两个一百年发展目标进入新阶段;新的发展阶段经济社会需要转型,社会基本矛盾需要解决。在 2015 年召开的党的十八届五中全会上,习近平总书记系统论述了"五大发展理念",强调实现创新发展、协调发展、绿色发展、开放发展和共享发展;2017 年中国共产党第十九次全国代表大会上,习近平总书记首次提出"高质量发展"这一新概念,表明中国经济由高速增长阶段转向高质量发展阶段,并进一步就新时代高质量发展重要历史地位作出强调,"高质量发展是全面建设社会主义现代化国家的首要任务",并对"加快构建新发展格局,着力推动高质量发展"作出战略部署;习近平总书记在党的十九大报告中指出:"我国经济已由高速增长阶段转向高质量发展阶段,正处在转变发展方式、优化经济结构、转换增长动力的攻关期。"①这为今后我国经济发展指明了方向,推动中国从高速增长转向高质量发展,具有重大的理论和现实意义。

(二)高质量发展的界定与内涵

当前,高质量发展已经成为一个备受关注的术语和研究领域。学术界各领域的专家和学者以及应用研究人员,正结合他们各自的研究专长,从多元化的视角对高质量发展的定义、理论内涵和实现路径进行深入分析和探究。

从发展伦理视域讨论高质量发展时,其关键在于识别并分析发展过程中的"内在规定"和价值指向。这意味着要对发展的价值进行彻底梳理、辨析、评估和确认,目的是通过衡量发展质量来明确其价值方向。这种方法有助于实现高质量发展,推动社会向着理想状态(应然)发展。同时,对于如"伪发展""虚发展""假发展"等低质量发展现象进行批判性的剖析,为形成新的发展理论提供警示。高质量发展作为一种追求,其价值研究不只是哲学问题,而是直接关联

---

① 习近平谈治国理政:第 3 卷[M].北京:外文出版社,2020:23.

到实践的发展伦理议题。因此,从发展伦理和价值的角度出发,高质量发展可以被理解为一种能够有效满足人民日益增长的美好生活需要的发展模式。这种解读强调的不仅仅是满足基本需求,而是追求更高层次的生活质量和幸福感。换言之,高质量发展的核心在于从"有没有"(即基本的物质满足)转变为"好不好"(即生活质量和生活水平的提升)的关注点转移。所谓"高质量发展",指的是那些达到"良善"评价标准的经济和社会发展形势,这种发展能够为人们带来幸福和美好的生活体验。

(三)高质量发展观的时代价值

高质量发展关系我国社会主义现代化建设全局,其为全面建设社会主义现代化国家提供更为坚实的物质基础,是不断满足人民对美好生活需要的重要保证,也是维护国家长治久安的必然要求。

1.高质量发展观是马克思主义政治经济学的最新成果

在过去七十多年中,中国共产党坚守马克思主义经济学的理论指导,引领中国人民在社会主义建设和改革的征程中取得显著成就。进入新时代,高质量发展关联并涉及生产、流通、消费、分配等环节,其不仅成为新时代中国特色社会主义经济思想的关键要素,也是21世纪马克思主义政治经济理论的重要发展。

(1)生产是马克思主义政治经济学的逻辑起点。在马克思主义政治经济学中,生产活动被视为核心枢纽,其对于社会再生产过程的顺利进行具有决定性作用。生产力作为社会发展和进步的基础,在马克思和恩格斯的著作中被广泛讨论,涉及劳动生产力、社会生产力等多个层面。其中,生产力的创新,包括创新性生产力的提升,是推动生产方式和社会进步的关键要素。2023年9月,习近平总书记在新时代推动东北全面振兴座谈会上首次提出了"新质生产力"这一崭新概念;2024年1月3日,习近平总书记在二十届中共中央政治局第十一次集体学习时强调:"高质量发展需要新的生产力理论来指导,而新质生产力已经在实践中形成并展示出对高质量发展的强劲推动力、支撑力。"[1]"从马克思主

---

[1] 习近平在中共中央政治局第十一次集体学习时强调:加快发展新质生产力 扎实推进高质量发展[EB/OL]. 中国政府网,https://www.gov.cn/yaowen/liebiao/202402/content_6929446.htm.

义政治经济学的视域看,新质生产力中的'新',涵盖了生产力的新性质、特征、功能、领域及规律;新质生产力中的'质',则聚焦于现代化要素,包括高级人才资源、人工智能和自动化技术的运用,以及大量数据和信息的积累与处理;新质生产力中的'生产力',本身被认为是社会发展中最具活力和革命性的因素,是推动社会前进的决定性力量。"①

(2)在马克思主义政治经济学领域,"流通"这一概念被赋予了精确的定义和科学性质。在国民经济的架构中,流通体系扮演着基础性作用。高质量发展依赖高效的流通体系,一个高效的流通体系不仅拓宽了交易的界限,还促进了分工的深化和生产效率的提升,从而加快了财富的生成过程。因此,习近平总书记强调:"构建新发展格局的关键在于经济循环的畅通无阻……如果经济循环过程中出现堵点、断点,循环就会受阻,在宏观上就会表现为增长速度下降、失业增加、风险积累、国际收支失衡等情况,在微观上就会表现为产能过剩、企业效益下降、居民收入下降等问题。"②

(3)高质量发展要求实现公平公正的财富分配。在《〈政治经济学批判〉导言》中,马克思阐述了社会物质资料再生产过程是由多个相互关联的环节构成的,其中分配环节是整个社会再生产过程中不可或缺的关键组成部分。在推进高质量发展的过程中,中国始终遵循马克思主义政治经济学的基本原则,即"生产方式决定分配方式"。为此,中国积极探索在社会主义市场经济条件下实现按劳分配的具体方式和有效途径,致力于改进和完善生产关系,包括收入分配在内。这一努力导致了以按劳分配为主、多种分配方式并存的社会主义基本分配体系的形成。共同富裕是高质量发展的终极目标和价值方向,实现这一目标需要在高质量发展中减少收入差距、培育中等收入群体,并规范财富积累机制。

(4)在经济理论中,马克思认为消费既是社会再生产的始发点也是终结点。习近平总书记强调将国内需求作为发展的起点和依归,这在经济政策制定中显得尤为重要。经济增长的总需求结构在演变过程中常常经历着关键的转变。在经济高速增长阶段过渡到成熟阶段时,如何应对需求结构的变化,扩大消费

---

① 韩喜平,马丽娟.新质生产力的政治经济学逻辑[J].当代经济研究,2024(2).
② 习近平谈治国理政:第4卷[M].北京:外文出版社,2022:176.

的作用变得至关重要,因为消费的增长将成为经济增长的主要动力之一,有助于促进市场的繁荣与稳定。目前,中国正从高速增长阶段转向高质量发展阶段,所以强化消费在经济增长中的基础性作用显得尤为重要。因此,党的二十大报告指出:"着力扩大内需,增强消费对经济发展的基础性作用和投资对优化供给结构的关键作用。"①

2. 为社会主义现代化强国建设提供了理论基础与实践导向

高质量发展观以及习近平总书记关于经济发展的伦理思想,不仅代表马克思主义经济发展理论的最新成果,而且作为中国特色社会主义经济发展的伦理指导,为未来人类社会的伦理文明提供了科学的预示。这一观念,作为马克思主义经济发展理念与当代中国现实相融合的结果,应服务于中国式现代化的实现,对于推进现代化强国建设具有极为重要的实践价值。

中国共产党准确识别并适应了经济社会转型后的"新常态",这一变化的核心特征是经济增长速度从高速向中高速的转变,以及增长模式从传统的要素驱动向以创新为核心的驱动转变。这一转型标志着中国经济发展从"速度时代"步入了"质量时代"。在这个过程中,全面深化的改革不仅是攻坚战,也是对经济发展中深层次问题的解决,旨在提升经济系统的整体功能和结构效能。

在新时代的背景下,中国共产党提出的高质量发展理念,不仅是推动共同富裕和社会主义现代化强国建设的科学指导和行动路线图,而且为中国特色的现代化道路、中华民族伟大复兴的新征程提供了一条逻辑清晰的实践主线。这一理念的提出,不仅对中国的社会经济发展产生了深远影响,而且为全球文明的发展贡献了新的思想和实践范式。高质量发展的核心,在于追求经济增长的质量和效益,而非仅仅是数量的增加。自改革开放以来,中国共产党一直坚持以民生为本的发展理念,致力于提升民众的生活品质和社会福利。经过多年的努力,我国城乡居民在多个方面取得了显著的改善,包括收入水平、住房条件、消费品拥有量、教育水平、医疗保障和文化旅游消费等。

---

① 习近平. 高举中国特色社会主义伟大旗帜 为全面建设社会主义现代化国家而团结奋斗——在中国共产党第二十次全国代表大会上的报告[M]. 北京:人民出版社,2022:47.

二、高质量发展的价值目标——美好生活需要的实现

(一)新时代人们的美好生活需要凸显

在现代社会中,中国共产党领导下的人民群众所追求的美好生活,实际上代表了一种根植于日常道德生活的实践模式。这一实践模式不仅映射了人们在特定历史背景下对于生活幸福感的深切体验和向往,而且深刻揭示了生活的复杂多维性和不断变化的本质。它涵盖了对于个人与集体幸福的追求,强调了在日益复杂的社会结构中,保持道德原则的同时,积极适应社会发展的需要。现实生活可被视作一个错综复杂的网络,其中包括政治、经济、文化、社会和生态等多个相互交织的维度,它们如同网络的节点一样,相互影响,共同动态演进。因此,人们对于美好生活的向往虽然是一种恒久不变的情感,但其具体内容和形式却随着时代的变迁而不断发展和变化。美好生活的需求在不同历史时期呈现出不同的特点和趋势,这一点在社会发展的各个方面都得到了体现。从这个意义上说,美好生活的追求不仅是个体和集体对幸福的不懈寻求,也是社会进步和人类文明发展的重要标志。好生活的概念被理解为一种具体的、历史性的现象。在不同的历史阶段,社会的主要矛盾不断演变,这些变化构成了美好生活历史叙事的核心线索。每个时代的社会主要矛盾,无论是生产力与生产关系的矛盾,还是人民群众日益增长的物质文化需求与落后的社会生产之间的矛盾,都在不同程度上影响着人们对美好生活的定义和追求。因此,理解美好生活的历史性质,要求我们对各个历史阶段的社会主要矛盾有深刻的洞察,以此来揭示人们对美好生活需要的历史变迁和社会根源。

在美好生活的历史演进过程中,其内容的持续更新和提升显现出需求变化的历史轨迹。这种趋势呈现在两个方面:其一,美好生活的内涵逐渐向外拓展,不再局限于物质生活的满足。具体来看,美好生活的内容随着社会的发展和人们需求的变化而不断扩充和丰富。在早期,美好生活可能主要聚焦于物质需求的满足,如食物、住房和衣着等基本生活需求。正如"人们为了能够创造历史,

必须能够生活。"①在社会发展的早期阶段,人们追求美好生活的愿望主要聚焦于满足基本生存需求。随着从新民主主义革命经历到改革开放,再到社会主义现代化建设的发展历程,人民对美好生活的向往展现出逐渐深化和扩展的趋势。这一历程标志着人民生活目标的层层递进:起初,重点放在提升劳动者的社会地位,构建一个稳定和平的社会环境上,旨在保障人民的基本生活需求得到满足;随后,焦点转向物质条件的持续改善、社会发展方向的明确制定,以及解决温饱问题,为社会整体向小康生活迈进铺平道路。随着生产力的提高,人们对美好生活的向往不断扩展,从最初的物质追求逐渐拓展到政治、社会、精神等多个方面,美好生活的内涵逐渐丰富到涵盖了教育、医疗、环境、文化、休闲等多个层面。这种横向扩展不仅反映了物质生活水平的提升,也体现了人们对精神生活和生活质量的更高追求。其二,美好生活内容的纵向提升。人所共知,美国著名社会心理学家马斯洛曾提出需要层次理论,他认为人的需要由低到高分为五个层次:生理需要、安全需要、归属需要、尊重需要、自我实现需要。② 美好生活内容的纵向提升体现了从基本生存需求到更高层次的精神和心理需求的转变,反映了个人需求和社会发展的共同进步。此外,美好生活的需求在不同历史时期呈现出不同的特点和发展趋势。在社会发展的不同阶段,人们对美好生活的理解和追求也随之发生变化。例如,在农业社会,美好生活可能主要集中在稳定的粮食供应和家庭和睦上;进入工业社会,人们可能更加关注工作收入、社会保障和个人发展;而在现代信息社会,美好生活的追求可能更加多元化,包括自我实现、个人自由和社会公正等。这种纵向的展开揭示了社会变迁和发展对美好生活需要的影响,以及人类对生活质量的不断追求。总之,美好生活的内容在历史的长河中经历了迭代升级,不仅在横向上得到了扩展和丰富,在纵向上也呈现出随着社会发展阶段而演变的特点。这一过程不仅是对物质文明的追求,也是对精神文明和社会进步的体现。

中国正在迈入高质量发展的新阶段,这一过程不仅标志着从满足物质文化需求到追求美好生活需要的转变,而且象征着经济社会从高速增长向高质量发

---

① 马克思恩格斯文集:第1卷[M].北京:人民出版社,2009:531.
② [美]马斯洛.动机与人格[M].许金声,等,译.北京:华夏出版社,1987:77.

展的进化。这种转变体现了人的本质在新发展阶段的全面和整体展现,从而超越了之前的抽象和片面认识。在这个过程中,发展的重点应从物质转向人,即关注于满足人的需求和促进人的发展。据此,提出了以人的价值、潜能的实现和对美好生活的追求为发展核心,强调在经济、政治、人与自然的关系中满足人的美好生活需要,从而促进生活质量的提升和社会成员的全面自由发展。习近平总书记明确回答:"我们推动经济社会发展,归根到底是为了不断满足人民群众对美好生活的需要。"①党的十九大召开以来,"人民日益增长的美好生活需要"不仅成为理论界聚焦的关键词,也走进了经济社会发展的现实情境,成为人民对未来生活价值追求的高度凝练。

美好生活是现实中的人们对未来生活目标与状态的一种理想性构想,这一目标形态是源自现实生活的美好想象,具有实现的可能性。从本质而言,美好生活是主观性的、想象性的理念建构,同时又是具有客观性的、现实性的目标、内容和衡量标准。自人类诞生以来,人们对美好生活的追求贯穿于人类社会发展的始终,但在不同的发展阶段,人们对美好生活的内涵的定义又有所不同,当然对不同时期美好生活的需要定义也是有所差别的。

(二)美好生活需要和高质量发展的关系

从需求方来看,人民对美好生活的渴望是高质量发展的驱动力。自新中国成立以来,特别是在过去四十多年的改革开放期间,中国经历了巨大的变革。在这一进程中,人民美好生活的需求成为推动社会发展和经济转型的重要力量。从最初的温饱问题到如今对高质量生活的追求,人民需求的演变不仅反映了社会发展的成就,也是促使未来发展方式转变的关键因素。在经济快速增长的初期阶段,基本的物质需求得到满足是首要目标。人民对食物、住房、衣着的基本需求成为经济发展的直接驱动力。随着经济的发展、生活条件的改善,人民的需求开始转向更高层次。教育、医疗卫生、文化娱乐等方面的需求日渐增长,推动了相关产业的发展和社会服务的完善。进入21世纪,随着经济结构的优化升级和人民收入水平的提高,人民对于生活质量的要求越来越高。这不仅

---

① 习近平谈治国理政:第4卷[M].北京:外文出版社,2022:55.

体现在物质层面,更在于对健康、安全、环境和精神文化生活的追求。这种需求的变化促使政府和企业必须调整发展战略,从单纯追求 GDP 增长转向更加注重发展的质量和效益。在这一背景下,高质量发展成为中国发展的新主题。这意味着发展不再是单一的经济增长,而是包括经济、社会和环境等多方面的综合考量。创新、协调、绿色、开放、共享成为新时代发展的关键词。政府在推动经济发展的同时,更加注重改善民生、保护环境、促进社会公平正义。企业在追求利润的同时,也在积极探索可持续发展的新模式。由此,人民美好生活的需求不仅是社会发展的结果,更是推动社会向前发展的重要动力。在未来的发展中,满足人民日益增长的美好生活需要,将继续是推动高质量发展的关键所在。这要求我们在保持经济增长的同时,更加重视生活质量的提升,实现人与自然的和谐共生,构建人人共享的美好生活。

从发展方面来看,只有在高质量发展中才能满足人民多层次需求。在当今社会,随着经济全球化和技术进步的不断推进,各国,特别是中国,面临着由传统的"量"的扩张向"质"的提升转变的历史任务。在这一背景下,高质量发展成为实现人民多层次需求的关键路径。首先,高质量发展强调的是发展质量和效益的提升,而非单纯的速度和规模。这一转变体现在经济结构的优化、产业的升级、创新能力的增强以及生态环境的可持续性。通过这种方式,发展不仅能够创造更多的物质财富,更能够提升社会福祉和人民生活质量。其次,人民的需求是多层次、多样化的。从马斯洛的需求层次理论来看,人民的需求从基本的生理需求到安全需求,再到归属感、尊重以及自我实现的需求。高质量发展正是能够涵盖这些需求层次,不仅满足人民的物质需求,还能够提供安全保障、增强社会归属感、尊重人的价值和尊严,以及助力个人的自我实现。最后,高质量发展也是社会公平正义的体现。通过优化资源配置、创新和技术进步,可以提高劳动生产率,增加就业机会,减少收入差距,实现共同富裕。同时,通过提高教育和医疗服务的质量,可以促进社会的整体进步和人民的全面发展。

在环境保护方面,高质量发展还强调生态文明建设和可持续发展。这不仅是对自然资源的合理利用和保护,也是对未来世代负责。通过推动绿色、低碳发展,可以改善环境质量,提升人民的生活质量。高质量发展是满足人民多层次需求的必要途径。它不仅关乎经济增长的方式和质量，更关乎社会的整体进步、人的全面发展和生态文明的建设。只有通过高质量发展，才能构建人与自然和谐共生、社会公平正义、经济持续健康发展的现代化国家，真正实现人民对美好生活的向往。

第三节　高质量发展面临的伦理问题与挑战

自十八大以来，中国在提升发展质量方面取得了显著成就，这一点在经济发展的投入、过程以及产出各方面都得到了体现，但离高质量发展的要求仍存在差距。邓小平在改革开放初期曾指出："过去我们讲发展。现在看，发展起来以后的问题不比不发展时少。"[①]进入新的发展阶段，当前我国发展面临的问题仍不少，"创新能力不适应发展要求，农村基础还不稳固，城乡区域发展和收入分配差距较大，生态环保任重道远，民生保障存在短板，社会治理还有弱项，归结起来就是发展不平衡不充分。"[②]这比较全面概括了我国目前面临的各种问题。同时，我们必须清醒地认识到，新的发展阶段在资本逻辑驱动下、工具理性作用下、新型经济形态影响下，实现高质量发展仍面临着诸多新矛盾和新问题。

一、资本逻辑驱动下，伦理悖论的凸显

"资本"一词的起源可以追溯到15—16世纪，由意大利人提出。但其真正成为理论研究对象大约始于18世纪80年代初，由重农主义者切萨雷·贝卡里亚（Cesare Beccaria）提出这一概念。从马克思主义经济学视域看，"资本被视为一种组织社会生产、迫使工人生产剩余价值并进行全社会的剩余价值分配的社会关系，所以在马克思主义经济学中，资本就成为一种社会关系的建构力量。资本的逻辑构成了市场经济中的社会关系结构，形成了现代社会。资本的增值

[①]　邓小平年谱[M]．北京：人民出版社，2004：1364．
[②]　习近平谈治国理政：第4卷[M]．北京：外文出版社，2022：120．

于是产生了一个不断扩张的社会结构"。① 由此可知,资本本身具有内在的扩张力量。从马克思主义的视角来看,资本的扩张源于劳动力。劳动力所生产的价值大于生产劳动力所耗费的价值,多余的部分称为"剩余价值",这正是资本扩张的结果。毫无疑问,"资本逻辑作为资本主义生产关系的内在表现,反映了对资本增值和扩张的内在需求,以及吸收先进科技成果的必然选择。资本逻辑构成了资本主义运行和发展的基本机制,在推动生产力发展和社会财富创造方面发挥了关键作用"②。随着经济全球化进程的深入,资本在全球范围内的配置效率得到了显著提升。资本与科技的紧密结合使得它们成为现代生产力的重要组成部分,并且在推动社会发展和进步方面发挥着关键作用。然而,资本的这一巨大动力也不无代价。人类社会经济活动的基本矛盾,即主观欲望与客观资源的矛盾,预示着人类将不断面临的悖论。资本追求无止境利益的天性不可避免地导致了社会经济系统、社会结构和人与自然关系等方面的多重冲突。

改革开放以来,党和政府对资本的认识有了很大的发展,强调"在社会主义市场经济体制下,资本是带动各类生产要素集聚配置的重要纽带,是促进社会生产力发展的重要力量,要发挥资本促进社会生产力发展的积极作用"③,同时要求在规范和引导资本的前提下,服务于国家整体利益,从而实现资本健康发展。因此,社会主义市场经济下有限的资本逻辑对资本主义资本逻辑的典型样态实现全面超越。然而,只要有资本就有逐利本性。"现阶段,我国存在国有资本、集体资本、民营资本、外国资本、混合资本等各种形态,并呈现出规模显著增加、主体更加多元、运行速度加快、国际资本大量进入等明显特征。"④如不加以规范和约束,就会给经济社会发展带来不可估量的危害。改革开放四十余年,我国取得了显著成就,经济快速增长,但仍处于社会主义初级阶段。在此背景下,资本的无序扩张对当前社会结构可能带来诸多负面影响及风险。首先,某

---

① 鲁品越.资本逻辑与当代现实——经济发展观的哲学沉思[M].上海:上海财经大学出版社,2006:53.
② 杨生平,张晶晶.资本逻辑的现代性悖论及其合理规制——论马克思对〈资本论〉语境下的资本逻辑批判[J].河北经贸大学学报,2020(2).
③ 习近平谈治国理政:第4卷[M].北京:外文出版社,2022:219.
④ 习近平谈治国理政:第4卷[M].北京:外文出版社,2022:218.

些资本主体通过所谓的"资本话语权",宣扬"公有经济低效论"或借"改革""反垄断"之名,试图动摇社会主义经济基础的稳固性。此外,某些资本力量试图通过投资传媒和信息传播领域,向我国社会主义意识形态领域进行渗透,展现了资本对于社会意识形态领域影响力的扩张。进一步地,利用资金杠杆和金融工具等手段的资本运作,不仅在某些民生关键领域如住房、医疗、教育等产生无序扩张和行业垄断,而且对大量中小企业的生存造成严重威胁。这种资本的无序扩张及其形成的垄断局面,不仅加剧了社会的两极分化现象,也可能产生负面的外溢效应,从而影响到国家安全。其次,我国仍存在资本追求最大化利润现象,片面强调占据经济食物链顶端,导致资源和资本大量集中于金融领域。这种集中趋势促进了金融部门的脱实向虚,相对边缘化了实体经济的发展,进而引起了产业空心化。此现象不仅破坏了经济结构的合理性,也给社会治理带来了重大挑战。最后,随着智能时代的到来,数字资本已成为新的资本形态,在数字技术快速发展下,数字资本的运作逻辑呈现出新形式。正如哈佛大学商学院教授肖莎娜·祖博夫(Shoshana Zuboff)在《监控式资本主义的时代:在新权力前沿为了人类未来而斗争》一书中谈及,在互联网空间内,资本构建了一套基于监控行为的商业模型,此模型通过大数据技术实现个人数据的商品化,并利用算法向用户精准推送个性化广告,进而创造"虚假需求",将公众转化为消费的工具。资本的利润驱动本质促使其持续侵入数字化的公共空间,将大量的公众信息数据归入其控制,从而无偿地将这些数据作为资本增值的原材料。同时,"在数字经济中,尤其是平台经济中,资本支配和使用的劳动力由'单个工人'转向'社会总体工人'的劳动力。借助于互联网、算法和大数据等技术,平台资本获得的价值增殖不仅来自直接雇佣的劳动力创造的剩余价值,还源于非直接雇佣的'社会总体工人'创造的剩余价值或剩余价值的转移。"[①]可知,当前平台经济和零工经济等表面上似乎提供了生产活动的自主权给个体,但核心技术与数据实际上掌握在少数资本垄断者手中。在这种情况下,资本对劳动的实质吸纳隐蔽在劳动自主自由的表象之下。因此,当前规范和引导资本健康发展的一个

---

① 周文,韩文龙.数字财富的创造、分配与共同富裕[J].中国社会科学,2023(10).

重要领域就在于平台经济,唯有如此,"数字生产才可以更好地赋能国家治理体系,成为推动经济高质量发展和治理现代化的重要推手"[①]。

二、工具理性作用下,价值理性的迷失

"工具理性"作为法兰克福学派批判理论的核心概念之一,其深层次的根源可追溯至德国社会学家马克斯·韦伯对"合理性"(Rationality)的阐述。韦伯对合理性的解读分为两个维度:价值理性和工具理性。价值理性侧重于行为的绝对价值,强调以纯粹的动机和恰当的手段追求目标,而不论其结果。相反,工具理性关注的是实用主义的动机,通过理性手段实现预定目的,行动者从效果最大化的角度出发,忽略了人的情感和精神价值。在完全受工具理性主导的情况下,以效率和功利为主导的理性使用往往会与社会公正的目标背道而驰。在工具理性的影响下,社会及个人行为倾向于标准化和量化,以实现效益最大化。在经济和技术领域,工具理性促进了前所未有的发展,提高了生产效率,加速了技术创新,从而大幅增加了物质财富、改善了生活方式。然而,这种发展往往是不均衡的,更多地服务于资本积累和经济增长,而不是整个社会的共同福祉。

工具理性主导支配下,即"在计算最经济地将手段运用于目的时所凭靠的合理性"[②],最大的效益、最佳的支出收获比例成为工具理性的成功度量。这种最大化产出往往导致诸如经济增长的要求并为极其不平等的收入及财富的分配辩护。此外,工具理性支配下还易导致对技术理性的崇拜,长此以往助长了生活的狭隘化和平庸化倾向。一方面,例如算法在新闻生产的各个环节中的应用,暗示了一种隐性的技术霸权,它在操控人类权利和主导人类意识方面日益显著——以传感器技术为代表的信息采集、以智能机器人编辑为代表的信息生成、以算法推荐系统为代表的信息分发等。这些算法基于其逻辑,能够个性化地精准投放广告,从而实现商业盈利。另一方面,例如抖音这样的平台,其快节奏、流水线式的内容制作和洗脑式音乐,利用算法的精准推送,引导用户消费。"在工具理性的指导下,代表性的智能传播平台如抖音,正推动公众进入了鲍德

---

① 刘皓琰,柯东丽.推动数字社会主义发展的战略意义与建构方案[J].当代经济研究,2022(8).
② [加拿大]查尔斯·泰勒.现代性的隐忧[M].程炼,译.南京:南京大学出版社,2020:31.

里亚所描述的'消费主导生活'的境地,用户被困在抖音所构建的'信息茧房'中,逐渐趋向于'娱乐至死'的状态,公共道德意识降低,主流价值观的传播面临严峻挑战。"[1]在当代社会背景下,工具理性的盛行导致了人的异化和人性的逐渐消解。社会的标准化、同质化将人转化为可替换的社会机器组件,而科学的量化方法则忽略了事物的本质,将一切归结为可互换的量值。

科技的发展使得工具更加复杂精细,人类日益成为机器的从属。工具理性专注于实用目标和手段,使人从主体变为被动的客体,被金钱、机器、商品所左右,人的目的性转化为单纯的工具性。这意味着人失去了自我决策能力,沦为墨守成规的执行者,自由和独立思考的权力被剥夺,个人的创造力、想象力和自主性大为削弱。工具理性推动的技术进步和生产组织优化造成了劳工的异化,专业化和分工的细化使人成为单一维度的存在,无法全面洞察事物间的关联,失去了作为变革主体的能力和反抗精神。技术和知识的渗透使人失去了批判和超越的能力,成为"单向度社会"中的"单向度人"。

综上所述,工具理性的主导支配伴随着人的价值和意义的全面丧失,往往与高质量发展要求之下人的全面自由发展相背离。在高质量发展的背景下,人的发展应实现物质丰富和精神充实,追求物质文明与精神文明的协调发展,这是中国现代化道路的内在要求。"但遵循资本至上和工具理性的逻辑,导致人处于资本增值的束缚下,精神层面贫乏、畸形,从而丧失了自由和全面发展的潜力。正如哈贝马斯所指出的,西方'原子式个人'的存在体现在资本主义社会用'单一的物质欲望'替代了'丰富多彩的人性',将缺乏必要社会联系、相互冷漠的个体集合起来,人际关系沦为纯粹的金钱交易。"[2]

三、经济发展新形态下,新型社会伦理问题的催生

近年来,互联网、5G、大数据算法、数字平台等技术日新月异,日益融入经济社会发展各过程全领域,人类社会数字化程度全面提升,数字经济、平台经济、无形经济等经济发展新形态已成为推动全球经济发展的新引擎。这类新型经

---

[1] 聂智,孙雅. 智能传播:工具理性与价值理性的关系重构[J]. 青年记者,2020(23).
[2] 尤尔根·哈贝马斯. 包容他者[M]. 曹卫东,译. 上海:上海人民出版社,2022:133.

济形态不仅改变了传统的商业模式,还在重塑着社会结构和个人生活。然而,这类经济新形态的快速发展也伴随着新的社会伦理问题,这些问题对社会治理、公平正义以及个体权利构成了挑战。

"数字经济是继农业、工业经济之后的主要经济形态,是以数据资源为关键要素,以现代信息网络为主要载体,以信息通信技术融合应用、全要素数字化转型为重要推动力,促进公平与效率更加统一的新经济形态。"①毋庸置疑,不断做强、做优、做大我国数字经济,是把握新一轮科技革命和产业变革新机遇的战略选择。"建设数字中国是数字时代推进中国式现代化的重要引擎,是构筑国家竞争新优势的有力支撑。"②"随着数字技术的快速更迭和广泛应用,数字生产力逐步形成,即人们利用数字技术改造传统产业以及数字产业化过程中形成的改造世界和创造社会财富的能力。"③根据马克思主义经典理论家的设想,共产主义的一大特征是科学技术与生产力的极大发展,社会主义现代化建设需要充分激发前沿技术的生产效能。

20世纪60年代,国外学者开始依托控制论和信息技术革命的条件设想社会主义的理想形态与生产全自动化的社会图景,苏联和智利更是在国家层面开展了经济核算数字化的实践,这可以视为最早关于数字技术与国家治理的探索。"苏联和智利于1960—1973年间,先后推行了基于控制论和数字基础设施之上的OGAS(国家会计和处理信息自动化)系统和Cybersyn(赛博协同控制)计划。"④二者旨在借助计算机的信息处理能力实现对社会经济运行的合理化、自动化控制。可见,新时代推动数字经济高质量发展,加强数字中国建设是我国抓住先机、抢占未来发展制高点的关键。

然而,数字科技带来的数字经济和平台经济的发展,塑造了企业伦理和经济伦理的新形态,它们所呈现出来的企业伦理和经济伦理问题与市场经济发展

---

① 周振华,李鲁等.高质量发展理论分析与实践取向[M].北京:人民出版社,2023:184.
② 中华人民共和国国家互联网信息办公室.数字中国发展报告(2022年)[EB/OL].[2023-05-23].http://www.cac.gov.cn/2023-05/22/c_1686402318492248.htm.
③ 周文,韩文龙.数字财富的创造、分配与共同富裕[J].中国社会科学,2023(10).
④ 张猷.OGAS与Cybersyn:数字社会主义早期实践探赜[J].山东科技大学学报(社会科学版),2023(3).

初期相比有着明显的不同,这往往导致在数字经济驱动中国经济高质量发展的过程中显现诸多难题。

(1)我们应该认识到传统经济与数字经济的融合既是一种机遇,也是一项挑战。在当前经济转型的关键时期,我们面临着一系列复杂的挑战,其中包括传统经济与数字经济融合的挑战。与传统经济相比,数字经济以知识和数据为核心生产要素,形成了规模经济效应。它不仅提高了生产效率,更注重环境可持续性,并且丰富了产品和服务的多样性,使其更加便捷。在当前经济转型过程中,我们面临着推动技术创新以促进新经济形态发展的挑战,同时也需要促进传统产业与新兴技术的有机融合。在新时代的背景下,我国经济正逐步从以规模驱动的增长模式转变为以创新为驱动的增长模式。在这一转型过程中,处理好数字经济与传统经济的融合问题显得尤为关键。

(2)数字经济发展的就业问题凸显。在当今技术革命的浪潮下,诸如大数据、云计算、人工智能、新能源材料以及物联网等新兴技术与实体经济的融合,引发了就业结构的深刻调整和重塑。虽然这些技术的发展极大地提升了生产效率,并提高了公众的生活质量,但它们也带来了不可忽视的就业挑战。

(3)数字鸿沟不断拉大,导致社会不平等加剧。在当今信息时代,以计算机技术、网络技术和电子通信技术为核心的信息技术正在经历飞速发展。这一进程为我们带来了显著的好处,包括信息经济的快速增长、电子政务的兴起、政治民主化的加速、文化生活的丰富多彩,以及价值观念的多元化。然而,随着数字技术带来的益处,也出现了新的不平等和社会分化问题,尤其是"数字鸿沟"问题。我国2023年发布的《数字中国发展报告》指出,"当前,数字鸿沟的本质已从纯粹的'接入鸿沟'转变为更为复杂的'能力鸿沟'。这种转变在城乡、不同地区、多个领域以及各类人群之间的数字化发展和应用的明显差异中体现得尤为突出。尤其值得注意的是,随着生成式人工智能技术的兴起和其成为全球关注的焦点,这一技术的普及和应用可能会在根本上改变我们的工作、生活、学习乃至创新的方式。这一趋势对个人的数字素养和技能提出了更高的要求。因此,构建一个既包含数字技能培育的体系,又能兼顾数字应用在适老化、适残化、适农化以及简约化方面改造的双轨系统,显得尤为迫切和必要。在这一过程中,有序而有力地推进策略是关键。"[①]可见,当下并不是没有技术和设备的问题,而是人不具有使用技术能力的问题。

马克思曾表示,劳动生产率取决于"工具的完善程度""劳动者的技艺"。对于当今中国而言,既要通过必要的社会互助来帮助数字技术适老化、适残化发展,以此保障全体人民共享数字化转型发展成果,又要加强数字技能、数字素养教育,提高全民运用数字技术的能力。数字技术在促进交往扩大化方面起着重要作用,但也需要得到有效监督和伦理力量的规范。正如多纳泰拉·德拉·拉塔(Donatella Della Ratta)所言:"数字资本主义导致社会关系疏远化,引发普遍焦虑和抑郁问题,有鉴于此,数字社会主义需重建价值目标,特别是以关怀伦理为核心构建更具包容和关爱的数字社会。"[②]最后,资本集聚,垄断现象日益显现。互联网技术为资本增值开辟了新的空间,并降低了信息传输成本,提高了信息传输速度,从而帮助资本缩短价值形式转化的时间。

第四节　高质量发展伦理问题的解决路径

在前文中,我们已经深入探讨了当前经济高质量发展过程中面临的诸多伦理问题。接下来,我们将转向探讨如何在实践中实现高质量发展目标,具体而言,是如何选择有效的路径以应对高质量发展的诸多难题。

一、构建公正合理的居民收入分配体系

首先,在推动高质量发展的过程中,需要解决居民收入差距问题。为此,必须坚持和完善按劳分配为主体、多种分配方式并存的分配制度,同时处理好初次分配和再分配的效率与公平的关系。目前,我国在资源分配方面存在多方面问题,包括初次分配未能充分考虑市场效率原则、再分配调控能力减弱、分配结

---

① 中华人民共和国国家互联网信息办公室. 数字中国发展报告(2022 年)[EB/PL],[2023-05-23]. http://www.cac.gov.cn/2023/05/22/c_1686402318492248.htm.

② Donatella Della Ratta. Digital socialism beyond the digital social: Confronting communicative capitalism with ethics of care[J]. *TripleC*, vol. 18, no. 1, 2020, pp. 101-115.

构失衡以及社会收入差距扩大等。因此,我们必须深化分配制度改革,坚持以按劳分配为主体,同时辅之以其他分配方式,以平衡效率和公平,秉持共同富裕的分配理念,建立与社会主义市场经济体制相适应的公正合理的分配机制。"在平等中注入一些合理性,在效率中注入一些人道",从而"在一个有效率的经济体制中增进平等"。①

其次,在初次分配领域,要坚持按劳分配原则,并完善以要素分配为基础的体制机制,以实现收入分配的合理性和有序性。政策应该鼓励勤劳守法致富,以扩大中等收入群体的规模,增进低收入者的收入,同时,调节过高的收入并打击非法所得。除此之外,必须确保经济增长与居民收入的同步提升,保障劳动生产率提高的同时提高劳动者的报酬。多渠道增加城乡居民收入,支持新业态的发展以开拓劳动收入来源,重点应放在农村土地与金融资产等关键资源上,探讨如何通过对土地、资本等关键经济要素的使用权和收益权的合理配置与优化,来增加这些群体的要素收入。在再分配环节,完善税收制度,利用税收作为调节高收入的手段。

最后,发挥第三次分配作用,发展慈善事业,改善收入和财富分配格局。"通过第三次分配,逐步改变社会成员收入水平失衡的状态,既是分配正义的内在要求,也是充分实现分配正义的有效方式。"②当然,优化分配机制,关键在于避免采取简单的"劫富济贫"方式。相反,通过第三次分配,我们鼓励高收入群体和企业自发参与民间捐赠和慈善事业。这种做法不仅点亮了社会的道德灯塔,还凝聚了温暖的社会力量,为实现共同富裕的目标提供了更加健康和有效的途径。

二、培育发展主体的道德基础

道德基础作为价值评判的基石,扮演着推动高质量发展的核心作用,对提升发展水平具有深远的影响。"马克斯·韦伯事实上是在亚当·斯密、康德、黑格尔的基础上,探索西方现代社会的伦理道德根基。……所谓'韦伯命题',实

---

① [美]阿瑟·奥肯. 平等与效率[M]. 王奔洲,译. 北京:华夏出版社,1999:116、86.
② 孙春晨. 第三次分配的伦理阐释[J]. 中州学刊,2021(10).

质上从正反两方面说明,现代化过程依赖于以伦理价值为核心的精神驱动力。缺乏特定的精神动力,现代化既无法得以真正发生,也难以持续发展。"①实现高质量发展需要建立健全的经济道德基础,为高质量发展确立价值导向。

(一)为经济主体提供精神动力

高质量发展所依赖的道德基础,既是经济主体行为的引导,也是其行为的限制。正如诺斯所指出的:"即使在最发达的经济体中,正式规则只能部分决定行为选择,而大部分行为受到习惯、伦理等非正式规则的约束。"②因此,我们可以将道德基础理解为一种潜在的影响经济行为的重要因素,它是一种无形的资本,具有深远的影响。这种资本不仅在理念上支持和激励着经济行为,而且在创造有利于经济和社会发展的环境方面发挥着至关重要的作用。经济活动的有效性往往受到所处经济制度的巨大影响,这些制度常常根植于特定的价值观和道德观之中。因此,道德基础作为社会主导理念,对于经济制度的构建和完善具有决定性的影响。一个健康的道德基础对于建立合理、高效的制度结构至关重要。它不仅规范着经济行为主体,减少交易成本,而且提升经济效率、促进经济增长。尤其值得注意的是,在经济活动中,道德基础对于激励经济行为主体进行冒险性投资至关重要,它为这些活动提供了必要的精神支撑。例如,诸如"契约""创新""工匠""诚信"等伦理精神鼓励着经济行为主体在创新和风险投资方面的积极参与。

(二)实现个人利益行为朝向社会利益转化

道德基础作为经济主体社会性的关键要素,直接关系到社会的功利目标,反映了经济主体与社会及他人之间关系的协调程度。对道德基础在促进经济发展中的作用有深入认识,实际上是对经济主体社会与经济责任一体性的认可。作为相对平等的经济主体,参与交换的双方在追求利益时必须进行相应的付出,这意味着自私的行为必须建立在关心他人的基础上。在市场交换中,个人的自利行为需要以考虑他人利益为前提。

---

① 沈湘平. 论中国式现代化的精神动力[J]. 国家现代化建设研究,2023(01).
② [美]道格拉斯·C. 诺斯. 制度、制度变迁与经济绩效[M]. 杭行,译. 上海:上海人民出版社,2010:40.

道德基础在促进经济活动方面的作用不仅体现在其对个体经济行为的指导上,也体现在其对整个社会经济结构和福利的正面影响上。因此,企业或市场主体在拥有丰富和充足的资本积累的情况下,应当肩负起所谓的"资本赋能责任"。这一论点并不是对企业追求自身利益的否定,而是主张企业应将其利益与基层机制及公共利益融合,从而实现自身利益与公共利益的双重增益。

(三)实现"经济人"与"道德人"内在统一

亚当·斯密经济思想的核心在于揭示了"经济人"与"道德人"之间的价值理性的一致性。这一思想对于当代中国应对市场不确定性、推动企业高质量发展等方面具有深远意义。社会道德和正义作为超越个人私利的价值观,是实现高质量发展的基础。然而,经济的快速增长带来了社会文化受经济利益影响的挑战,在这种情况下,如何平衡经济利益与社会道德,保持文化的本真和深度,成为当代中国面临的重要课题。马克思在揭示市场交换的文化危害时指出:"它把宗教虔诚、骑士热忱、小市民伤感这些情感的神圣发作,淹没在利己主义打算的冰水之中。"[①]在分析现实经济发展过程中文化与经济增长之间的相互作用时,我们注意到这两者之间存在一定的冲突。

现代社会的道德基础不仅确认了经济主体的自利权利,而且强调了互利原则。这种对互利的重视不仅仅是对经济主体权利的认可,更在人格层面上展现了对其他经济主体价值的尊重。这一理念虽然源于经济领域,但充分展现了其人性特征。人性作为连接经济文化与人性文化的纽带,使得这两种文化之间的沟通变得更为可行。因此,人们应当认识到经济文化与人性文化之间的巨大差异。在促进"经济人"与"道德人"的内在统一方面,道德基础发挥着关键作用。这不仅有助于改善整体社会风气,也有利于推动经济与社会的协调发展,进而提高经济社会发展的整体质量。

三、坚持新发展理念引领高质量发展

在迈向高质量发展的征途上,不可或缺的是对新发展理念的全面、精准、深

---

① 马克思恩格斯选集:第1卷[M].北京:人民出版社,2012:403.

入实施。这一理念不仅仅是一种指导思想,更是我们评估和驱动发展的核心工具,涵盖了创新、协调、绿色、开放和共享等关键维度。正如理念塑造行动的过程,有效的发展策略总是源于清晰而坚定的发展理念。发展成就的大小,乃至成功与否,从根本上取决于这一理念的正确性和执行力。高质量发展正是新发展理念的具体体现。无论是在经济社会的发展全局,还是在各个细分领域,我们都必须以高质量发展为核心目标,让新发展理念成为我们的导航灯塔。这意味着我们需要在实践中坚定地推崇创新,保持协调,提倡绿色发展,深化开放合作,努力实现资源共享。

(1)贯彻创新发展理念,以新质生产力赋能高质量发展。在我国现代化建设的全局中,创新作为引领发展的首要动力,占据着核心地位。创新之所以在五大理念中居于首位,是因为其主要任务是解决发展动力问题,根本上是要从要素投入驱动向创新驱动的发展方式转变。早在新发展阶段提出之前,创新的重要性就已经得到高度重视。《中共中央关于制定国民经济和社会发展第十四个五年规划和二〇三五年远景目标的建议》强调,把科技自立自强作为国家发展的战略支撑,创新发展也要更加强调自主创新,而不是依靠国际供应链的创新,做到重大技术进步和产业装备的研发以我为主,从而真正做到把创新主动权、发展主动权牢牢掌握在自己手中。

(2)贯彻协调发展理念,着力解决发展不平衡不充分难题。在当今中西方竞争激烈的国际背景下,实施协调发展理念显得尤为重要。这种理念与直接应对国外技术封锁和关键零部件断供问题的创新发展战略不同,更多强调的是区域间、城乡之间、各行业之间的发展均衡,以及经济与社会发展的整体协调。在追求高质量发展的过程中,关键是要充分发挥区域协调发展战略的关键作用。

(3)贯彻绿色发展理念,实现人与自然和谐共生。绿色发展的首要目标是不断满足人民群众对优美生态环境的需要。绿色发展的实现需跨多个领域共同努力,涉及政府、企业和个体层面。政府层面,应加强通过制度、政策和监管来保障环境保护,推动生态经济学的发展模式,并协调自然资源的保护与经济利益。企业层面,应致力于绿色生产和营销,以及低碳发展战略的实施。个人层面,重在培养环保意识,促进人与自然的和谐共生。

(4)贯彻开放发展理念,构建更高水平开放型经济体制。随着中国经济进入新的发展阶段,其制度的优势逐渐显现,为国家的发展提供了坚实的基础。这一阶段,中国经济展现出物质基础的雄厚性、市场的广阔性和发展的韧性,从而为长期向好的发展格局奠定了基础。在新的国际和国内环境下,构建一个更高层次的开放型经济新体制显得尤为重要。自我国实施改革开放以来,我们的发展获益于经济全球化的趋势。对外开放必须是高质量、高水平的对外开放,是内外联动的对外开放,是新发展格局的对外开放。"新发展格局是一个'以内为主、以内促外、内外联动'的国内国际双循环新格局。"①

(5)贯彻共享发展理念,逐步实现共同富裕目标。在高质量发展的背景下,发展成果的共享成为其根本目标。这要求我们在经济发展过程中,确保并改善民众生活水平,补足民生领域的不足,如期完成脱贫任务,并实现高质量的充分就业。这进一步意味着要保持居民收入增长与经济发展的同步性,确保劳动报酬的增长与劳动生产率的提升相匹配,并拓展居民通过劳动和财产获取收入的途径。

【案例引入】

浙江余村的高质量发展之路
——从"卖石头"到"卖风景""挣碳汇"

余村位于浙江省湖州市安吉县天荒坪镇,处于天荒坪风景名胜区竹海景区的核心区域。拥有得天独厚的自然风光和良好的生态环境。秀竹连绵,植被覆盖率高达96%,这使得余村成了一个天然的大氧吧。

1. 工业化时期(20世纪80、90年代):余村曾是安吉县有名的工业村,充斥着大量的重型工业和石灰窑。然而,这个阶段的工业化发展带来了严重的环境污染和生态破坏。

2. 示范整治时期(2005—2011年):在"绿水青山就是金山银山"理念的指引下,余村深入实施"千村示范万村整治"工程,停止了矿山和水泥厂的运营,开始进行村庄的环境整治和转型发展。

3. 美丽乡村建设时期(2012—2014年):余村全面开展美丽乡村建设,以实

---

① 韩文乾.新发展格局怎么看[J].红旗文稿,2020(24).

际行动推动环境保护和乡村振兴。这一阶段,重点是整治违章建筑和违法用地,修复山塘水库、建设生态河道,进行节点景观改造和坟墓搬迁等。

4.乡村旅游发展时期(2015年至今):余村聚焦发展乡村旅游产业,利用自身的自然和人文资源吸引游客。通过建设农家乐、景区景点和乡村游憩乐园等,提供丰富的服务和体验。农家乐业主数量不断增加,游客数量和旅游收入也在稳步增长。

20年前,余村人靠炸山开石矿、办水泥厂为生,环境遭到破坏、安全事故多发。而在新发展理念的指引下,通过发展乡村旅游产业取得了可观的经济收入。仅2021年一年,余村就接待游客近90万人次。由此带来的旅游总收入超过3 600万元,2021年还入选了联合国世界旅游组织,首批"最佳旅游乡村";同年被评为中国美丽宜居示范村和全国生态文化村。

【案例问题讨论】

1.结合余村实现乡村振兴的经验,试分析其实现高质量发展之路有哪些可借鉴之处?

2.20年前,余村人靠炸山开石矿、办水泥厂为生,如今主要依靠乡村旅游业,思考其转型发展的根本原因为何?

四、探寻市场、政府和社会良性互动模式

首先,高质量发展要统一于社会主义市场经济体制中,要求市场与政府发挥应有的作用。遵循市场自由原则,激发市场主体活力。遵循市场自由原则,市场才能发挥资源配置上的决定性作用,优化配置资源,从而获得高效率。立足于市场自由这一根基伦理法则,习近平总书记指出:"要坚持使市场在资源配置中起决定性作用,完善市场机制,打破行业垄断、进入壁垒、地方保护,增强企业对市场需求变化的反应和调整能力,提高企业资源要素配置效率和竞争力。"[1]因此,市场主体是推动高质量发展的主要参与者和推动者,只有充分发挥

---

[1] 中共中央文献研究室.习近平关于社会主义经济建设论述摘编[M].北京:中央文献出版社,2017:69.

市场主体参与高质量发展的积极性、主动性和创造性，才能保证经济社会发展具有不竭的动力源泉。此外，还要激活市场主体动能特别是企业家的活力，弘扬优秀企业家精神，增强企业家信心，持续推动企业与经济高质量发展。

其次，践行政府权责，更好发挥政府作用。党的二十大报告强调推动高质量发展必须"深化简政放权、放管结合、优化服务改革。构建全国统一大市场，深化要素市场化改革，建设高标准市场体系。完善产权保护、市场准入、公平竞争、社会信用等市场经济基础制度，优化营商环境。……加强反垄断和反不正当竞争，破除地方保护和行政性垄断，依法规范和引导资本健康发展"。[①] 可以发现，政府作为经济发展的宏观调控者，承担着高质量发展战略实施的具体任务，在保障经济发展、政治民主、社会稳定、文化繁荣、生态优良等方面确有不容忽视的重要作用。然而，不容忽视的是，现实中许多政府在行使职权时确实存在"越位""缺位"甚至是"错位"等问题。因此，在坚持激发市场主体活力的前提下必须审视政府在推动高质量发展过程中"介入到什么程度"以及"如何更好地介入"的问题。总之，践行好政府权责伦理，"一方面是为市场体制订立法律法规，保证交换关系的公正性，为自由交换创造良好条件；另一方面是由于市场自由交换带来的经济不平等不断积累导致了贫困，政府应解决贫困，为结果公平创造良好条件"[②]。

最后，我们应实现社会、政府和市场三者和谐发展。中国改革开放四十多年的经验表明，社会、政府和市场之间存在一种互补而非对抗的关系，它们共同构成了一个互相交织的共同体，每一个都是不可或缺的部分。政府、市场和社会三者之间的关系并非零和博弈，也不是简单的失灵补位，而是需要相互融合和协调发展。当市场的作用被过分强调时，可能导致不公平、不协调和不平衡的矛盾难以解决。相反，如果过分强调政府的作用，则可能削弱经济的活力。同样，过度强调社会的作用可能导致经济社会结构分散和无序。因此，平衡三

[①] 习近平.高举中国特色社会主义伟大旗帜 为全面建设社会主义现代化国家而团结奋斗——在中国共产党第二十次全国代表大会上的报告[M].北京：人民出版社，2022：47.

[②] 龚天平，王世兰.习近平新时代中国特色社会主义经济思想中的经济伦理意蕴[J].南海学刊，2019(03).

者之间的关系显得尤为重要。高质量发展是一个动态的、渐进的、逐步演进的过程，它旨在推动经济向更高质量的水平发展。为了实现从高速增长向高质量发展的转变，政府在提供高质量的公共产品和服务方面发挥着至关重要的作用。这包括但不限于优化市政公共环境、绿色环境、营商环境、投资环境和市场环境。此外，高质量发展也需要高素质的劳动力、管理能力和企业家才能，以及关键的共性技术和公共科技创新服务。社会经济基础设施的提升和跨境网络的建设同样不可忽视。因此，推动政府改革、治理体系和治理能力的现代化，以实现社会、政府和市场三者间的和谐共进，成为当下的一项重要任务。

本章思考题

1. 如何理解高质量发展的科学内涵、核心要义及基本要求？
2. 简述新时代高质量发展与人民美好生活需要二者的关系。
3. 思考新时代高质量发展目标的实现路径。
4. 如何正确理解高质量发展与新质生产力之间的关系？
5. 试分析目前我国实现高质量发展面临着哪些伦理挑战？

参考文献

1. 马克思恩格斯文集：第 1 卷[M]. 北京：人民出版社，2009.
2. 习近平. 高举中国特色社会主义伟大旗帜 为全面建设社会主义现代化国家而团结奋斗——在中国共产党第二十次全国代表大会上的报告[M]. 北京：人民出版社，2022.
3. 习近平谈治国理政：第 3 卷[M]. 北京：外文出版社，2020.
4. 习近平谈治国理政：第 4 卷[M]. 北京：外文出版社，2022.
5. [加拿大]查尔斯·泰勒. 现代性的隐忧[M]. 程炼，译. 南京：南京大学出版社，2020.

第五章　数字经济与科技伦理

我们的法律就仿佛在甲板上吧嗒吧嗒挣扎的鱼一样。这些垂死挣扎的鱼拼命喘着气，因为数字世界是一个截然不同的地方。大多数的法律是为了原子的世界而不是比特的世界而制定的，我猜对我们而言，法律是一个警示信号。计算机空间的法律中，没有国家法律的容身之处。

——[美]尼古拉·尼葛洛庞帝

【案例引入】

2024年4月23日上午，北京互联网法院对全国首例"AI声音侵权案"进行一审宣判，认定作为配音师的原告，其声音权益及于案涉AI声音，被告方使用原告声音、开发案涉AI文本转语音产品未获得合法授权，构成侵权，书面赔礼道歉，并赔偿原告各项损失25万元。

AI声音侵权案件的宣判，引发了众多配音行业从业者的关注。法官指出，声音作为一种人格权益，具有人身专属性，任何自然人的声音均应受到法律的保护，未经许可，擅自使用、许可他人使用录音制品中的声音，构成侵权。

其实，随意克隆、AI化人类的声音，并运用在商业当中的现象并非个例。在许多AI软件上，都有模仿知名主持人、知名艺人声音的情况。在游戏《上古卷轴》的社区中，就有玩家发现有人使用了真实配音演员的声音输入AI。2023年，引发社会各界讨论的"AI孙燕姿"如今仍然活跃在视频平台，玩梗和侵权争议也一直没有停止。

随着 AI 技术越来越成熟，AI 软件也越来越多。可以说，AI 是一片崭新的蓝海、宽阔的蓝海。人工智能技术正以前所未有的速度渗透到我们生活的方方面面。然而，随之而来的法律和伦理问题也日益凸显。AI 应该是"创造师"而不应该是"搬运工""模仿者""抄袭者"。

在 AI 技术的辅助下，我们可以更加高效地完成工作，创造出前所未有的价值。但是，这一切必须在尊重和保护原创作者合法权益的基础上进行。作为智能软件的开发者和使用者，应当意识到，每一项技术的进步都不应该脱离道德和法律的约束。AI 声音侵权案宣判不仅是对一起具体案件的裁决，更是对整个智能软件行业的一次警醒。①

【案例问题讨论】

"AI 声音侵权案"带给我们什么样的警示？

数字经济作为一种新型经济形态，依赖于大数据、人工智能、云计算、物联网、区块链等新兴科学技术的发展和应用。这些数字技术为数字经济提供了强大的动力和支撑，但同时也带来了一系列伦理问题，上述材料提到的"AI 声音侵权案"就是最直接的现实案例。为了确保数字经济的健康发展，深入研究科技伦理与数字经济之间的关系显得尤为重要。我们必须通过科技伦理的引导与约束，确保数据与数字技术使用的合法、合规、合道德，以此促进数字经济的可持续发展。

第一节　数字经济的内涵与发展

一、数字经济的概念

（一）数字经济的沿革

数字经济（Digital Economy）的概念被普遍认为是 1996 年由唐·塔普斯科特（Don Tapscott）在其专著 *The Digital Economy：Promise and Peril in the*

---

① 参见网址：https://www.chinacourt.org/article/detail/2024/04/id/7912814.shtml。

Age of Networked Intelligence 中提出的,但在当时并未形成数字经济的明确定义,只是用于指代随着互联网信息技术出现的新型经济形态。同时,美国麻省理工学院教授尼古拉斯·尼葛洛庞帝(Nicholas Negroponte)在 *Being Digital* 一书中,从网络特质的视角阐述数字经济的概念:"利用比特而非原子的经济。"在那个互联网方兴未艾的时代,产生了巨大的影响力。数字经济的概念在20世纪末和21世纪初受到各国政府的广泛关注,日本在1997年率先正式提出"数字经济"的概念,将其与广义的电子商务等同。美国商务部于1998年、1999年先后发布报告 *The Emerging Digital Economy* 第一版和第二版,把数字经济的概念界定为电子商务和信息技术产业,美国经济分析局在1999年同时围绕"电子商务"提出了数字经济核算框架,将数字经济的内涵细化为三部分:支持基础设施、电子业务流程和电子商务交易。时至今日,数字经济已不再局限于电子商务,其概念范畴也逐渐扩展。[①]

(二)数字经济的分类

目前,对数字经济概念的定义分为狭义和广义两种。

(1)狭义定义将数字经济的概念范畴限定为数字产业,特指从传统经济中独立出来、具有数字化特征的产业总和。数字产业的特征包括:加工对象为信息,生产手段为数字技术,生产成果是数字化产品,其生产加工过程或本身产生明显的利润或通过赋能其他现有行业产生额外价值增值。

(2)广义定义将概念范畴由数字产业扩展到以互联网信息技术为基础的经济活动总和。数字经济活动以提高国民经济水平和国家竞争力为主要目的,是指在生产活动、管理活动、政府治理等过程中普遍使用数字技术和经济技术,从数字产业拓展到全方位利用数字技术的各项社会活动。

(三)我国对数字经济的定义

中国对"数字经济"概念的诠释为了能够更好地刻画这一新型社会经济形态而更偏向广义的定义。2016年9月,在杭州举行的G20峰会上,中国作为二十国集团的主席国,首次将"数字经济"列为G20创新增长蓝图中的一项重要议

[①] 戎珂,周迪.数字经济学[M].北京:清华大学出版社,2023:8.

题,并通过了《G20 数字经济发展与合作倡议》(以下简称《倡议》)。《倡议》提出:数字经济是指"以使用数字化的知识和信息作为关键生产要素、以现代信息网络作为重要载体、以信息通信技术的有效使用作为效率提升和经济结构优化的重要推动力的一系列经济活动"①。这表明,数字经济作为代表"新质生产力"的新形态经济,对当下经济、社会、文化生活等领域的作用日益凸显。

二、数字经济的特点

(一)比特是数字经济的基本单位

数字经济的基本单位是比特(Binary digit,BIT),是信息量的最小单位。比特是信息的载体,它作为数字经济中的一种独特单位,有高度的技术驱动和创新驱动特点。数字经济的发展依赖于大量的数据,比特单位被广泛应用于数据的存储、传输和处理等各个方面,是构建数字世界的重要基石。

为了更好地理解什么是比特,需要引入原子的概念进行比较联系。原子与比特是尼葛洛庞帝在《数字化生存》一书中提出的著名的对立结构,它们是两个截然不同的概念,分别代表了物质世界和数字世界最核心的组成部分。原子是物质世界的基本组成部分,是构成物质的最小粒子。我们身边的一切物质,如空气、水、土壤、金属等都是由原子构成的。而比特(BIT)则是计算机专业术语,是信息量单位,同时也是二进制数字中的一位,为信息量的度量单位。在二进制数系统中,每个 0 或 1 就是一个位(BIT),位是数据存储的最小单位。

比特代表着数字世界的基本组成部分,是我们使用计算机、手机、互联网等技术进行信息处理和信息交流的基础。"比特没有颜色、尺寸或重量,能以光速传播。它就好比人体内的 DNA 一样,是信息的最小单位。比特是一种存在(being)的状态:开或关,真或伪,上或下,入或出,黑或白。……在早期的计算中,一串比特通常代表的是数字信息(Numerical Information)。"②尼葛洛庞帝

---

① 2016 年 9 月召开的 G20 杭州峰会,中国主持起草《二十国集团数字经济发展与合作倡议》并获得通过,该《倡议》给"数字经济"下了定义。参见网址:http://www.g20chn.org/hywj/dncgwj/201609/t20160920_3474.html。

② [美]尼古拉·尼葛洛庞帝. 数字化生存[M]. 胡泳,范海燕,译. 北京:电子工业出版社,2017:5.

总结了当所有的媒体都数字化以后,会观察到的两个立即可见的结果:第一,比特会毫不费力地相互混合,可以同时或分别地被重复使用声音、图像和数据的混合被称作"多媒体"(Multimedia),这个名词听起来很复杂,但实际上,不过是指混合的比特(Commingled BITs)罢了;第二,一种新形态的比特诞生了——这种比特会告诉你关于其他比特的事情。它通常是一种"信息标题"(Header,能说明后面的信息的内容和特征),……这两个现象——混合的比特和关于比特的比特(bits-about-bits)——使媒体世界完全改观。① 这两个结果体现了比特单位所能开创的无穷可能性,让我们能够更清晰地预见数字化可能会引发的新场景和新情况。

(二)数据成为数字经济的关键生产要素

在农业经济时代,主要的生产要素是土地和劳动力;在工业经济时代,新加入了资本要素;而在数字经济时代,数据要素进入了生产与分配过程,成为数字经济时代的核心驱动力。2019年党的十九届四中全会首次将"数据"确立为新生产要素:"健全劳动资本、土地、知识、技术、管理、数据等生产要素由市场评价贡献、按贡献决定报酬的机制。"② 由于数据要素具有非竞争性、规模报酬递增性等特征,其进入经济生产过程,与传统生产要素相结合,通过降低生产和流通的成本,极大地促进了宏观经济增长,形成数字经济时代的核心驱动力。

从技术视角出发,国际标准化组织(ISO)在信息技术词汇中将数据(Data)定义为:"以适合交流、解释或处理的正式方式对信息进行可解释的表述方式。"③ 全国信息安全标准化技术委员会将数据定义为:"任何以电子方式对信息的记录。"④ 中国信通院则将数据定义为:"对客观事物的数字化记录或描述,是

---

① [美]尼古拉·尼葛洛庞帝. 数字化生存[M]. 胡泳,范海燕,译. 北京:电子工业出版社,2017:9—10.

② 人民网:中共中央关于坚持和完善中国特色社会主义制度推进国家治理体系和治理能力现代化若干重大问题的决定[EB/OL](2019—11—05). http://cpc.people.com.cn/n1/2019/11/05/c419242-31439391.html.

③ Information technology-Vocabulary[EB/OL]. (2015—05—01). https://www.nssi.org.cn/cssn/js/pdfjs/web/preview.jsp?a100=ISO/IEC%202382—2015.

④ 全国信息安全标准化技术委员会. 网络安全标准实践指南—网络数据分类分级指引[EB/OL]. https://www.tc260.org.cn/front/postDetail.html?id=20230529155314.

无序的、未经加工处理的原始素材。"[1]如果采用更加宽泛的概念来定义数据,并遵循全国信息安全标准化技术委员会的标准,可以将数据定义为:"以电子方式对信息做出的记录。"[2]

数字经济的发展使得数据的价值不断提升,2017年的《经济学人》杂志指出:"世界上最有价值的资源已不再是石油,而是数据。"同年,习近平总书记主持中共中央政治局第二次集体学习并在讲话中指出:"要构建以数据为关键要素的数字经济。"2020年《中共中央国务院关于构建更加完善的要素市场化配置体制机制的意见》将数据作为一种新型生产要素写入文件。2021年,国家统计局发布的《数字经济及其核心产业统计分类(2021)》对数字经济做出具体定义,并指出:"数据资源是数字经济发展中的关键生产要素。"由此可见,数据成为生产要素,并成为数字经济关键组成已经成为国家共识。

(三)数字技术的进步是数字经济飞速发展的重要基石

数字经济的发展经历了从信息经济到互联网经济,再到数字经济的演变,体现了数字信息技术的不断发展促使新型经济形态形成的过程。以20世纪90年代互联网的普及为标志,数字经济时代正式开启。此后,数字技术的不断进步推动着生产力和生产关系进行了一轮又一轮的新变革。当前,数字技术作为推动数字经济发展的核心动力,正在不断拓展数字经济的边界和深度。

目前,新一代数字技术主要包括物联网、云计算、大数据、人工智能和区块链等。物联网通过整体感知、可靠传输和智能处理,可以在任何时间和地点实现人、机、物的互联互通,采集并提供实时、客观、海量的原始数据;云计算可以凭借超强的计算能力和海量的存储资源,通过数据集中汇聚实现数据存储和运算;大数据以数据存储计算技术分类存储、计算、管理以及处理数据,实现对海量数据的归纳、挖掘、分析和总结等;人工智能凭借机器学习、生物识别等,可以对数据进行智能分析和决策,提高数据采集与处理的质量和人机交互能力;区块链构建了数字经济时代以技术为背书的全新信任体系,在人们互不相识的情

---

[1] 信通院:数据价值化与数据要素市场发展报告(2021年)。
[2] 戎珂,周迪.数字经济学[M].北京:清华大学出版社,2023:157.

况下实现数据信任。[1]

与电力作用于工业经济时代类似,在数字经济时代,数字技术既会带来新的经济形态、新的财富生产方式、产生新的业态,又将为传统实体经济提供新的基础性技术,这些基础性技术将帮助传统实体经济提高效率、转变结构、优化资源配置,进一步推动劳动力向生产率更高的部门转移。[2] "十四五"时期,中国数字经济转向深化应用、规范发展、普惠共享的新阶段。[3] 当前,推动数字经济健康发展,要加快数字基建、掌握核心技术,抢占未来发展高地,推动数字技术和实体经济深度融合。其中,要以数字化、网络化、智能化为重点,协同推进数字产业化和产业数字化,赋能传统产业转型升级,培育新产业新业态新模式,从而不断"做强做优做大"中国的数字经济。

三、数字经济的发展现状

(一)全球数字经济的发展状况

当今世界正处在数字经济与工业经济交汇更迭的过渡时期,跨越发展的新路径正在形成,而新的产业和经济格局尚未定型,世界各国均面临重大战略机遇。数字经济当前在全球已呈现出蓬勃发展的态势,其影响力和重要性日益凸显。随着云计算、大数据、人工智能等前沿技术的不断创新和广泛应用,数字经济已成为推动世界经济持续增长的主要引擎之一。

在规模上,全球数字经济的规模持续增长,占GDP的比重逐年提高。数字经济作为驱动全球经济发展的新动能,各国对其重视程度日益提升,不断通过聚焦数字前沿技术、升级创新政策、发展高端制造业、构建全方位数据法律规则以及增强网络安全能力等措施升级数字经济发展战略,抢夺战略高地。一些发达国家在数字经济领域具有显著优势,其数字经济规模位居世界前列,成为引

---

[1] 黄再胜.数字经济重大理论与实践问题的政治经济学研究[M].北京:上海人民出版社,2023:22.
[2] 汤潇.数字经济影响未来的新技术、新模式、新产业[M].北京:人民邮电出版社,2019:11.
[3] 国务院关于印发"十四五"数字经济发展规划的通知[EB/OL].北京:国发〔2021〕29号(2021年12月12日).https://www.gov.cn/zhengce/content/2022-01/12/content_5667817.htm.

领全球数字经济发展的重要力量。同时,发展中国家也在积极推动数字经济的发展,通过引进先进技术、加强人才培养等措施,努力缩小与发达国家的差距。

与此同时,数字经济的发展也面临着一些挑战和问题。随着数字技术的广泛应用,数据安全和隐私保护问题日益凸显,需要加强技术和管理手段来保障个人隐私和数据安全。此外,数字经济发展的不平衡问题也需要引起关注,一些地区和行业在数字化转型方面存在较大的困难和挑战,需要加强政策支持和引导,推动数字经济实现全面、协调、可持续发展。

随着数字技术的不断进步和应用场景的拓展,数字经济将继续保持快速发展的态势。世界各国应抓住数字经济发展的机遇,加强合作与交流,共同推动全球数字经济的繁荣与发展。

(二)当代中国数字经济的发展态势

在新一代信息网络技术加速发展并不断创新的基础上,在新时代中国经济高质量发展的大背景下,数字经济正在成为引领中国经济发展的重要驱动力之一。习近平总书记强调,要"不断做强做优做大中国数字经济"[1]。党的二十大报告指出:"加快发展数字经济,促进数字经济和实体经济深度融合,打造具有国际竞争力的数字产业集群。优化基础设施布局、结构、功能和系统集成,构建现代化基础设施体系。"[2]数字经济作为继农业经济、工业经济之后的又一大经济形态,它以比特为单位,以数据资源为关键要素,以日新月异的数字技术为重要推动力,日益融入经济社会发展各领域全过程。

2022年,国务院发布《"十四五"数字经济发展规划》《关于加强数字政府建设的指导意见》,各地方政府相继出台数字经济发展规划,整体上呈现出"中央—地方"对数字经济发展的产业政策、财税政策和金融政策联动协同局面。2024年《政府工作报告》也指出,要"深入推进数字经济创新发展。制定支持数字经济高质量发展政策,积极推进数字产业化、产业数字化,促进数字技术和实体经济深度融合"。并强调:"我们要以广泛深刻的数字变革,赋能经济发展、丰

---

[1] 习近平.不断做强做优做大我国数字经济[J].求是,2022(02).

[2] 习近平.高举中国特色社会主义伟大旗帜 为全面建设社会主义现代化国家而团结奋斗——在中国共产党第二十次全国代表大会上的报告[N].2022-10-26(01).

富人民生活、提升社会治理现代化水平。"①这是"数字经济"连续第5年被写入政府工作报告，说明当前中国已经形成全面高质量发展数字经济的深刻共识。2024年7月18日，中国共产党第二十届中央委员会第三次会议又强调要："加快构建促进数字经济发展体制机制，完善促进数字产业化和产业数字化政策体系。"②

除了国家层面出台的加快数字经济发展的相关政策之外，各地也积极出台数字经济发展的规划，以此来着力提高数字技术创新能力，加速推进数字产业化与产业数字化，促进互联网、大数据、人工智能与实体经济深度融合，充分发挥大市场优势，释放数字经济发展新动能。测算数据显示，2018年我国数字经济总量达到31.3万亿元，占GDP的比重超过1/3，达到34.8%，占比同比提升1.9个百分点。③ 数字经济蓬勃发展，推动传统产业改造升级，为经济发展增添新动能。2023年中国信息通信研究院发布的《中国数字经济发展研究报告（2023年）》显示：2022年中国数字经济规模达到50.2万亿元，同比名义增长10.3%，已连续11年超过同期GDP名义增速。数字经济占GDP的比重高达41.5%，足以说明数字经济已经成为国民经济的主导力量。

第二节　科技伦理的基本概念与原则

一、科技伦理的定义

当代科技伦理的研究论域相当广泛，从不同的分类归纳和梳理角度来看，"科技伦理作为一门交叉学科，要研究科学技术与伦理道德的关系；作为一种职业伦理学，要研究科技道德现象；作为一种应用伦理学，要研究具体科技领域的

---

① 李强作的政府工作报告（摘登）[N].人民日报，2024—03—06（第03版）.
② 中共中央关于进一步推进全面深化改革 推进中国式现代化的决定[EB/OL]（2024—07—21）. http://www.news.cn/politics/20240721/cecoqeazbde840dfb99331c48ab5523alc.html.
③ 中国信息通信研究院.数字经济概论：理论、实践与战略[M].北京：人民邮电出版社，2022：79.

道德问题。"[1]从科技伦理涉及的研究层面来看,其范围"可以拓展为科技共同体内的伦理问题、科技社会中的人际伦理问题、科技时代文化伦理问题和科技背景下人与自然的伦理关系四个层面"[2]。因而,科技伦理的研究可以分为三个层次:第一层次为科学技术人员的职业伦理;第二层次为现代科技关系社会公共利益,是一种社会公共伦理;第三层次为由于科技发展的不平衡影响世界发展而形成的一种全球伦理。[3] 科技伦理是研究科技行业之道德维度的学科,其研究的问题涉及两大类:"一是科技共同体的道德规范和科技从业者的职业道德问题,二是科技与道德、科技与价值的关系问题。"[4]可以说,"凡是科学技术本身或者科学研究和应用过程中引发的所有关涉道德、义务、责任、价值等方面的问题均应属于科技伦理范畴"[5]。以人的角度来观照,科技伦理包含科技活动层面、人的发展层面、社会发展层面三个层面的科技伦理;从不同诉求向度展开的角度来看,现代科技伦理表现为:个人伦理延至集体伦理、信念伦理延至责任伦理、自律伦理延至结构伦理、近距伦理延至远距伦理四个方面。[6]

综上所述,从最广泛的意义去理解科技伦理的定义,可以说,科技伦理是指在科技发展与应用过程中,不同主体所应遵循的道德规范和原则。它涵盖了科技研究、创新、应用等各个环节,旨在确保科技活动符合人类社会的价值观,尊重人的尊严和权利,维护社会公正和公平。科技伦理强调科技发展的道德责任和社会责任,规定了科技工作者及其共同体应恪守的价值观念、社会责任和行为规范,它要求科技工作者在追求科技进步的同时,充分考虑到其可能带来的社会影响和伦理风险,并主动采取措施加以防范和应对。

---

[1] 杨怀中.科技伦理究竟研究什么[J].江汉论坛,2004(02).
[2] 刘大椿,段伟文.科技时代伦理问题的新向度[J].新视野,2000(01).
[3] 胡延风.现代科技伦理研究的新视野[J].理论视野,2004(04).
[4] 卢风.科技、自由与自然——科技伦理与环境伦理前沿问题研究[M].北京:中国环境科学出版社,2011:7.
[5] 陈彬.科技伦理问题研究[M].北京:中国社会科学出版社,2014:15.
[6] 程现昆.科技伦理研究论纲[M].北京:北京师范大学出版社,2011:64,72.

二、科技伦理的基本原则

(一)不伤害原则

科技伦理的基本原则就是从观念和道德层面上规范人们从事科技活动的行为准则,其核心问题是使之不伤害人类的生存条件(环境)和生命健康、保障人类的切身利益,促进人类社会的可持续发展。

科技伦理的基本原则中,不伤害原则占据核心地位。不伤害原则作为底线伦理,"即每一个社会成员最低限度的道德规范"。在实践过程中,"首先要考虑可行性,考虑'应当意味着能够',这种可行性是针对社会的绝大多数人,而不是少数道德精英而言"[1]。这一原则要求科技工作者在从事科技活动时,始终将尊重和保护个体与社会的权益放在首位,坚决避免任何可能造成的伤害。在研发、应用和推广科技产品或服务的过程中,科技工作者必须全面评估潜在的风险和危害,并采取切实有效的措施进行预防和降低。

科技伦理中的不伤害原则首先强调对人的尊重和保护。在科技研发和应用过程中,必须充分考虑到人类的身心健康和生命安全,避免科技活动对人类造成直接或间接的伤害。同时,不伤害原则也要求科技活动对社会和环境负责。科技活动应尊重自然环境,避免对生态系统造成破坏和污染。例如,在新能源技术的研发和应用中,应优先考虑对环境的友好性和可持续性,避免对环境造成不可逆的损害。此外,不伤害原则对于涉及个人隐私和敏感信息的科技应用,要求其必须符合社会的伦理规范和法律法规,以此保护个人权益和社会利益不受侵犯。在有关科技信息的传播过程中,应确保信息的真实性和准确性,避免误导公众或造成不必要的恐慌。

科技伦理中的不伤害原则是科技发展必须遵循的基本道德准则之一。只有确保科技活动在尊重和保护人类、社会、环境的前提下进行,才能实现科技与人类社会的和谐共生。

(二)人的自主性原则

除了不伤害原则外,科技伦理还强调人的自主性原则。科技伦理中的自主

---

[1] 何怀宏.底线伦理是建设公民道德的可行之路[N].光明日报,2007—9—3(理论版).

性原则强调个体在科技活动和应用中的自主抉择权和自我实现的重要性。这一原则体现了对个体尊严和自由的尊重以及在科技发展中对个体权益的维护。自主性原则首先要求科技活动尊重个体的自主决策权。这意味着个体有权根据自己的意愿、价值观和利益做出关于科技应用的选择。其次,科技工作者和机构在推广和应用科技产品时,应充分尊重个体的知情权和选择权,避免强制或误导个体做出不符合其意愿的决策。最后,自主性原则还关注个体的自我实现和自我发展,科技作为推动社会进步的重要力量,应致力于为个体实现自我价值和自身潜能提供机会,这意味着科技应用应关注人的全面发展和福祉,而非仅仅追求经济效益或技术进步。

  思想家康德曾指出,要"按照人的尊严——人并不仅仅是机器而已"。[①] 著名的德国哲学家弗里德里希·海因里希·雅各比(Friedrich Heinrich Jacobi)说过:"人自己决定自己,即人能够自由地行动,就此而论,人是通过理性来激发的,是一个充分意义上的人。在没有自由、没有自我决定的地方,就没有人性。"[②]密尔在《论自由》中指出:不论出于什么样的理由,都不能对任何个体的正常行为进行干涉。任何人的行为,只有涉及他人的那部分才须对社会负责。在只涉及本人的那部分,他的独立性在权利上是绝对的。对于本人,对于他自己的身和心,个人乃是最高主者。[③] 按照马克思的观点:"人的本质不是单个人所固有的抽象物,在其现实性上,它是一切社会关系的总和。"[④]人的本质确证就是人全面"占有自己的全面的本质"。[⑤] 人全面地占有和享有以科学技术为基础的现代化成果就是人的本质确证。科学技术本应是人的本质确证的重要体现;科学技术发展的根本目标应该是为了人、为了实现人的全面发展和为了促使人的本质确证;科学技术发展所具有的人道主义和人性化目标就是要不断促进人们从客观世界中获得自由。因为"必须是人而不是技术成为价值的最终根源,是

---

  ① [德]康德.历史理性批判文集[M].何兆武,译.北京:商务印书馆,1990:31.
  ② [美]詹姆斯·施密特.启蒙运动与现代性:18世纪与20世纪的对话[M].徐向东,卢华萍,译.上海:上海人民出版社,2005:199.
  ③ [英]约翰·密尔.论自由[M].程崇华,译.北京:商务印书馆,1959:10.
  ④ 马克思恩格斯文集:第1卷[M].北京:人民出版社,2009:501.
  ⑤ 马克思恩格斯文集:第1卷[M].北京:人民出版社,2009:189.

人的最优发展而不是生产的最大限度发展成为一切规划的标准"。①

(三)公平正义原则

公平与正义是社会发展的需要,公平正义原则也是科技伦理的重要组成部分。这一原则要求科技活动应公平对待所有参与者,确保他们在科技资源分配、机会获取以及成果共享等方面享有平等的权利和机会。无论是个人还是群体,都可以有平等的机会去接触、学习和使用科技资源,分享科技发展的成果。在科技资源的分配和利用方面,应避免出现歧视或偏见,确保每个人都能享受到科技进步带来的红利。此外,公平正义原则强调在科技活动中维护道德和法律的正当性,包括保护弱势群体的权益,防止科技被用于不正当的目的,以及确保科技发展的方向符合社会整体利益和公共价值观。这一原则还要求科技工作者和政策制定者在决策和行动时,应充分考虑其对社会、环境和个体可能产生的影响,并采取相应的措施来减少负面影响。

(四)利益共享原则

科技伦理中的利益共享原则强调的是在科技研发、应用和推广的过程中,相关利益方应公平地分享由此产生的利益。这一原则旨在确保科技成果的利益不仅仅为少数人或利益集团所独占,而是能够广泛、公平地惠及个人、组织、社会等各个层面,以此来促进社会的公平和进步,实现人类社会的可持续发展。

利益共享原则体现了科技发展的普惠性。科技发展不仅应服务于少数人或特定群体的利益,更应致力于提升整个人类社会的福祉。因此,利益共享原则需要在科技合作中建立公平合理的利益分配机制。在科技研发过程中,往往涉及包括科研机构、企业、政府等多个主体之间的合作,这些主体在合作过程中应共同商定利益分配方式,确保各方能够公平地分享科技成果带来的经济利益和社会声誉。此外,利益共享原则要求更加关注弱势群体和地区的利益保障。在科技应用和推广过程中,应特别关注那些可能因各种原因而无法充分享受科技成果的群体和地区。相关利益主体和社会应当采取有针对性的措施和政策,

---

① Erich Fromm. The Revolution of Hope: Toward a Humanized Technology[M]. New York: Harper & Row, 1968, 96.

确保这些群体和地区也能够从科技进步中获得实实在在的利益。

我们可以从三个方面去深入理解利益共享的实质:第一,从社会目标来看,利益共享"就是承认和尊重各个利益主体的利益享有权利的基础上,社会共同利益公平地惠及各个利益主体,从而推动社会公正目标的实现"。[①] 也就是恩格斯所说的:"结束牺牲一些人的利益来满足另一些人的需要的状况。"[②]第二,从利益共享的作用来看,"随着社会发展进程的推进,每个社会成员的尊严应当相应地更加得到保证,每个社会成员的潜能应当相应地不断得以开发,每个社会成员的基本需求应当相应地持续不断地提高"。[③] 第三,从利益共享的主体分类来看,利益共享包括"中央与地方之间的利益共享、区域之间的利益共享、产业之间的利益共享、阶层之间的利益共享、城乡之间的利益共享、群体之间的利益共享,等等"。[④],我们要科学地认识科技伦理中的利益共享原则,必须先了解利益共享的主客体及它们之间的关系。只有在科技发展过程中保证各个环节能够公平分配和广泛共享,才能实现科技与社会和谐共生。

三、科技伦理的规范治理

科技伦理的规范治理,是在科技伦理原则作用下进行的治理,是政府、科学共同体、企业、相关利益者、社会团体和公众等科技发展的相关主体,以科技伦理原则为指导,解决科技发展面临的伦理与社会问题、增进科学技术为人的福祉而发展的各种方式的总和。在人类社会走向现代化的进程中,每一次科技革命与科技重大突破都会带来新的科技伦理问题与挑战,而现代化的每一步都伴随着科技伦理的反思以及科技伦理治理体系的不断健全。18—19世纪初的"蒸汽革命"引起了人们对劳工生存条件和环境污染的伦理担忧[⑤]。20世纪上半叶的"电气革命"引发了资本集中与贫富差距等伦理问题。21世纪初的"信息革命"则引发有关数字隐私和信息平等的忧思。如今,世界范围内的"数字革命"

---

① 何影.利益共享:和谐社会的必然要求[J].求实,2010(05).
② 马克思恩格斯文集[M].第1卷.北京:人民出版社,2009:689.
③ 吴忠民.论共享社会发展的成果[M].中国政党干部论坛,2001(04).
④ 陈波,洪远朋.协调利益关系:构建利益共享的社会主义和谐社会[J].社会科学,2007(01).
⑤ 马克思恩格斯文集.第1卷[M].北京:人民出版社,2009:410.

更是带来人工智能自主性、算法偏见、数字鸿沟等问题[1],科技伦理问题比以往更复杂、影响更深远。中国的现代化历程同样面临各类科技伦理问题的解决,呼唤科技伦理治理体系的不断健全。

科技伦理治理主要有六个要素:(1)方向性和目标性治理。对科学技术发展的方向和目标是否符合伦理原则与标准和社会发展需求的商议和决策。(2)预期性治理。研究和发现可能的潜在影响和效应,采取预防性措施。(3)规范性。通过伦理规则和法律法规,引导和规范科研和创新行为,设立违规的底线和惩罚规则。(4)审查与监督机制。完善同行评议、伦理审查和监督等机制,对科研和创新过程是否符合伦理进行审查和监督。(5)负责任性。各相关主体承担相应的责任。(6)包容性和参与性。促进利益相关者和公众参与。[2]

科技伦理治理是当代世界科学技术发展面临的普遍问题,在中国科技发展中占有日益重要的地位。2019年7月,中央全面深化改革委员会第九次会议审议通过了《国家科技伦理委员会组建方案》,指出科技伦理是科技活动必须遵守的价值准则,组建国家科技伦理委员会的目的是加强统筹规范和指导协调,推动构建覆盖全面、导向明确、规范有序、协调一致的科技伦理治理体系;[3]2019年,党的十九届四中全会提出,完善科技创新体制机制……健全符合科研规律的科技管理体制和政策体系,改进科技评价体系,健全科技伦理治理体制。[4] 近两年来,中国科技伦理治理体系建设取得很大的进展,进入一个新的阶段。

在实践中,科技伦理中的治理需要得到科技工作者、政策制定者、社会公众等多方面的共同遵守和维护。科技工作者应具备高度的道德责任感和职业素养,始终将人类福祉和社会利益放在首位;政策制定者应在制定科技政策和法规时确保科技发展的方向符合社会道德和公共利益;社会公众也应积极参与到

---

[1] 王硕,李秋甫.数字伦理:数字化转型中科学普及的新使命与新规范[J].科普研究,2023(03).
[2] 樊春良.科技伦理治理的理论与实践[J].科学与社会,2021(04).
[3] 习近平主持召开中央全面深化改革委员会第九次会议[EB/OL](2019-7-24).http://www.gov.cn/xinwen/2019-07/24/content_5414669.htm.
[4] 中共中央关于坚持和完善中国特色社会主义制度推进国家治理体系和治理能力现代化若干重大问题的决定[EB/OL](2019-11-05).http://www.gov.cn/zhengce/2019-11/05/content_5449023.htm.

发展科技伦理的实践中,共同推动科技的健康、可持续发展。

第三节　数字经济的发展对科技伦理的影响

一、数字经济对科技伦理发展的促进作用

(一)推动了科技伦理理论与实践的创新发展

数字经济通过其特有的先进技术特性和更为广泛的应用场景,正在推动着科技伦理理论与实践的创新发展。

数字经济是新经济形态,数字科技伦理是相对新的研究领域,当前数字经济的发展对科技伦理理论领域的拓展研究主要集中在以下三个方面:

一是关于数字科技伦理的前期性或基础性研究。以人工智能为代表的数字科技是继生命科学和医药健康之后的科技伦理领域,目前还没有明确的相关概念和范围界定,基础性研究大多集中在科技伦理和负责任创新等领域。在负责任创新概念于 2003 年最先被提出之后,之后的相关研究逐渐扩展到理论内涵的深化、实践领域的转化、治理机制的完善以及相关反思批判等领域。科技伦理是负责任创新的重要内容,体现为符合社会需求和伦理道德等社会责任规范,构建负责任的科技治理体系是推动科技向善的重要内容。

二是数字科技伦理相关研究延伸至以大数据、人工智能为代表的数字科技领域。首先,对不同国家和地区在数字科技伦理监管的制度建设、实践经验等方面开展研究,系统介绍和分析了欧盟、美国、英国以及日本等国家和地区的数字科技伦理监管制度体系、机构设置、监管模式、主要监管主体以及重要议题等,并提出从制度设计、监管模式和社会生态赋能等方面来加强中国数字科技伦理监管。其次,对不同国家和地区的数字科技伦理监管制度体系进行比较分析。例如,将欧盟、美国等国家和地区在人工智能、5G 等数字科技领域的伦理监管与中国进行比较分析,并提出完善中国人工智能伦理监管的路径。最后,针对特定数字科技伦理问题开展的相关研究,主要是对欧盟大数据、人工智能等相关伦理问题和监管制度建设等系统阐述和分析,为进一步完善中国相应领

域的数字技术伦理监管提出建议;主要集中于其引发的价值渗透、信息泄露等伦理问题和重塑时空场域、生产关系和生活方式等引发的社会变革以及从技术创新、场景落地、监管制度建设等方面提出的应对策略。

三是关于数字科技伦理相关应用及延伸领域的研究,主要集中在以平台监管和社会责任的履行为研究视角,分析了平台企业运行中存在的算法黑箱、算法歧视、数字野火、沟通受阻及隐私侵犯等伦理问题,从监管规则、监管技术、监管模式以及社会责任履行等维度提出加强伦理监管的措施或逻辑框架。[①]

此外,数字经济还推动了科技伦理实践的创新发展。在数字经济时代,许多企业和组织开始积极探索科技伦理实践的新模式和新方法。例如,一些企业通过建立数据隐私保护机制、优化算法决策过程等方式,积极应对数字经济中的伦理挑战。这些实践不仅丰富了科技伦理的实质内容,而且有助于提升数字企业的社会责任感和公信力,也为其他领域提供了可借鉴的经验。

(二)完善了科技伦理的治理规范

数字经济通过一系列的方式和机制,为科技伦理治理规范的完善提供了重要支撑和推动力。数字经济的科技伦理治理伴随着数字技术的巨大变革力量愈加凸显,目前已有的研究大致有两类:(1)从科技应用场景出发的归纳研究:①对于大数据技术的应用所引发的数字身份、隐私保护、数据使用、信息可及等问题进行讨论[②];②对人工智能的普遍应用引发的机器换人[③]、公正决策、算法歧视等伦理困境进行探析[④];③对新兴前沿技术领域如元宇宙、区块链、数字医学等潜在的伦理问题表现的探索,包括元宇宙、区块链、数字医学等。(2)从数字维度本身出发的特征研究:数字技术应用正在形成一个虚拟的数字空间,从这一角度出发,相关研究关注数据与算法作为空间基础以及空间中主体间关系这

[①] 肖红军,张丽丽.中国企业数字科技伦理发展:演变历程、最新进展与未来进路[J].产业经济评论,2024(02).
[②] 邱仁宗,黄雯,翟晓梅.大数据技术的伦理问题[J].科学与社会,2014(01).
[③] Danaher J. Automation and the future of work[M]. Oxford University Press,2021.
[④] Gabriel I., Ghazavi V. The challenge of value alignment: from fairer algorithms to AI safety[M]. Oxford University Press,2021.

二者的伦理特质[1],具体考察了人的主体性缺失[2]及其与数据应用的分离[3]、虚拟现实交融的网络空间[4]以及起重要支撑作用的算法等伦理表现。这两类研究丰富了数字技术完善科技伦理规范治理的现实场景和实践可能性。

我们可以看到,数字经济在发展过程中通过技术创新和应用,为科技伦理治理提供了新的解决方案。例如,利用大数据、人工智能等技术,可以实现对科技活动的实时监控和预警,及时发现和纠正科技伦理的相关问题。此外,数字经济还推动了科技伦理治理相关法律和规范的制定和完善。在数字经济时代,各种新技术、新应用层出不穷,这为科技伦理治理带来了新的挑战和机遇。为了应对这些挑战,需要制定更加能够适应时代要求的科技伦理治理规范。

(三)提升了全社会的科技伦理意识和监管水平

数字经济在提升全社会的科技伦理意识和监管水平方面发挥着重要作用。

在提升全社会科技伦理意识方面,数字经济的兴起促使企业更加注重科技伦理的实践。许多数字科技企业将科技伦理纳入公司战略和技术创新管理过程,形成遵守科技伦理的意识和文化氛围,这不仅有助于提升企业的社会形象,还能够带动整个社会对科技伦理的认识和重视。同时,数字经济的发展为公众参与科技伦理教育提供更为便利的条件。数字经济的发展拓宽了全媒体平台和网络渠道,科技伦理的理念和思想可以借助互联网、社交媒体等数字化工具迅速传播,使公众能够更加全面了解科技伦理的重要性,从而使全社会科技伦理意识都有所增强。

在提升社会监管水平方面,数字经济通过技术创新,为监管部门提供了更加高效、精准的监管手段。首先,数字技术可以用于分析科技伦理风险,为制定监管政策提供科学依据。其次,政府和相关机构可以借鉴数字经济发展的成功经验,制定和完善适应新时代要求的科技伦理法规、建立科技伦理审查机制、加

---

[1] 蓝江.云秩序、物体间性和虚体——数字空间中的伦理秩序奠基[J].道德与文明,2022(06).
[2] 刘嫱.主体性的缺失与重塑——智媒时代的数字伦理问题[J].青年记者,2022(21).
[3] Metcalf J. Crawford K. Where are human subjects in big data research? the emerging ethics divide[J]. Big Data & Society,2016,3(1).
[4] 杨怀中,朱文华.网络空间治理及其伦理秩序建构[J].自然辩证法研究,2018(02).

强科技伦理风险评估和处置等方面的科技伦理监管体系。最后,数字经济还具有跨国性和全球性的特点,各国在科技伦理监管方面加强合作与协调,可以共同制定科技伦理标准和规范,分享科技伦理监管经验和教训,形成全球性的科技伦理监管合力。

综上所述,数字经济和科技伦理之间的互动促进了彼此的进步和发展。数字经济的发展推动了科技伦理的深入研究和探讨,为科技伦理提供了新的应用场景和挑战。与此同时,科技伦理的不断完善也为数字经济提供了更加规范和健康的发展环境,有助于数字经济实现可持续发展。为了实现数字经济和科技伦理的良性互动和发展,需要我们加强对科技伦理的规范和研究,推动相关政策和法规的制定与完善,促进数字经济和科技伦理的良性互动和可持续发展。

二、数字经济带来的科技伦理挑战

(一)数据泄露与隐私侵犯问题

数字经济的发展使人类社会悄然迈入大数据时代,大数据技术在给社会带来多方面积极变化的同时,数据的广泛采集和使用带来了数据泄露和隐私侵犯的风险。如何保障个人信息的安全和隐私成为科技伦理的重要挑战。

随着现代信息科技的发展,世界范围内的数据呈现裂变式增长,数据已经成为流动的商品。在"万物皆数"的大数据时代,公民在生产、生活、学习、娱乐中享受着大数据技术带来的便利的同时,其身份、通信、社交、购物、旅游、就医等信息也通过大数据技术被持续地留痕、记录与储存,这就给公民隐私信息被肆意泄露或滥用等埋下了安全隐患。如此一来,人类很容易就失去了对自己隐私的掌控,甚至一些私人信息也被实时监控[①]。借助于现代化的媒介传播手段以及大数据等技术,一旦数据泄露就可能发酵为人肉搜索、恶意攻击、敲诈勒索等安全隐患,影响个人财产和人身安全。一些互联网企业在巨大商业利润的诱惑下,恣意泄露用户隐私数据,甚至通过地下产业链售卖公民隐私信息以获取非法利益等。与此同时,原有的法律体系、道德规范无法适应大数据时代的现

---

① 严卫,钱振江.人工智能伦理风险及其对策[J].电脑知识与技术,2019(15).

实需求。尤其是隐私保护的立法规约滞后,并缺乏必要的行业自律机制与伦理底线,使现有网络隐私保护规则过于笼统、滞后与不合时宜。"不管是告知与许可、模糊化还是匿名化,这三大隐私保护策略都失效了。如今很多用户觉得自己的隐私已经受到了威胁,当大数据变得更为普遍的时候,情况将更加不堪设想。"①

大数据时代人们的生活越来越容易被记录和监视,隐私信息越来越被透明化,人们的隐私权也常常遭受侵害。当前隐私的内涵已超越了个人不愿被他人干涉或侵入的私密领域,而拓展为收集、使用与控制数据的权益。"传统的隐私问题主要涉及私密的、敏感的、非公开的私人领域的个人信息,而新的隐私问题则主要涉及共享的、原本不敏感的、公共领域的个人信息。"②隐私观念的流变性与数据分享认同,使相关组织、个人更容易搜集公众数据信息,也导致越来越复杂的隐私保护难题。一些组织、网站或黑客等大数据搜集者、使用者,在对待用户个人习惯、偏好、关系、社交、特质等数据时,毫无伦理责任与人文关怀,过于追逐财富创造与商业利润,常常使用复杂的统计算法技术追踪、监控、预测消费者活动,导致数据生产者的"整合型隐私"频频泄露。如某搜索网站常常通过搜集用户的网页浏览、购物记录,运用复杂的统计算法分析、推导出用户的购物趋势、消费倾向、休假意向等隐私信息,并向其精准投放广告,以影响其最终的消费决策行为。这样,网络用户数据在用户未授权或不知情的情况下被网站二次乃至多次利用,进而侵犯了用户的隐私权,人们甚至难以知悉其生产的数据究竟以何目的被挖掘、利用,以及被如何挖掘、利用。由此可见,大数据技术与财富创造的强关联性是引发隐私问题的现实动因。

虽然在新形势下,各国不断升级其隐私保护法令,如美国 2016 年出台《电子通信隐私法案》,我国在《民法典》中设专章保护隐私与个人信息,同时又专门推出《个人信息保护法》,但是层出不穷的信息技术,使得民事、行政与刑事上的法律保护变成"空头支票"。隐私将被迫屈从于数据技术,这是大势所趋。"大

---

① [英]维克托·迈尔-舍恩伯格,肯尼斯·库克耶.大数据时代——生活、工作与思维的大变革[M].盛杨燕,周涛,译.杭州:浙江人民出版社,2013:200.
② 吕耀怀.信息技术背景下公共领域的隐私问题[J].自然辩证法研究,2014(01).

数据给人类生活带来的转变是多方面的,最显著的就在于数据融合造成的隐私权衰落。"[1]隐私保护与社会发展并不具有同向性,相反,以信息传播为核心的技术使得隐私保护面临一个伦理性的两难:一方面,人们渴望隐私得到甲胄式的法律保护;另一方面,数据记忆技术使得生活越来越透明。"大数据时代是一个开放的时代,数据的分享使得隐私的空间越来越小,分享与共享成为大众的共识。传统的小集团利益被打破,形成了一个透明、公开的社会。"[2]

【案例引入】

130 万考研用户报名数据疑遭泄露[3]

据中央人民广播电台消息,2015 年考研报名数据疑遭泄露,网上有人欲以 1.5 万元倒卖 130 万考研用户的信息。

2015 年全国硕士研究生招生考试即将于 12 月 27 日—29 日举行。就在 11 月 25 日,教育部还召开了考试安全工作视频会议。但就在开考的前一个月,网上出现有人出售截至 2014 年 11 月份的 130 万考研用户的信息。

一网站联合创始人邬迪接受采访时说,有用户透露,怀疑考研报名数据遭到泄露,于是马上发动"白帽子"等社区力量帮忙调查。据介绍,所谓"白帽子"是黑客的一种说法,他可以识别计算机系统或网络系统中的安全漏洞,但并不会恶意去利用,而是公布这个漏洞,让系统可以在被其他人利用之前来修补漏洞。与之相反,那些研究攻击技术非法获取利益的,就是"黑帽子"。

邬迪称,刚好有个"白帽子"说在群里看到过有人在公然出售这批数据。

该网站另一位联合创始人孟卓表示,根据社区"白帽子"提供的线索,卖家所出售的数据可不仅涉及考研用户的姓名、性别,还包含手机号码、座机号码、身份证号、家庭住址、邮编、学校、报考的专业等敏感信息,非常详细。整个数量大约 130 万,卖家的打包价是 1.5 万元。并且卖家已经是二道贩子、三道贩子,甚至更多;也就是说,相关信息已经被多次转卖。不少考研报名者已经多次接到骚扰电话:卖考题、卖答案、办培训班……不胜其烦。

---

[1] 张继红.大数据时代金融信息的法律保护[M].北京:法律出版社,2019:252.
[2] 刘晓星.大数据金融[M].北京:清华大学出版社,2018:47.
[3] 参见:https://www.163.com/news/article/AC4NQL8T00014AED.html.

【案例问题讨论】

1. 你遇到过类似个人信息被泄露的问题吗？你认为自己的个人信息是怎么被泄露的？
2. 个人信息泄露会带来什么样的危害？
3. 你认为数据泄露问题能杜绝吗？应当如何减少或避免此类问题的发生？不同的主体应当如何做？

（二）算法偏见与不公平竞争问题

随着数字经济的快速发展，数据要素的市场化进程日益加快，其在市场中的作用也日益凸显。然而，在这一过程中，算法偏见和不正当竞争的问题也逐渐浮出水面，为数字经济的健康发展带来了不小的冲击。

算法是一种处理海量数据的计算机程序，由于算法越来越具有生命属性，因而算法歧视也成为算法决策过程最容易引发的伦理风险。由于地域、种族、年龄、性别、收入、教育背景等不同，人类社会中始终存在着各种偏见或歧视，并有可能在人工智能算法的推动下迅速扩大或逐步加深。一是在商业销售、大众传媒、犯罪侦查、人力资源管理等领域应用中，可能经过事先设定的算法将人类原有的偏见或歧视瞬间放大，使得原本可控的风险超出界限。遭遇偏见的对象或被歧视的对象不仅要承受各种心理的压力，而且在社会中遭遇各种不公的待遇；"大数据杀熟"让商家对消费者的价格歧视实现于无形之中，当这种歧视行为达到一定程度时就有可能激发反抗情绪，影响公众对技术的信任乃至社会稳定。二是个性化算法能够根据用户的偏好、习惯实现定向信息推送，并且通过平台社区将价值观和偏好相似的人群聚集到不同的数字空间内，通过内容控制将人们的思想或行为束缚于"信息茧房"中，使受众产生依赖而进一步导致价值迷失[1]或影响其对现实世界的认知[2]，甚至可能造成群体极化进而产生网络暴力，也可能造成信息窄化而阻碍个体全面发展。[3]

数据窃取和非法交易是不正当竞争中最为常见的两种表现形式。数据窃

---

[1] 郝雨，李林霞.算法推动：信息私人订制的"个性化"圈套[J].新闻记者，2017(02).
[2] 傅钰涵.个性化推荐算法价值观探究[J].新闻研究导刊，2019(01).
[3] 蔡磊平.凸显与遮蔽：个性化推荐算法下的信息茧房现象[J].东南传播，2017(07).

取是指通过非法手段获取他人的数据资源,而非法交易是指未经授权或违反法律法规进行的数据交易,这些行为都严重破坏了市场的公平性和公正性。尤其是在当前平台经济的发展过程中,一些不法平台为了谋取私利,不惜采用不正当手段来获取、使用或交易数据,从而损害了其他竞争者的利益。一些规模较大的互联网企业通过"烧钱"等手段获得市场规模优势,实现"赢家通吃"和流量垄断。它们滥用市场地位,限制竞争性交易,导致依靠互联网平台的生产经营者失去了与平台企业谈判议价的权利。这些不正当竞争的互联网平台企业存在着限制弱势企业发展、阻碍平台间互联互通、垄断网络资源(如知识产权等)、违规合并获取市场垄断等问题,严重扰乱了市场秩序。总之,这些平台企业依托包括资本、技术等在内的要素资源优势,形成围绕"流量"的全新资本竞争模式和估值体系,借助互联网平台进行资本积累,通过平台资本补贴压缩市场参与者的利润空间,提高行业壁垒,限制公平竞争。[1]

【案例引入】

"杀熟"争议背后:复杂的互联网优惠机制[2]

近日,不同手机在同一时间搜索同一趟航班票价相差 3 倍,让大数据会不会"杀熟"的争议,再度引发关注。为此,澎湃新闻深入采访了包括消费者,在线旅游平台、航空公司、代理商等行业内各环节的相关人士,试图找到"大数据杀熟"的真相。

1. 会员等级高不一定便宜,"杀熟"还是精准营销

在某购物平台上,澎湃新闻的记者用两个不同的账号搜索同样的关键词发现,搜索结果中同一家店铺(两个账号均未在该店铺购买过产品)同一产品显示的差价为 2 元。除了购物平台外,外卖平台、叫车平台、在线旅游平台等互联网平台均有不同程度的差价。

以澎湃新闻在某在线旅游平台搜索武汉—珠海 7:50 出发的某航班为例,其中一个账号价格明细显示了平台"随机立减"35 元的优惠,另外一个账号显示

---

[1] 黄奇帆.数字经济内涵与路径[M].北京:中信出版集团,2022:199—200.
[2] 参见:https://www.thepaper.cn/newsDetail_forward_26261808.

"新人25元机票券"。澎湃新闻在另一个平台搜索发现,如1月23日武汉—珠海14:55出发的某航班,从总价来看,钻石贵宾的账号比普通会员的账号便宜了5元。而从明细来看,钻石贵宾的机票价格为530元,航空公司给予了20元的优惠减免;普通会员账号的机票则是已优惠了15元的515元。

"有时候不一定平台的会员等级越高,买票的价格就越便宜。"某在线旅游平台内部人士李可表示,"如会员等级更高的用户大部分买的是酒店而不是机票产品,可能优惠就不一样;有的用户加入了航司的常旅客计划,优惠可能也是不同的。""任何一个电商平台多多少少都会存在这样的问题。""不同航空公司、不同平台或者不同的代理商都会发放不同的优惠券,这种优惠券有些是你看得见的,有些是看不见的,那么当很多优惠券进行叠加之后,最后计算出的价格就会不同,甚至平台等级高的账户反而比等级低的还贵几块钱。"

2. 规则为何如此复杂

那么,平台的优惠规则为什么会如此复杂?这些规则又是否合规?某在线旅游平台内部人士张帅解释:"简单来说,就是平台有很多条线,每个条线也都有自己的KPI(关键绩效指标),选择的营销规则不一样,平台只需要保证自己的营销规则是合规的,同时保证每条规则都有醒目标识。"与此同时,张帅也承认,在实际消费过程中,很多消费者可能看不了那么细,他们就是看到价格,然后下单。最后产生了不同的价格。"不管是会员体系还是优惠券,如果用户愿意去了解更详细的信息,他肯定能在平台上找到相应的途径、入口,去看到清楚的信息。但很多时候,用户是用自己理解的字面意思,去理解自己下单的产品。"

3. 行业应该如何规范

业内人士彭涵认为:(1)解决真正发生的"大数据杀熟",要靠监管部门的强力推动。目前,很多用户面对大数据"杀熟"时感到很无助,就是因为"辨别难、举证不易、维权困难"。如果维权成本太高、太麻烦,很多用户只能被迫放弃,任由这类问题继续伤害下一位消费者。监管部门应该研究如何降低用户的维权成本,帮助他们在商家面前获得更平等的地位。在此基础上,再实施"发现一起、证实一起、严查一起",并辅助以相应的大众科普教育,就可以逐渐改善"大数据杀熟"的现象。(2)解开消费者的心结,需要平台商家发挥更多的主观能动性,把复杂的营销规则重新梳理,压缩消费者误会的空间;并在用户已经产生误会的情况下,耐心解释和引导。也建议平台商家多与行业协会、行业专家合作,组织相关主题的研讨并进行传播,帮助用户建立正确的认知。

(注:本文中李可、张帅、彭涵均为化名。)

【案例问题讨论】

1. 不同电子设备、不同平台、不同时间搜索同一产品价格不同,到底是营销机制的原因,还是"大数据杀熟"? 为什么?

2. 你认为应该如何规范此类问题?

(三)人工智能与相关风险和伦理困境

进入数字经济时代,人工智能在深刻影响人类社会生产生活方式的同时,也引发诸多伦理困境与挑战,建立新的科技伦理规范以推动人工智能更好地服务人类,成为全社会共同关注的主题。

自 1956 年人工智能(Artificial Intelligence,简称 AI)概念诞生以来,以大数据、云计算、机器人仿真技术、计算机无人操作系统等为代表的 AI 科技,已经被广泛运用到经济社会发展和人们日常生活中,并带来了革命性的变革。当前 AI 技术在数据处理、分析以及预测等方面具有巨大的优势,因此成为数字技术研发的重中之重。作为新一轮产业变革的核心驱动力,AI 呈现出深度学习、跨界融合、人机协同、群智开放、自主操控等新特征,将进一步释放历次科技革命和产业革命所积蓄的巨大力量,成为经济发展的新引擎。[1] AI 技术的进步能够变革生产模式,使传统就业方式由劳动密集型不断向资本密集型、技术密集型转变。但 AI 科技在给人类带来美好憧憬的同时,也引发了诸如失业、隐私安全、数据独裁、算法偏见、机器权利、道德代码等问题,严重冲击着传统的社会伦理秩序,引发社会公众、学者、政府机构等对 AI 问题的忧虑。[2]

目前,关于 AI 有三种类型的解读:一是将 AI 定义为与人类行为相似的计

---

[1] 国务院关于印发新一代 AI 发展规划的通知[EB/OL]国发〔2017〕35 号,2017-7-20. http://www.gov.cn/zhengce/content/2017-07/20/content_5211996.htm.

[2] 黎常,金杨华.科技伦理视角下的 AI 研究[J].科研管理,2021(08).

算机程序;二是将 AI 定义为会自主学习的计算机程序;三是将 AI 定义为能够根据对环境的感知,采取合理的行动,并获得最大收益的计算机程序。这三种定义分别倾向于模拟人的行动能力、人的思维能力或学习能力以及人的理性能力。① 虽然这三种类型的 AI 在定义和潜在影响上有所不同,但它们并不是相互独立的,而是可能随着技术的发展和进步而相互转化或融合。2022 年底以来,OpenAI 公司发布的生成式 AIChatGPT 展现出广阔的应用前景和巨大的变革性,被认为是 AI 发展的里程碑,甚至是通用 AI 的起点,其创新性、颠覆性不可谓不大,但同时也引发了对 AI 威胁人类生存和发展的担忧。深度学习之父杰弗里·辛顿教授提醒人们警惕 AI 不受控制的发展带来的风险,包括埃隆·马斯克在内的北美 2 000 多名计算机科学家和业内人员签署了一份公开信,呼吁暂停开发比 GPT－4 更强大的 AI 系统。②

  由于 AI 技术在开发过程中往往同时涉及社会、伦理和法律等诸多问题,并且 AI 技术产生的人机边界模糊、责任归属困境、价值鸿沟加剧以及智能技术依赖,带来了一系列伦理风险。③ 首先,随着 AI 技术的不断发展和进步,机器和人类的界限变得越发模糊,这引发了关于机器是否能够拥有自主意识、情感和道德判断能力的讨论。这种模糊性使得我们难以确定机器行为的责任归属,进一步加剧了伦理和法律上的困境。其次,当前的法律体系很难将机器行为的责任明确地归属于某个人或组织,这种情况导致了对于机器行为的监管和追责存在很大难度,进而增加了技术滥用的风险。最后,随着 AI 技术在各个领域的广泛应用,人们越来越依赖机器来做出决策和完成任务,这种过度依赖可能导致人类失去独立思考和解决问题的能力,甚至可能引发对机器的盲目崇拜和信任。因此,需要我们从政府管理、技术、公众和关系层面重塑伦理策略,通过嵌入设计和规范使用方式体现 AI 伦理的价值和标准,借助多方合作与大众参与形式实践 AI 伦理的责任建设和评价机制建设,构建友好 AI,实现人类社会与 AI 和谐共处。

---

  ① 于雪,段伟文.AI 的伦理建构[J].理论探索,2019(06).
  ② 李晓华.数字经济的科技伦理治理:动因与机制[J].中国发展观察,2023(06).
  ③ 谭九生,杨建武.AI 技术的伦理风险及其协同治理[J].中国行政管理,2019(10).

【案例引入】

用 AI 复活离世明星，为何招来一片骂声[1]

"AI 技术"已经不算是一个新鲜词了，但要是与"复活"这个词联系在一起，似乎就成了爆点。前一段时间，著名音乐人包小柏用 AI 复活女儿的新闻，让网友对运用 AI"复活去世的人"的话题展开了激烈的讨论。有人觉得情感得到寄托，是一件非常有意义的事情，也有人觉得这是冒犯逝者。

用 AI "复活"亲人，包小柏不是第一人，也不会是最后一人。包小柏女儿因病不幸离世后，他开始不断学习，攻读博士，一心想要借助 AI 技术"复活"女儿。在某次采访中他表示已经如愿复刻，并且"数字女儿"还为妻子唱了生日歌。他感慨 AI 是寄托思念的工具，也是一种对思念的表达方式。还有一些博主，他们利用 AI 技术，纷纷"复活"李玟、高以翔、黄家驹、张国荣等多位明星。不仅是国内，国外也有博主"复活"迈克尔·杰克逊等明星。

但是，越是火，关注的人就越多，各种评论也会随之而来，有人觉得好，也有人觉得不妥，褒贬不一。有网友表示这样做是不尊重逝者，不尊重其家人，纷纷反对这样的做法。不少支持者认为，"复活"是一种情感寄托。逝去的亲朋好友，能够以另一种姿态站在你的面前，还可以拥有基本的表情和动作，可以与你交谈，这是在用科技的方式将逝者的音容笑貌永远留存，可以纪念逝者，也可以安慰生者。然而，为数更多的反对者则认为，如果不经过家属同意就"复活"逝者，家人可能因此受到二次创伤。

从心理学的角度来看，如果在过度悲伤的情况下，把情绪和物品联系在一起，那么再次看到物品，就会激发起悲伤的情绪。说白了就是"睹物思人"的原理，逝者家人们本来已经愈合的心伤，很有可能在见到相关信息图像的那一刻再次被撕扯开，受到心理上的二次伤害。更何况，AI"复活"的人也只是外表相同，但性格、行为、情绪等和本人并不能做到完全相似。

此外，AI 技术背后设计者的意图也十分关键。通过设计者的行为以及网友们的评论来看，AI 技术本身没有特别多争议，争议大部分来源于如何运用技

---

[1] 参见 https://www.thepaper.cn/newsDetail_forward_26828124。

术和应用技术的目的到底是什么。当前,一些博主不仅不经过家人同意"复活"一些明星,还打着"为你好"的旗号,借着帮助家人、粉丝缓解思念情绪的名义,利用 AI 明星做视频甚至直播,以此宣传自己的技术,从而招揽更多"复活"业务,以此牟利。"复活"家人已经形成了一个全新的商业模式,不仅有这类业务,价格高昂,网传"1 单 1 万元",甚至出现了相关培训课程。所以才有网友评价,这种恶意利用"明星效应"宣传自己,以此达到商业目的,是现代版"吃人血馒头"。

技术发展过快,第一个考验的是人性。科技是把双刃剑,《三体》中有一句话:"人性的解放必然会带来科学和技术的进步",但是物极必反,当科学技术的进步速度过快,法律约束力度暂时没有跟上的时候,考验的就是人性的善恶。AI 技术相关条例在法律上正在不断完善的过程中,这个过程就会被钻空子,模糊 AI 技术的功能,甚至被恶意利用。但正义始终是大多数,相信有广大网友的监督,在 AI 出现被恶意利用的时候,清醒的网友都会站出来维护秩序,不让 AI 成为"法外狂徒"。

【案例问题讨论】

1. 你对 AI 复活过世明星这件事怎么看?

2. 除了 AI 复活明星,你还知道哪些 AI 技术滥用导致的具有争议性的事件?

3. 你认为随着 AI 技术的飞速发展,还可能出现什么样的相关风险和问题?我们应当做好什么样的准备来应对可能出现的问题?

第四节　数字经济下新兴科技伦理的治理对策

现代管理学之父彼得·德鲁克有一句名言:"在动荡的时代里,最大的危险不是变化不定,而是继续按照昨天的逻辑采取行动。"如今,数字化时代正在到来,数字时代的动荡可以说时刻都在发生,对我们来说,最大的挑战依然是如何避免用过去的思维逻辑处理当下甚至未来的问题。身处新的时代,我们更应主动地拥抱数字时代,重构思维体系,正确认识科技伦理治理在纠正新兴数字技术和产业的负面影响中的作用,积极推动构建数字经济下新兴科技伦理的治理对策。

一、加强数字经济下的科技伦理监管与立法

为了有效应对新兴科技伦理问题的新特点及其挑战,在加强数字经济下的科技伦理监管方面,政府应制定和完善新兴技术研发的伦理指导原则和规范,凝聚共识,指导新技术沿着符合伦理价值和规则的方向发展;加强涉及重要科技伦理问题的研究计划和基金项目的审查和相关研究机构及相关基层单位的伦理监管责任;设立专门的科技伦理审查机构,对涉及伦理问题的科技活动进行审查和监管,包括对科技项目的立项、实施和成果进行伦理评估,强化对新兴技术研发和应用所带来的风险性和安全性的监管。企业应当加强行业自律机制,加强对新兴科技的动态风险评估,不断识别科技伦理问题的新形式与新特点,促进大数据利益相关者的道德自律,通过成立第三方监管机构进行评价、监督和行为规范,并借助技术创新降低隐私泄漏风险。[①]

在加强数字经济下的科技伦理立法方面,政府应当制定和完善与大数据时代相匹配的法律法规[②],推动大数据研发、交易以及保护等相关法案的出台;确定数字技术运用过程中的权利与义务,实现大数据利益相关者利益最大化;确保数字经济下的科技活动在法律框架内进行,还要保证法律法规应适应新兴科技发展的速度,及时进行调整和更新;建立有效的监管机制和监管机构,制定监管标准,对数字经济和科技活动开展定期检查,进行监督和评估;推动国家科技伦理治理的指导和协调,研究制订我国国家科技伦理治理的中长期发展规划,明确不同时期科技伦理治理发展的方向和重点任务,指导国家科技伦理治理体系建设;建立协调各部门、各领域科技伦理治理的协调与磋商机制。

---

① 陈仕伟. 大数据时代透明社会的伦理治理[J]. 自然辩证法研究,2019(6).
② 董军,程昊. 大数据技术的伦理风险及其控制——基于国内大数据伦理问题研究的分析[J]. 自然辩证法研究,2017(11).

二、提高新兴数字科技伦理研究的多元性与准确性

提高新兴数字科技伦理研究的多元性与准确性是确保数字经济能够健康、可持续发展的重要保障。科技伦理问题内涵丰富,涉及包括科学、技术、法律、哲学、社会学等多个领域,这要求我们用更全面的多元化视角去审视和分析数字经济下的科技伦理问题,增强研究的多元性与准确性。

为了增强新兴数字科技伦理研究的多元性,首先,相关科研机构需要引入跨学科视角,鼓励多元化研究方法,搭建开放合作的科研平台,加强新兴科技伦理跨学科的研究与知识共享。其次,针对新兴科技伦理问题特点开展多元的社会实验研究,除了传统的文献研究、案例分析等方法,还可以尝试采用定量研究、实证研究等多元化的研究方法,以提高研究的深度和广度。再次,还可以加强国际合作与交流,分享经验和做法,对国际普遍关心和共同面对的科技伦理问题,与有关国家合作开展伦理教育和伦理研究。最后,参与全球性科技伦理问题的治理,就重要的和亟待解决的科技伦理问题开展全球对话和商议,贡献出自己的智慧和方案。①

在提高新兴数字科技伦理研究的准确性上,首先,相关主体应当密切关注前沿科技与伦理问题,了解数字科技伦理的最新发展趋势,及时发现并研究新的伦理问题。其次,建立数字科技伦理研究的数据库,采用先进的统计和分析方法,加强数据收集与分析的准确性和科学性,提高数据的质量和利用效率。最后,建立严格的审核机制,对于科技伦理研究的成果,应建立严格的审核机制,确保其准确性和可靠性。同时,通过同行评审、专家论证等方式,对研究成果进行严格的把关和评估。

提高科技伦理研究的多元性与准确性需要多方面的努力和协作。通过引入跨学科视角、鼓励多元化研究方法、加强国际合作与交流等手段,可以增强研究的多元性;通过关注前沿科技与伦理问题、加强数据收集与分析、建立严格的审核机制等方式,可以提高研究的准确性。

---

① 樊春良.科技伦理治理的理论与实践[J]科学与社会,2021(4).

三、推动新兴数字科技伦理的教育与宣传

推动新兴数字科技伦理的教育与宣传是新兴数字科技伦理治理的一个重要任务，需要不同主体在多方面的共同努力。通过加强教育体系建设、培养专业人才、开展宣传普及活动等措施，我们可以逐步提高公众对数字科技伦理的认识和重视程度，为科技的健康发展提供有力保障。

在加强教育体系建设层面，为了更好地应对新兴数字科技伦理问题的广泛性、渗透性特征，塑造负责任的科技创新文化，首先，要加快构建针对青年学生的科技伦理教育体系，在高等教育机构中设置数字科技伦理课程，将其作为计算机科学、信息技术、数据科学等专业学生的必修或选修课程，确保学生在掌握专业知识的同时，也具备伦理素养。其次，应鼓励不同专业跨学科的教学和研究，以便更全面地探讨新兴数字科技伦理的相关问题，将"科技向善"和"走向负责任的研究和创新"贯穿教育的始终。[①] 最后，借助大数据、AI等先进技术，对科技伦理问题进行实时监测、预警和分析，不断提高创新性、前沿性教育的能力和水平。

在培养专业人才层面，首先，在大学和相关研究机构，需要把数字科技伦理教育作为科研人才培养和培训的必要内容，培养专业的新兴数字科技伦理人才。其次，要强化科技人员的伦理教育和培训，通过案例分析、伦理讨论、举办讲座等方式，培养科技人员的伦理素养和责任意识。最后，在科学界营造负责任的新兴数字科技伦理研究环境，帮助科研人员正确认识科学技术发展与伦理价值之间的关系，增强伦理意识，增强社会责任感，自觉遵守科技伦理要求。

在开展宣传普及活动层面，要提高公众参与度，鼓励公众参与关于新兴数字科技伦理问题的讨论，让更多的人了解和关注数字科技伦理问题。同时，进行数字时代个体自我保护的宣传教育，引导每个社会个体树立正确的伦理观，

[①] 李正风，刘瑶瑶.科技伦理治理要准确把握新科技革命及其伦理问题的新特点[J].科学通报[EB/OL](2024－04－02).https://link.cnki.net/urlid/11.1784.n.20240328.1318.004.

努力实现科技与人文的统一,培养个体独立思考与批判的能力[①],以更好地适应数字经济时代社会的发展。

本章思考题

1. 数字经济的特点?
2. 科技伦理的定义和基本原则?
3. 简述数字经济与科技伦理的相互关系。
4. 如何规范新兴数字科技伦理的治理?
5. 如何促进数字经济与科技伦理的协调发展?

参考文献

1.［美］尼古拉·尼葛洛庞帝.数字化生存[M].胡泳,范海燕,译.北京:电子工业出版社,2017.

2.［英］延斯·P.弗兰丁.数字化颠覆[M].风君,译.北京:东方出版社,2020.

3. 戎珂,周迪.数字经济学[M].北京:清华大学出版社,2023.

4. 陈彬.科技伦理问题研究[M].北京:中国社会科学出版社,2014.

5. 王国豫.科技伦理研究:第一辑[M].北京:科学出版社,2022.

---

① 董军,程昊.大数据技术的伦理风险及其控制——基于国内大数据伦理问题研究的分析[J].自然辩证法研究,2017(11).

第六章　虚拟经济与金融伦理

金融关注的就是风险管理,但是它无法管理生命无意义的风险,应对这个风险只能依赖我们的良知和人性。

—— 罗伯特·希勒

【案例引入】

支付宝的诞生

支付宝最初是为了解决淘宝网交易安全所设的一个功能。在淘宝网推出之初,大部分交易是同城进行的,即"一手交钱,一手交货",也有采取银行转账的方式。而为了降低用户受骗的风险,淘宝网鼓励"线上下单,线下成交"的方式,但这一交易方式有很大的局限性。因此,淘宝网需要先在买家和卖家之间建立互相信任的关系,才能得到进一步的发展。

为了解决这一问题,淘宝网 CEO 孙彤宇上网搜集了网络安全支付的资料,还让团队收集信息,了解 PayPal 的支付方式。后来孙彤宇计划模仿腾讯 Q 币的模式,开发出"淘宝币",但二者均行不通。而淘宝社区的买家和卖家也在讨论该问题,之后孙彤宇认为,只要保障用户间的资金安全,就能放心使用淘宝,因此孙彤宇最终设计出了基于担保交易的支付工具。担保交易的具体运作模式为买家下单之后,将钱款打入银行托管的第三方账户(淘宝网的银行对公账户),淘宝收到付款信息后通知卖家发货,在买家收到货物并确认货物与描述相符时,淘宝才把钱打到卖家。此后,淘宝团队将基于担保交易的支付工具定名为"支付宝"。

可见,支付宝成立的初衷是为了解决交易中买卖双方的不信任问题,扮演独立三方的担保角色,提高交易的效率和覆盖度。

【案例问题讨论】

1. 支付宝是为了解决什么问题出现的?
2. 据此是否可以推理出虚拟经济存在的前提?

支付宝的产生是虚拟经济蓬勃发展的成果。作为一种支付和结算工具,支付宝为用户提供了便捷、安全的金融服务,因此可以被视为金融工具的一种。通过支付宝,用户可以轻松完成线上支付、转账、理财等操作,实现了资金的快速流通和价值的交换。此外,支付宝还提供了诸如余额宝、花呗、借呗等其他金融服务,进一步丰富了其作为金融工具的功能和用途。因此,支付宝不仅是一个支付平台,更是一种重要的金融工具。

在当今数字化时代,虚拟经济已成为社会经济活动的重要组成部分。与实体经济不同,虚拟经济以数字化、网络化的形式存在,它涉及电子商务、网络游戏、数字货币等多个领域,为现代生活带来了极大的便利和创新。然而,随着虚拟经济的蓬勃发展,金融伦理问题也日益凸显。虚拟经济中的金融交易往往涉及大量资金的快速流动,这就要求参与者必须遵守严格的伦理规范,以确保市场的公平性和透明度。金融伦理作为指导金融活动行为准则的重要力量,对于维护虚拟经济的健康运行至关重要。它要求从业者不仅追求经济效益,更要承担起社会责任,遵循诚实守信、公平公正的原则。特别是在数字货币、网络金融等新兴领域,由于缺乏传统金融体系的监管,金融伦理的作用就显得尤为重要。这些领域的从业者需要自觉维护金融伦理,不进行欺诈、操纵市场等不当行为,保障投资者的合法权益,促进虚拟经济的可持续发展。

第一节 信用制度与虚拟经济

信用制度与虚拟经济的发展密切相关,虚拟经济作为一种经济关系,其逻辑展开在金融资本发展演变中得以呈现。信用的存在是金融资本得以运行的必要前提,同时也是虚拟经济存在的主要基础,信用的存在为虚拟经济的运行提供保障,而虚拟经济的发展也在一定程度上扩展了信用的外延。无论是信用制度还是虚拟经济,都是作为实体经济的上层建筑的组成部分并服务于实体经济。从借贷资本循环公式中可以看出,虚拟经济与实体经济有着明显的界限,但资本逐利秉性使得这种界限越发模糊。信用在资本逻辑支配下凸显异化,原本为了维护资本链的信用却成了导致经济危机的致命弱点。资本主义制度自身矛盾与缺陷使两大逻辑的冲撞成为必然,也成为金融危机风险再生性始终存在的罪魁祸首,还是西方贸易保护主义不断抬头的重要原因。

信用的产生是虚拟资本内在逻辑演变的必然结果。只有在信用作为前提的基础上,货币才可以进行虚拟化,而货币的虚拟化也促进了虚拟资本的发展。虚拟资本所呈现的是在信用基础之上授信者与受信者之间的信用关系,同时也是一种经济关系的展现。

一、信用制度的完善

信用制度是关于信用及信用关系的"制度安排",它旨在规范和保证信用行为及关系。简单来说,信用制度就是对人们信用活动和关系的行为规则进行约束的一种体系。信用制度既包括正式的制度,例如,相关的信用法律(如契约法)和信用管理制度,这些是由国家或其他权威机构制定和执行的规定;同时,它也包括非正式的制度,如信用观念和信用习惯,这些是社会中普遍接受和遵循的行为准则。在资本主义生产方式还未在全世界确立以来,人们对"信用"的理解大多停留在道德层面。资本主义生产方式的确立赋予了信用经济意义。马克思曾说:"随着商业和只是着眼于流通而进行生产的资本主义生产方式的发展,信用制度的这个自然基础也在扩大、普遍化、发展。"[①]

在简单商品交换的初级阶段,信用在商业活动中主要是碎片化、偶发性的,随后信用普遍出现取决于资本主义生产方式的内在矛盾,即资本家对利益的追

---

① 卡尔·马克思.资本论:第3卷[M].北京:人民出版社,2004:450.

求秉性同自身持有资本不足之间的矛盾。当资本家自身持有资本不足时,就必然产生借贷需求。信用体系的完善使得货币的支付能力得到了延伸,许多交易不需要现实中的货币,从而加快了资本的流动性,同时使得资本家与实体经济的关系不再紧密。马克思的信用理论也是立足于资本主义生产方式之上的"与资本主义生产方式相适应的信用制度。这种信用服从和服务于资本追求剩余价值或利润的目的"①。马克思引用图克的话指出:"信用的最简单的表现是一种适当的或不适当的信任,它使一个人把一定的资本额,以货币形式或以估计为一定货币价值的商品形式,委托给另一个人,这个资本额到期后一定要偿还。"②信用的出现使得资本家打破了资本周转和规模的限制,缩短了资本增值的时间。马克思用沙·科克兰的话强调信用的普遍性,即"每个人都是一只手借入,另一只手贷出……正是这种互相借贷的增加和发展,构成了信用的发展;这是信用的威力的真正根源"。③

信用虽然在一定程度上加快了资本的周转速度,推动了生产的发展,但是由于信用体系的脆弱性,需要对授信者与受信者进行识别,这一过程导致了信用的具体形态出现——票据。票据"代替货币,而且是通过信用,通过缔约者之间的私人关系,而这种关系的背景是对他们的支付能力和社会地位的信任"④。而票据的出现,使得现实中的货币不再是必要的,货币虚拟化走向开始。

二、信用制度下的虚拟货币

虚拟货币的基本形式之一是票据。它从本质上讲,是一种支付凭证,是资本家在商品交换过程中买与卖之间分离的产物,是信用双方的支付约定和信用关系承载。"票据是信用制度的基础,以汇票为代表,它是一种具有一定支付期

---

① 刘琳.资本现代性的伦理批判——马克思《资本论》及手稿的伦理思想研究[M].北京:人民出版社,2015:162.
② 马克思恩格斯全集:第46卷[M].北京:人民出版社,2003:452.
③ 马克思恩格斯全集:第46卷[M].北京:人民出版社,2003:452.
④ [奥地利]鲁道夫·希法亭[M].金融资本——资本主义最新发展的研究.北京:商务印书馆,1994:47.

限的债券,是一种延期支付的证书。"[1]票据是信用货币的基础,信用货币以票据流通为基础[2],此时的票据拥有了货币的支付职能,用于流通和支付功能。在以往传统的金本位制下,现实中的货币与真实的黄金储量是严格挂钩的,但是票据的出现冲击了这种规则,虽然大部分信用货币的发行仍会参考黄金储量,但汇票背后所代表的等值贵金属价格(黄金)已经远远超过现实储量,以汇票为代表的信用货币在流通中的结算额只占其总额的一小部分,这也是信用货币或虚拟货币高杠杆率的体现。可以看出,信用货币虽然并没有完全脱离黄金储备的关系,但是很大程度上已经摆脱其限制,其所代表的黄金数量远远大于实际上的黄金数量,这就是虚拟货币区别于现实货币的重要特征。

三、信用制度下的虚拟资本

虚拟资本指的是独立于现实的资本运动之外,以有价证券形式存在,并能给持有者带来一定收入的资本。这种资本并非真实的、在生产过程中发挥职能的资本,而是一种虚拟的、代表某种权益的资本。虚拟资本以信用为基础,通过借贷资本的运行机制不断发展。生息资本是产业资本家与货币资本家之间基于信用的一种债权债务关系。马克思对虚拟资本进行阐述时,特别强调了生息资本的存在"一种特殊的商品",[3]虚拟资本的价值"由它们为自己的占有者生产的剩余价值的量决定"[4],虚拟资本最重要的特点就是以其使用价值带回利润。在整个流通过程中,借贷资本作为一种特殊形式的商品,其运动体现在"双重支出"及"双重回流"的形式中,基本运作公式为"$G - G'$",即利息会在借贷资本这一运作机制中产生。这一形式"造成这样的结果:每一个确定的和有规则的货币收入都表现为一个资本的利息,而不论这种收入是不是由一个资本产出"[5]。虚拟资本就是通过在这种无法确定的资本所创造的收入中诞生的,它是不确定

---

[1] 卡尔·马克思.资本论:第3卷[M].北京:人民出版社,2004:542.
[2] 卡尔·马克思.资本论:第3卷[M].北京:人民出版社,2004:451.
[3] 卡尔·马克思.资本论:第3卷[M].北京:人民出版社,2004:378.
[4] 卡尔·马克思.资本论:第3卷[M].北京:人民出版社,2004:398.
[5] 卡尔·马克思.资本论:第3卷[M].北京:人民出版社,2004:526.

资本所创造出来的利息构成的一个虚幻的资本额,本身不具有生产的基础。因此,借贷资本或者生息资本构成虚拟资本存在的基础。马克思将虚拟资本看作收入的资本化表现,"把每一个有规则的会反复取得的收入按平均利息率来计算,把它算作按这个利息率贷出的一个资本会提供的收益"[1],因此,虚拟资本本质上是一种将收益资本化而出现的资本。虚拟资本的存在虽然减少了资本流转时间、加快了流通速度,其庞大的交易量和交易次数一定程度上也会带动产业资本的发展,但是其本身并没有价值。它是一种历史发展的必然产物,是特定经济关系与生产关系中才得以存在的资本形态。关于虚拟资本最早的记载可以追溯到1840年,在《关于通货问题的书信》中,威·利瑟姆提及"融通汇票,就是人们在一张流通的汇票到期以前又签发另一张代替它的汇票,这样,通过单纯流通手段的制造,就创造出虚拟资本"[2]。可以说,票据这种虚拟货币的出现以及信用制度的完善是虚拟资本产生的重要基础。但二者对于虚拟资本的影响各有轻重。总体来说,信用体系的完善是虚拟资本得以产生并有序运作的重要前提,也是虚拟化货币能够使用的重要前提,"没有完善的社会信用制度的保障,货币的虚拟化无法完成"[3]。因此,信用对于虚拟资本的产生至关重要。尤其是在金融化时代到来的今天,信用不只是一种道德伦理概念,而是更多地体现为一种经济关系。经济关系的信用体现在货币虚拟化发展中逐渐呈现出虚拟资本这一承载形态。因此,信用体系是否完善,很大程度上可以通过虚拟经济发展的好坏来判断。

四、虚拟经济下金融市场的构建

随着科技的发展和全球化的推进,虚拟经济与金融市场的关系日益紧密。虚拟经济作为一个与实体经济相对独立但又相互影响的经济领域,正以其独特的运行方式和价值规律,对金融市场产生深远影响。金融市场是指经营货币资金借款、外汇买卖、有价证券交易、债券和股票的发行、黄金等贵金属买卖场所

---

[1] 卡尔·马克思.资本论:第3卷[M].北京:人民出版社,2004:528—529.
[2] 卡尔·马克思.资本论:第3卷[M].北京:人民出版社,2004:451.
[3] 李强.货币虚拟化、资本虚拟化及泡沫经济[J].商业研究,2010(06).

的总称。它直接体现了金融市场的资金供求关系和金融资产的交易情况。金融市场的产生与发展,与虚拟经济的存在密不可分。

虚拟经济是指与实体经济分离,通过人们的心理预期和供求关系形成价格决定的市场经济;而金融市场则是资金供求双方进行金融工具交易的场所。在现代经济体系中,虚拟经济与金融市场之间存在着一种共生关系。金融市场为虚拟经济提供了交易的平台和渠道。股票、债券、期货、期权等金融工具的交易,都是在金融市场上进行的。这些交易活动不仅促进了资金的快速流动,还优化了资源配置,推动了虚拟经济的发展。同时,虚拟经济的繁荣也反过来促进了金融市场的活跃和创新。例如,随着虚拟货币的兴起,金融市场开始涉足加密货币等新型资产,为投资者提供了更多的投资机会。

金融市场通过提供多样化的金融工具和交易方式,满足了不同投资者的需求,推动了虚拟经济的发展。首先,金融市场为投资者提供了广阔的投资渠道,使得资金能够流向最具潜力的项目和企业,从而推动虚拟经济的增长。其次,金融市场通过价格发现机制,反映了虚拟资产的真实价值,有助于投资者做出更明智的投资决策。最后,金融市场的监管机制也有助于维护虚拟经济的稳定和健康发展。同样的,虚拟经济的发展不仅推动了金融市场的创新,还对金融市场的结构和功能产生了深远影响。一方面,随着虚拟货币的兴起和区块链技术的应用,金融市场开始涉足加密货币、智能合约等新型金融工具,为投资者提供了更多的投资机会和交易方式;另一方面,虚拟经济的发展也促使金融市场不断完善其监管机制,以应对新型金融工具带来的挑战。

然而,虚拟经济与金融市场的紧密性也意味着金融市场也面临着虚拟经济的风险。要解决金融市场的风险,我们必须先对虚拟经济中的伦理问题进行深入分析。

第二节　虚拟经济中存在的金融伦理悖论

金融机构在追求利润的过程中,往往会忽视对客户的责任和对市场的稳定贡献,从而导致严重的后果。这不仅需要金融机构自身加强内部管理和道德建设,也需要监管部门加强外部监督和惩罚力度,以确保金融市场的健康和稳定发展。虚拟经济作为一个与实体经济相对独立运行的经济领域,近年来得到了迅速发展。然而,随着其规模的扩大,一些金融伦理悖论逐渐显现出来。首先,虚拟经济中的金融伦理悖论体现在利润追求与道德责任的冲突上。在虚拟经济中,追求利润最大化往往成为主要目标,但这有时会导致一些不道德的行为,如欺诈、操纵市场等。这些行为虽然可能带来短期利益,但长期来看,损害了市场的公平性和投资者的信心。其次,虚拟经济中的金融伦理悖论还表现在风险与收益的平衡问题上。虚拟经济往往伴随着高风险和高收益,但这也容易引发投资者的赌博心理。一些投资者为了追求高收益,不惜承担过高的风险,甚至参与非法金融活动。这种行为不仅违反了金融伦理,还可能对整个金融系统造成危害。最后,虚拟经济中的信息不对称也是金融伦理悖论的一个重要方面。在虚拟经济交易中,信息的不对称往往导致一方利用信息优势损害另一方的利益,这种不公平的交易行为严重违背了金融伦理的公平原则。总的来说,虚拟经济中存在的金融伦理悖论主要体现在三个方面,即金融的目标悖论、金融的公正悖论和金融的权力悖论。

一、虚拟经济中金融的目标悖论

金融的目标悖论体现在全球金融资本高度垄断导致促进资本流动的目标扭曲,而垄断是破坏金融属性最为彻底的因素。金融资本随着股份公司的发展而不断壮大,产业垄断使它发展到极点,促使商业资本、高利贷资本没落,从而使金融资本占据绝对优势,使银行成为产业的创业者和统治者。金融不再是为民众服务的工具,而是变成了少数资本家攫取利润的特权,金融属性被破坏殆尽。按照历史发展轨迹,金融应当是朝向加速资本流通的目标发展,但事实上,金融却朝着高度垄断的程度发展。20世纪七八十年代以来垄断资本主义发生的深刻变化,表明在金融化世界中高度垄断的中心化局面已经形成,即金融资本的垄断力量。而金融中心化对全球利润进行的全维度的掠夺和吸取,不仅在微观层面破坏了金融本质,更在宏观层面从国家到全球范围造成空前的金融危机,进而对世界的金融安全和经济发展产生负面作用。可以说,从经济金融化到金融资本,再到高度垄断的金融中心化形成,是资本主义世界经济发展的必然走势,也是虚拟经济中不容小觑的重大金融危机。

目前,金融化世界的到来将社会经济形态带入了一个新的发展阶段——金融中心化经济形态,这使得金融的发展目标发生了扭曲,原本应该加速资本流通、辅助实体经济发展的目标扭曲为金融中心化。而资本主义生产关系与金融化相融合促使20世纪七八十年代以来的资本主义经济进一步集中化。在经历了商品经济、市场经济后,世界进入金融经济时代。现代经济社会进入一个全新的市场化局面,市场化程度空前。金融经济是在市场经济发展到成熟完善阶段,全球资本主义市场空前庞大的基础上诞生的。原本金融经济的出现会优化市场的资源配置,对贫富差距加大有一定的改善作用。但在私有制为基础的资本主义体系中,金融经济却被资本当作牟取巨大利益的工具。金融工具、金融衍生品和金融市场,即金融资本作为资本主义生产的"第一推动力"和"持续的动力",在全球金融领域占据绝对的主导地位,演化为金融资本的垄断力量,垄断资本转变为"垄断—金融资本",金融垄断资本表现出垄断资本主义发展的新的阶段性特征,这一系列的特征恰恰也是金融目标扭曲的具体表现。

(一)金融交易市场的空前繁荣,实体市场衰败

1970年之后,金融市场崭露头角,在经济领域中所占比重不断增加。金融业务模式不再单单局限于银行等传统金融机构的吸收存款发放贷款等单一的业务方式。更多的业务集中在证券市场,一、二级市场交易量急速增加,即一方面在一级市场不断地发行新的股票,增加上市公司的资金吸取程度与规模,持续吸收资本从而满足投资者的需要;另一方面,在二级市场即有价证券的流通领域,流通速度加快。由于股份制是现今经济市场中的主流经济模式,投资者更加青睐证券这种代表所有权和信用状况的投资,而信用在金融市场中不再只是抽象的伦理符号,在金融市场中也可以进行交换、买卖和交易。近年来,金融创新不断衍生出名目繁多的各种金融证券和金融衍生品,大量的证券与衍生品投入市场进行交易,金融活动除了旧式借贷业务模式外,还包括股票、债券、抵押、金融衍生品、期货、期权、外汇,以及其他类型的资产交易。此外,除了金融产品增多,传统的银行不再是金融活动的唯一主体,各种非银行金融机构和中介,包括证券公司、信托公

司、投资银行、保险公司、基金公司、共同基金和养老基金等不断涌现。除了以上的经营模式,杠杆率的增加成为商业银行、投资银行等金融机构的又一发展趋势。由于各种资产可以被证券化,金融衍生品和金融工具急速飞增。据不完全统计,证券化的债券几乎是全球 GDP 的 1.4 倍,而金融衍生工具产品则超过了全球 GDP 的 8 倍。货币不再是国际商品交易的"专属",大量的货币被投放于金融交易之中,虚拟货币的发展更是加剧了这一现象。经济活动的重心从实体经济,如工业部门、服务业部门转移到金融部门。1970 年后,实体经济的交易虽然仍保持上升局势,但相对于非金融领域而言,有些黯然失色。全球日均外汇交易量从 1973 年的 150 亿美元,上涨至 1980 年的 800 亿美元和 1995 年的 1.26 万亿美元。但是,1973 年全球商品和服务贸易额占到外贸交易总额的 15%,到 1995 年则下滑为不到 2%。可以看出,金融交易的发展呈几何数字不断膨胀,相较之下,实体经济的交易占比不断下滑。这种趋势表明货币交易被主要应用于金融交易中,原本应当服务实体经济的货币被金融领域所占有。

(二)金融中心化影响国家经济结构,国家经济结构由多方面经济因素并存转变成单一经济结构

以美国为例,金融部门的空前增多深刻地改变了美国的经济结构。20 世纪 70 年代后,制造业、金融业、保险业、房地产业和狭义服务业对国家 GDP 贡献发生明显变化。金融化的膨胀是从传统的银行部门扩展到保险、投行、信托、基金和证券部门,而私有化又进一步导致金融部门的扩大,直至渗透到石油、钢铁和能源等垄断行业,金融、保险、房地产、垄断资源和公用事业部门的中心权力不断集聚,压榨剩余价值的能力不断增强。金融行业的畸形膨胀对于整体经济形势的发展是一把双刃剑,尤其是金融部门所关注的只是金融资产的不断膨胀、资金周转率的提高,而对于生产力的发展并不重视。这种现象的发展不仅造成了实体经济利润的压缩、资金供给不足,而且从整个宏观层面来看,加剧了经济泡沫现象,使得整体经济日益停滞甚至破产。

(三)投机现象在金融活动领域增加,原本应当惠及大众的金融领域逐渐演变成投机者攫取利润的场所

如果说金融领域中交易额和货币使用量的增长对于经济的发展只是"温

和"的影响，那么投机活动的盛行是金融部门发展中"猛烈"的特征。金融机构发展至今，尤其是金融寡头的形成，金融活动的主旨不再是作为实体经济资本积累的协助者，这些金融垄断机构在金融市场频繁地进行交易的唯一目的是追逐利润。在金融创新下，不断诞生的金融工具和金融衍生品突破了原本长期借贷的内容，割裂了实体经济与金融行业的联系，投机活动成为金融部门追逐利润的重要手段。

综上所述，具有完善发达市场经济规模的国家率先进入金融经济时代，凭借着先入为主的优势，不断利用金融产业以及金融衍生品和金融工具攫取全球范围内的资源；同时，借助其强势的经济、科技和军事力量将金融经济"武装"到高度垄断的中心化程度。这种高度垄断的金融中心一旦形成，国际资本市场将成为其利润增长的温床，并形成一种崭新的控制力量——金融霸权，影响和操纵着他国的经济与政治，金融的目标变成了一种权力独享。此外，许多拥有金融霸权的国家为避免自身实体经济的过度萎缩，打着"扶持"口号的大旗，将实体产业转移到发展中国家。这种转移在"促进该国经济发展"的假象下，是对于该国原有实体经济的重大打击，而且转移的实体产业并不是完全转移，核心关键技术仍然掌握在发达国家手中，成为操控发展中国家实体经济的重要把柄。高度垄断的金融中心化，一方面是金融活动对于其他产业的不断渗透、资本的不断吸取和金融泡沫的不断增加；另一方面发展中国家的实体经济萎缩、财富不断转移。这种现象的出现，实质上是一种金融目标伦理的扭曲。

二、虚拟经济中金融的正义悖论

金融的发展对于经济正义准则有着极高的要求，否则就会变成剥削劳动人民的工具。在金融伦理反思中，经济正义是重要的精神内核，它旨在促进人类经济金融活动的正当化，对各种经济行为进行归正。在整个人类社会交往活动中，经济正义的存在不仅是市场经济乃至整个社会有序运行的重要前提，更是营造合理公平公正交往秩序的重要条件。作为一种价值取向，经济正义所探讨的是经济活动中的正义与公正问题，当经济金融活动出现不合理的现象时，除了法制法规的纠正与惩戒，更多的时候需要经济正义予以归正与导向。罗尔斯说过:"正义是社会制度的首要原则,正像真理是思想体系的首要原则一样。"[1]金融世界中的公正问题,主要体现在金融资源的分配规则中。但随着金融资本的不断入侵和渗透,金融资源成为占据社会财富的大多数人的"私有物",金融资源的拥有与自身财富的多少成正相关,这种现象加剧了金融世界中的"嫌贫爱富"。应该注意的是,金融"嫌贫爱富"的这种不平等十分隐蔽,被完美包装成一种"多劳多得、少劳少得"的假象,忽视了资本家之所以能够拥有多数的金融资源,是通过对劳动者创造的剩余价值不断剥削而来,并非资本家自身劳动获得这个事实。

金融的发展更多地依靠虚拟经济。与实体的产业经济不同,虚拟经济最大的特点是给人以虚幻感和神秘感,它用数字的变幻和媒体的宣传编织了一幅金钱闪耀、财富涌流的幻象。金融全球化的初步形成,真正实现了金融交易在空间维度与时间维度的无限连续。第三次科技革命的到来,为金融交易提供了各式各样的互联网平台,交易的地点不再局限于柜台和纸面,电子票据电子账户成为主流交易方式。随着人们生活水平的提高,股市开始繁荣,越来越多的人在享受到了股市刚兴起那段时间的红利,这一现象诱使越来越多的人涉足金融领域,出现了只要投资就能有高回报的错觉。这种错觉很好地遮蔽了公正原则的内在要求,并让这种畸形的"求富心理"行为合理存在着,侵蚀着人们的财富观。财富的幻象对经济正义遮蔽问题,主要表现在虚拟经济领域的过度膨胀和对社会公正的破坏。

假如在实体经济中每个参与过程的人都是具有物质属性的实体,那么参与金融市场活动的人则更多地表现为一种抽象的存在——由数学模型、货币计算、财富符号、股票指数等所组成的机械的交易流程。由于这种市场完全是由虚拟的符号构成,与传统市场相比,更加复杂、无摩擦、高流动,货币拜物教和财富欲望是推动这种市场持续繁荣的根本源动力。"金融市场是一个无声的市场,没有商务谈判,没有雇佣关系,投资者只活在自己的世界里,不需要与人打交道。投资者之间也相互隔绝,他们都被归结为量的存在,遵循着数量的

---

[1] [美]罗尔斯.正义论[M].何怀宏,等,译.北京:中国社会科学出版社,1988:1.

冰冷逻辑,因而不存在社会关系。"①所有人都不关心别人,所有人都不惜牺牲他人以让自己生存,这一自我保全的利己动机是人性最根本的、决定一切的特征。

金融化时代的来临,给予人们获得无限财富的"幻象",看似"全民参与"的低门槛设定实际上在更深层次已经预设了参与活动人的阶级差异——智力水平差异。这种忽略参与活动人智力水平的差异实则违背了公正原则。现实中具有更多金融知识的个体往往在信息不对称环境中处于优势,利用各种金融模型和数学公式推理着一切可能发生的风险和自身收益的大小。但在这一过程中,被财富遮蔽双眼的人们无暇对金融活动本身进行反省,更不会考虑对公正原则的追问。这种"财富至上"的价值理念,发源于金融市场获得财富的跳跃式和或然性,因为虚拟经济本身不存在"生产—交换—分配—消费"四个环节,因此自身资本增值的速度被大大提高,往往一夜之间自身资本可以提升数倍(当然,也有可能在转瞬之间化为虚无)。许多人沉迷于账户上数字的跳动,这种字符的跳跃成为其活动的唯一目的。许多人被高额利益所吸引,却忽视了背后所隐藏的更高风险,也就不可避免地引发盲从效应——许多不了解情况的民众会盲目地跟随投资者进行投资,却没有评价自身风险承受能力。这种盲从最终会导致许多投资者将更多的资本投入虚拟经济领域,使得经济泡沫越来越大,当泡沫膨胀到临界点,就会引发一轮市场恐慌和价格下跌。这种泡沫破裂还会对社会的公平公正造成巨大破坏——无论是经济危机还是金融危机,一旦爆发,任何社会上的个体都是无法独自承担的,这时候就需要国家政府的宏观政策予以调节管控。但危机爆发的始作俑者是这些盲目跟风的投资者,而要求国家政府予以救助呼声最高的也是他们。他们在乎的并不是整个社会的经济安全,而是自身资产的保值与收益。国家政府的任何救助政策都是建立在巨大的社会成本基础之上的,利用如此巨大的国家资源来维护自身利益,这对于社会上其他领域的民众是极为不公平的。

经济正义的重要内涵之一是自由,而自由也是处在社会关系之中的人最为

---

① 任瑞敏,胡林梅.金融化语境中经济正义的哲学追问[J].云梦学刊,2016(01).

本质的要素。经济正义的最终目的是实现人的自由全面发展。所以经济正义原则中所提倡的自由应当是人的自由而非物的自由。约翰·穆勒在《自由论》中指出:"这里所要讨论的乃是公民自由或称社会自由,也就是要探讨社会所能合法施用于个人的权力的性质和限度。"①可见,自由是专属于人,但财富幻象混淆了"物"的自由和"人"的自由,使得人们聚焦于物的自由而忽略了人的自由。金融资本的不断膨胀造就了一种现实——掌握了资本也就掌握了正义的话语权。"因为资本是最具有'世界精神'的物质,它不仅在思想上灌输一种自由流动会带来富裕的社会意识,而且通过政治权力,最具有代表性的就是'华盛顿共识'。"②这种"共识"的最终目的是达到国与国之间金融资本的自由流动,在某种程度上加快了全球化的进程,但是这种金融全球化进一步加深了金融资本在全球的掠夺。资本的增殖依托于高流动性,这也是为何金融资本需要金融全球化前提。

在浮动汇率制度下,利率的差异给予资本套利的机会。掌握全球资本话语权的发达国家凭借健全的金融市场和娴熟的金融工具,大肆掠夺发展中国家资源。例如,20世纪90年代索罗斯做空泰铢,造成东南亚经济危机。从交易本质来看,发展中国家由于与发达国家在体制完善程度、资本实力等方面都有很大差距,因此这种国际的贸易(无论是实体商品交易还是金融资本的流入)不是平等双向的,而是资源与资本的单向度转移。同时,资本与劳动力的流通按理说应当是同步转移,但事实上,资本可以在全球自由流动,而劳动力的流动相对较少,资本与劳动力一旦分离,就会造成资本投资受阻、失业率上升和工资下降现象。全球金融化会导致"大而不倒"(too big to fail)的现象,即金融业造就了这一危机,政府处于不得不救的局面,如果不救就会引发更大规模危机。这种现象纵容了一些金融活动中的非正义性,使其获得了"合理"存在的依据。但是,政府的这种"不得不救"的局面实际上并没有从根本上缓解危机的后果,只不过是把在金融领域的风险转移到其他领域甚至全社会;也就是说金融资本家造就的灾难需要全社会共同承担,从本质上讲是对社会公平正义的一种极大损害和

---

① [英]约翰·穆勒.论自由[M].许宝骙,译.北京:商务印书馆,2014:1.
② 任瑞敏,胡林梅.金融化语境中经济正义的哲学追问[J].云梦学刊,2016(01).

对资本投机取巧的一种纵容和鼓励。同时,政府也被卷入这场金融风波之中,致使自身公信力与权威性大打折扣。政府的这种被迫救助行为,来源于凯恩斯经济学中的政府干预理论为政府的"最后贷款人"概念,使得政府救助成为一种义不容辞的职责,并赋予金融资本家非正义行为的合理性。政府权力遵从金融逻辑,最终将金融危机的成本转嫁给全社会,而真正危机的始作俑者——金融资本家们,往往并没有受到很大损失。

因此,对经济正义原则的呼唤越发迫切。经济正义原则是人类进行经济活动与金融活动的价值准则,具有极强的伦理导向作用。它要求人们对自身经济活动行为进行审查和反省,从而判断经济行为是否符合历史发展规律和人自身全面发展要求,最终确定经济活动过程和目标的正义性,使得社会经济活动朝着健康有序的层面发展。但金融化时代的来临使得经济正义原则失效,从社会构成的基本单元(个人)到社会的权威组织(政府部门),都对金融资本破坏社会公平公正与掠夺财富的行为熟视无睹,从而促使利己主义风气盛行,金融资本不断从个体本位出发,掠夺社会财富,破坏金融的正义伦理属性。

三、虚拟经济中金融的权力悖论

随着金融化时代的来临,金融资本权力被赋予新的色彩,金融资本推动了金融资本权力在经济、政治甚至文化精神领域的渗透,因此,对于金融权力的伦理研究就十分重要了。金融资本权力指的是由金融资本所带来的影响力和控制力。这种权力源于金融资本的集中和垄断,体现了金融资本在执行其增值职能时所具有的对经济和社会的影响力。但在资本主义生产方式下,金融的权力被异化为剥削的工具。资本作为具有经济价值的物质财富,本不具有权力色彩,但资本一旦进入生产的社会关系之中,就会变成由剩余劳动堆叠形成的社会权力。马克思曾揭示金融资本权力所带来的弊端,因此要了解金融权力悖论问题,我们应从马克思对金融资本权力分析的视域下进行解构。马克思对金融资本权力有着两种批判路径:一是从"劳动—资本—权利"的逻辑定式来解释资本与人产生异化,资本"反客为主"控制人的现实,这条路径就是在学术界广为接受的劳动逻辑路径;二是从"消费—资本—权利"的消费逻辑来揭示当代社会下人们的精神生活与现实生活被资本所控制的事实。由于金融化时代的来临，当今社会与马克思所处的社会各方面产生了巨大差异，仅仅依靠劳动逻辑来揭示金融资本权力现象是不全面的，我们还应从第二条逻辑路径——消费逻辑来看待金融资本权力造成的共享失权现象。

马克思的原著中对资本有这样的概括："资本是资产阶级社会的支配一切的经济权力。"①可以看出，马克思已经意识到资本可以转化为一种不同于政治的权力，甚至其影响力超过政治权力。马克思也认为资本是一种社会关系的权力表现："资本是对劳动及其产品的支配权力。资本家拥有这种权力……只是由于他是资本的所有者。他的权力就是他的资本的那种不可抗拒的购买的权力。"②随着资本主义发展这一条主线，劳动被资本的剥削与支配一直贯穿始终。自劳动与资本两者诞生以来，劳动就一直处于被资本支配和指挥的境地。马克思在真正联合体中，也曾认为劳动应当处于一种指挥之下，但这种指挥与被资本支配不同。"作为一种同其他职能相并列的特殊的劳动职能"的指挥，而是作为一种权力，"把工人自己的统一实现为对他们来说是异己的统一，而把对他们劳动的剥削实现为异己的权力对他们进行的剥削"③。资本家是资本社会人格化的具体体现，一般资本家都拥有丰厚的生产资料，这使得他们可以对整个劳动过程进行肆意操控与掌握。这种对生产资料的占有和对劳动者剩余价值的压榨剥削形成了劳动者与资本家的从属关系和对立关系。本应是自主自发自愿的劳动行为异化成"对自己生活的牺牲"，尤其是对劳动者而言，"劳动是由他出卖给别人的一种商品"④，一种劳动者为了生计不得不出卖的"货物"。劳动变成了商品，"作为一种独立的社会力量，通过交换直接的、获得劳动力而保存并增大自身……是积累起来的、过去的、对象化的劳动支配直接的、活的劳动"⑤，资本不断地吸收着被异化为商品的劳动，为了换取少许的生活资料，劳动者和工人不得不"奉献"自己的劳动。

---

① 马克思恩格斯全集：第30卷[M].北京：人民出版社，1995：49.
② 马克思恩格斯全集：第3卷[M].北京：人民出版社，1995：238-239.
③ 马克思恩格斯全集：第32卷[M].北京：人民出版社，1998：298.
④ 马克思恩格斯选集：第1卷[M].北京：人民出版社，2012：331.
⑤ 马克思恩格斯选集：第1卷[M].北京：人民出版社，2012：342.

正是通过将劳动异化为"商品"的过程,资本家对劳动者进行不断榨取,资本家通过自身资本获得了支配劳动者的权力。在社会化大生产中,生产资料本应是公平共享的形式用以分配各社会成员,民众有权享受生产资料,但金融资本权力的出现造就了失权现象。丧失生产资料甚至将自身劳动"出卖"的劳动者,不仅必须从属于资本家的支配下,由于生产资料的稀少,劳动者与劳动者之间也会发生倾轧,这种双重控制不仅控制了人的自我实现路径,也打碎了劳动者之间联合的可能。资本成为"支配工人劳动的物化的权力……自私的权力"①。除了从"劳动逻辑"来解析金融资本权力,我们也可以通过"消费逻辑"进行解读,尤其是金融化时代的到来,消费成为人们日常生活的重要组成部分。消费逻辑即"消费—资本—权力"逻辑。不同于资本直接对劳动的控制,资本通过消费这一行为,在过程中攫取权力。在整个生产过程中,资本通过劳动逻辑榨取了劳动者的剩余价值。那么,在日常生活中,资本的渗透表现为一种对消费逻辑的支配。

在《1844年经济学哲学手稿》中《论消费》一节,马克思做了这样的论述:"生产、分配、交换只是手段。谁也不为生产而生产。所有这一切都是中间的、中介的活动,目的是消费。"②生产性消费与非生产性消费共同构成了消费概念。"生产性消费本身是一种手段,即生产手段;非生产性消费不是手段,而是目的;是通过消费得到的享受,是消费前的一切活动的动机。"③在劳动逻辑中,金融资本权力掌控的主要是非生产消费。马克思认为,通过消费获得的享受属于人的需要满足的一环,因此,消费成为金融资本权力向日常生活延伸的重要手段。

在当代社会,仅仅是维持人的生存的生理需要的满足是不够的,更重要的是对"人的本质力量的新的证明和人的本质的新的充实"④。但在金融资本权力的渗透下,人们对日常生活需要的满足,等同于人们对"物"的需求,精神需求被大大压缩,形成了一种"拜物教"氛围。"在生产中,社会成员占有(开发、改造)

---

① 马克思恩格斯全集:第48卷[M].北京:人民出版社,1985:71.
② 马克思.1844年经济学哲学手稿[M].北京:人民出版社,2000:177.
③ 马克思.1844年经济学哲学手稿[M].北京:人民出版社,2000:178.
④ 马克思.1844年经济学哲学手稿[M].北京:人民出版社,2000:120.

自然产品供人类需要;最后,在消费中,产品脱离这种社会运动,直接变成个人需要的对象和仆役,供个人享受而满足需要。"①可以看出,在消费行为中,个人与商品的关系出现了本末倒置的趋势。在消费中处于主体地位的个人渐渐丧失了这种主体地位,物被主体化,人成为"拜物教"的信徒。金融资本权力通过对商品的掌控进而控制消费者,货币作为一种财富幻象符号更是加深了这种控制。对"物"的支配演变成一种对人支配的手段。

在资本主义社会中,资本掌握了生产的权力,就等同于掌握了对人的权力,尤其是劳动者。资本通过不断占有社会剩余价值而扩大再生产,这一过程又进一步刺激了物的需要。而资本向金融领域的延伸,使得需要的范围不断扩大,仅仅满足当下所需是不够的,金融化中衍生的借贷消费和信用消费进一步刺激了人们对于新的需要的需求。在这种对消费过程的布控中,金融资本权力逐渐控制了人们的日常生活。

不同于劳动逻辑,资本对于消费逻辑的侵蚀是温和的。往往人们在不经意间就会被支配。资本的这种支配具体表现为对个人的控制延展到对整个社会关系的控制。随着每个人需要的增多,为了填补这种空虚,"每个人都指望使别人产生某种新的需要,迫使他做出新的牺牲,以便使他处于一种新的依赖地位并且诱使他追求一种新的享受,从而陷入一种新的经济破产。每个人都力图创造出一种支配他人的、异己的本质力量,以便从这里面找到他自己的利己需要的满足。"②人与人之间的关系被这种金融资本权力所带来的异化力量所支配,由一种和谐状态转化为严峻的"人与人为敌"的状态,像一种演绎在文明社会中的"丛林法则":在这种社会中,人的地位是由货币与资本累积起来的,只有不断地占有货币与资本,才能不断地创造需要和满足需要,并从中获得极大的满足。马克思曾说:"随着对象的数量的增长,奴役人的异己存在物的王国也在扩展,而每一种新产品都是产生相互欺骗和相互掠夺的新的潜在力量。"③原本消费的存在是为了满足社会中的个体来达到一种使社会和谐稳定的状态,但相反的

---

① 马克思恩格斯文集:第 8 卷[M].北京:人民出版社,2009:12—13.
② 马克思.1844 年经济学哲学手稿[M].北京:人民出版社,2000:120.
③ 马克思.1844 年经济学哲学手稿[M].北京:人民出版社,2000:120.

是，随着金融资本权力的深入与渐进，消费变成用某种对需求的刺激和彼此竞争来驯化个体的手段，这种手段使人们成为竞争者。在以往物质生产资料并不丰富的年代，由于生存资料的极端匮乏，金融资本权力可能丧失对人的控制，但消费更像是温水煮青蛙一般，让人产生一种"我永远不会贫困的"虚假幻象，于是，人们就像在温水中的青蛙一般，在这种幻象中走入深渊。

在劳动逻辑与消费逻辑中，资本获得权力的方式虽然不同，但最终目的都是对个体人进行控制，破坏社会中民众享受生产资料的权利。本·阿格尔通过其"劳动—闲暇二元论"的理论，揭示了资本对于劳动逻辑与消费逻辑的侵蚀，"劳动中缺乏自我表达的自由和意图，就会使人逐渐变得越来越柔弱并依附于消费行为。"[①]随着金融化时代的来临，市场经济规模空前扩大，消费获得了无与伦比的活力与空间。金融资本权力透过消费逻辑不断渗透，造成在当代资本主义社会中失权的事实。

【案例引入】

蛋壳公寓的背后

蛋壳公寓是某资产管理有限公司旗下的高端白领公寓品牌，公司于2015年1月在北京成立，正式进入O2O租房市场。2018年2月，蛋壳公寓完成1亿美元B轮融资；2020年1月17日，长租公寓运营商蛋壳公寓成功登陆美国纽交所，成为2020年登陆纽交所的第一只中概股。

近期，以蛋壳公寓为代表的"互联网金融模式"的长租公寓暴露了原形：资金链中断，中介人员遁形，收不到原本按期交付月租的房主，上门驱逐已经交了数月甚至整年租金的房客，甚至出现了连夜逐客、双方从口角升级到持刀相向的恶性事件。从2020年8月份开始，蛋壳公寓要跑路的传闻频频登上各大网络媒体的版面，关于"蛋壳承租人被断网断电""蛋壳拖欠房东房租""蛋壳公寓或将破产"的消息层出不穷。11月14日，蛋壳公寓又因三次被列为被执行人、累计执行标的超过千万元而登上热搜。

---

① ［加］本·阿格尔.西方马克思主义概论[M].慎之等,译.北京:中国人民大学出版社,1991:493—494.

近年来,随着"租购并举"等政策相继出台,住房租赁市场发展迅猛,"金融＋长租公寓"的模式开始被广泛应用,蛋壳公寓也开始用"租金贷"的模式吸引承租人。"租金贷"业务主要产生在长租公寓领域,是指承租人与中介机构签订房屋租赁合同的同时,利用承租人个人征信,再与同中介机构合作的金融平台办理租金贷款业务。合同签订后,金融平台会一次性垫付承租人的所有租金,但该笔钱会直接打进中介机构的账户,之后承租人则可以根据约定,按月或者按季度向金融平台还款。

蛋壳公寓的收费模式分为两种:一种是普通的现金支付方式;另一种是"租金贷"支付方式。区别在于,如果承租人选择"租金贷"支付,蛋壳公寓会提供各种优惠及服务费减免,以吸引更多人加入"租金贷"支付的队伍中,自己便可以从金融机构手中一次性拿到更多的钱,用以填补亏空和进一步扩大规模。蛋壳公寓2019年年报显示,2019年约六成的承租人选择了"租金贷"支付方式,这也为蛋壳公寓后来的"爆雷"埋下了种子。

天有不测风云,受2020年疫情的影响,国内的房屋空置率激增,出租率大幅下降,最终导致蛋壳资金链断裂,无法支付房东的房租。房东在拿不到租金的情况下,开始驱赶承租人,并向蛋壳公寓追讨欠款;而承租人被房东赶了出来,不仅没有住房,还得给金融平台支付租金,否则将影响到个人征信,造成更大的损失。

于是,蛋壳公寓就出现了文章开头的情境。通过分析不难看出,原本稳定的租赁关系因"租金贷"这种"金融＋长租公寓"的新兴模式,开始变得不可控起来。[1]

【案例问题讨论】

在追求经济利益的同时,如何平衡伦理和道德责任?

---

[1] 蛋壳公寓的背后——长租公寓"租金贷"探究[EB/OL]. https://zhuanlan.zhihu.com/p/655636938.

第三节　金融伦理悖论的解决

对于金融伦理悖论问题的解决,不能仅局限于金融问题本身。金融只是一种技术,或是工具,本身并无善恶之分,作为一种资金融通的方式,对于推进世界经济的发展有着重要的作用。解决共享金融伦理悖论问题,应当从伦理学的视域中去寻找答案。希勒曾在《金融与好的社会》一中指出:"社会金融化程度越高,不平等程度就越低,原因在于金融本身起到管理风险的作用,对风险的有效管理应该带来降低社会不平等程度的效果。"[1]这一现象的原因是席勒对金融分析的逻辑不同,他的逻辑主要反思主流经济学极端的经济理性、金融理性的学术教条之错误,倡导现代金融之美、共享金融的伦理精神,特别呼吁一种新型的金融社会的构建,特别强调金融与好的社会结合的制度创新。这种分析路径需要有三个政府主导的预设前提:(1)信息不对称现象消失;(2)每个人参与金融活动的途径畅通;(3)内部与外部监管完善,不正当行为可以得到及时制止。因此,金融化时代中经济正义的实现需要制度与伦理道德的双重保障,只有这样,金融的积极作用才能得以确保。罗尔斯从不把公平正义仅仅看作一种道德伦理规范问题,他认为这更是政治哲学的一个价值目标。"它是按照社会基本结构的具体情况而设计的,而不能被当成一种统合性的道德学说。"[2]在金融化世界中,经济正义的路径需要政府和道德伦理的双重构建,以维护金融伦理属性,这也是解决金融伦理悖论问题的关键。

一、金融市场自律体系对平等性的维护

要解决金融中的伦理悖论问题,就必须走一条符合经济正义原则的路径,以金融伦理原则进行归正,真正做到金融理性向金融伦理本质复归。从整体上来说,金融伦理目标的实现需要从三个方面进行建设。

---

[1] [美]罗伯特·希勒.金融与好的社会[M].束宇,译.北京:中信出版社,2012:21.
[2] [美]罗尔斯.作为公平的正义[M].姚大志,译.上海:上海三联书店,2002:32.

(一)依托信用伦理的金融市场道德体系建设

金融市场道德体系是指在一定伦理道德原则指导下的行为规则体系。美国学者博特赖特在他的《金融学伦理》一书中,从两个方面揭示了市场经济活动中的伦理问题:"一方面是由于不公平的交易行为所引起的,如涉嫌欺诈和操纵行为;另一方面则是由于不平整的游戏广场(Unlevel Playing field)而引起的,如对称信息以及其他方面的不平等。"[①]在他的描述中,前一句话主要针对的是金融体系的信用问题,而后一句话更多地强调了金融市场的公平公正原则。在金融市场道德体系建设中,信用伦理原则是体系建立的前提与基础。信用伦理强调的是金融活动主体的诚信问题,是基于利益冲突的道德责任选择,是在微观上平衡利益冲突。信用伦理的建设要从主体上进行考量,金融参与者(民众、消费者)、金融行业从业人员以及金融平台都是信用伦理承载的主体。

对于金融参与者,也就是民众与消费者而言,他们往往缺乏应有的金融知识,互联网金融虽然降低了他们参与其中的门槛,但金融本身依旧是一个门槛极高、需要丰富的金融知识做依托的行业的事实没有发生改变。所以,与金融行业从业人员以及金融平台不同,金融参与者往往在金融活动中处于被动地位。金融参与者的伦理原则要求他们具有更高的风险意识与对不诚信行为的低宽容态度。对于金融参与者而言,他们所面临的风险不仅仅包括金融产品本身所带有的收益风险,也包括金融从业人员与金融平台利用信息不对称所造成的欺诈操纵行为,这就要求金融参与者本身应当提高自身的风险意识,杜绝不诚信行为的发生。而随着金融的快速发展,人们对信用事件的宽容度开始放松,屡见不鲜的金融诈骗案不仅没有提高民众的警惕意识,反而出现了麻木与冷漠的现象。因此,金融参与者必须在信用原则的基础上,提高自身抗风险能力,对金融市场中的不诚信行为采取零容忍。

金融从业人员与金融平台在金融市场中占据了主导地位,也是金融发展的中坚力量。各种金融衍生品都需要通过金融平台与金融人员作为载体进行传播与销售。因此,金融市场能否平稳、有序、健康发展,金融从业人员与金融平

---

① [美]博特赖特.金融伦理学[M].静也,译.北京:北京大学出版社,2002:9.

台责无旁贷。加强金融从业人员与平台的诚信伦理要求,应当以培养职业诚信意识为核心,以职业道德培训和教育为手段,提高金融从业人员的职业素养,遏制金融理性中逐利本性,使其充分意识到金融本质中追求民主服务大众的内涵,秉持经济正义原则,在金融市场道德体系的建设中,弘扬信用伦理的正面价值,使金融的积极作用在市场经济中得到应有的良性发挥。

【案例引入】

蚂蚁金服推迟上市

在2020年末金融圈的热门话题非蚂蚁金服推迟上市莫属。蚂蚁金服是一个综合的金融服务平台,它为中国的普惠金融做出了重要贡献,前期的支付宝解决了第三方支付的信用问题;余额宝的出现颠覆了传统的理财方式,让更多的年龄圈层接触到了金融;支付宝的出现也让无现金社会的雏形开始形成。蚂蚁金服为社会创造了巨大价值。

蚂蚁集团的业务以支付宝为平台划分为:数字支付+数字生活服务+数字金融三大板块。"数字金融"又可以分为:微贷科技平台+理财科技平台+保险科技平台。蚂蚁集团的主要利润来源包括:

(1)向三大板块的合作商家、合作金融机构收取技术服务费;

(2)微贷科技平台收取利息费;

(3)将微贷科技平台发放的贷款通过资产证券化(ABS)投放到资本市场。

微贷科技平台收取利息费是蚂蚁金服的主要利润来源之一。贷款来收取利息赚钱这无可厚非,但是蚂蚁金服的贷款方式与银行不同,蚂蚁采取"联合贷款"模式与银行开展合作,产品就是花呗、借呗。蚂蚁主要负责获客、宣传,银行负责审批和放贷。这样的模式下,蚂蚁通过用户数据赚取中介费、不负责审批也没有坏账的风险,不仅如此,用户分期还款的利息蚂蚁还会和银行分成。蚂蚁金服采用的是无抵押的信用借贷,无抵押会增加坏账风险。借呗在下单界面宣传的利息是日万分之四,看似很划算,但是换算成年化利率就高达14.4%,而且借呗还根据芝麻信用等来实行差别利率,有些人的利率竟高达16%。

蚂蚁金服不满足于这样单纯的借贷商业模式,还做起了资产证券化(ABS)。当用户在花呗分期后、借呗借钱后,蚂蚁集团将这些未到期的债权,打包卖给金融机构,做成固定收益类证券(债券)流通到资本市场。投资者购买这些证券赚利息收入。这么一来,蚂蚁赚到证券钱提前收回了成本,还能将这笔收回来的钱再投入花呗、借呗去放贷。举个例子,有批用户在花呗办了1亿元的分期还款,这笔钱就是花呗的应收账款。因为这笔账未到期收不回也难以转手,花呗就把它卖给券商做成固定收益类证券,放进一个资产管理计划里,开放给投资者购买。于是,花呗稳赚分期还款的利息,也赚到券商/投资者的钱。然而,风险都留给了未还钱的用户、银行、购买了证券的投资者。蚂蚁金服利用了当时 ABS 循环没次数限制的监管漏洞,先是以 30 多亿元资本金从银行借来 50 亿~60 亿元贷款,形成 90 亿元信贷,接着进行了 40 次 ABS,将自己的信贷规模扩张到 3 600 亿元。这样的融资模式如果得不到有力的监管势必会造成系统性的风险。目前,监管部门已经堵上这个漏洞,规定 ABS 只能进行 5 次。

在业务宣传方面,蚂蚁金服也存在引导过度消费的嫌疑。花呗曾经发布一则广告,一位 37 岁的施工队队长,用花呗借钱给女儿过了生日。文案写道:"一家三口的日子,再精打细算,女儿的生日,也要过得像模像样。"这则广告在网上引起热议,蚂蚁金服是在利用人们对美好生活的向往来引导人们过度消费。

【案例问题讨论】

1. 如何在追求利益的同时,保持道德和伦理的底线?

2. 如何解决短期利益与长期价值、风险与收益以及个体利益与集体利益之间的冲突?

蚂蚁金服没有做到追求利润最大化和企业的社会目的的统一,它的盈利模式看似合理,实则存在深刻的伦理悖论。首先,蚂蚁金服与银行开展的"联合贷款"模式造成了风险不对等,是不公平的。银行付出了本金、承担了坏账的风险并且承受着监管的限制,而蚂蚁却用近乎"空手套白狼"的方式迅速发家致富,还可以免受监管。这样的风险不对等,是不符合公平原则的。其次,蚂蚁金服违背了诚信经营的原则。蚂蚁金服在借呗宣传界面做广告时用词模糊,用虚假的低利息诱导用户借贷,实则利率直逼高利贷。而且借呗采用的是"信用借贷"模式,低利息诱导加上"信用借贷"很容易产生坏账,会对所有的利益相关者造成损失。再次,蚂蚁金服搞资产证券化(ABS),花呗稳赚分期还款的利息,也赚到券商或投资者的钱。通过资产证券化手段,蚂蚁集团两头赚钱,还借助银行搞"联合贷款"滚雪球暴富。然而,风险都留给了未还钱的用户、银行、购买了证券的投资者,蚂蚁金服并没有照顾到所有利益相关者的权益,这也不符合效用原则的。最后,蚂蚁金服通过广告宣传的方式为人们构造"虚假的美好生活图式",引导过度消费、超前消费。然而,人们对美好生活的向往是不可以被资本拿来消费的。

蚂蚁金服不是个例,社会上很多金融机构存在这种情况。为了解决这些悖论,我们需要加强金融教育,提高投资者的金融素养和伦理意识;同时,也需要完善金融市场的监管机制,确保市场的公平、透明和规范。只有这样,我们才能在追求财富的同时,保持金融市场的健康发展和社会的和谐稳定。

(二)围绕公正伦理的金融企业公正文化系统建设

金融企业公正文化系统建设是围绕公正原则为核心的企业文化构建中。企业作为经济金融活动的重要主体,其经济行为的表现对于市场经济的发展有着最为直接的影响。作为公司与企业,不可避免地要在纷繁复杂的金融活动中对各方利益关系进行斡旋和权衡。而要权衡好各方的利益关系,不仅需要高超的业务能力和管理体制,还有塑造优秀的企业文化氛围。从整体上看,企业的伦理文化建设涵盖多方面的内容。"从企业伦理文化的存在样态上说,它的实现主要表现在以下四个方面:以信誉为核心的资本形态的道德;以共享的理念和信条为核心的价值体系形态的道德;以规范建设为核心的制度形态的道德以及以活动主体和道德行为为核心的德性形态的道德。"[①]可以看出,企业的公正文化建设应当围绕着经济正义原则,在"信誉、共享、规范、德行"四个方面推进,并分别从企业管理人员和企业员工进行塑造。

企业管理人员是企业的主导核心与集体人格的具体体现,应当在公正伦理文化建设中起模范作用,领导者个人伦理素养和自身能力水平对整个企业的文化具有导向作用,并通过自身的权责优势进行影响,因此,一个企业领导者是否具有公正原则,将直接影响到企业内部方方面面;企业管理人员在关注企业利

---

① 郭建新.论金融信用与伦理责任[J].财贸经济,2010(08).

益的同时,应当注重培养员工的归属感和个人幸福感。与基于企业利益的单纯的物质嘉奖和职位升迁机制不同,这种文化氛围的塑造根源于企业整体文化氛围与企业管理人员的人格魅力。京东集团的 CEO 刘强东就曾直言:快递员都是我的兄弟。这种没有阶级差异、一视同仁的宣言大大增强了员工的集体荣誉感,同时也很好地体现了一种公正伦理原则特色,从而有效地增加对自身企业的归入感与认同感。同时,作为企业与各方利益斡旋中的协调者,企业领导者可以在明确各种伦理责任的基础上,根据企业经营哲学中所特有的文化价值序列进行取舍,从而达到平衡利益关系的效果。

企业员工是企业的中坚力量和基础,也是企业文化最直接的践行者,他们对于自身企业文化践行程度,直接影响企业内部文化塑造的好坏。华为"狼性"企业文化颇受争议,我们也可以从中受到一定的启示。"在对待报酬的态度上,华为人的传统是不打听别人的报酬是多少,不要与别人比,想要得到高回报,把注意力集中在搞好自己的工作上,如果觉得不公平,不闹不吵、好合好散,到外单位折腾一段,觉得还是华为好,再回来,欢迎!从这一点上来看,华为公司的文化是一种实事求是的文化,是一种建立在尊重价值规律和自然规律基础上的文化,是一种精神文明与物质文明互相结合、互相促进的文化。"[1]在企业文化中,归属感是极其重要的因素,而归属感赋予需要以公正原则为前提,一个企业若丧失了公允之心,裙带关系复杂繁多,无法做到对企业所有员工一视同仁,是不可能得到企业员工的认同。同时,企业员工自身也应具有公正公平伦理意识,经典经济学分析的哲学基础在于个人主义的逻辑,市场经济的发展立足于原子式的个人理性,但显然,原子式的个人主义缺乏公正意识,自利性行为在任何企业内部文化塑造中都是不受欢迎的。

(三)凭借于责任伦理的金融监督责任管理体制建设

金融监督责任管理体制建设是指在一定责任原则指导下的监督规则体系。对于责任伦理建设,主要应从两方面进行考量:一是以微观个体为中心的"个体责任意识"培养;二是以金融伦理原则为核心的"责任共担"机制塑造。

---

[1] MBA智库・百科:《华为企业文化》,https://wiki.mbalib.com/wiki/华为企业文化。

一方面,个人在金融经济活动中起到最初的载体作用,而相关的金融经济法律法规和公司的内部章程对个体行为规范与责任的划定也很详尽。尽管如此,在严格的法律法规与公司规章下,依旧有各种金融丑闻发生。例如著名的安然事件、法国兴业银行事件,这些震惊全球金融圈的丑闻都是个体人的自私行为。因此,从这个角度上看,对于个体尤其是企业高级管理人员伦理责任强调是十分必要的。一是因为公司与公司利益相关者作为金融活动的发起者,不仅要履行好管理者与监督的职责,更要在履行责任的过程中起到积极的激励作用。二是体现在公司本身责任文化塑造中,企业高级管理人员所扮演的是具有导向标的责任道德权威角色,因此他们的一言一行都在影响着一个公司整体责任文化的发展,不仅要在各项经济活动中慎独律己、身体力行,还应在发生责任问题事件中扮演公正的调解者与仲裁者。

另一方面,责任伦理建设还应当践行责任共担、责任分担机制。金融行业的自由性造成了金融业与其他传统行业的边界模糊、边界交叉的问题。通常来说,金融行业对加速资本的积聚和生产的集中起到了巨大的推动作用,可以带动如工业、农业等传统行业的效率,促进其发展。但事实上,金融资本扩张的垄断性对传统行业造成了极大的冲击,许多金融创新产品"醉心"于虚拟货币,对实体经济闭口不谈。例如,世界上最大的期货丑闻——住友事件,在铜价格离奇上下波动的背后是各大金融机构、资本家博弈斗争的结果,而这一事件也造成了铜产业的极大波动,数以千计的铜相关产业被迫改变经营策略甚至破产。因此,对金融行业的边界要进行严格的责任限定,越界行为应当承担必要的责任。此外,责任共担机制还应当体现在金融活动过程中。当今互联网金融已成趋势,许多金融服务都以互联网平台为载体进行服务。金融的不确定性与互联网的自由性在便利民众参与的同时,也大大提高了金融本身的风险性。如近几年风靡网络的点对点网络借贷(P2P),其出发点是建立在满足个人资金需求、发展个人信用体系和提高社会闲散资金利用率三个方面基础之上,从内涵上看,P2P的存在对金融业、对社会有着极大的促进作用。但实际上,P2P"爆雷"事件不断发生,近五成的金融诈骗案件都与P2P有关,许多P2P平台携款消失致使民众血本无归。很明显,一些P2P平台在发展过程中,只做到了利益共享,而忽视了责任共担,对社会造成了极大的危害。因此,在进行金融活动过程中,必须严格强调共同责任,建立健全"共享收益、共担风险"的机制。

二、政府权力与执行力对公正性的确保

(一)保证政府在社会经济活动中的权威地位

这种权威并不是指政府完全主导经济活动,而是指政府在资本的监管与管制措施上的权力。相较于实体经济,以虚拟经济为主的金融市场的虚拟特征使得监管难度和成本大大增加。金融市场在为人们提供广阔的经济空间的同时,也为不正当行为提供了活动场所,金融创新每时每刻都在进行,由此衍生出来的金融产品和金融工具日新月异,这对于监管来说是一个极大的挑战。相较于发达国家,发展中国家金融体系起步晚,资本监管制度不够完善。中国对资本的合理管控就曾获得皮凯蒂的高度认可。资本掌控与资本监管不同,前者是对国内资本的完全掌握,资本的流向由政府决定而不是受控于市场中的"看不见的手",这种掌控在特定时期如战争年代有一定的积极影响,但始终缺乏活力。

资本监管的出发点在于抵御金融活动中的高风险。其一,在国内金融市场上,金融的高杠杆工具会使投资者"一夜暴富"现象频繁,这一现象会引发社会中尤其是金融活动者的盲从效应,这种效应会造成金融市场中所谓的"非理性繁荣",更会对实体经济产生极大的负面作用,原本金融所具有的风险转移和价格发现的功能降低。金融创新不仅创造出了高流动性,更创造出了社会无法抵御的风险,因此政府必须加强对资本的监管。其二,对于国际金融交易而言,要对开放的资本项目严格把控。在国际金融市场中,如果一国的金融体系相对不完善,贸然开放资本市场,不仅不会引进资本,反而会造成大量的资本外流,引发巨大的金融风险,1997年索罗斯做空泰铢就是惨重的教训。资源的流动遵从市场逻辑是任何经济市场中遵循的唯一原则,这里并没有所谓的道德、伦理意味,有的只是高度"利己主义"的价值取向。这种价值取向会使得资本开始遵循利润回报高低来选择流动。

因此,金融化的发展本身会产生两种相悖的发展趋势:一方面加速了市场的一体化进程;另一方面也造成市场分裂危机。

(二)保证金融市场与实体市场协调发展,防止失衡

金融本身的资金融通作用,一方面把不能流动的大额资产碎片化进行流通;另一方面是资金的跨时间维度转移,把未来价值转化为当下价值进行流通,这是金融的基本功能。然而,事实上实体经济领域与虚拟经济领域严重脱节,金融功能已经开始异化。因此,政府应当利用资本税,以征税的方式抑制金融市场过度投机。即对出售金融资产的价格大于买入价格的差价部分进行资本税的征收。资本税体现为:对内征收资产交易税,对外征收外汇交易税。税收是政府用以管控市场最直接最有效的手段。

在整个金融领域,资本税都有着重要的管制作用。托宾税就是资本税在国际金融市场的具体体现。托宾税是由美国经济学家托宾在1972年的普林斯顿大学演讲中首次提出,他指出,要"往飞速运转的国际金融市场这一车轮中掷些沙子","防止贫富差距无限制拉大以及重新实现对财富积累控制的最理想政策就是:全球范围内的累进资本税。这样的税制还有另外的好处:让财富置于民主监督之下,这对于有效监管银行体系和全球资本流动也是必要条件"。[1] 通过对全球进行资本税的征收,既能规范全球市场经济,又能保证全球经济市场开放活力,并且减少国家间利益分配的不平等。

资本税的征收具有一定的经济正义意义,政府可以通过资本税的征收对金融活动不正当行为进行有效管控。当然,资本税的征收需要高要求的前提条件:一是加大金融活动信息透明度,防止信息不对称现象发生;二是世界银行等国际组织与各国合作,提供信息交流服务。

(三)支持实体经济发展,恢复产业经济在经济结构中的有效比重

任何市场的平稳运行,都需要金融市场成分与实体市场成分协调发展。缺乏实体的支持,金融泡沫的破裂只是时间问题;而缺乏金融市场的资金融通,实体经济发展速度会受到阻碍。金融史上,著名的"密西西比泡沫"事件不仅造成了法国经济的崩溃,更引发了法国大革命。这一教训告诉我们,摒弃实体经济而沉迷于货币经济财富幻象是不可取的。一个社会的发展首先要有稳定的物

---

[1] [法]托马斯·皮凯蒂.21世纪资本论[M].巴曙松,等,译.北京:中信出版社,2014:532.

质基础,金融的重要作用是提高资本在经济社会的流动性,通过金融解决企业间和个人间货币短缺的问题,但也只是解决货币融通问题,妄图靠虚拟经济对物质社会进行供给是天方夜谭。因此,金融只是对经济社会的发展有加速作用,而稳定的实体经济才是社会有序发展的基础,消费和生产是任何社会的物质重心。随着生产力的不断发展,导致生产过剩的原因依旧是生产和消费的矛盾。一个社会只有不断扩大有效总需求的空间,才能保证消费环节的平稳,才能促进生产的有序进行。所以,实体经济与虚拟经济的发展比重应保持在均衡合理的范围之内,回归金融领域对实体产业服务的功能本质,让资金在社会中的流动更加健康合理。

(四)社会创造的公平与共享是社会发展有序健康的关键因素

只有当社会整体增长得到均衡合理分配时,也就是社会呈现共享式增长,人们的购买力才能够得到激发,社会中的过剩生产才能得到有效解决,从而带动储蓄和新的社会投资良性运转;当社会的发展呈现不均衡分配局面时,社会增长的大部分财富被少数人占有,就会出现贫富悬殊的局面,不仅会对社会成员的购买力造成负面遏制现象,还会逐渐破坏整个经济体制运行。

三、经济金融制度设计对正义性的呼唤

以往的经济金融制度并不能很好地满足金融的发展,主要原因有:社会关系排斥、现有信用评估方法的缺陷、平台风险管理水平低下、金融交易平台公平程度欠缺、政策排斥等。这一系列原因致使金融市场的发展出现"金融排斥"现象,因此,要从政策上解决金融的"金融排斥"现象,就必须设计正义性的经济金融制度。

(一)正义性金融制度与法律基础、市场规则的构建

法律是对正义性最有力地确保。一个社会法律制度的健全决定着经济市场和金融市场的公正性和平等性,因此,正义性金融制度的构建需要公正有效的法律环境作为支撑。金融市场法律体系包括对金融市场运行规则的明确,对违反规则、造成不平等竞争的做法给予相应的法律追究并严厉惩治。

目前,我国出台了多项关于金融市场的法律法规,从各个角度对市场中人

们的金融活动予以约束和规劝。但是,这一系列法律法规的出台,虽然避免了不良金融活动泛滥和风险行为的出现,但也在一定程度上限制了金融市场的开放性与活跃度。例如,过度严格的金融政策造成的金融供给有限、金融有效需求不足,甚至金融排斥现象。所以,构建正义性金融制度体系,首要的目标就是提高金融市场参与程度、加大信息披露水平、规范主体责权意识、明确风险行为的法律责任。举例来说,互联网金融的发展模式为社会上小额贷款公司发展提供了机会。目前,我国金融体系的弊端之一就是中小企业融资困难的问题。而小额贷款公司可以有效地解决这部分需求。但当下的金融法律制度对小额贷款公司限制过严,准入门槛过高,对其经营内容限制过多,在现有的金融制度下,许多小额贷款公司难以为继,这也造成了金融市场的不公正性。大型贷款公司往往拥有丰厚的客户资源和政策扶持,但对一些中小企业融资问题"不闻不问",而能够解决中小企业融资难问题的小额贷款公司却在现有的金融制度下步履维艰、难以生存。因此,构建正义性的金融制度、推进金融法律的改革,首先应当注重金融市场的开放活力,实现机会平等与风险共担机制的建立;其次要加大中小金融企业和平台的参与程度,落实金融发展模式的开放性、平等性和共享性特征;最后要减少金融行业大型金融集团和机构的金融垄断效应,努力营造大、中、小金融企业公平竞争的氛围。

(二)正义性金融制度与市场选择、制度变革的构建

正义性金融制度建设旨在提高金融市场的包容性,摒弃原有"嫌贫爱富"的不良特性。正义性金融制度构建体现在"共享、公平、平等"的理念之中,而不是加大社会中金融机构的顾此失彼的差距。由于我国金融起步较晚,与发达国家金融体系差距较大,在国际金融市场上屡遭不平等问题。为了改变这一现象,提高我国国际金融市场竞争力,争取更多金融领域中的话语权,我国不得不采取一种高投入式的经济增长方式和集中扶持大型金融机构的金融政策。这种方式确实在一定程度上缓解了我国与国际金融市场的差距,提高了我国金融市场的竞争力。但是,相应地,这种制度也逐渐形成了一批垄断控制型金融体系和金融集团。例如,一些大型金融集团往往在金融市场中有着更大的话语权和客户群体,凭借政策扶持,能够得到更多的金融投资机会。而一些中小金融机

构和平台却往往缺乏资源,难以为继。这种现有的市场氛围限制了市场群体对金融制度的革新能力,阻碍了正义性金融发展模式的探索和推进。更严重的是,会让一些本应人人参与的营利性创新变成一种自上而下的政策任务。

目前,我国开始加大对市场创新的力度,比如互联网金融的兴起。互联网技术与金融市场的融合,极大地提高了金融市场的包容性和开放性。凭借着门槛低、政策宽松等优势,一系列的互联网金融平台如雨后春笋般涌出,这无疑体现了我国对市场制度的又一重大创新和变革。这一创新举措使得互联网金融更深层次变革,我国金融市场的层次更为分明,金融市场的包容程度进一步提高。互联网金融的实质是正义性金融制度建设需求通过互联网技术逐步融合情况下我国金融制度的创新,是推进正义性金融制度建设、解决金融垄断现象、避免金融排斥金融压抑的有力证明。更是在正义性金融制度建设下,对营造良好的金融市场氛围,酝酿公平合理金融市场竞争秩序,促进我国金融市场公正合理运行的重要回答。

(三)正义性金融制度与风险信息体系、技术运用的构建

正义性金融制度的推广必须建立在成熟的技术手段和信息体系之上。一方面,应当改变原有的信用风险评估方法。原有的信用风险评估只注重计量方法本身,却忽视了风险因素和信息的收集。计量方法的运用本质上只是一种工具的运用,并没有好坏之分,但这种形而上的计算方法很容易忽视现实发生的一系列风险因素,最多也只能达到所谓的"程序正义",而无法实现真正的金融制度正义性。例如,阿里集团旗下的贷款公司,在原有的计量方法基础上,增加了关注客户自身还款能力的风险信息评估,有效地甄别客户群体所能承受的贷款要求,更加具有针对性地提出相应的贷款服务。这一全面的信用风险评价体系,使其拥有可靠的金融业务扩张能力和筹码,也在一定程度上保证了金融制度的正义性。

另一方面,构建正义性金融制度,还应体现在运用技术手段改善支付环境,提升金融便捷性的方面上。在原有金融制度下,社会公众对于金融排斥和冷漠的原因之一就是烦琐的交易程序和复杂的支付方法,许多普通投资者往往因为拥有的金融知识水平不足而在整个金融交易的过程中受到不公正的待遇。改

善支付手段、提高金融便捷不仅能够挖掘社会中更多的潜在客户群体,还能够减少交易摩擦成本、增加金融活动的透明度,确保金融行为平等公正的运行。

四、党的领导强化了中国金融伦理

在 2023 年中央金融工作会议上,金融伦理作为金融高质量发展的内在要求和重要支撑,得到了全面而深入的阐述和强调。会议指出,金融是国民经济的血脉,是国家核心竞争力的重要组成部分。要加快建设金融强国,必须全面加强金融监管、完善金融体制、优化金融服务、防范化解风险,坚定不移走中国特色金融发展之路。在这一过程中,金融伦理发挥着不可替代的作用。

(一)加强金融监管,提升金融伦理水平

会议强调,要全面加强金融监管,将所有金融活动纳入监管范围,消除监管空白和盲区。这要求金融监管机构在履行职责时,不仅要关注金融机构的合规性,更要关注其伦理行为表现。通过建立健全的监管机制和评价体系,推动金融机构和从业人员不断提升金融伦理水平。

(二)优化金融服务,践行金融伦理理念

会议指出,金融要为经济社会发展提供高质量服务,要求金融机构在提供产品和服务时,充分考虑社会效益和消费者权益。这要求金融机构将金融伦理理念融入日常经营和管理中,以诚实守信、公平公正、客户至上为原则,不断提升服务质量和效率。

(三)防范化解风险,强化金融伦理约束

会议强调,要有效防范化解金融风险,建立健全风险处置责任机制。这要求金融机构和从业人员在追求经济效益的同时,注重风险防控和合规经营。金融伦理作为约束金融机构和从业人员行为的重要力量,有助于降低道德风险和操作风险的发生概率,保障金融市场的稳定和安全。

在新时代背景下,推动金融伦理建设、提升金融伦理水平是推动金融高质量发展的必然要求。首先,要做到完善金融伦理规范体系。建立健全金融伦理规范体系是推动金融伦理建设的基础和前提。应结合我国金融市场的实际情况和发展趋势,制定和完善具有针对性和可操作性的金融伦理规范。同时,加强金融伦理规范的宣传教育和培训力度,提高金融机构和从业人员对金融伦理的认知度和认同感。其次,要强化金融机构内部治理。金融机构是金融伦理建设的主体和关键。应强化金融机构内部治理机制建设,建立健全内部控制制度和风险管理体系。通过完善公司治理结构、加强内部监督制约、推进企业文化建设等措施,提升金融机构的自律意识和自我管理能力。同时,鼓励金融机构将金融伦理纳入绩效考核体系,形成正向激励机制,再次,要加强金融监管与自律协同。金融监管与自律是保障金融伦理水平提升的重要手段。应加强金融监管机构与行业协会、自律组织之间的沟通协调和合作配合,形成监管合力。通过建立健全信息共享机制、联合惩戒机制等措施,加强对金融机构和从业人员金融伦理行为的监管和约束。同时,鼓励行业协会和自律组织发挥积极作用,推动行业自律规范的制定和实施。最后,推进金融伦理文化建设。

金融伦理作为金融高质量发展的内在要求和重要支撑,在新时代背景下具有更加重要的意义和作用。我们应深入贯彻落实2023年中央金融工作会议的精神和要求,加强金融伦理建设、提升金融伦理水平,为推动金融高质量发展提供有力的保障和支撑。

本章思考题

1. 虚拟经济的特点有哪些?
2. 虚拟经济最初是基于什么目标出现的?
3. 随着历史发展,虚拟经济的伦理目标发生了何种偏移?
4. 虚拟经济与实体经济是否存在对立关系?这种对立关系是否存在深刻的伦理悖论?
5. 中国是社会主义国家,与西方发达资本主义国家在对待虚拟经济上有哪些本质区别?

参考文献

1. 马克思恩格斯选集[M].北京:人民出版社,2012.
2. 马克思恩格斯文集[M].北京:人民出版社,2009.
3. 卡尔·马克思.资本论:第3卷[M].北京:人民出版社,2004.
4. 马克思.1844年经济学哲学手稿[M].北京:人民出版社,2000.
5. [美]罗伯特·希勒.金融与好的社会[M].束宇,译.中信出版社,2012.
6. [奥地利]鲁道夫·希法亭.金融资本——资本主义最新发展的研究[M].北京:商务印书馆,1994.
7. [法]托马斯·皮凯蒂.21世纪资本论[M].巴曙松,等,译.北京:中信出版社,2014.
8. [美]罗尔斯.正义论[M].何怀宏,等,译.北京:中国社会科学出版社,1988.
9. [英]约翰·穆勒.论自由[M].许宝骙,译.商务印书馆,2014.
10. [美]博特赖特.金融伦理学[M].静也,译.北京:北京大学出版社,2002.

第七章　生态经济与环境伦理

环境就是民生,青山就是美丽,蓝天也是幸福,绿水青山就是金山银山;保护环境就是保护生产力,改善环境就是发展生产力。

——习近平

【案例引入】
生态文明绿色发展的浙江经验

改革开放以来,浙江省曾经历数十年工业高速发展的时期。在这一时期,浙江省生态环境遭受严重破坏。由于大量废弃物顺河流入海,海洋生态受到严重影响。台州温岭小沙头村的渔民郭文标感慨:"渔船出海,塑料垃圾常常缠住螺旋桨、毁坏渔网,台风天更是能看到海面卷起的塑料。"针对这一问题,台州市于2020年试行"蓝色循环"海洋塑料废弃物治理项目,小沙头村建立"小蓝之家"海洋废弃物收集点,通过回收并处理塑料废弃物,将其中的"塑料粒子"变废为宝后卖出,从而使原本的治理困境转变为共富路径。

从面对突出生态环境问题的资源小省,跃升为"既要保护生态,也要发展经济"的经济强省,浙江省在20年间做出诸多改变。从"811"环境污染整治行动到"五水共治""蓝天保卫战""无废城市",浙江省用实际行动履行着绿色发展的历史责任。20年间,浙江省省控以上断面达到或优于Ⅲ类水质标准比例从66.4%升至97.6%,同时,全面消除劣Ⅴ类断面;设区城市PM2.5平均浓度从61微克/立方米降到24微克/立方米。值得注意的是,自2002—2023年,浙江省的生态环境公众满意度保持了连续12年的上升趋势。

同时,浙江省大力革新以往粗放型的经济增长模式,推动产业向更高层次转型,在成功减少30%废水和废气排放的同时,实现了产业规模与产值税收的双重倍增。特别地,到2022年,浙江省每万元GDP的能耗与水耗相比2002年分别显著降低了63.8%和91.7%。步入"十四五"规划期,浙江省将"减污降碳协同增效"视为绿色转型的核心驱动力,并正积极推进全国首个"减污降碳协同创新区"的建设工作,引领环境保护与经济发展双赢的实践探索。①

【案例问题讨论】

为何要摒弃西方"先污染后治理"的老路,为何要走生态治理与经济发展相协调的绿色发展之路?

生产力进步与生态良好似乎是一个悖论。一方面,生产力的发展能够创造出丰富的物质财富,能够更好地满足群众生存与发展的需要;另一方面,从欧美发达国家现代化的经验来看,生产力的发展伴随着对于生态环境的破坏,又减损了群众生存与发展的权利。比利时马斯河谷烟雾事件、美国洛杉矶光化学烟雾事件、伦敦烟雾事件、日本水俣病事件、印度博帕尔毒气泄漏事件、苏联切尔诺贝利核泄漏事件等现实的惨案,无不向世界展示出由经济发展带来的环境问题,也管窥出因"发展"而给各国民众普遍带来的权利减损的事实,更说明西方"先污染后治理"的老路走不通。在沉痛的教训面前,推动经济走向绿色化成为长期以来的一项国际共识。

但是,在生态正义的旗帜下,也诞生了诸多环保少女格蕾塔那样的环保激进分子,其依托美国媒体捏造的虚假的环境报告,对中国的生态环境问题进行无端指责,以环保的旗号表达其个人的政治偏见②,对中国政府进行了无端贬损。同时,欧洲绿党实行的部分严格的环境政策,也给欧洲民众在一定程度上增添了生活成本,制造了生活上的不便,加剧了普通民众的不满情绪。③ 此外,

---

① 胡静漪.打造生态文明绿色发展标杆之地[N].浙江日报,2023-11-25,第1版.
② 中新网评.炮轰中国?"环保少女"再次暴露双标与无知[B/OL].中国新闻网,(2021年5月10日).https://www.chinanews.com.cn/gj/2021/05-10/9474057.shtml.
③ 青木.不来梅地方选举,绿党成最大输家[N].环球时报,2023-5-16,第2版.

对于广大发展中国家而言,民众的环境权利与摆脱贫困的权利时常发生冲突。例如,南非自2016年以来一直处于经济持续低迷的状态,在资金与技术缺乏的状态下,南非不仅生态治理行动难以落实,而且如果要达到《巴黎协定》的要求,则可能将以牺牲减贫目标为代价。[①] 可见,过分激进的环保言论或政策,也可能侵犯他人、他国或本国民众的基本权益。因此,正确处理经济发展与环境保护的关系,走生态治理与经济发展相协调的绿色发展之路是历史的必然。

第一节 生态经济与环境伦理的概念及关系

习近平总书记指出:"让良好生态环境成为人民生活的增长点、成为经济社会持续健康发展的支撑点、成为展现我国良好形象的发力点。"[②]将经济社会发展、人民生活水平提升与保护生态环境统一起来,是习近平生态文明思想对于正确处理经济发展与环境保护关系问题的重要要求。基于习近平生态文明思想的正确指导,以"绿水青山就是金山银山"为重要内容的生态经济有了正确的环境伦理观的指引,开启了生态文明建设的新篇章。

一、生态经济与环境伦理的概念界定

生态经济与环境伦理内涵的丰富性,决定了二者间辩证关系的丰富内涵。厘清二者间的关系,既有利于阐明生态经济的环境伦理底线,也有利于环境伦理正确运用于生态经济实践之中,进而推进人类更好地生存与发展。

(一)生态经济的概念界定

生态经济(Ecological Economy)是一个跨学科的概念,它结合了经济学与生态学的理论与实践,旨在创建一种既能促进经济增长又能保护自然环境的生态系统与经济系统相融合的复合经济系统。一方面,生态经济既要有将生态系统转化为经济系统的可持续发展的内容。在环境承载能力允许的范围内,运用生态经济学原理与系统工程方法,重新设计和优化生产与消费模式,挖掘并合

---

① 赵斌.从边缘到中心:南非气候政治发展析论[J].西亚非洲,2022(01).
② 习近平著作选读:第1卷[M].北京:人民出版社,2023:604.

理利用所有资源潜力,发展经济发达且生态高效的产业,包含着传统产业向低能耗、低排放、高附加值方向转化的要求。另一方面,生态经济又有将经济系统转化为生态系统的绿色发展的内容。生态经济致力于实现经济的快速发展与环境保护、物质文明与精神文明建设、自然生态与人类社会生态的和谐统一,构建一个制度健全、社会和谐、文化丰富、生态环境宜人的社会环境,包含着推动生态保护、修复、补偿的要求。

在微观层面,生态经济强调的是企业和个人层面既要遵循自然规律,也要发挥自身主观能动性对生态生产状况进行动态调整。例如,企业通过改进工艺流程、采用清洁生产技术等方式,减少自然资源消耗,减少废弃物排放,提高资源利用效率。消费者通过选择环保产品和服务,采取绿色生活方式,以消费为导向促进经济的绿色化转型。微观层面的生态经济,实质上是将生态经济的原则应用于企业经营和个人消费决策中,通过改变微观主体的行为,推动经济活动与生态系统的协调。

(二)环境伦理的概念界定

环境伦理(Environmental Ethics)主要用以系统阐释有关人类和自然环境间的道德关系。在环境伦理的视角下,人类对自然界的行动应当始终置于某种道德规范的约束之下。关于环境伦理的学术探讨,主要集中在讨论某种道德规范是什么,该如何解释?在某种道德规范成立的基础上谁应当承担责任,承担哪些责任?道德规范与责任承担之间的关系应当如何形成?针对上述问题以及问题的延伸,不同环境伦理学流派提出了不同的解释路径,比较具有代表性的有两种主流的分歧。

一是人类中心主义与非人类中心主义之争。人类中心主义的环境伦理学认为,道德考量应主要或仅限于人类的利益和需求,人类对于自然环境的责任是间接的,保护自然资源与生态环境的目的是对于他人承担责任,而非人类中心主义的环境伦理学则认为自然界和生态系统本身具有自身价值,这种价值不依赖于人类,动植物等自然客体应当具有道德身份。[①] 在人类中心主义的视角

---

① [美]戴斯·贾丁斯.环境伦理学:环境哲学导论(第3版)[M].林官明、杨爱民,译.北京:北京大学出版社,2002:12—13.

下，人类更多为直接与人类生产生活和经济发展相关的环境问题承担责任，注重在减少对环境的负面影响的同时，保证经济发展；而在非人类中心主义的视角下，综合和预防性的保护措施则更受青睐，责任范围也更加广泛。

二是个体主义与整体主义之争。个体主义在环境伦理中强调对个体生物的道德关怀，主要有动物权利论和生物中心主义等理论流派，个体主义环境伦理的实践导向对特定生物的保护、反对残忍对待动物以及推动动物福利法律的制定。整体主义伦理强调对个体组成的集合（或关系）有道德责任，如生态中心主义认为自然环境和生态系统作为一个整体具有价值，这种价值超越了其构成部分（即个体生物）的总和。两种不同的环境伦理观点影响到人们对于实践的决策及责任承担，比如选择性杀死个体动物是否被允许？杀死个体动物在赔偿财产损失的同时，是否应当承担精神损害赔偿？

与生态经济相互关联的环境伦理，是经济伦理的生态维度，其是在生态经济运行与发展的过程中形成的能够对生态经济产生实质影响的伦理规范。其要求主要包括两个方面内容：一是就主体性因素而言，生产者不以破坏环境为手段片面追求经济利益，消费者不过度消耗资源而进行绿色消费，生产者或销售者担负起宣传绿色消费的责任等；二是就效益因素而言，要求生产者、消费者等能够追求生态效益与经济效益的协调，既是要实现绿色生产，也是要实现绿色消费。[①]

与人类中心主义、非人类中心主义的观点相比较，马克思主义的环境伦理观，尤其是新时代生成和发展的习近平生态文明思想，对于生态经济具有更深层次的价值指引作用，是立足于生态经济发展实际的正确的环境伦理思想。因此，为了凸显环境伦理对于生态经济的实践价值，本书主要在马克思主义环境伦理理论的视角下，辩证地说明二者之间的关系。

二、马克思主义环境伦理为生态经济提供价值支撑

伦理本是单纯处理人与人之间的关系，但随着人类实践活动能力的提升，

[①] 张尹.新时代中国生态经济伦理的问题、误区与应对[J].云南社会科学，2022(01).

对自然环境的破坏危及了原本人伦关系的稳定,从而新设了诸多基于环境因素的人际关系。在此种背景下,将生态环境因素纳入伦理学的考察范畴,便成为时代的需要。在自然维度下,环境伦理表达着人与自然和谐共生的价值诉求。正如习近平总书记指出的:"自然是生命之母,人与自然是生命共同体,人类必须敬畏自然、尊重自然、顺应自然、保护自然。"[1]环境伦理之于生态经济而言,其既奠定了生态经济内部经济与生态要素的统一性,又指明了生态经济的发展道路与目标;同时也为生态经济强化了正确的价值立场。环境伦理为生态经济发挥着强烈的价值支撑作用。尤其是马克思主义的环境伦理,对生态经济的健康发展最具现实的指导意义。

(一)马克思主义环境伦理的整体主义视野奠定了生态经济的内在统一性

人与自然具有本质的统一性。一方面,满足人类的自然物质需求,离不开从自然界中获取物质资料。正如马克思所言:"自然界,就它自身不是人的身体而言,是人的无机的身体。人靠自然界生活。这就是说,自然界是人为了不致死亡而必须与之处于持续不断的交互作用过程的、人的身体。"[2]自然界是人类生存与发展不可或缺的物质生活资料来源,为包括经济发展在内的一切实践活动提供基本的自然前提。另一方面,人的社会属性也与自然密切相关,人类通过对自然界的认识与改造表现人类自身,展现人类存在的目的性。马克思指出:"人有现实的、感性的对象作为自己本质的即自己生命表现的对象;或者说,人只有凭借现实的、感性的对象才能表现自己的生命。"[3]通过改造自然界的实践活动,以此构建适应人自身生存和发展的物质与精神世界,构成了人类的全部历史。因此,从环境伦理的整体主义视野来看,人与自然间的关系具有内在统一性。

生态经济是新时代社会实践的重要组成部分,其内在的经济要素与生态要素,也具有在本质上的统一性。其一,经济与生态因素在自然物质层面统一于人的物质生活需要。相较于传统经济而言,生态经济满足了人民群众对于空气

---

[1] 习近平著作选读:第2卷[M].北京:人民出版社,2023:165.
[2] 马克思恩格斯文集:第1卷[M].北京:人民出版社,2009:161.
[3] 马克思恩格斯文集:第1卷[M].北京:人民出版社,2009:210.

新鲜、食品安全、水源洁净的生态优美的需要;相较于先在自然而言,生态经济满足了人民群众日常生产与生活的需要,正确处理两要素间的关系,在根本上是为人类生存与发展本身服务的。其二,经济与生态因素在社会层面上统一于人的目的性。在发展经济改善人民群众生活的同时,充分发挥人的主观能动性,防止群众权利的减损,创造一个符合人类生存与发展目的的绿色经济发展模式,是生态经济产生的目的,对经济与生态要素的配置统一于这一目的之下。因此,在环境伦理的整体主义视野下,生态经济内部的经济要素与生态要素在自然物质层面与社会层面均是统一的,符合人类文明进步的要求。综上所述,马克思主义环境伦理的整体主义视野奠定了生态经济的内在统一性。

(二)马克思主义环境伦理指导下的道路选择避免了生态危机的出现

在资本主义的生产模式下,资本的扩张过程也是自然资源被吸收、消耗的过程。资本扩张产生的资源枯竭、环境恶化的结果,导致其扩张本身的自然前提被破坏。[①] 马克思曾用"铸字房的烟雾,机器或下水道的恶臭,从楼下侵入,使楼上的空气更加污浊"[②]的文字描述工厂工人的生活状态,表达其对工人生活状态的担忧。随着资本扩张的加剧,资本过度吸收"自然界的自然力",造成私有资本积累与生态贫困积累增加,两者间的矛盾进一步加剧,从而造成自然资源枯竭、环境污染,进而引发生态危机。具体来看,资本主义生产模式下的生态危机是其经济模式的必然结果。首先,在没有政府监管的市场中,资本对产权不明晰的公共资源的占有和使用不需要支付任何费用。例如,在没有污染防治政策及法律的情形下,高污染企业向河道排放废水不需要付出任何经济成本。其次,对于吸收必须购买生产资料才能获得的自然力,资本家一般仅支付了开发自然资源的劳动力的价值,对自然力本身仍然分文不费。例如,对矿藏、电力资源的开发与使用,资本家仅支付给劳动者开发的成本。最后,有些自然资源,资本家虽有偿使用,但最终都转嫁给消费者,资本家仅垫付,但在本质上仍是免费取用。例如,资本家取用土地资源,最终承担土地资源开发与使用成本的仍然

---

① 鲁品越.社会主义对资本力量:驾驭与导控[M].重庆:重庆出版集团、重庆出版社,2008:55—56.

② 马克思恩格斯文集:第7卷[M].北京:人民出版社,2009:109.

是消费者。在资本主义社会模式下,资本家无偿地、无节制地使用自然资源、破坏环境,必然会引起深重的生态危机。

在资本逻辑下的西方发达国家"先污染,后治理"的经济发展模式,给西方发达国家和地区的人民带来了深重的灾难,历史上的各大气候灾难都昭示着西方发达国家对生态环境犯下的累累罪行。自 20 世纪 60 年代之后,虽然有美国退出《巴黎协定》开生态治理"倒车"的行径,但西方社会逐步向生态治理方面迈进,既有欧洲绿党在政治上的崛起,又有日本《哆啦 A 梦:大雄与绿之巨人传》《风之谷》《地球少女》等环保主题文化产品的诞生,西方社会对环境保护的重视程度逐渐提升。但是,发达国家强调生态环境保护的同时,将高能耗、高污染、低附加值的产业向发展中国家转移,向发展中国家输出落后产能,其从整体视角上看,仍是延续了"先污染,后治理"的道路。环境伦理对生态危机的批判揭示了发展生态经济不能走"先污染,后治理"的道路。习近平总书记强调:"推动经济高质量发展,绝不能再走先污染后治理的老路。只要坚持生态优先、绿色发展,锲而不舍,久久为功,就一定能把绿水青山变成金山银山。"[1]中国作为世界上最大的发展中国家,也是积极参与全球治理的负责任的大国,中国的生态经济必须坚持生态优先、绿色发展的理念,走生产发展、生活富裕、生态良好的文明发展道路。因此,于我国而言,生态经济的发展要克服资本逻辑对于生产的绝对支配,避免生态危机影响经济的可持续发展;要克服对于富裕的狭隘理解,将"留得住青山绿水,记得住乡愁"纳入生活富裕的范畴之中;要克服对"先污染,后治理"的西方发展模式的盲目模仿,将"绿色生产力"作为生产力发展的应然要求。与之相反,马克思主义环境伦理指导下的道路选择避免了生态危机的出现,为中国式现代化的生态之维指明方向。

(三)马克思主义环境伦理对全人类共同价值的遵循明确了经济的发展目标

在资本主义的生产模式下,货币是组织共同体的核心因素。正如马克思所言:"货币本身就是共同体,它不能容忍任何其他共同体凌驾于它之上。"在货币

---

[1] 习近平.论坚持人与自然和谐共生[M].北京:中央文献出版社,2022:138.

的驱动下,人类对于财富的欲望被空前激活,社会生产被不断向前推进。但与此同时,在这一共同体框架下,自然被降格为资本家牟利的工具,共同体中只有以货币为纽带的人与人的和谐,而将人与自然置于对立状态,并使二者共同臣服于金钱的统治。① 在金钱的统治下,人类对于自然的尊重、顺应与保护,从属于对金钱的尊重、顺从与依赖。马克思在《论犹太人问题》中言辞犀利地批判犹太人对于金钱的过度崇拜,指出:"金钱是人的劳动和人的存在的同人相异化的本质:这种异己的本质统治了人,而人则向它顶礼膜拜。"②对于金钱的过度迷信,割裂了人与人之间、人与自然之间的和谐共生的关系,使人外化为屈从于利己需要、听任买卖的对象。③ 从人本身的生存与发展出发,旧的环境伦理营造的虚幻共同体,虽创设了生产力发展的动力,但也消弭了共同体存续的自然前提。正如习近平总书记所言:"对人的生存来说,金山银山固然重要,但绿水青山是人民幸福生活的重要内容,是金钱不能替代的。"④马克思主义的环境伦理观,真正打破了虚幻共同体的迷思,为生态经济的发展明确了现实的目标。

马克思指出:"共产主义,作为完成了的自然主义,等于人道主义,而作为完成了的人道主义,等于自然主义,它是人和自然界之间、人和人之间的矛盾的真正解决,是存在和本质、对象化和自我确证、自由和必然、个体和类之间的斗争的真正解决。"⑤自然本质的复归是人本质复归的前提,发展生态经济的目的在于实现"作为完成了的自然主义等于人道主义",并最终实现共产主义。因此,发展生态经济首先要克服货币共同体的理念,着眼于全人类共同价值,倡导"人类命运共同体"意识。正如习近平总书记所说的:"面对生态环境挑战,人类是一荣俱荣、一损俱损的命运共同体,没有哪个国家能独善其身。"⑥只有在人类命运共同体框架下发展生态经济,生态观念与生态责任才能具有更加坚实的价值

---

① 董玲.马克思环境伦理思想探析——基于美丽中国视角[J].社会主义核心价值观研究,2018(06).
② 马克思恩格斯文集:第1卷[M].北京:人民出版社,2009:52.
③ 马克思恩格斯文集:第1卷[M].北京:人民出版社,2009:54.
④ 习近平著作选读:第1卷[M].北京:人民出版社,2023:113.
⑤ 马克思恩格斯文集:第1卷[M].北京:人民出版社,2009:185.
⑥ 习近平.论坚持人与自然和谐共生[M].北京:中央文献出版社,2022:231.

基础，才能克服金钱至上的理念，从维护全人类生存与发展利益的视角出发在具体实践中把握经济活动中生态行动的意义，才能激发更多企业和个人在生活环保行动中参与的积极性。综上所述，马克思主义环境伦理对全人类共同价值的遵循明确了生态经济的发展目标。

（四）马克思主义环境伦理对人民立场的坚持强化了生态经济的人民立场

人民立场是中国式现代化的根本价值取向，实现人与自然和谐共生是中国式现代化的重要要求。在中国式现代化道路上发展经济、保护生态环境均是为了实现最广大人民群众的利益。习近平总书记指出："发展经济是为了民生，保护生态环境同样也是为了民生。"①聚焦到生态经济，其内部诸要素的价值取向都应当是人民立场，其整体也应当始终保持人民立场。这一立场不是抽象的，而是具体的，它关乎人民群众吃饭、居住等日常生活的方方面面，是要将生态经济对人民群众方方面面产生的现实影响考虑在其发展的全过程之中。正如习近平总书记所强调的："如果经济发展了，但生态破坏了、环境恶化了，大家整天生活在雾霾中，吃不到安全的食品，喝不到洁净的水，呼吸不到新鲜的空气，居住不到宜居的环境，那样的小康、那样的现代化不是人民希望的。"②只有把人民群众的切实利益作为一把尺子对生态经济发展实际进行衡量，才不会出现"滁河南京浦口段大量死鱼事件"中地方生态环境局局长提出的"没有必要对水体做毒性分析"的荒谬结论。③ 坚持人民立场，是发展生态经济的根本立场。

进入新时代以来，我国的社会主要矛盾发生了巨大的变化，"人民日益增长的美好生活需要"越来越成为推动国家平衡、充分发展的驱动力量。在新时代，满足人民群众对于美丽生态环境的需要，已成为坚持人民立场的重要方面。习近平总书记在党的十九大报告中作出了鞭辟入里的论述：我们要在继续推动发

---

① 习近平著作选读：第2卷[M].北京：人民出版社，2023：172.
② 习近平著作选读：第1卷[M].北京：人民出版社，2023：604.
③ 2024年5月28日，据央视新闻报道，安徽滁州河水污染，出现大量死鱼死虾，记者调查发现，对于水体异常的现象，全椒县相关部门未经调查，凭经验回复"没问题"，对水质检测称"没有必要"。采访中，记者问道，"这水进入到河里，是不是有毒的，咱们作为环保部门也不知道？"滁州市全椒县生态环境分局局长窦某称没有必要对水体做毒性分析，"喝茅台也能喝死人，喝死人后，需要对茅台做毒性分析吗？我认为没有必要。"此言论引起了大范围的负面网络舆情。

展的基础上,着力解决好发展不平衡不充分问题,大力提升发展质量和效益,更好满足人民在经济、政治、文化、社会、生态等方面日益增长的需要,更好推动人的全面发展、社会全面进步。"① 满足人民群众的生态需要,并以此为基础推动人与社会的全面发展与进步,是我国发展的内在要求。因此,环境保护归根到底要满足人民群众的利益,而发展经济也是为了人民群众的利益,在人民利益的基础上调整经济与生态的现实关系以发展生态经济,是环境正义的必然要求。② 在人民立场的价值指引下,我国生态经济实践兼顾了人民群众的现实利益与长远利益,走出了一条能够协调生态要素与经济要素的文明发展道路。习近平总书记在总结中国经验的基础上得出结论:"实践表明,生态环境保护和经济发展是辩证统一、相辅相成的,建设生态文明、推动绿色低碳循环发展,不仅可以满足人民日益增长的优美生态环境需要,而且可以推动实现更高质量、更有效率、更加公平、更可持续、更为安全的发展。"③ 将坚持人民立场的环境伦理纳入生态经济实践,切实强化了生态经济的人民立场,促使生态经济行稳致远。

三、生态经济为正确环境伦理的运用与倡导提供现实基础

生态环境与社会经济之间本身就具有相互的密切联系。"良好生态本身蕴含着经济社会价值。"④ 环境伦理为生态经济提供价值导向与支撑,但仅正确认识生态经济的环境伦理对于理论而言是远远不够的。"批判的武器当然不能代替武器的批判,物质力量只能用物质力量来摧毁"。⑤ 生态经济为环境伦理提供现实基础,也为正确的环境伦理融入实践提供了物质载体。习近平总书记强调:"生态环境保护的成败归根到底取决于经济结构和经济发展方式。发展经济不能对资源和生态环境竭泽而渔,生态环境保护也不是舍弃经济发展而缘木求鱼,要坚持在发展中保护、在保护中发展,实现经济社会发展与人口、资源、环

---

① 习近平著作选读:第 2 卷[M].北京:人民出版社,2023:10.
② 高健,丁炫凯.生态革命背景下环境伦理制度化正义诉求探究[J].理论导刊,2019(12).
③ 习近平著作选读:第 2 卷[M].北京:人民出版社,2023:461.
④ 习近平著作选读:第 2 卷[M].北京:人民出版社,2023:465.
⑤ 马克思恩格斯文集:第 1 卷[M].北京:人民出版社,2009:11.

境相协调,使绿水青山产生巨大生态效益、经济效益、社会效益。"[1]习近平总书记的这段精彩论述,一方面将环境伦理的整体视角、道路选择、目标选择以及价值立场充分融入其对生态经济的实践要求之中,突出了环境伦理对于生态经济的价值导向作用;另一方面也强调了生态经济的载体作用,强调在正确环境伦理指导下的生态经济实践对于经济社会全面发展的重要意义。因此,正确认识生态经济对环境伦理的现实基础作用,也是认识二者间关系的重要方面。从经济的具体环节来看,生态经济应当划分为生态生产、生态分配、生态交换、生态消费四个方面内容。其中,企业和群众的日常生产生活对生态环境的影响最为重要、最为典型。因此,应当重点从生态生产和生态消费的角度,说明生态经济对环境伦理的现实影响。

(一)生态生产为综合效益观提供了运用基础

在生态环保领域,基于个人理性的原则,并不会自然而然地出现集体理性的结果。例如,高污染、高耗能的企业并不会因企业生产会损害公共利益而自然放弃企业自身的盈利。[2] 在美国曾有一家造纸公司的企业主,为防止造纸厂周边河流污染花费了数百万元,结果在单打独斗、无其他公司响应的情况下,公司倒闭,500多名员工失业,河流污染依旧。[3] 在生态生产方式尚未成为社会主流的情况下,企业主动承担环境治理的社会责任,不仅不能解决环境污染的问题,还会导致"劣币驱逐良币",使高污染、高耗能且未支付环保成本的企业在竞争中占据优势。当企业间经济利益无序角逐的情况下,兼顾经济效益、生态效益和社会效益的综合效益观便无法生成并适用。

生产方式的转变对于生态文明建设而言具有决定性意义,生产应当以何为导向是生产方式是否发生转变的重要标志。[4] 在资本主义社会既往的生产关系中,强大的资本力量驱使资本最大化地扩张,使得作为物质生产资料和生活资

---

[1] 习近平著作选读:第2卷[M].北京:人民出版社,2023:152.
[2] 郝云.经济理性与道德理性的困境与反思[J].上海财经大学学报,2005(02).
[3] [美]唐玛丽·德里斯科.价值观驱动管理[M].徐大建,郝云,张辑,译.上海:上海人民出版社,2005(10).
[4] 龚天平,何为芳.生态文明与经济伦理[J].北京大学学报(哲学社会科学版),2011(04).

料的自然物质被最大化地掠夺、消耗,进而引起自然资源枯竭、自然环境恶化的恶果。[1] 生产方式在现实中的转变,首先要确认高污染、高能耗经济行为是不道德的,明确其中经济至上、获利至上的错误;进而才能明确生态生产是传统生产模式正确的转型方向;从而明确生态生产的地位,使其成为诸多生产方式中的主流。

基于此,在国际上,国际标准化组织(ISO)于1996年制定了首批ISO14000环境管理系列标准,这一标准不仅用于处罚环境污染者,其中较少强调环境保护,更多的是以标准推进环境与经济均朝着有利的方向发展。[2] 欧盟推出的《绿色生态创新行动计划》,其实质性内容强调"法律""市场""产业""合作""财政"等诸多经济因素或与经济密切相关的因素,[3]可见,其生态创新始终与经济密切关联。

在国内,在习近平生态文明思想的指导下,我国将"建立健全绿色低碳循环发展经济体系、促进经济社会发展全面绿色转型",[4]确立为解决生态环境问题的基础策略,是以发展生态经济的方式将正确的环境伦理思想融入其中。在第一产业方面,提出"坚持质量兴农、绿色兴农,加快推进农业由增产导向转向提质导向,加快构建现代农业产业体系、生产体系、经营体系"[5]的战略;在第二、第三产业方面,提出"构建市场导向的绿色技术创新体系,发展绿色金融,壮大节能环保产业、清洁生产产业、清洁能源产业"[6]的战略,使绿色生产成为我国现代产业的主旋律。也正是在全球产业绿色化转型的进程中,马克思主义环境伦理中的综合效益观拥有了在实践中运用的现实基础,在实践中能够对生态经济发挥重要的指导作用。

(二)生态消费为生态消费观提供了指南

自然资源的有限性,应当使节约资源成为一种社会倡导的消费观念。一方

---

[1] 于时雨.环境伦理视阈下的现代道德人格构型[J].道德与文明,2022(06).
[2] [美]唐玛丽·德里斯科.价值观驱动管理[M].徐大建,郝云,张辑,译.上海:上海人民出版社,2005:291.
[3] 张敏.欧盟绿色经济的创新化发展路径及前瞻性研究[J].欧洲研究,2015(06).
[4] 习近平著作选读:第2卷[M].北京:人民出版社,2023:463.
[5] 习近平著作选读:第2卷[M].北京:人民出版社,2023:86.
[6] 习近平著作选读:第2卷[M].北京:人民出版社,2023:42.

面,无限制地掠夺、开发、利用不可再生资源,会直接影响到人类社会生产生活的可持续性;另一方面,对于可再生资源而言,资源浪费与环境污染也是消费行为可能产生的两大问题。因此,回收及循环利用可再生资源对于可持续发展而言至关重要。德国出台的《循环经济及其废物法》,旨在以法的强制力促进资源的可再生利用。我国对于一次性塑料的限制使用以及上海市推行的垃圾分类政策,也均致力于推进对于资源的循环利用。[①] 这些举措在一定程度上使人们获得了更多可利用的资源,为浪费打下了"坚实的基础"。但是,循环经济仅能做到"减量化"处理资源消耗与生产生活废物,如果长期过量消耗资源,仍然有资源紧张、环境恶化的风险。因此,在资源有限的基础上,需要建立起消费中含有生态保护因素的行为方式,以此推进正确生态消费观的形成与维持。

在消费层面,《上海市发展方式绿色转型促进条例》[②]对不同主体在促进绿色消费中的行动进行规范。公民个人应当在日常消费、出行、垃圾分类、光盘行动等方面积极参与;市发展改革部门应当控制重点企业煤炭消费总量、调控生产生活中的油气消费;其他主体应当着力丰富绿色消费场景,鼓励购买绿色家电、绿色照明、绿色建材、节能产品、节水器具等绿色低碳产品,鼓励安装和使用太阳能等可再生能源设施。正是在消费行为规范塑造的基础上,正确生态消费观能够在实践中得到倡导。正如习近平总书记所指出的:"在消费领域,要增强全民节约意识,倡导简约适度、绿色低碳的生活方式,反对奢侈浪费和过度消费,深入开展'光盘'等粮食节约行动,广泛开展创建绿色机关、绿色家庭、绿色社区、绿色出行等行动。"[③]在生态消费的行动中,正确的环境伦理观念能够在实践中得到充分的倡导。

与此同时,由于各地资源禀赋不同,也不能过分强调节能,而忽视了地方经济的发展。例如,在节约用电问题上,如果一味强调节约用电的美德,不考虑电力资源的具体产能,会使电力资源丰富的地区电力资源闲置,反而造成了资源

---

① 郝云.《管子》与现代管理[M].上海:上海古籍出版社,2001:281—282.
② 《上海市发展方式绿色转型促进条例》,上海市人民代表大会常务委员会公告〔16届〕第19号,2023年12月28日。
③ 习近平著作选读:第2卷[M].北京:人民出版社,2023:577.

的浪费,是忽视经济发展要求以及地方自然资源禀赋实际的错误消费观念。①因此,应当在立足于地方实际的基础上,在绿色消费规范原则的指引下,倡导能够兼顾多重效益的正确的生态消费观念。

第二节 环境伦理融入生态经济实践的典型案例

在探索绿色经济发展的道路上,广东与乌干达作为两个背景迥异的地区,却共同提供了环境伦理在生态经济实践融入的现实经验。同时,阳关林场的生态破坏也反映出在错误环境伦理观念指导下生态经济的失败教训。这些案例从正反两个方面均说明了正确环境伦理对生态经济实践的重大现实意义。

【案例引入】

广东迈向美丽中国先行区②

广东经验主要包括城乡生态环境修复的探索、增强经济社会发展绿色转型内生动力两个部分内容。

广东省城市生态环境修复主要聚焦在深圳,截至2023年,深圳市的商事主体总量攀升至422.3万户,常住居民人数增长至1 779.01万。伴随庞大的人口与经济活动,每日产生的生活垃圾量已逼近3.2万吨。为了解决这一问题,深圳龙岗能源生态园,原为传统的垃圾焚烧设施,如今已进化成一个集多功能于一体的郊野生态公园。在这里,不仅融合了生产与办公的实用性,还融入了休闲、科普和绿色旅游的多样性,四周被葱郁的植被所包围,成功扭转了以往人们对于此类设施的排斥心理,转而成为惠及周边的宝贵资产。该焚烧厂在垃圾处理技术层面展现出卓越效能,其焚烧锅炉热效率高达约85%,而汽轮发电机效率也达到27%的高水平。

在乡村生态治理方面,2023年省生态环境厅领头制定了《实施"百县千镇万村高质量发展工程"生态环境保护政策措施》。这项政策着眼于三大方向,共包

---

① 郝云.《管子》与现代管理[M].上海:上海古籍出版社,2001:279.
② 郑玮.广东迈向美丽中国先行区:共筑城乡生态大底座,激活绿色经济新质能[N].21世纪经济报道,2024-6-5:11.

含26条细则,旨在强化县域污染治理与生态保护、驱动县域产业向生态化转型、并深化生态环境领域的制度改革。在这样的政策背景下,揭阳普宁市南溪镇成为一个经典案例。当地通过系统性清理内河河道、河涌及内湖内港的淤泥,并全面治理农村面源污染,使得境内超过30千米的内河水系从淤塞严重恢复到通航深度超过2米,水质显著改善。这一生态复苏不仅美化了环境,也开辟了生态产业化的广阔前景。南溪镇乘着生态修复的东风,携手社会资本,共同培育出"现代农业+生态旅游"的新兴业态。

同时,广东领头的制造业企业双管齐下,一方面通过增强绿色科技的创新能力来促进生产方式的绿色变革;另一方面,各行各业日益增长的低碳转型需求促进了新能源、节能环保等绿色服务行业的蓬勃发展,为区域经济注入新鲜活力。在广东省,汽车产业在绿色转型的大潮中展现了许多创新实例,尤其是在2023年末,广汽埃安凭借综合运用光伏发电、储能配置、生产流程优化、节能减排措施以及碳汇购买等多元策略,成功建立了广汽集团内部首个实现零碳排放的工厂。广汽埃安为此投资了2 500万元,建立起年发电量接近2 000万千瓦时的光伏储能系统,并采用了涂装车间湿循环热泵、RTO余热回收系统及锅炉低碳改造技术,大幅减少了每辆车生产过程中的水电气消耗。同年10月,公司经由广州碳排放权交易中心,购入广州碳普惠及国际VCS碳减排量共计22 770吨,有效抵消了2022年度的碳排放,顺利取得碳中和认证。

广东正全链条地构建起具有本土特色的绿色制造生态系统,而以节能环保产业为标志的绿色服务领域。随着产业结构绿色转型的深化,更多行业的低碳转型需求为节能环保产业的成长开辟了广阔天地。据统计,广东省环保产业的营业收入在2020年首登全国榜首,2021年以约4 300亿元的规模保持领先,较前一年增长19.4%,占全国总营收的约20%,显示出近四年来平均每年10.7%的强劲增长态势。

【案例问题讨论】

广东省在正确处理生态经济与环境伦理关系方面形成了哪些经验?

广东省生态经济发展的案例,体现出正确环境伦理在实践中的运用。首先,无论是深圳龙岗能源生态园将垃圾焚烧设施转变为生态公园,还是广汽埃安实现零碳排放的工厂建设,都通过技术创新实现了经济发展与环境保护的双赢。这表明在追求经济效益的同时,企业和社会也在积极履行保护环境的责任,尊重自然生态的价值,体现了环境伦理中的人与自然和谐共生的整体主义视野。其次,广东省通过制定《实施"百县千镇万村高质量发展工程"生态环境保护政策措施》等政策,不仅为生态修复和产业转型提供了方向和方式,而且利用市场机制激励企业和社会资本参与其中,这种做法平衡了经济发展与环境保护的需求,体现了环境伦理中的代际公平与可持续发展的原则。再次,南溪镇的案例,说明生态修复项目在改善生态环境的同时,也能带动地方经济的发展,通过"现代农业+生态旅游"的模式,能够以发展生态经济让地方居民获益,实现生态效益与社会效益的统一。这体现了马克思主义环境伦理中的人民立场,即因地制宜发展生态经济应当考虑并惠及人民群众的实际利益。最后,广汽埃安通过碳汇购买和参与碳排放权交易,展示了企业主动承担碳减排责任的行为,这不仅符合全球气候治理的目标,也是对马克思主义环境伦理中全人类共同价值的遵循。综上所述,广东经验展现了生态经济与环境伦理间良性互动的多维可能性,为实现可持续发展提供了宝贵的实践经验。

【案例引入】

乌干达的绿色经济发展之路①

乌干达在现代化发展道路上面临着复杂多样的环境难题。其一,工业化和城市化进程中的工业废弃物与生活垃圾未经妥善处理直接排入水体,严重威胁饮用水源的安全。其二,大规模的森林砍伐不仅导致生物多样性遭破坏,还影响了碳汇能力,加剧了气候变化。其三,湿地、河岸线及湖滨区域等自然缓冲区遭受侵蚀,破坏了其作为野生动植物栖息地和自然防洪屏障的功能。其四,石油与天然气开采、城市扩张中产生的废弃物以及地方政府未能有效处理的垃圾,共同构成了环境治理的重大障碍。其五,非法或不规范的采砂、采金作业破坏了土地结构,污染了土壤和水源,对当地生态环境造成长远伤害。其六,全球气候变化加剧了乌干达地区山体滑坡、土壤侵蚀、洪水泛滥和河流淤积等问题,

---

① 赵欢,柯昀含.乌干达的绿色经济发展之路[J].世界环境,2016(05).

威胁到人民的生命财产安全和农业生产。

乌干达针对环境挑战,采取了立法与机构建设等多方面措施。自1995年起,通过实施《乌干达共和国宪法》《国家环境政策》《国家环境法》,成立国家环境管理局(NEMA),强化了环境保护的法制基础与管理体制。同时,该国制订了宏大的三十年发展规划,旨在从传统的农业贫困状态转型为现代化的繁荣经济体,这一愿景通过国家发展计划(NDP)具体实施,其中,绿色经济在其中扮演着重要角色。乌干达推动绿色经济的核心策略聚焦于三个关键领域:首先,利用可再生能源作为低碳经济发展的驱动力,强调高效环保的固体废物管理系统;其次,借助丰富的自然资源与文化多样性,大力发展旅游业,以此作为绿色经济的增长点;最后,乌干达在有机农业领域展现出显著进展,拥有非洲增速最快的有机认证土地,总面积达到28.84万公顷,占比超过全国农业用地的10%。

【案例问题讨论】

乌干达在应对环境挑战进程中,形成了哪些可借鉴的实践经验?

乌干达的生态经济发展之路是一个充满挑战与希望并存的过程,该国在现代化发展过程中遇到了多方面的环境难题,包括水质污染、森林资源损耗、生态脆弱地带受损、废物管理不善、无序采矿活动以及气候变化引发的自然灾害等。面对这些挑战,乌干达政府采取了积极的应对措施,展现出对绿色转型的坚定决心。

首先,乌干达政府通过制定相关立法以及政府管理机构,彰显出在经济的绿色化转型中的政府责任,同时以包含政府公信力的三十年发展规划,奠定了经济可持续发展、维护代际公平正义的责任基础。其次,乌干达在推动绿色经济的过程中,注重发展可再生能源、高效环保的固体废物管理系统、生态旅游以及有机农业。特别是在有机农业领域,乌干达取得了显著成就,拥有非洲增速最快的有机认证土地,这不仅有助于环境保护,还促进了农村经济和减少了贫困,从实践中做到了正确处理经济发展与生态环境保护之间的关系。再次,乌干达在绿色经济发展的过程中,注重了第一、第二、第三产业的协同并进,在国家发展计划的指导下系统推进,在系统思维的基础上推进绿色经济的发展,将整体主义的环境伦理自觉运用在了绿色经济的发展过程中,进而实现了其发展模式的成功。最后,乌干达在生态经济发展的道路上致力于平衡经济增长与环境保护,减少贫困,提高民众福祉,为发展中国家向绿色经济转型提供了宝贵的经验。

第三节 生态经济中的环境伦理问题

第二次世界大战以后,各国工业的发展首先带来了环境污染问题。基于此,西方各国先后制定出控制污染物的环境法律。美国于1955年制定《空气污染控制法》,德国于1974年出台《联邦污染防治法》,韩国于1975年出台《公害防治法》。随着经济发展水平的提升,在先破坏后治理的模式下,土地、森林、水、大气等自然资源遭受严重破坏,经济与生态关系再一次失衡,以保护生态资源为主要内容的立法开始盛行。例如,1970年密歇根州制定《环境保护法》,把空气、水等自然资源纳入保护范畴,1972年日本出台《自然环境保全法》,也突出对自然资源无序利用的限制与保护。[1] 上述立法正是在思考经济发展中的现实环境伦理问题中产生的。20世纪60年代以后,随着社会经济的不断发展,企业作为经济主体,对环境采取的破坏行动越来越影响到了民众的日常生活,成为群众评价企业形象的重要维度,企业的生态环境责任越来越受到各方主体的重视。[2] 但是,审视政府、企业以及公民个人等主体在现实中的做法,不难发现在生态理论主导下的经济发展模式,仍存在着诸多现实的环境伦理问题。

一、政府层面:部分地方生态环境法治实施偏离价值导向

当前,我国立法中也存在着经济促进法中的环境保护条款[3]以及民商经济

---

[1] 刘超.生态空间管制的环境法律表达[J].法学杂志,2014(05).
[2] 郝云.《管子》与现代管理[M].上海:上海古籍出版社,2001:34.
[3] 《中华人民共和国循环经济促进法》第4条、第5条、第6条、第10条、第12条、第14条、第17条、第18条、第19条、第25条、第26条、第28条、第29条、第37条、第47条、第51条;《中华人民共和国中小企业促进法》第4条、第24条;《中华人民共和国清洁生产促进法》第2条、第4条、第5条、第8条、第11条、第12条、第13条、第16条、第17条、第18条、第20条、第22条、第23条、第24条、第25条、第27条、第28条、第29条、第36条、第39条;《中华人民共和国乡村振兴促进法》第3条、第19条、第34条、第36条、第37条、第38条、第40条、第55条、第61条、第73条。均突出了环境保护在经济发展中的重要性。

立法中的惩罚性赔偿条款①,反映出我国制度设计中对于经济发展中环境正义问题的关注,也反映出我国在生态环境领域立法的巨大进步。但是,"法律的生命在于付诸实施"。上海财经大学浙江学院调研团队在对浙中地区生态经济进行调查时发现,大部分乡村地区对生态经济协调发展比较重视,但有的地方仍存在引进易造成污染的工厂,未制定具体的遏制工业废水、废弃物的政策法规,生态建设工作机制不健全且职责界定不清的个别情况。② 这反映出生态法治实施体系仍存有一定的改善空间。无独有偶,2021 年 12 月,中央督察发现黑龙江省某地存在着大量由"未批先建"引起的占用黑土地的问题,严重破坏了黑土耕地以及永久基本农田。由于侵蚀沟治理行动推进缓慢,导致多条侵蚀沟近年来快速扩大,黑土耕地严重损毁。同时,耕作层表土资源保护不到位,超过 180 万立方米黑土资源所在耕地被直接占用,严重降低了黑土资源的利用效率。③ 这些由"未批先建"引起的土地资源浪费及破坏,也同样反映出政府在生态经济建设中未能坚持正确的环境伦理原则。此外,湖南省某地对水体整治问题弄虚作假,在 2018 年发现水质问题后,直到 2023 年当地太平溪仍存在严重的水质问题,甚至在 2024 年仍然有日均 5.8 万吨生活污染排入太平溪。④ 这种情况不仅是对法律尊严的践踏,更是对群众情感的伤害。

二、企业层面:部分企业生态思维融入企业价值观困难

在发展生态经济的现实背景下,诸多企业仍然固守着获取利益最大化的企

---

① 《中华人民共和国民法典》第 1232 条:"侵权人违反法律规定故意污染环境、破坏生态造成严重后果的,被侵权人有权请求相应的惩罚性赔偿。"《中华人民共和国环境保护法》第 59 条第 1 款:"企业事业单位和其他生产经营者违法排放污染物,受到罚款处罚,被责令改正,拒不改正的,依法作出处罚决定的行政机关可以自责令改正之日的次日起,按照原处罚数额按日连续处罚。"
② 上海财经大学浙江学院浙中调查项目组.浙中调查 2020:扎根浙中大地 助力乡村振兴[M].上海:上海财经大学出版社,2022:15.
③ 生态环境部宣传教育司.黑龙江绥化市黑土地保护不力 违法占用黑土耕地问题严重[EB/OL].2022—1—9. https://www.mee.gov.cn/ywgz/zysthjbhdc/dcjl/202201/t20220109_966467.shtml.
④ 中央生态环境保护督察协调局.湖南省部分城市水环境基础设施问题突出 污水直排现象大量存在[EB/OL].2024—5—27. https://www.mee.gov.cn/ywgz/zysthjbhdc/dcjl/202405/t20240527_1074168.shtml.

业价值观念，仍然将经济、生态与伦理三者割裂看待，在这一价值观指导下从而产生以制造污染、破坏生态环境为代价的经营事实。例如，2021年，中央生态环境督查组发现陕西存在着大气污染"老大难"问题，主要包括企业对环境的粗放管理，治理装置建设滞后且部分运行不正常，导致甲烷、二氧化硫等气体排放严重超标，砖瓦窑存在布局不合理且治理效度低等问题。

有学者对于企业在生态保护中的消极思维定式做出过精辟的总结：第一种常规的思维定式认为，环境问题是企业迫于政府的压力才要解决的，企业是为了应付政府的检查或者为了避免违反政府规定而受惩罚才进行环境保护。第二种"成本-效益"的思维定式认为，在清洁环境、生产产品和提供服务保护环境时，会发生一些成本，也会产生一些收益。如果收益大于成本，就应当去做；如果收益小于成本，即使有利于环境，也不能去做。第三种限制因素的思维定式认为，经济价值是企业的主要关注点，其他的价值都是限制商业发展的因素。第四种可持续发展的思维定式认为，无法将企业、伦理和环境整合在一起的部分原因是政府管理太多。第五种环境盲的思维定式认为，企业除了利润最大化外，别的什么都不应当管。即使企业进行环保，也是为了赚钱。[①] 这种思维定式，将环境保护视为是企业可有可无的负担，企业进行环保活动应当服务于其获得经济利益的目的。换言之，对于企业而言，经济利益的价值位阶要高于生态效益，在企业价值选择中要优先选择经济利益。这种观点在生态经济建设的当下是不合时宜的落后观点。

三、个人层面：绿色消费观在实践中部分失效

在资本的驱使下，当代的绿色消费观主要面临两大挑战：一是居民生活水平的提升导致人们在为物质买单的同时也为精神需要买单，而精神需要的价值无法被清晰界定，致使生态消费观难以有效规范实际消费行动。传统的节用行为，被看作生活水平低下的体现，成为被资本的力量所鄙夷。因而在部分群体中形成了扩张性的消费生活方式，形成对高消费的崇拜，进而导致了铺张浪费，

---

① 张志丹.道德经营论[M].北京：人民出版社，2013：132.

削减了经济可持续发展的能力。例如,生产"雪糕刺客"爆火的某企业,在2021年销售金额达到2亿元。但在2022年持续"爆雷"后,其雪糕价格从几十元下降至几元,可见其物质价值或许仅值几元钱,而人们更多的是为自身精神需求买单。其二,由于物质的丰盈,异化消费也带来了巨大的异化市场。① 过度包装的月饼、被拉菲草"淹没"的护手霜、草莓"黑金礼盒"等现象的出现,颇有当代"买椟还珠"的意味。但是,这些异化的消费市场,不仅是消费者非理性消费的问题,这些包装也成为城市垃圾的重要来源。据统计,我国包装废弃物约占城市生活垃圾的30%~40%,而这些包装废弃物的产生多半来自过度包装。② 在资本的裹挟下,绿色消费观在实践中部分失效,并给我国生态环境带来了严重的影响。

环境伦理问题与群众对于现代性的认识密不可分。在资本逻辑下诞生的"消费主义"将购买新产品、消耗更多资源作为生活满足感的来源。在消费主义的影响下,获得更多利己的资源成为在现代消费层面人们心目中的唯一指标,进而在经济高速发展的过程中理所当然地更多地消耗自然资源,最终引发资源的浪费与破坏,同时也引发一系列问题。一方面,不健康的消费模式给人本身带来的幸福感是不可持续的。对非必需品和一次性商品的消费,加剧了资源的枯竭和环境污染,如塑料污染、碳排放增加等,这些问题反过来又会影响人类的生活质量,造成空气和水质恶化,从而减少了长期的幸福感。同时,将幸福寄托于不断购买新物品上,并不能解决深层次的情感需求,反而可能加剧内心的空虚感和不满足感。另一方面,由于地球上的自然资源是有限的,当代对资源的过度消耗,必然会给未来人类带来资源紧张甚至枯竭的恶果,进而产生代际间资源享有的不公平。③ 综上所述,绿色消费观在实践中的部分失效,应当被作为生态经济中的重要环境伦理问题,并被给予更多的关注。

---

① 张尹.新时代中国生态经济伦理的问题、误区与应对[J].云南社会科学,2022(01).
② 李国.让包装"瘦身"成为新风潮[N].工人日报,2023-09-12:7版.
③ 马成慧.环境伦理的代际维度——"人类世"中完善环境伦理责任的可能性[J].云南社会科学,2022(01).

第四节　环境伦理融入生态经济的实践路径

面对部分地方生态环境法治实施偏离价值导向、部分企业生态思维融入企业价值观困难、绿色消费观在实践中部分失效等现实问题，考虑如何将正确的环境伦理观念融入生态经济，是我国当下所需思考的问题。发展生态经济应当坚持马克思主义环境伦理的基本原则，以习近平经济思想和习近平生态文明思想为理论指导，在生态经济发展全过程中厘清生态环境保护与经济发展之间的关系。具体而言，应当坚持习近平生态文明思想对生态经济的理论指导，深入推进正确环境伦理融入生态经济实践，加快完善生态环境法治体系等方式，使正确环境伦理融入生态经济之中。

一、坚持习近平生态文明思想对生态经济的理论指导

"绿水青山就是金山银山"，阐述了经济发展和生态环境保护的关系，揭示了保护生态环境就是保护生产力、改善生态环境就是发展生产力的道理，指明了实现经济发展和环境保护协同共进的新路径。绿水青山既是自然财富、生态财富，又是社会财富、经济财富。保护生态环境就是保护自然价值和增值自然资本，就是保护经济社会发展潜力和后劲，使绿水青山持续发挥生态效益和经济社会效益。[①] 在习近平生态文明思想"两山论"的指导下，经济发展与生态环保不再是一个全然对立的命题，而是成为一个对立统一的关系，实现了对经济效益与生态效益在理论上的兼顾。对于指导生态经济的各个具体场域，均具有重要的实践意义。

其一，习近平生态文明思想继承了马克思主义环境伦理的整体主义视野，用系统思维把握了生态经济的伦理实质。习近平总书记强调："经济发展不应是对资源和生态环境的竭泽而渔，生态环境保护也不应是舍弃经济发展的缘木求鱼，而是要坚持在发展中保护、在保护中发展，实现经济社会发展与人口、资

[①] 习近平著作选读:第 2 卷[M].北京:人民出版社,2023:171.

源、环境相协调,不断提高资源利用水平,加快构建绿色生产体系,大力增强全社会节约意识、环保意识、生态意识。"①在具体问题上,习近平生态文明思想能够运用系统思维分析问题。例如,在碳达峰、碳中和以及经济社会发展全面绿色转型等问题上均能体现系统思维在其中的运用。习近平总书记强调:"实现碳达峰、碳中和是一项多维、立体、系统的工程,要坚定不移贯彻新发展理念,坚持系统观念,处理好发展和减排、整体和局部、短期和中长期的关系,把碳达峰、碳中和纳入生态文明建设整体布局,以经济社会发展全面绿色转型为引领,以能源绿色低碳发展为关键,加快形成节约资源和保护环境的产业结构、生产方式、生活方式、空间格局,坚定不移走生态优先、绿色低碳的高质量发展道路。"②

用习近平生态思想的系统思维指导实践,包含着四点基本要求。

其一,应当认识到经济系统是更大生态系统的一部分,这意味着经济活动必须在环境承载力的限制下进行,不能损害生态系统的健康秩序和稳定性。其次,在生态经济中,经济行为与生态后果之间的因果链往往是复杂且多样的。因此,应当识别并分析经济活动对自然资本(如水、空气、土壤、生物多样性)的影响以及这些资源的变化如何反馈到经济系统中。例如,过度开采自然资源会导致生态退化,进而影响经济的可持续性。再次,应当突出强调长期利益和代际公平,考虑经济活动对未来世代的影响。这涉及对生态阈值的尊重,确保当前的发展不损害后代满足其需求的能力。最后,应当鼓励人类社会与自然界的和谐共生,在经济发展的同时,促进生态系统的维系与生物多样性的保护。

其二,习近平生态文明思想始终坚持着生态经济的人民立场。习近平总书记强调:"要坚定推进绿色发展,推动自然资本大量增值,让良好生态环境成为人民生活的增长点、成为展现我国良好形象的发力点,让老百姓呼吸上新鲜的空气、喝上干净的水、吃上放心的食物、生活在宜居的环境中、切实感受到经济发展带来的实实在在的环境效益,让中华大地天更蓝、山更绿、水更清、环境更优美,走向生态文明新时代。"③首先,在习近平生态文明思想的指导下,生态经

---

① 习近平著作选读:第1卷[M].北京:人民出版社,2023:114.
② 习近平著作选读:第2卷[M].北京:人民出版社,2023:455.
③ 习近平著作选读:第1卷[M].北京:人民出版社,2023:434.

济以人民的美好生活需要为导向,通过环境保护为提供清洁的空气、安全的饮用水、健康的食品等基本生态产品,提升人民的生活质量和幸福感。其次,生态经济强调环境权益的公平分配,防止环境污染和生态破坏对特定群体(如低收入群体)造成不成比例的影响,确保所有人群都能公平享受生态服务,减少环境不公现象,实现环境正义。再次,环境与健康息息相关,生态经济的发展策略致力于减少空气、水、土壤污染,保障人民免受环境健康风险。通过减少环境污染,改善公共卫生条件,生态经济有助于降低因环境污染导致的疾病发生率,保护人民的生命健康权。最后,生态经济鼓励绿色生产和消费,为人民提供更多绿色就业机会,促进经济结构的转型升级,保障人民的就业权和发展权。通过发展绿色产业,如可再生能源、生态农业等,既创造了就业,又保护了环境,实现经济发展与环境保护的双赢。

其三,习近平生态文明思想要求树立节约集约循环利用的资源观。习近平总书记强调:"要树立节约集约循环利用的资源观,实行最严格的耕地保护、水资源管理制度,强化能源和水资源、建设用地总量和强度双控管理,更加重视资源利用的系统效率,更加重视在资源开发利用过程中减少对生态环境的损害,更加重视资源的再生循环利用,用最少的资源环境代价取得最大的经济社会效益。"[①]这一思想体现了习近平总书记对于自然资源使用的系统性思考,以节约集约循环利用的资源观为中心,要求将节约资源放在首位,以此进一步要求培养全社会的节约意识,养成节约的行为习惯,进而使节约原则能够在生产、流通、消费等各个环节贯彻。同时,集约利用改变传统的粗放型资源利用模式,向注重内涵的集约型转变,其注重提高单位面积或单位投入的产出效率,并减少资源消耗和环境影响。循环利用则鼓励和推广循环经济模式,促进生产、流通、消费过程中资源的减量化、再利用和资源化(3R原则),构建废弃物循环利用体系,延长资源产品的生命周期。这一思想旨在通过综合施策,实现经济发展与环境保护的双赢。此外,生态经济鼓励人民参与环境保护和生态建设实践,通过公众参与、社区共治等形式,让人民成为生态保护实践的主体,增强其在环境

---

① 习近平著作选读:第1卷[M].北京:人民出版社,2023:611.

保护决策中的发言权和影响力,保障人民的环境知情权、参与权和监督权。综上所述,坚持生态经济的人民立场,确保了经济发展与环境保护的和谐统一,不仅提升了人民的生活质量,而且保障了人民基本环境权益,为实现人与自然和谐共生的现代化奠定了坚实的基础。

其四,习近平生态文明思想指出了科学技术对于生态经济发展的支撑作用。习近平总书记强调:"生态文明发展面临日益严峻的环境污染,需要依靠更多更好的科技创新建设天蓝、地绿、水清的美丽中国;能源安全、粮食安全、网络安全、生态安全、生物安全、国防安全等风险压力不断增加,需要依靠更多更好的科技创新保障国家安全。"[1]科学技术进步能够帮助我们更有效地利用有限的自然资源,通过开发和应用节能、节水、节材技术,实现资源的高效循环和综合利用,减少资源浪费和环境负担。同时,在应对气候变化和环境污染的挑战中,科技创新是寻找解决方案的核心。绿色低碳技术,如电动车、氢能技术等,对于减少碳足迹、实现碳中和目标至关重要。此外,科技进步推动传统产业改造升级,促进高耗能、高污染行业向绿色低碳转型。新兴的绿色产业,如清洁能源、绿色建筑等,成为新的经济增长点,为经济发展注入绿色动能。习近平生态文明思想为生态经济的发展指明了面向现代化、走向未来的前进方向。

二、将生态环境行为规范融入生态经济实践

我国在水污染治理方面采取了诸多技术手段,均不能完全杜绝水污染的情况。无论是科学技术还是法律手段,均不能做到对于生态环境的完全监控[2],这就需要通过生态伦理规范对人们进行劝导,增强环境污染的治理效度。同时,就人与土地的关系而言,美国学者奥尔多·利奥波德认为,土地不应当被视为一种商品或仅是由经济力量支配的交易对象,而是应当类比为家庭成员,即对土地不应当仅享有特权,而应当履行更多的责任与义务,如此才能满足人类长

---

[1] 习近平著作选读:第1卷[M].北京:人民出版社,2023:494.
[2] 曹康康,曾建平.论生态环境伦理治理的合理性——基于马克思主义环境治理学的视角分析[J].哈尔滨工业大学学报(社会科学版),2020(02).

远生存与发展的需求。① 因此,也应当启发作为个体的人主动承担更多的责任。此外,在气候治理方面,气候治理是全球范围内一场深刻的革命,它不仅是一个经济问题、生态问题,同时也涉及民族主义与全人类价值争端的问题,还有发达国家与发展中国家以及各个具体国家如何分担责任才能做到公平的问题。② 综上所述,深入推进正确环境伦理融入生态经济,在环境保护的诸多视域下均具有现实的紧迫性。应当以提升社会大众的环境意识为目标,在多处着手并持续加强,从而使多方主体在市场经济条件下能够自觉践行正确的环境伦理。

　　于政府而言,应当强化其自身的生态文明宣传与监督作用。一方面,政府应当广泛地向广大群众及企业宣传生态环保理念。其一,生态环境行政机关可以鼓励和支持公众参与环境保护活动,如植树造林、垃圾分类、节能减排挑战赛等实践活动,通过实践增强公民的环境保护意识。其二,大中小学校可以将环境伦理教育纳入"大思政课"建设体系,在从幼儿园到高等教育各个阶段开设环境伦理相关的选修课程,形成完整的环境教育链条。其三,各地方融媒体平台可以利用社交媒体、网络平台、电视广播等多种媒介,推广环保公益广告、纪录片、短视频等形式进行正确环境伦理宣传。另一方面,政府应当加强对教育宣传工作的监督。通过建立教育宣传效果的评估体系,定期调研公众环保意识和行为状况,及时调整宣传教育策略。同时,政府应当建立有效的学习反馈渠道,鼓励公众反馈,便于了解教育宣传的真实效果,确保教育内容贴近实践,满足不同群体的需求,并尽可能地在实践中取得实效。

　　就企业而言,应当积极践行政府主导的宣传教育理念及内容,承担生态保护的社会责任,通过绿色生产和公益活动传播正确的环境伦理理念,树立在社会中的良好形象。习近平总书记强调:"要加强对有关部门、沿江省市、相关企业领导干部的专题培训,提高坚持生态优先、绿色发展的思想认识,形成共抓大

---

① 徐天成. 对立中的统一:利奥波德的占有观与环境伦理[J]. 南京林业大学学报(人文社会科学版),2023(01).

② 王国聘. 环境伦理学研究的历史传统和时代使命[J]. 南京林业大学学报(人文社会科学版),2023(04).

保护、不搞大开发的行动自觉。"①对于企业而言,生态优先、绿色发展的思想认识也应当成为企业价值观的主流认识。在国际层面,ESG[环境(Environmental),社会(Social) and 公司治理(Govermance)]概念于2004年在《有心者胜》(Who Cares Wins)的报告中提出,并成为当代全球企业经营发展的新方向。ESG强调了企业对"生物多样性、气候变化、污染与资源、环境供应链、水资源安全"等方面的责任;更强调公司与社会的交互性,强调企业通过履行环保责任来实现自身的发展目标。同时,其也能够与全球生态环境治理相衔接,作用于全人类可持续发展的视域之下。② 可见,将环境伦理融入企业价值观,是全球生态经济发展的现实要求,也是发展趋势。在这一现实背景下,更应当强调企业责任在实践中落实。首先,企业应当鼓励员工进行环保培训,提升其环保意识和能力,鼓励员工参与到企业的环保行动之中。其次,企业应严格遵守国家和地方的环保法律法规,执行"三同时"制度,并定期向政府部门报告环境绩效。再次,企业应当建立和维护ISO14001等国际认可的环境管理体系,积极开展践行ESG理念的行动,将环境责任融入企业自身价值观中。最后,可以采取高效节能技术和设备,废物回收再利用技术,研发环保新技术和清洁生产方法等技术辅助手段,推动正确环境伦理的践行。

就公民个人而言,应当自觉践行绿色消费理念,以实际行动在日常生活中减轻生态环境的负担。首先,公民应当积极参与到环保宣传教育活动中,了解环保基本常识和最新环保政策法律法规,提高自身的环保理论素养。其次,公民应当将绿色消费理念落到实处。尽量优先选择带有环保标志产品和绿色低碳商品进行购物,如有机食品、节能电器等,以此节约资源、能源。同时,应减少一次性商品的购买与使用,如使用可重复使用的购物袋、餐具等,减少一次性塑料垃圾的产生。在合适的前提下,可以支持二手市场和循环利用产品,通过购买和出售二手商品,延长产品使用寿命,提升产品的利用效率。此外,应当做到理性消费,自觉规避消费主义陷阱,减少过度消费和资源浪费,减少因不健康的

---

① 习近平.论坚持人与自然和谐共生[M].北京:中央文献出版社,2022:223.
② 朱慈蕴,吕成龙.ESG的兴起与现代公司法的能动回应[J].中外法学,2022(05).

消费观念造成的不必要的资源消耗。最后,公民也应当自觉养成绿色健康的生活方式。在坚持节用理念的基础上,采取使用节能灯泡等形式节约水电,采取步行、骑自行车、乘坐公共交通工具的方式低碳出行。同时,通过学习垃圾分类,促进资源回收利用,积极参与社会废物回收项目,提升资源回收效率,以自觉行动减轻因生活方式而产生的环境污染问题。

通过对政府、企业、个人三方主体提出实践中的环境伦理要求,能够推进环境伦理从理论走向实践,培养政府、企业、个人三方主体不同内容又有相同价值观的环境责任感和参与意识,以环境伦理的实践规则促进各方主体在生态经济中的正确参与,进而共同促进美丽中国建设和全球的可持续发展。

三、加快完善生态环境法治体系

有效的环境保护应当有具体明确的制定法对正确的环境伦理规则进行保障,以法律的形式将不符合群众利益的行动拒斥在社会规范之外。[①] 进入新时代以来,我国生态环境法律规范体系逐步完善,但法律实施体系仍需加强。因此,在实践中应当着力加快完善生态环境法律实施体系,以此作为法治保障推进正确环境伦理融入生态经济。加快完善生态环境法律实施体系,需要从立法、执法、司法、守法等法治建设的全过程出发,逐步完善,形成推进正确环境伦理融入生态经济的法治合力。

在立法方面,应当针对生态环境保护的新领域、新问题,及时出台或修订相关法律法规,确保法律规范能够针对时代问题,与时俱进。例如,为实现2030年"碳达峰"与2060年"碳中和"目标实施法治保障,我国出台了《碳排放权交易管理暂行条例》《国务院关于加快建立健全绿色低碳循环发展经济体系的指导意见》《市场监管总局关于统筹运用质量认证服务碳达峰碳中和工作的实施意见》等行政法规或规范性法律文件,填补了在立法方面的空白,使生态环境法律的实施有了更加明确的法律依据。

在执法方面,应当加强生态环境保护部门的执法力量,着力提高执法人员

---

① 郝云.利益理论比较研究[M].上海:复旦大学出版社,2007:278.

的专业素养和执法水平;同时,应当加强辅助技术的运用,优化环境执法领域的管理与合作。具体而言,可以利用大数据、云计算、物联网等现代信息技术手段,提升环境监管的智能化、精细化水平;同时,应当加强区域的执法协同,建立健全的跨区域联防联控机制,解决跨界环境污染和生态破坏问题。在人员、技术、管理等因素的优化配置的保障下,生态环境法治能够更加强有力地保障环境伦理融入生态经济实践中。

在司法方面,应当进一步完善环境公益诉讼制度,畅通环境公益诉讼渠道,保障公众和环保组织的诉讼权利,加大审理环境侵权案件的资源投入;同时,可以遵循中国法治的专门审判机构传统,设置生态环境专业审判机构,通过新设或扩大专门的生态环境法庭的数量,并配备专业法官提升审判质量,以此能够切实提升生态案件审判的群众满意度和裁判专业性。此外,应当进一步丰富生态环境领域的"两高"指导性案例,在提升法院审判效率的同时,能够以司法案例的形式提升社会公众的环境保护意识,帮助公众辨别在环境保护面前的是与非。

在守法方面,一方面,应当通过生态环保教育、媒体生态宣传等方式提高公众环保意识,鼓励公众参与环境保护活动;引导和激励企业自觉遵守环保法律法规,实施绿色生产和经营,建立健全企业环保信用评价体系。另一方面,应当加强全民法治教育,通过媒体宣传、文艺创作等形式,营造全社会尊法崇法的文化氛围,激发公众对法治的兴趣和热情,进而推进全民法治意识的塑造,提升公民对环境权作为人权的权利意识和维权动力。

本章思考题

1. 在生态经济中应当树立哪些正确的环境伦理理念?
2. 为什么说"两山论"能够引领"绿富同兴"之道?
3. 马克思主义环境伦理思想在哪些方面实现了对西方环境伦理思想的超越?
4. 企业在自身经营的同时,应当承担哪些环境责任?

5. 应当如何完善生态环境法治才能促进正确生态伦理融入经济发展之中?

参考文献

1. 习近平著作选读:第 1 卷[M].北京:人民出版社,2023.
2. 习近平著作选读:第 2 卷[M].北京:人民出版社,2023.
3. 习近平.论坚持人与自然和谐共生[M].北京:中央文献出版社,2022.
4. 马克思恩格斯文集:第 1 卷[M].北京:人民出版社,2009.
5. [美]戴斯·贾丁斯.环境伦理学:环境哲学导论[M].第 3 版.林官明,杨爱民,译.北京:北京大学出版社,2002.
6. 郝云.利益理论比较研究[M].上海:复旦大学出版社,2007.
7. 郝云.《管子》与现代管理[M].上海:上海古籍出版社,2001.

第八章　共享经济与公平伦理

如果一个社会的经济发展成果不能真正分流到大众手中，那么它在道义上将是不得人心的，而且是有风险的，因为它注定要威胁社会稳定。

——亚当·斯密

【案例引入】

我国慕课学习人次达 12.77 亿，上线课程超 7.68 万门[①]

我国近年来大力推进国家教育数字化战略行动。截至目前，上线慕课数量超过 7.68 万门，学习人次达 12.77 亿，注册用户 4.54 亿，在校生获得慕课学分认定 4.15 亿人次，建设和应用规模居世界第一，教育的公共服务能力显著增强。

一位年近七旬的老先生，约上朋友，一起学习摄影、医学等慕课；一门从线下搬到线上的课，此前 20 年听过的学生可能一共只有近 2 000 人，现在一堂课就吸引近 3 000 人……在线教育处处能学、时时可学，我国教育数字化建设近年来取得显著成就。

自 2013 年中国慕课建设开启以来，经过 10 余年的探索，其优质、共享、便利的特点，为许多人提供了学习机会，成为推动课堂教学改革的重要引擎。

---

① 中华人民共和国教育部：http://www.moe.gov.cn/jyb_xwfb/s5147/202405/t20240515_1130643.html。

【案例问题讨论】
1. 你是否参与过慕课的课程学习？
2. 你认为慕课是否能够提升机会公平？

第一节　共享与共享经济

一、共享的内涵

共享意指"共同分享"。在原始社会，人类为了抵御野兽、抵抗自然灾害，结成了以亲族关系为基础的部落组织，部落成员进行简单的集体劳动，共同采集野生植物、共同狩猎，抑或共同捕鱼，后将获得的劳动成果进行平均分配，从而维持部落成员最基本的生存需要。可以说，这就是人类社会实践中"共享"的最初形态。

中国古代有"大同"社会理想，反映了我国古代劳动人民对美好生活的憧憬。孔子在《礼记·礼运》中，对"大同"社会有着形象的描述："大道之行也，天下为公。选贤与能，讲信修睦，故人不独亲其亲，不独子其子，使老有所终，壮有所用，幼有所长，矜寡孤独废疾者皆有所养，男有分，女有归。货恶其弃于地也，不必藏于己；力恶其不出于身也，不必为己。是故谋闭而不兴，盗窃乱贼而不作，故外户而不闭，是谓大同。"孔子所设想的"大同"社会建立在公有制基础之上，因此天下人应共享财富。在此基础上，人人各尽其力、各得其所，不谋私利，共享社会利益。这是我国中华传统文化中最早可追溯的"共享"。基于大同社会的政治理想，孔子在《论语·季氏》中提出了治理国家的原则，他指出，"不患寡而患不均，不患贫而患不安。盖均无贫，和无寡，安无倾。"孔子认为，一个国家若要长治久安，应该具备两个基本特征：一是财富分配公正、消除贫困；二是人与人和睦相处、社会安定。其中蕴含着人人平等、共享国家财富的思想。

清末，太平天国运动兴起，这是农民阶级发起的救国救亡的爱国运动。太平天国颁布了以"平均地权"为核心的纲领性文件——《天朝田亩制度》，希望通过该制度建立一个"有田同耕、有饭同食、有衣同穿、有钱同使、无处不均匀，无人不饱暖"的理想社会。农民阶级虽然不是先进生产力的代表,但其提出的纲领性文件也蕴含着"共享"的社会理想。

维新变法失败之后,康有为流亡海外,试图寻找救国救民之良方,在吸收了空想社会主义思想、西方资产阶级的进化论,以及中国儒学,特别是儒家的大同思想后,撰写了《大同书》,勾勒出一个资产阶级维新派所向往的大同社会。康有为认为,大同社会应是生产力发展及生产资料公有制基础之上,人人平等,共同劳动,按劳分配。

孙中山提出了"三民主义"作为资产阶级革命派的指导思想,即民族、民权、民生。其中,民生主义是民主革命纲领的社会革命纲领,目的是解决中国的民生问题。孙中山看到了生产力发展过程中可能造成贫富差距的社会问题,想要通过"平均地权"和"节制资本"的方式来促进生产力发展,实现国富民强,避免私人垄断造成社会财富分配不均、贫富悬殊的情况,使社会财富为人民所共享。孙中山指出,"民生主义就是社会主义,又名共产主义,即是大同主义。"[①]民生主义解决了人民的基本生活问题,以实现全体国民的经济平等和共享为目标,受到世人推崇。

马克思主义经典作家虽然没有直接提出过"共享"这一概念,但是,马克思主义理论中却处处蕴含着"共享"的价值指向。作为现实的、社会的人,人具有平等的权利共享劳动成果。由于人是现实的人,现实的人不是一个个孤立存在的个体,而是基于自身需要和社会需要而置身于一定的社会关系之中,从事社会实践活动的人。"人的本质不是单个人所固有的抽象物。在其现实性上,它是一切社会关系的总和。"[②]因此,就人的本质属性来说,它不是自然属性,而是人的社会属性,人是社会的人,社会是人的社会。恩格斯指出,"一切人,或至少是一个国家的一切公民,或一个社会的一切成员,都应当有平等的政治地位和社会地位"[③]。马克思认为,"从人就他们是人而言的这种平等中引申出这样的要求:社会也是由人生产的。活动和享受,无论就其内容或其存在方式来说,都

[①] 《孙中山全集》第 9 卷,中华书局 1986 年版,第 355.
[②] 马克思恩格斯文集:第 1 卷[M].北京:人民出版社 2009:501.
[③] 马克思恩格斯文集:第 9 卷[M].北京:人民出版社 2009:109.

是社会的活动和社会的享受"①。因此,人的本质属性决定了人在社会中具有平等的权利,人从事社会生产,且有平等地享受社会劳动成果的权利。

生产资料公有制是决定人是否能够平等地共享劳动成果的制度前提。马克思指出,"消费资料的任何一种分配,都不过是生产条件本身分配的结果;而生产条件的分配,则表现生产方式本身的性质"②。也就是说,社会生产成果分配是否公平,即是否能够保证每个人有平等的权利共享劳动成果,根本性的决定因素是一定的社会物质生产方式。在资本主义生产资料私有制下,生产资料归资本家所有。劳动者不占有任何生产资料,为了维持生存,只能出卖劳动力给资本家。资本家雇佣劳动者,与生产资料相结合,进行生产活动。在这种雇佣关系中,资本家对劳动者具有支配权。在这种看似权利平等的公平交易下,掩盖着的是资本家对劳动者的剥削。资本家正是凭借自身所占有的生产资料以及通过雇佣劳动获得的对劳动者的支配权,而无偿地占有劳动者生产的剩余价值,从而最终占有全部劳动成果。因此,马克思认为必须消灭私有制,实现生产资料公有制才能确保分配公平。

"按需分配"是共享的最高实现形式。马克思主义经典作家在描绘共产主义社会时,指出在共产主义,全体社会成员都应该普遍地、共享社会劳动产品。马克思认为,劳动者的身体素质决定了他从事劳动的强度和时间长度。劳动者的家庭情况,例如,子女数量决定了在相同劳动强度和时间长度情况下,从社会财富中获取相同份额的条件下,子女少的劳动者就会比子女多的劳动者富一些,这是造成社会贫富差距的客观因素。对于这样的实质上的不平等,马克思提出在共产主义高级阶段按照"各尽所能,按需分配"的原则进行分配。在共产主义阶段,生产力得到极大发展,"集体财富的一切源泉都充分涌流"③,在这样的情况下,实行"按需分配",从而使每个社会成员能够平等地按需共享社会生产成果,实现社会分配公平。

党在领导人民在习近平新时代中国特色社会主义的实践中,赋予"共享"新

---

① 马克思恩格斯文集:第1卷[M].北京:人民出版社 2009:187.
② 马克思恩格斯文集:第3卷[M].北京:人民出版社 2009:436.
③ 马克思恩格斯文集:第3卷[M].北京:人民出版社 2009:436.

的时代内涵,提出了共享发展理念。党的十八届五中全会上,习近平总书记提出了创新、协调、绿色、开放、共享的新发展理念。共享发展理念是马克思主义基本原理与我国具体发展的实际相结合,把对"共享"的认识上升为理论,是对马克思主义发展理论的丰富和发展。共享发展理念着力解决的核心问题是社会公平问题。

生产力发展是共享发展实现的前提条件。马克思十分重视生产力的发展,他在《共产党宣言》中指出,无产阶级在推翻资产阶级的统治掌握政权之后,应利用手中的政权尽可能快地增加生产力总量。共享发展共享的是发展的成果、是发展的机会、是发展的方方面面。所以,如果无发展,不提高生产力水平、社会财富不增加,就缺少共享的内容,共享发展也就像无源之水、无本之木,再美好的发展理念也终归只是一场空想。我们在社会主义建设的初步探索时期走过这样的弯路,社会主义改造完成之后,社会主义制度最终在我国确立下来,党和国家的领导人也已认识到社会主义应当共享发展成果。正如邓小平指出,解决中国一切问题的关键是发展。因此,共享发展必须以生产力发展为前提条件。

中国特色社会主义制度是共享发展实现的制度保障。社会主义作为一种崭新的、比资本主义更高形态的社会制度,有着资本主义社会所不具备的显著优势。社会主义本质是解放生产力,发展生产力,消灭剥削,消除两极分化,最终达到共同富裕。"解放生产力,发展生产力"是共享发展实现的物质基础,两者统一于改革开放和建设中国特色社会主义的伟大实践中。"消灭剥削,消除两极分化"更是体现了社会主义的优越性。资本主义社会以生产资料私有制为基础,必然存在着剥削与被剥削,必然存在着贫富差距和两极分化,富者愈富、贫者愈贫是资本主义社会的特征之一,社会不公平普遍存在。我国在社会主义改造完成之后,剥削已经被消灭。改革开放以来,党对计划和市场的关系的认识不断深化,最终确立了以公有制为主体,多种所有制经济共同发展的基本经济制度。公有制为主体既保证了我国的社会主义性质,又决定了社会主义发展方向。社会主义市场经济体制是党的一项伟大创举。将社会主义制度与市场相结合,有利于市场在社会主义制度下发挥经济调节的优势和长处;将公有制与多种所有制经济相结合,有利于我国生产力的发展和效率的提高;坚持按劳分配为主体,多种分配方式并存的分配制度,有利于激发劳动者的主动性、能动性和创造性,激发社会的活力,促进生产力水平的提高。党的十七大强调,初次分配和再分配都要处理好效率和公平的关系,再分配更加注重公平。既要促进生产力发展,又要实现社会公平,缩小贫富差距,防止两极分化。马克思在《共产党宣言》中指出:"过去的一切运动都是少数人的或者为少数人谋利益的运动。无产阶级的运动是绝大多数人的、为绝大多数人谋利益的独立的运动。"①"共同富裕"作为社会主义本质的奋斗目标,"最终达到共同富裕"也只有在社会主义制度下才能实现。现阶段,我们还没有实现"共同富裕",但是在实现共同富裕的过程中,我们可以先共享发展成果。

人的全面发展是共享发展的价值旨归,共享发展理念体现了对人类社会发展过程的反思。传统的发展观简单地把经济增长看作发展,因此,片面地强调国内生产总值 GDP 的增长。在发展过程中,一切都要为 GDP 增长让路,而不关注除经济增长之外的因素,如社会的进步、人的全面发展、人与自然的和谐相处等。造成了许多国家有增长而无发展的困境:人类赖以生存的自然环境遭到严重破坏;人作为社会财富的创造者,很难享受到发展的成果;社会贫富差距不断扩大,贫困问题得不到解决,不平等问题加剧。由于第二次世界大战后重建和经济复苏的迫切需要,世界各国仍然普遍将经济增长作为发展的目标。对于如何解决发展过程中的贫困和不平等问题,20 世纪 50、60 年代,新古典经济学家提出了经济发展中的涓滴效应(Trickle-down effect),认为无需对弱势群体、贫困人口和地区加以优待,因为正如水会往低处流,富裕的人口和地区会通过投资和消费带动贫困人口和地区的发展,帮助他们走向富裕,贫困问题就会自然而然地得到解决。随着时间的推移,世界经济迅速发展,但是各国发展过程中面临着一系列共性的问题,贫富差距进一步扩大、人与人之间不平等、贫困问题得不到解决等状况没有得到改善。人们开始认识到传统发展观的误区,认识到经济增长不等于发展,找寻解决贫困和不平等问题的途径,探究发展的真正

---

① 马克思恩格斯文集:第 2 卷[M].北京:人民出版社版 2009:42.

内涵,并且提出了发展应是经济增长与社会的全面进步。发展应包括经济、政治、文化、社会、生态等的全面发展。在发展过程中,人是目的而不是手段,人作为社会物质财富和精神财富的创造者,作为推动社会发展的主体,应该共享发展的成果,因此发展的最终的价值旨归应是人的发展。

二、共享经济的起源与特征

(一)共享经济的起源

虽然共享经济近年来才被众人所熟知,但是共享经济这一概念的提出由来已久。1978 年,美国得克萨斯州立大学社会学教授马库斯·菲尔逊(Marcus Felson)与美国伊利诺伊大学教授乔·L. 思佩斯(Joe L. Spaeth)在《美国行为科学家》杂志上发表了一篇文章,名为《社区结构与协同消费》,第一次提出了协同消费这一概念,即一种通过第三方平台作为中介完成的日常消费行为,这种消费行为可以是个人与他人或者个人与其他群体之间进行商品或服务交换。[①] 协同消费从理论上来看已经粗具共享经济的雏形,但是由于当时美国正经历着经济上前所未有的严重经济危机,通货膨胀和高失业率并存,同时,科学技术发展也尚未成熟,因此并不具备共享经济所需要的成长环境,协同消费只停留在理论阶段。直到 21 世纪初,协同消费才逐渐由理论变为现实,并且获得了崭新的名称——共享经济(Sharing Economy)。2000 年,罗宾·蔡斯在美国马萨诸塞州创办了一家名为 Zipcar 的互联网汽车租赁公司,随后美国又出现了 Uber 等汽车共乘服务公司,Facebook、Twitter 等为人们提供随时分享动态的社交网络,Airbnb 等互联网房屋短时租赁网站,Freecycle 等二手物品交换网站等各种共享平台,共享经济像潮水般向全球涌来。

2010 年前后,共享经济进入中国,开始在知识共享领域进行有益尝试和探索,出现了一批分享图片、音乐以及付费问答网站。随着大数据、物联网、互联网支付软件等信息技术的进一步发展,共享经济进入了一个新的发展阶段,涉及的领域更加多样,受众群体更加广泛。共享经济扩展到交通出行、住宿、闲置

[①] Marcus Felson, Joe L. Spaeth, (1978), Community Structure and Collaborative Consumption: A Routine Activity Approach, AMERICAN BEHAVIORAL SCIENTIST, 21(4).

物品交换、生产制造、生活服务等领域。2015年被誉为"共享经济元年","共享经济"出现在党的十八届五中全会公报和"十三五"规划纲要中,上升到"国家经济战略"的高度。

(二)共享经济的内涵

共享经济(Sharing Economy)又名分享经济、协同消费(Collaboartive Consumption)、点对点经济(P2P Economy)等。自其诞生以来发展迅速,发展规模大,种类繁多。共享经济兴起之初,国内外众多学者都尝试对共享经济进行定义。被誉为共享经济鼻祖的罗宾·蔡斯认为,当今世界过剩产能无处不在,这些过剩产能中存在着巨大的价值,共享平台可以通过组织和资源分配把这些价值释放出来,实现社会财富的最大化。她认为,共享经济模式就是产能过剩、共享平台加人人参与的人人共享的商业模式。① 雷切尔·博茨曼,路·罗杰斯认为,共享经济也就是"协同消费",是随着互联网的发展而兴起的一种商业模式。消费者通过互联网与他人共享产品和服务,不需要拥有物品的所有权,仅关注物品的使用权,通过合作和分享来代替物品的私有,即"我的就是你的"② 。杰里米·里夫金认为,共享经济是协作代替竞争的经济,人们利用互联网分布式、协作的本质,在全球范围内分享闲置物品,这种经济更多地依赖社会资本和社会信任。③

《现代汉语规范词典》(第4版)将共享经济定义为,"一种新的经济模式,通过互联网把社会闲散资源和需求集中到一个平台上,采用数字化匹配对接进行交易,供方获得报酬,需方获得闲散资源的有偿使用权"。2021年,国家发改委在解释《"十四五"规划纲要》中的名词时,将共享经济解释为:"共享经济是利用互联网平台将分散资源进行优化配置,通过推动资产权属、组织形态、就业模式和消费方式的创新,提高资源利用效率、便利群众生活的新业态新模式。共享经济强调所有权与使用权的相对分离,倡导共享利用、集约发展、灵活创新的先

---

① [美]罗宾·蔡斯.共享经济:重构未来商业新模式[M].王芮,译.杭州:浙江人民出版社2015:2.
② [美]雷切尔·博茨曼,路·罗杰斯.共享经济时代——互联网思维下的协同消费商业模式[M].唐朝文,译.上海交通大学出版社,2015:1.
③ [美]杰里米·里夫金.零边际成本社会[M].赛迪研究院专家组,译.北京:中信出版社,2017:243.

进理念;强调供给侧与需求侧的弹性匹配,促进消费使用与生产服务的深度融合,实现动态及时、精准高效的供需对接。"①

(三)共享经济的特征

共享经济作为一种新型的商业模式,与传统商业模式相比,有着传统商业模式无法比拟的优势,其特征突出表现在以下几个方面:

1. 以大众参与为基础

共享经济涉及的领域宽广,包括出行、住宿、学习、娱乐、工作等人们生活的方方面面。有需求就有市场,这也相应地体现出人们需求的多样性以及消费理念的转变。随着经济全球化进程的迅速发展和科学技术的日新月异,世界范围内各国的生产力水平不断提高,这在发展中国家尤其明显,人们的生活水平得到显著改善。共享经济可以为人们提供更多的灵活就业岗位,根据多劳多得的原则,人们通过诚实劳动可以获得不错的收入,满足人们的生理需要和安全需要,吸引越来越多的人加入"大众创业"的队伍。除此之外,根据马斯洛的需求层次理论,人类在满足了生理需要和安全需要这些基本需要之后,就会出现更高层次的需要——社交需要。一些企业高管或者创业者加入了网约车司机的队伍,他们通过利用闲暇时间开网约车来拓展人脉或是宣传自己的初创公司。满足人们的社交需要,这也是共享经济的吸引力所在。

共享经济的蓬勃发展也反映出人们消费理念已经发生了转变。杰里米·里夫金指出,过去人们追求物品的所有权,把私有财产看作自由的象征,这种自由是具有排他性的。进入互联网时代,人们不得不与社会群体建立联系,与社会网络中的他人接触越多,交往越深,彼此就越依赖,自由就越多。这就促使人们的消费理念实现了"从所有权到使用权"转变,人们不再盲目追求物品的所有权,而是更多地关注物品的使用权,热情地去追求一个零边际成本的社会。也正如雷切尔·博茨曼所指出的,这样的超越所有权的协作消费模式,可以让参与者实现互利共赢,可以省钱、省时、省力,可以交友,可以丰富人们的生活。有利于提高物品的使用效率,减少浪费,消化生产过剩和过度消费产生的剩余产

---

① 国家发改委:https://www.ndrc.gov.cn/fggz/fzzlgh/gjfzgh/202112/t20211224_1309340_ext.html.

品,所以对环境也是极其有益的。人们需求的多样性以及消费理念的变化让大众参与到共享经济中来,为共享经济的发展注入持久动力。

2. 以信息技术为依托

协同共享在 20 世纪 70 年代末就已经出现了理论萌芽,直到 21 世纪初才得以实现,其中最根本的原因在于缺乏必要的技术手段。移动互联网技术、物联网、大数据、移动支付等信息技术的飞速发展为共享经济的发展提供了技术支持。(1)随着移动终端的普及,移动互联网技术正在日益改变着人们生产和生活方式。移动互联网技术将移动通信终端与互联网相结合,人们通过手机、平板电脑等移动终端设备连接网络获取信息,这就打破了传统商业模式中信息不对称的壁垒。共享经济平台将其提供的商品和服务展现在用户面前,用户可以根据自己的需要和偏好,迅速、及时地选择商品和服务。(2)物联网技术的广泛应用让共享经济的繁荣成为可能。物联网技术通过在物品上安装的信息传感器,将物品与互联网连接,实现物品的准确定位与信息交换。物联网技术具有覆盖面广、定位精确、应用快捷等特点,让共享经济巧妙地融入人们的生活,成为生活中不可或缺的一部分。用户登录平台即可准确定位所需物品的位置,平台方也可即时实现对物品的管理与跟踪。(3)大数据技术对数据的即时分析和处理功能,可以根据已掌握的数据来预测数据变化趋势,为用户提供最优选择;分析用户的需求偏好、使用平台习惯、信用等级等信息,对用户和市场进行细分,有针对性地提供相应的物品、服务和营销广告。(4)移动支付技术的发展使共享经济的结算方式以一种前所未有的便利程度被人们广泛接受。移动支付通过智能手机即可完成结算,避免了现金找零、银行卡刷卡签字等烦琐流程,大大节约了支付时间,成为当下最便捷的一种支付方式。移动支付技术更是让共享经济如虎添翼,例如在共享住宿方面,出租者与承租者甚至无需见面就可完成交易,这使得共享经济将便捷进行到底。总的来说,以互联网技术等技术为代表的信息技术的飞速发展,日益改变着人类的生产和生活方式,使共享经济的普遍应用成为可能。

3. 以资源优化配置为目的

产能过剩是共享经济兴起的一个关键因素。在企业生产方面,随着社会生产力的不断提高,企业生产与市场需求不匹配,供需结构不平衡,就会造成企业产品积压、产品闲置,也就是产品的产能过剩。在消费者方面,随着经济社会的发展,社会财富不断增加、人们的生活水平不断提高,人们的收入水平也不断得到改善,在满足了基本生活需求后还有不少剩余。在大数据广告营销的不断刺激下,人们往往容易陷入消费主义陷阱,不假思索地购买产品,但是买回家后发现盲目消费的产品的使用率不高,往往导致产品被束之高阁,造成了大量物品闲置。正如罗宾·蔡斯所言,"过剩产能本身就隐含着某种价值,其真正的价值在于如何加以利用。"① 对于那些产能过剩、产品库存高、积压严重的企业来说,必须寻找有效的途径去库存,才能重新盘活企业。对于消费者来说,将手中的闲置物品变现,也是降低成本、减少浪费的最优手段。共享经济平台的出现,将闲置物品重新整合在一起,在全社会范围内重新进行供需匹配,从而利用过剩产能,挖掘其中的经济价值,供需双方实现了双赢,也优化了资源的配置,从而为经济增长注入新鲜活力。

4. 以诚信为纽带

诚实守信是中华民族的传统美德,是社会主义市场经济的基石,也是共享经济兴起的纽带。孔子将"恭、宽、信、敏、惠"②作为"仁"的五种品德。亚当·斯密把"诚实"和"守时"看作商业国的主要优点。他认为,一个经常与他人有生意往来的人,宁愿选择诚实守约,也不愿从交易中得到一点不正当的利益。而一个知道如何获取真正利益的商人,宁愿牺牲一点自己的权利,也不愿在交易中让人怀疑。如果一个社会中大多数人是商人的时候,那么诚实和守信就会成为社会风尚。③ 这说明商品经济的发展依赖于社会诚信的发展与进步。

在共享经济中,产品所有者让渡产品使用权,买卖双方通过平台完成交易,整个交易过程双方无需见面。在这样的交易模式中,若无诚信,一方为了自己的利益而侵害另一方的利益,交易秩序遭到破坏,结果就会导致交易失败。如

---

① [美]罗宾·蔡斯.共享经济:重构未来商业新模式[M].王芮,译.杭州:浙江人民出版社2015:36.
② 《论语·阳货》。
③ [英]亚当·斯密.亚当·斯密关于法律、警察、岁入及军备的演讲[M].北京:商务印书馆,1962:261.

果这样的现象成为常态,那么这样的交易模式就不可持续,共享经济就不具有生存的空间。共享经济必须以诚信作为纽带,要求交易双方在平等互利的基础上,按照契约行使权利,同时还必须尊重对方的权利,自觉履行义务。平台对用户的使用情况、信用状况等信息进行分析,给用户以相应的信用评级,为交易过程提供安全可靠的信用保障。交易双方可以查看对方的信用情况,来决定是否与对方进行交易,从而提高交易效率、降低交易风险。因此,共享经济的发展必须以诚信为纽带,不断增强全社会的诚信意识和道德素质,才能使共享经济的发展更加长远可持续。

三、共享经济与共享发展

共享经济与共享发展,虽然这两个概念均包含了"共享"二字,但是二者属于不同范畴,性质不同、手段不同,因此要达到的目标也各不相同。

共享经济是一种商业模式,共享发展是一种发展理念。作为商业模式的共享经济,本身不具有判断社会属性的功能,在资本主义生产资料私有制条件下,可以发展共享经济,社会主义公有制条件下也可以发展共享经济。共享经济可以与不同性质的社会制度相结合,表现出不同的特点。共享经济发展的速度主要取决于信息技术的发展快慢以及社会信用状况。在信息技术发展较快、社会信用状况较好的城市,共享经济发展得更快。因此,在社会主义生产资料公有制条件下发展共享经济,共享经济应为社会主义现代化建设服务。

共享发展作为一种发展理念,反映的是一个国家在一定时期内关于发展的路线、方针、政策。是党对社会主义发展规律认识进一步深化的前提下提出,以党带领人民进行革命、建设和改革的伟大实践为基础,是社会主义本质的必然要求,其实质是以人民为中心,体现的是马克思主义政党全心全意为人民服务的根本宗旨。社会生产力发展水平决定了实现共享发展的程度。共享发展也只有在社会主义制度下,在生产资料公有制条件下才能实现。因此,共享发展理念能够体现一个国家的社会主义性质。

共享经济的直接目的是合理整合闲置资源,实现资源的优化配置。在生活水平不断提高、消费理念不断转变的情况下,共享经济迎合了人们多样化美好生活需要。大众参与、全民参与是共享经济的特点之一。在共享经济商业模式中,个人的身份随时可以发生转变,既可以通过提供商品或者服务获取经济利益,又可以通过购买其他商品或服务满足自身需求。关注重点从排他性的物品所有权转向物品的使用权。不仅节约成本、减少浪费,而且大幅提升了人们生活的便捷程度。闲置时间也可以产生经济效益。利用零散的时间、闲暇时间参与到共享经济中来。对于企业来说,面对库存积压的情况,选择去库存无疑是降低成本、节约资源的最优解。社会参与度越高、需求越大,共享经济的市场就越广阔。提高有效供给、扩大内需,迎合了供给侧结构性改革的需要,为经济增长增添新的活力。共享经济能够节约资源,促进经济发展与自然环境、人与自然和谐发展。

共享发展作为发展理念着重解决的是社会不公平问题,为了让人民更好地享受经济社会发展的成果。共享发展的主体范围是全体人民。习近平总书记指出:"共享发展是人人享有、各得其所,不是少数人共享、一部分人共享。"[①]这意味着全体人民都有平等的权利享受我国经济社会发展的成果,有利于缩小贫富差距,提高社会公平,提升人民的幸福感、获得感、安全感。共享的内容涵盖经济发展成果、精神文明成果、社会发展成果、政治文明成果以及生态文明成果。因此,必须不断提高生产力发展水平,夯实共享发展的物质基础;物质文明与精神文明相互促进、相辅相成,必须加强精神文明建设,为物质文明的发展提供精神支撑;发展社会主义民主政治,保障人民当家作主的权利和地位;促进社会进步,加强生态文明建设,使发展成果惠及全体人民及子孙后代。共享发展需要全民共建共享,就要求把蛋糕做大的同时又要把蛋糕分好,努力协调社会不同利益,让每个人都能享有发展成果,调动人民的积极性、主动性和创造性为中国特色社会主义事业服务,推动社会主义不断向前发展。

第二节　共享经济促进公平的实现

中国特色社会主义进入新时代,社会公平已经成为人民美好生活需要的重

---

① 习近平总书记系列重要讲话读本[M].北京:学习出版社、人民出版社,2016:136.

要内容。解决社会不公平问题,是人民的强烈愿望,也是党亟待解决的重大现实问题。共享发展理念为了解决社会不公平问题而生,在中国特色社会主义制度下,共享经济作为一种商业模式,与共享发展理念同向同行,在促进公平的实现方面起着重要的作用。共享经济能够提高权利公平、提升机会公平和促进结果公平。

一、共享经济提高权利公平

马克思主义唯物史观从人的本质出发,指出权利是社会关系的产物,是社会性、历史性的。"权利决不能超出社会的经济结构以及由经济结构制约的社会的文化发展。"① 就人权的内容而言,恩格斯指出,"一切人,或至少是一个国家的一切公民,或一个社会的一切成员,都应当有平等的政治地位和社会地位。"②

我国始终重视尊重和保障人权问题。1991年,我国发布了《中国的人权状况》白皮书,指出:"对于一个国家和民族来说,人权首先是人民的生存权。没有生存权,其他一切人权均无从谈起。"③ 党的十八大以来,我国坚定不移地走人权发展道路,坚持将生存权、发展权作为最首要的基本人权,推动人权事业发展,取得了良好的成效。共享经济在提高权利平等上,特别是在保障人的生存权和发展权方面,发挥着重要作用。

共享经济兴起以来,创造了大量的就业岗位,已经成为扩大就业、拓宽收入的主渠道之一。国家信息中心发布的《中国共享经济发展报告2021》的数据显示,2020年共享经济服务提供者约为8 400万人,同比增长约7.7%;平台企业员工数约631万,同比增长约1.3%。④ 这表明新冠疫情期间,共享经济在保增长、稳就业方面发挥了重要作用。

共享经济提供了大量准入门槛较低的就业岗位,特别是在交通出行、生活服务方面给人们提供更多选择。这些岗位对劳动者的学历、技能等要求不高,

---

① 马克思恩格斯文集:第3卷[M].北京:人民出版社 2009:435.
② 马克思恩格斯文集:第9卷[M].北京:人民出版社 2009:109.
③ 参见网址:https://www.gov.cn/zhengce/2005-05/24/content_2615732.htm。
④ 国家信息中心:http://datasec.sic.gov.cn/sic/93/552/557/0219/10775_pc.html。

如专车司机、外卖员等,只需向平台填写申请资料,经平台审核后即可上岗,这一特点让共享经济成为失业人员渡过难关的首选。共享经济提供了大量灵活就业岗位,成为人们扩大收入的重要渠道。这些就业岗位工作时间灵活,可以由个人根据自己实际情况自由安排,吸引了大量人员利用工作的闲暇时间参与共享经济。共享经济提供的就业岗位与传统就业模式不同,就业方式更加灵活多样,能够满足不同劳动者的需求。劳动者可以按照自己的时间、兴趣、专业特长,选择何种工作模式。不仅拓宽了增收渠道,而且能够发挥自身优势,更好地实现个人的人生价值和社会价值。

二、共享经济提升机会公平

罗尔斯认为,正义原则是在一种公平的原初状态中被一致同意的,"所达到的是一公平的契约,所产生的也将是一公平的结果"。[①] 假设人们处于原初状态、无知之幕,对自己的社会地位一无所知,在这样的情况下,达成的正义的原则是公平的契约达到的结果。

罗尔斯认为,个人首先必须在政治上拥有平等自由的权利,才能考虑其他利益。而根据差异原则和机会平等原则,在社会和经济利益方面的不平等的情况下,社会制度应有利于最少受惠者的最大利益,所有人也应该有平等的机会选择社会职务和地位。如果说"正义是社会制度的首要价值"[②],那么,机会平等则是一个正义社会的一个重要体现。罗尔斯的正义理论体现了对弱势群体的关注和重视。

阿马蒂亚·森在阐述以可行能力为基础的自由概念时,提出了社会机会的重要作用。他认为社会机会对个人生存和发展都至关重要,因为社会机会不仅扩展人的实质自由的目的——一种建构性自由,而且是扩展人的实质自由的手段——一种工具性自由。

我国在经济社会发展过程中,由于一些历史、制度、家庭背景等因素导致了人的发展机会不公平。一是地区发展不平衡。沿海城市作为改革开放以来最

---

① [美]约翰·罗尔斯. 正义论[M]. 何怀宏,何包钢,廖申白,译. 北京:中国社会科学出版社,2016:7.
② [美]约翰·罗尔斯. 正义论[M]. 何怀宏,何包钢,廖申白,译. 北京:中国社会科学出版社,2016:3.

先开放的城市,能够更早地接触到先进技术和国外优秀的文明成果。沿海地区不仅生产力比较发达、基础设施比较完善,而且教育资源更加丰富、教育水平更高、人们的职业选择范围更大。这意味着沿海地区人口比内地拥有更多的受教育机会和发展机会。二是制度因素。长期的城乡二元经济结构,把城市和农村完全割裂开来。城市先进的工业化大生产要比农村落后的小农经济能提供更多的就业岗位,城镇人口平均收入水平较高,可以为个人和家庭的发展提供坚实的物质保障,发展机会更多。三是家庭背景因素。家庭收入的多少直接决定了个人提升自我的能力和子女受教育的机会。父母受教育水平高低也直接影响子女受的教育机会多少。家庭收入越高、父母受教育水平越高的家庭,更愿意拿出更多的资金来为自己和家人创造更多的受教育机会;子女也有更多的机会去发现自己的特长和兴趣,并且能够得到进一步的发展。

  共享经济打破了地域、制度以及家庭对人的发展机会的限制,为提升人的发展机会公平做出了重要贡献。信息分享平台为人们增加了信息获取的渠道。在这个信息大爆炸的年代,信息量飞速攀升,各种信息洪流一般,任何人都不能置身事外。信息分享平台能够打破国界、地域、语言、空间限制,让信息更加公开透明,帮助陌生人之间进行信息交换,有利于解决信息不对称造成的机会不平等。知识教育分享平台为人们提供了平等的发展机会。慕课MOOC(Massive Open Online Courses),大规模开放式在线课程,集教学、交流、互动、作业、考试等多种功能为一体,课程资源丰富,教学方式新颖,吸引了众多知名大学加入其中。与传统教学模式不同,大规模开放式在线课程更像是一个没有围墙的大学,课程由世界知名高校通过互联网,以免费的形式面向全世界开放,可以同时满足大规模学生的学习要求;学习时间灵活,学生可以自主安排学习时间、学习进度,培养自主学习能力;个人可以根据自己的兴趣选择课程进行学习,打破国籍、种族、性别、社会地位、家庭经济条件等限制,让所有人可以平等地享有受教育的机会,解决教育领域不平等问题,提升社会的机会平等。

三、共享经济促进结果公平

  结果公平是共享发展的核心目标之一。党的十八大以来,习近平总书记提出了以人民为中心的发展理念,并以"蛋糕"做比喻,强调要促进社会公平正义,使全体人民公平地共享发展成果。共同富裕是社会主义本质的必然要求,也是中国式现代化的必然要求。谈到共同富裕的问题,习近平总书记常引用孔子"不患寡而患不均,不患贫而患不安"这句话,他始终强调我们要实现的共同富裕不是平均主义。要实现共同富裕,必须正确处理好"做大蛋糕"和"分好蛋糕"的辩证关系,让经济社会发展的成果惠及全体人民。在分配领域,"做大蛋糕"可以看成提高效率,而"分好蛋糕"则是促进公平。

效率是公平的前提和基础,提高效率就是要不断做大蛋糕,为公平提供更坚实的物质基础。公平是效率的目的和手段,两者相互促进、相辅相成。改革开放四十多年来,我国始终坚持以经济建设为中心,坚持改革开放基本国策,促进生产力的发展,致力于"做大蛋糕"。现在,我国已经成为世界第二大经济体,生产力发展水平得到了明显提升,人民生活水平显著提高。但是,由于我国人口多、底子薄,与发达国家相比,我国的人均国民收入仍然较低。我国处于并且长期处于社会主义初级阶段的国情也决定了必须将发展生产力作为根本任务,继续将蛋糕做大。把"分好蛋糕"作为"做大蛋糕"目的和手段,体现了我党全心全意为人民服务的根本宗旨。能不能分好"蛋糕",决定了分配正义是否能够实现,决定了关乎社会公平正义的问题能得到有效解决。习近平总书记指出,"并不是说就等着经济发展起来了再解决社会公平正义问题……'蛋糕'不断做大了,同时还要把'蛋糕'分好"①。发展的同时就要通过制度安排,解决好社会公平正义的问题。

国际上通常用基尼系数来作为衡量一个国家或地区居民收入差距情况的重要参考指标。基尼系数主要有两种:收入基尼系数和财富基尼系数。基尼系数最大值为1,最小值为0,基尼系数越趋向于0,说明该国家和地区的收入越公平合理。基尼系数越高,则说明该国家或地区收入差距越大。目前,国际通用的基尼系数警戒线为0.4。根据国家统计局提供的数据,2000年以来,我国居民人均可支配收入基尼系数不断升高,在2008年达到最高值0.491,之后开始

---

① 习近平谈治国理政:第1卷[M].北京:外文出版社,2018:96.

呈现出下降趋势,2014年降到0.47以下后开始趋于稳定,2022年我国基尼系数为0.467。[①] 说明我国居民收入差距仍然较大。收入差距大不符合人民的根本利益,也有悖于社会主义本质,所以,如何缩小收入差距成为亟待解决的难题。十八大以来,党对效率和公平的关系的认识不断深化。党的十八大提出,"初次分配和再分配都要处理好效率和公平的关系,再分配更加注重公平。"党的十九大指出,"促进收入分配更合理、更有序""拓宽居民劳动收入和财产性收入渠道"。

在收入分配领域,共享经济能够促进结果公平主要体现在两个方面:一方面,分配公平不是平均主义。平均主义不利于调动人们的积极性、主动性和创造性来创造更多的社会财富,不能促进生产力的发展。收入公平是指社会成员的收入相对平等。按照按劳分配为主体的分配方式,多劳多得,不劳不得。共享经济通过提供灵活就业岗位为求职者创造就业机会,这些岗位的收入多少取决于劳动者工作数量和时间,多劳动就会得到高收入。另一方面,分配公平要求收入差距不能过大,否则会挫伤劳动者的生产积极性,不利于协调社会成员间的经济利益。对于低收入群体或者想提高收入的人群来说,共享经济无疑为他们提供了增加收入的渠道,例如可以利用下班时间兼职网约车司机,或者利用知识分享平台提供付费知识服务,或者将闲置资源转让。

第三节 共享经济中的公平伦理悖论

共享经济在一定意义上能够促进公平的实现。但是,这只是一个侧面,并非全貌。从经济伦理的视角看,共享经济中实存着公平伦理悖论,它对劳动者的权利有赋予也有伤害,对消费者的权益有保障也有侵害,对社会成员的利益乃至社会文明程度有增益也有损害。

[①] 国家数据统计局:https://data.stats.gov.cn/easyquery.htm?cn=C01&zb=A0A0G&sj=2023。

一、共享经济对劳动者分配权利的伤害

自人类社会形态步入资本主义以来,资产阶级和无产阶级的对立成为经济社会的主要矛盾。正如马克思在资本论里所揭示的,雇佣劳动关系之下,资本家和劳动者之间是支配与被支配、剥削与被剥削的关系。在资本主义生产和流通过程中,剩余价值的生产和实现是经济的本质目的。在以资本为中心的经济制度中,劳动力只是工具和手段,产业资本家、商业资本家、借贷资本家以及土地所有者则是凭借其垄断的资源所有权而获得瓜分剩余价值的资格。而劳动者则被排除在分配权利之外,只能获得维持再生产所必需的最低生活资料。

得益于马克思主义的指导和国际工人艰苦卓绝的斗争,世界劳资关系有了长足的改善。世界通行的劳动基准制度通过运用法律的强制手段建立最低工资保障制度、标准工时和加班补偿制度、休息休假制度、安全卫生保护制度,对处于弱势地位的劳动者进行特别保护,弥补合同形式上平等而实际不平等的缺陷,确保劳资双方实质上的公平正义。尤其是在以人民为中心的社会主义市场经济中,生产的目的和手段的倒置被重新倒转回来。劳动者的地位和权利受到日渐完善的制度保障和法律保护。虽然实现"各尽所能,按需分配"的共产主义理想尚需时日,但劳动者在初次分配、再分配和第三次分配过程中,在日趋完善的社会保障体系之下,在1994年开始实施的《中华人民共和国劳动法》监管下,已经获得了相当的分配权利。

而共享经济的蓬勃发展,埋藏着伤害劳动者分配权利的隐忧。问题的严重性在于,它被掩盖在"温情脉脉的面纱"之下,甚至深藏在共享经济所许诺的诸多经济利好和文明价值之下。零工劳动被赞誉为"扩大更多的选择范围,更有灵活性,破坏了等级制度,使人们的工作生活更民主化,并扩大了个人自主权和人文自由"。"但共享经济零工劳动者没有得到法律保护,工资更低,雇主不支付劳动者的加班费,没有劳动保护、社会保险、医疗保健和节假日、休息日,雇主规避了工人阶级通过近一百多年的奋斗才得到的劳工权益。共享经济零工劳动者虽然摆脱了劳动监管,同时也失去了法律赋予的劳动保护,加剧了经济不

平等"①。

  在传统劳动关系中,劳动者要依附于组织才能参与到经济活动并获得报酬。而零工劳动则"拥有自由和灵活性"②,劳动者不再受雇于某个组织,而是通过平台以个人身份参与到经济活动当中。零工劳动就业灵活,享受弹性工作时间,仿佛是行为自主的自由个体。但是,这份自由是名不副实的,而代价却是巨大的。劳动者以零工劳动的形式,通过平台打零工,不再具备法律意义上的传统劳动关系,劳动保护和社会保障等法律权益的基础被消解,最低工资、健康保险、加班费、带薪病事假、反歧视、失业保险和工伤赔偿等公共产品也被无形剥夺。同时,AI 技术的发展,经济周期的波动之下,劳动力市场的竞争加剧,零工劳动者只能利用所谓的灵活性,不断延长工作时间、提高劳动强度来增加微薄的收入。看穿街走巷的"外卖骑士",快如风,急如电,争分夺秒地闯红灯、逆行,并非不尊重交通规则,而是受制于评价体系,必须在规定时间内完成任务,拿生命在冒险。虽然看似自由,但是工作境遇几乎与资本主义早期监工强制下的劳动一般。甚至好像是他们自己心甘情愿的、急不可耐地要将自己放置在这样一种境遇之下,受资本的剥削。

  从社会效率看,零工劳动"可为雇主节省雇用成本,提高企业的竞争力","起到了平抑失业率、保持就业市场稳定的作用"。③ 但是,就劳动者而言,零工劳动较少有机会接受正规、系统的劳动技能教育和培训,几乎享受不到社会保障和公共服务等。劳动力沦落为一种纯粹的市场资源,不需要企业再承担任何义务和责任,甚至不需要企业监督和管理,强度被拉满,变成了丧失了主体性和人身性的经济要素。这样一来,"零工劳动者面临着劳动保护和社会保障缺乏以及双向制约机制缺失的问题,且劳动风险和成本被转移给了劳动者"④。

  更严重的是,共享经济的零工劳动对传统劳动关系不断地进行着侵蚀和冲击。在价值规律和资本竞逐的作用下,共享平台以其网络效应和成本优势。其

---

① 董成惠. 共享经济:基本理论及法律问题研究[M]. 北京:中国政法大学出版社 2020:231.
② Mujtaba Ahsan. Entrepreneurship and Ethics in the Sharing Economy:A Critical Perspective[J]. *Journal of Business Ethics*. 2020,161(19).
③ 白永亮. 共享经济下灵活就业法律制度重构[J]. 江西社会科学[J]. 2017(10).
④ 谢富胜,吴越. 零工经济是一种劳资双赢的新型用工关系吗[J]. 经济学家[J]. 2019(6).

中很重要的原因来自零工劳动的供需双方自愿协商规避了劳动法的强制监管，从而使劳动者放弃了原本会提高用工成本的权益。"创造性破坏"了传统劳动关系，并冲击了基准劳动保护体系。

二、共享经济对平台用户隐私权的侵害

共享经济的主要特征在于其三大基础属性：闲置资源、共享平台和大众参与。其中，平台属性叠加网络效应会导致共享平台必然走向垄断，从而在交易结构中的交易方式、交易规则和交易价格诸方面都处于绝对的支配地位。最有代表性的，要数用户信息使用权限的授权协议。消费者在使用平台的时候，会被告知一系列的说明条款，并象征性地征询用户意见。这种征询是象征性的，类似于"霸王条款"。仅以合法征询的形式半强制性地获得顾客的授权，从而豁免其对于用户隐私数据的各种滥用所可能遭遇的管制。消费者面临的选择是，要么不使用该共享平台，要么不得不签署同意一系列许可协议。而在平台形成规模效应和颠覆效果之后，这种征询就带有强制性。

共享平台从本质上属于链接供需双方的陌生人交易场景，信任和安全是平台用户最基本的前提诉求。但是，恰恰是在确保信任和安全的道路上，用户一步步地将自己的隐私数据完全暴露在平台之上，进而预留下隐私权侵害的风险。"实践中，共享经济基于其共享平台商业模式的运行，需要对个人的身份、财务、地址等基本信息进行收集、处理、存储和利用。"[1]一方面，信息确证和实名确认是陌生人在线交易的前提，交易双方将信息核实和监管工作交付给平台，同时也将信任交付给平台，将安全交托在平台上；另一方面，平台的供需匹配算法也需要用户将有关信息开放给平台，通过技术后台的算法，可以有效匹配供需双方的资源和诉求，从而达到优化配置资源的目标。基于这两方面的原因，信息交付某种程度上是平台提供服务的前提。但值得注意的是，有些共享平台甚至会进一步地搜集顾客的位置信息、语音监听等，有些是不为人知地悄悄进行的，有些则是经过象征性征询获得许可的。尤其是在大数据的发展逻辑之

---

[1] 董成惠.共享经济：基本理论及法律问题研究[M].北京：中国政法大学出版社，2020：244.

下，平台对于数据有着近乎盲目和贪婪的渴求，必须的和非必需的，甚至短期尚不知有无用处、有何用处、伦理上应当的和不应当的用处，现在一股脑儿的通通收集起来，再进行挖掘。平台在用户信任面前，在攸关隐私和数据安全的事务面前，应当抱有足够的审慎、严谨和克制。而这种伦理上的应当，在现实中却屡屡曝出处置失当和踩过界的情形。可见，上述风险并非不容易发生的小概率事件。

这种风险主要有两个方面：一是平台过失或技术漏洞所导致的信息泄露；二是平台故意或利益驱使所导致的突破底线。更有甚者，有些共享经济平台除了大量收集用户的个人信息并进行商业利用外，还会非法贩卖顾客的个人信息谋取利益，甚至出于明确的非法目的进行相关的数据收集。比如，Uber 就于 2014 年被曝使用软件跟踪司机和乘客行踪，这在技术上是非常容易而无代价的。被曝光的事件中，后台员工被允许跟踪政治家、名人，甚至员工的前男友、前女友等。这两方面的风险，都属于平台与其权和利所对等的责任领域，应当责无旁贷地处理好容易出问题的地方。

三、共享经济对消费者利益的损害

除上述两方面的伦理悖论之外，共享经济还有可能对消费者的利益造成损害。这个悖论与前两个有关联，但又有些不同。对劳动者分配权的剥夺，实质上是获得了劳动力商品的使用权和支配权，却没有承担对等的劳动保障责任；对用户隐私权的侵害，实质上是以建基于数据和信息之上的平台解决方案立身盈利，却未能承担相应的信任和安全问题；对消费者利益的损害，实质上则是"以共益之名、行自利之实"。这里的"名""实"之判，背离了中华优秀传统文化"义以生利"的训诫，也背离了洛克和斯密"开明的自利"的理想。三者的关联在于，共享经济的利益相关者交易结构所蕴含的市场机制失灵情况，并且由此而引发的各种福利损失可能性中，平台都是强势一方、得实惠而少对等付出的一方；三者的区别在于，技术的和经济的原理不同，进而处于弱势一方的群体不同，相应的受损权益也不同。

平台以大数据、算力和算法、AI 等技术的加持，以网络效应和商业模式优化效果的助力，可以从整体上提升经济福利。这种福利提升是就整体而言的，并非绝对意义上的帕累托改进。因为技术工具在平台手上，进而前述相关的交易控制权、支配权和非对称信息都掌握在平台手中。而共享经济平台往往也是企业，是受资本驱动和支配的利益最大化的市场经济主体，容易造成行业垄断，损害交易的公平性。

比如一度沸沸扬扬的"大数据杀熟"舆论风波，其实质不过是共享经济平台以垄断交易结构为依恃，以大数据和信息不对称为工具，对用户利益的侵占。这里面值得交代的问题有三：一是从经济的角度来看，是基于垄断地位所实施的对消费者剩余的侵占；二是从技术的角度来看，是基于过度的信息获取所实施的针对消费者利益的猎杀；三是从伦理的角度来看，是基于消费者的信任所实施的对消费者的失德行为。首先，共享平台的垄断属性原本是自然垄断性质的；也就是说，就整个社会的整体福利而言，垄断（一家平台服务所有顾客是最有效率的）是最优规模的配置。但是，整体福利的最优却有着严重的经济悖论，即垄断平台可以实施价格歧视，从而抢占消费者剩余。从这个意义上说，原本可以增进整体福利的安排，不但没有实质上增进其他利益相关者的福利，反而侵吞肥己。其次，诸如打车软件获取用户的手机型号，并借此窥探消费者的价格敏感偏好，从而使得价格歧视操作的技术条件得以满足，即能够识别需求价格弹性不同的群体进而区别报价。从这个意义上说，原本声称为了平台运维和消费者服务而获取的私人信息授权，不但没有更好地服务消费者，反而捉刀杀熟。最后，所谓的"熟"，一方面是基于消费者对平台的信任、对平台信息授权，为平台活跃用户；另一方面是基于平台对消费者的熟悉，甚于消费者自知的熟稔。信任的不对称、权责的不对等，进而造就了伦理悖论。

除此一例之外，消费者在上述三方面的不对称面前，都有着随时被损害的风险。平台的垄断性质造就了经济地位的不对称；中性的大数据技术在恶性的、突破了开明自利底线的平台手中，加剧了信息的不对称；消费者对于技术进步的偏好，或者讲，被技术进步叠加资本逻辑所营造的滚滚洪流裹挟，不得不将自己放置在信任不对称、权责不对等的平台之上。反之，共享平台在这三重不对称面前都处于绝对的优势地位。如果内在的社会责任意识缺失或淡漠，外在的社会监管缺位或滞后,平台在技术上和主观意愿上都比较容易侵害消费者利益的存在。

【案例引入】

大数据杀熟,杀的是互联网经济的未来[①]

浙江省绍兴市柯桥区法院审理的胡女士诉讼某商务有限公司侵权纠纷案,法庭一审判决原告胜诉。事件起因是2020年胡女士通过某商务有限公司App订购某酒店住宿,在离店时发现订购价格远超酒店实际挂牌价,与平台沟通未结果后,以平台对自身进行"大数据杀熟"等缘由将其起诉到法院。法院判决指出,平台在交易过程中未履行如实报告义务,存在虚假宣传、价格欺诈和欺骗行为,同时还采集和使用了非必要信息。

跳出法律维度,我们还应该看到"大数据杀熟"行为对互联网经济长远发展造成的伤害。我们所生活的时代并非一个真正意义上的"陌生人社会",互联网的出现正在逐步降低互不信任造成的高昂社会运行成本。回顾近年来"大数据杀熟"新闻的爆出,无不在舆论场上迅速传播发酵,引发消费者群体对涉事企业的信任危机,而且降低了整个社会对线上经济以及企业家群体的信任。这种为追求利润而不择手段的个别企业文化,导致了市场上所有主体陷入困境,不再关注产品和服务的改进创新,而是依赖于资本优势、市场地位去攫取制度欠缺和规则漏洞带来的超额利润。这种伤害会严重影响市场经济效率,导致社会资源浪费,也让技术本身的进步发展蒙上阴影。

【案例问题讨论】

1. 你是否经历过"大数据杀熟"?
2. 如何看待"大数据杀熟"?
3. 你认为如何能够遏制"大数据杀熟"?

[①] 光明网:https://m.gmw.cn/2021—07/16/content_1302410071.htm。

第四节 共享经济下的企业与政府责任

共享经济公平伦理的践行,需要从内在的社会责任意识和外在的社会监管两方面下功夫。相应地,培育企业社会责任意识以及发挥政府监督管理职能成为扬弃共享经济的伦理悖论、呵护共享经济的伦理价值的两个发力点。

一、培育企业社会责任意识促进公平的提高

平台经济的发展在经济维度和社会责任维度都有着不断凸显的重要性,但是问题也相伴而生,甚至有着侵蚀其根基的风险。正如中国社会科学院肖红军研究员所担忧的,"平台型企业社会责任缺失现象和异化行为却频频出现甚至层出不穷,不仅引致众多平台型企业'昙花一现'或走向衰败,让平台经济、共享经济的发展前景蒙上一层阴影,而且引发许多严重社会问题,对经济社会可持续发展产生'意想不到'的负外部性"[①]。企业作为独立运营的主体、作为商业运作平台、作为社会资源配置平台都有着相应的社会责任。如果企业能够承担得好,那么不管是企业个体还是平台商业生态圈,乃至整个社会都将获得共享经济的实惠,而治理好其带来的公平伦理悖论。如果企业不愿意,或者不能很好地承担相应的社会责任,围绕平台企业所存在的整个商业生态将受到冲击,平台交易结构将越来越不稳固,甚至逐渐走向坍塌。

共享平台的自我监管从企业内部发力,以可持续的理念看待平台交易结构,充分发挥市场在资源配置中的决定性作用。平台企业的自我监管有三方面的优势:一是平台企业掌握最全面的源代码数据,它既可以成为前述伦理悖论的杀熟之刀,也可以成为自我监管和治理向善的照妖之镜,这是企业的数据资源优势。二是企业具有相关行业的专业技术,它既可以成为前述伦理悖论的假公肥己工具,也可以成为义以生利的合作共赢法宝。这是企业专业技术优势。三是企业具有最直接的监管便利,它既可以营造前述的三大不对称,从而巩固

---

① 肖红军,李平.平台型企业社会责任的生态化治理[J].管理世界,2019(04).

自己的垄断地位、获得超额利润,也可利用彰显平台的掌控实力,获得双边用户、社会成员的充分信任,进而公共平台企业在行业当中拥有不可撼动的地位。这是企业的监管效率优势,平台的自我监管优势,有赖于企业社会责任意识的培育。

平台企业社会责任的培育需要从理论和实践两个维度进行推进,需要引导多方关注,发挥多方力量,共同构筑良性的、不断完善的治理机制。一方面,平台企业也具有一般企业的性质,因而其社会责任也有着一般企业社会责任的共同内涵。另一方面,共享经济当中的平台企业有着不同于传统企业的特殊性,"平台企业是私人属性与公共属性的耦合体,其社会责任范畴应当融合'类政府'组织的'社会理性'边界和私人产品服务的'市场理性'边界;平台系统是商业生态系统与社会生态系统的耦合,平台企业社会责任治理要求融合商业生态系统下的责任型平台领导方式和社会生态系统下的社会责任共同体模式,最大限度地实现可持续性价值共创和社会资源优化配置。"[1]从这个意义上说,平台企业本身就超越一般意义的经济主体,不再是斯密所构想的以看不见的手所安排的,以竞争求合作的市场机制设计。如果平台企业囿于传统经济主体的站位立场去看待问题,以传统的近乎完全竞争的对称和对等的市场结构中的一分子去看待自身,那么上文阐述的三大不对称必然将平台企业置于高高在上的位置,经济维度降维打击的竞争优势也会瞬间招致其他维度的灭顶之灾。政治和法律的针对性管制,舆论的讨伐也会接踵而至。因此,平台企业应当承担起与其地位相称的社会责任,履行好与其权和利相对等的责任,在零工劳动分配权的赋予、平台用户隐私权的保障、社会成员利益的保护方面有着责无旁贷的治理责任。

我们在鼓励发展共享经济的同时,也应当积极培育平台企业的社会责任意识,通过社会舆论的引导,立法执法的听证监督,激活平台企业内部监管的积极主动性,从而呵护好共享经济的发展、促进公平的提高。

---

[1] 肖红军,阳镇.平台企业社会责任:逻辑起点与实践范式[J].经济管理,2020(04).

二、充分发挥政府职能推动公平的实现

公平伦理的践行需要企业内在责任意识的提升,同样离不开外在的监督。充分发挥政府职能,引导供需方、行业协会等多方主体的参与,共同治理好共享经济平台为核心的商业生态圈,推动公平的实现。

首先,政府主导多方参与,共同营造良好的网络营商环境。通过网络空间环境治理和改善,保障互联网行业健康有序发展,促进共享经济平台包容共益发展。"互联网平台企业应增强法律意识、责任意识,规范自己的行为,建立公平公正的管理机制,营造可持续、健康发展的营商环境。譬如,互联网平台企业通过大数据分析技术实行动态监控审查,监督平台上的产品及排名,严处刷单、恶评、售假等行为,并建立平台、商家、消费者的诚信数据库;建立互联网企业用户隐私数据保护的共识和企业文化,通过相关员工的培训、监督、奖励等机制来完善管理。"[1]政府在其中可以发挥价值引导和监督管理的作用,充分调动平台企业、双边用户、相关利益主体参与积极性,共同治理好平台商业生态圈,为身处其中的共享经济环境净化出一份力。

其次,政府鼓励行业协会明确行业服务标准和自律公约。行业协会是协调行业利益、规范市场行为、提供行业服务、反映会员需求、保护和增进全体成员合法权益的非营利性社会组织。行业协会可以成为政府管理的有力臂助,它性质上介乎企业和政府之间,一方面,比政府更了解行业和企业,对于技术上、经营上的具体问题相对而言比较了解;另一方面,可以超越企业自身短视的、过于功利的、恶性竞争的等诸方面的不足,可以有效兼顾市场的有序与活力。行业协会如果能够得到健康的发展,并在行业自律和相互监督方面形成良序的运行机制,将发挥不可取代的作用,成为企业内部监督和法律外在约束的有效补充。但同时需要注意的是,共享经济发展较好的行业,不论是送餐、网约车还是共享单车,几乎都处于寡头垄断状态。"如果行业协会被垄断平台控制,就可能会滥用行业协会的特权,违背其宗旨,成为少数共享平台精英谋取私利的工具,损害

---

[1] 刘玉国,谌琦.互联网平台企业的会责任与规制管理[J].决策与信息,2019(05).

同行业其他小平台和消费者的利益,导致普通会员的权利无法真正落实,甚至损害整体利益。"①因此,要防止行业协会被精英控制,而违背成立行业协会的初衷。

再次,政府联合智库力量,对共享经济进行深入研究,出台针对性治理政策。共享经济自2013—2014年前后快速增长,是一种崭新的商业模式,需要进行全面深入的研究,才能相应制定科学而有针对性的治理政策。这里的研究包括技术层面的研究,也包括价值层面的论证。共享经济在整体层面和各利益相关者视角的逻辑合理性、合法性,整体利益的效率提升和各相关主体之间的利益分配,诸如此类的内容既涉及技术操作,又关涉伦理价值。政策制定需要充分的论证,这是确保其科学性的前提。同时,要充分听取多方意见,超越资本逻辑的关键少数决策,求取利益的最大公约数,兼顾效率与公平。

最后,政府自身要配合有效市场,发挥政府作用。2017年,国家发展和改革委员会等八个部委联合出台的《关于促进分享经济发展的指导性意见》指出,"探索建立政府、平台企业、行业协会以及资源提供者和消费者共同参与的分享经济多方协同治理机制"②。社会主义市场经济的性质决定我们的经济发展是以人民为中心的,而人民中心的初心保障需要发挥中国特色社会主义市场经济的制度优势,需要政府在多方协同的治理集中当中发挥引导作用,弘扬社会主义核心价值观,确保公平正义的实现。

【案例引入】

将算法推荐关进法治的笼子里 持续推进完善我国算法治理体系③

在数字经济时代,算法是一种重要的生产工具。算法推荐技术被广泛应用于信息分发和媒体传播领域,带来"信息茧房""大数据杀熟""困在系统里"等社会隐忧,规范算法推荐活动迫在眉睫。习近平总书记在谈媒体融合发展时强调,用主流价值导向驾驭"算法",全面提高舆论引导能力。近日,国家互联网信息办公室等四部门联合发布的《互联网信息服务算法推荐管理规定》(以下简称

---

① 董成惠.共享经济:基本理论及法律问题研究[M].北京:中国政法大学出版社,2020:342.
② 国家发展改革委:https://www.ndrc.gov.cn/xxgk/zcfb/tz/201707/t20170703_962998.html.
③ 中国网信网:https://www.cac.gov.cn/2022-01/05/c_1642983971049090.htm.

《规定》正当其时,为规范算法推荐服务提出了科学化、系统化、精细化的合规要求,织密了我国算法治理的法治之网,是构建我国算法治理体系的重要一环。

《规定》的颁布意味着我国算法治理工作进入新阶段。算法推荐服务提供者应该认真学习和理解《规定》,并严格落实主体责任。广大用户也应该积极提高算法素养,有效维护自身合法权益。

【案例问题讨论】

你认为共享经济未来的发展过程中还会出现哪些问题?我们应当如何应对这些问题?

本章思考题

1. 简述共享经济的特征。
2. 简述共享经济和共享发展的关系。
3. 共享经济如何促进公平的实现?
4. 共享经济中存在着哪些公平伦理悖论?
5. 共享经济下企业与政府在促进公平的实现过程中应该发挥什么样的作用?

参考文献

1. 马克思恩格斯文集:第1、3、9卷[M].北京:人民出版社,2009.
2. [美]罗宾·蔡斯.共享经济:重构未来商业新模式[M].王芮,译.杭州:浙江人民出版社,2015.
3. [美]雷切尔·博茨曼,路·罗杰斯.共享经济时代——互联网思维下的协同消费商业模式[M].唐朝文,译.上海:上海交通大学出版社,2015.
4. [美]杰里米·里夫金.零边际成本社会[M].赛迪研究院专家组,译.北京:中信出版社,2017.

5. [美]约翰·罗尔斯.正义论[M].何怀宏,何包钢,廖申白,译.北京:中国社会科学出版社,2016.

6. [印]阿马蒂亚·森.以自由看待发展[M].任赜,于真,译.北京:中国人民大学出版社,2016.

7. 习近平谈治国理政:第1卷[M].外文出版社,2018.

8. 董成惠.共享经济:基本理论及法律问题研究[M].北京:中国政法大学出版社,2020.

第三部分

企业主体行为的经济伦理分析

第九章　企业伦理与企业伦理决策

好的企业与伟大的企业是有差别的：一家好的企业可以提供优质的产品和服务；一家伟大的企业也可以提供优质的产品和服务，但它还要努力地让这个世界变得更美好。

——福特汽车公司董事长小威廉·克来·福特

【案例引入】

胖东来商贸集团公司，创始人于东来，创立于1995年3月，旗下涵盖百货、超市、电器等。目前，胖东来在河南许昌和新乡已拥有30多家连锁店，在当地的市场占有率高达90%。胖东来在全省同行中具有相当的知名度和影响力，已成为许昌和新乡具有相当美誉度的商业零售企业。不仅如此，企业员工像身处一个温馨快乐的大家庭，情同手足，开心工作。员工也将于东来视为"大家长"，都亲切地叫他"东来哥"。

15年创业，于东来一直坚持"你心我心、将心比心"的大爱信仰，从一间小店起家，逐渐发展成如今的胖东来商贸集团有限公司。2020年新冠疫情暴发，于东来第一时间捐款，并宣布，疫情防控期间，蔬菜按进价销售，三家医药超市24小时营业，配合政府安排，可以牺牲一切。每一次国家危难时刻，于东来都走在最前面。1996年美国航母编队驶入台湾海峡，于东来三兄弟连夜赶到北京，捐赠2万元支援国家造航母；2003年"非典"，捐了800万元；2008年汶川地震，捐款捐物近1 000万元，并亲自组织公司140名员工前往灾区参与救援。

【案例问题讨论】

胖东来的成功之处有哪些方面？它的企业价值观对其他企业积极承担社会责任有何借鉴意义？

一个只读过7年书的人，不仅出口成章，打造了温情而别致的企业文化，还"辗压"国际零售巨头沃尔玛和丹尼斯，白手缔造出"中国最好的店"！马云说"胖东来"是中国企业的一面镜子，小米董事长雷军也前往"朝圣"……传奇创始人于东来到底是个什么样的人物？他又是秉承着什么样的宗旨来践行的？相比一般商人一味追逐经济利益，于东来更追求情感上的幸福与快乐。康德主张"人是自身目的，不是工具"，于东来把员工当自己的亲人看待，他试图建立一个公平正义、幸福自由、充满博爱色彩的企业大家庭。这就是于东来的"商业人性信仰"。

第一节 企业伦理与企业文化

一、现代企业与企业伦理

现代企业既是一个生产技术单位，也是一个经济组织。企业作为生产技术单位需要为社会生产物质产品并提供一定的劳务，还要有持续盈利能力。企业经历了由传统企业到现代企业的转型过程。传统企业大多是单一的自然人企业，其特点是个人业主集所有者与经营者为一体。由于企业规模较小、经营单一，因此企业的生产经营都以市场调节为主，市场这只"看不见的手"实际充当着生产和分配过程的管理者。随着企业并购及股份制的兴起，企业所有者出现了多元化趋势，出现了经理人阶层，企业所有权与经营权分离，现代企业形成。现代企业的出现对经济与伦理都具有重要意义。在经济上，管理的协调比市场机制的协调能带来更大的生产力、较低的成本和较高的利润水平。在伦理上，用企业管理的有形之手代替了市场中的无形之手，纠正了企业内部分配市场化的倾向，经理阶层的出现，对企业伦理的建设以及减少诸如不公平竞争、欺诈等不规范行为具有重要的规范作用。企业通过良好的商业信誉而拥有了稳定的客户、公众的投资信心、用户的信赖,这一切都是现代企业制度给企业带来的伦理效应。

由上可以看出,现代市场经济条件下,企业的行为不可能是纯经济的,它必定是经济行为与伦理行为的统一。市场经济作为资源配置的一种方式,能更有效地促进经济发展。在这种情况下,企业有机会更好地盈利,如采用新技术、改进管理方式、拓展营销渠道等,这有利于企业的生存发展,提高盈利水平。但是,如果片面追求利润最大化而忽视伦理问题,如虚假广告、变相提价、逃税、不遵守公平竞争原则、侵犯消费者权益、欺诈等手段,就会使企业陷入目的与手段对立冲突中。因此,企业的盈利不应该成为唯一目标,还必须追求一种伦理目标,追求公平、公正、合理、正当的原则。在经济目标中,不能有损害他人和社会利益的行为,应该将经济效益和社会效率统一起来。效益既是一种价值判断,又是一种评价形式。作为一种价值,企业效益体现出企业行为的结果对企业及社会主体需要的满足。作为一种评价,企业效益体现出对企业行为有益或无益好与坏的判断。在经济上,企业行为的结果是否产生了一定的经济价值及经济效益;在伦理上,企业行为是否对社会做出了一定的贡献、取得了一定的社会效益。经济效益之所以重要,就在于它能够对企业自身发展提供有利的经济保证。同时,只有提高经济效益,才有可能增加社会效益。社会效益之所以重要,一方面它能够完成企业对社会的使命与责任;另一方面能够提高企业的声誉,获取社会对企业的肯定性评价,有利于企业进一步发展。

如今企业外部竞争异常激烈,企业要盈利,就要高水平地经营,进一步提升企业的经济价值和伦理价值。高质量发展企业需要更好地、有效地创造利润。企业利润目标的提升需要引入高质量发展模式,要实现企业的转型升级,发展高技术,线上线下服务、共享平台,创新发展、绿色发展。但是,高质量发展企业并不是以利润最大化作为目标的。利润最大化的提法本身就存在争议,企业还有其他目标,要兼顾利益相关者的利益等。许多企业逐步认识到,企业的目标是利润创造和价值创造的结合。只有将企业自身的盈利目标与社会目标结合起来,才会产生更大的利益。

新时代我国企业的高质量发展与企业伦理是一致的。自社会主义市场经济体制建立以来,企业成为独立的市场主体,自主经营、自负盈亏。企业作为市场主体要独立处理各方面关系,包括企业与外部和内部的关系,在企业内部要处理各要素之间的关系,包括生产与分配的关系。从社会主义制度的优势来看,虽然企业是由多种所有制构成的,但都是社会主义制度下的企业,地位上是平等的,企业中的劳资关系也是平等的,这是保障企业利益与伦理责任的基础。高质量发展要处理好企业高质量发展下的企业生产与分配、企业盈利目标与价值创造的关系。当前多种所有制共同发展的背景下,特别是混合所有制改革的背景下,各种所有制形式并存于企业,不仅要提高企业的效率,而且要保障企业伦理目标的实现。企业伦理的实施可以通过要素地位的平等、劳动力产权的确立、公平的员工持股制度、混合所有制的平等合作以及风险共担机制等措施加以实现。

企业伦理就是作为行为主体的企业在生产经营活动中,以一定的价值观为核心,处理企业内部(包括企业与股东、企业与经理人员、企业与监督机构、企业与员工等)以及外部利益相关者,包括企业与社会、企业与自然环境关系的伦理原则和规范的总和。企业伦理既是一种规范,又是一种"应当",它是目的善与手段善的统一。一个企业的行为要达到"目的善"的道德境界是很难的,目的善是高层次的伦理要求。在现实中,企业层次的不同决定了企业伦理要求的层次之别。即便是同一个企业,在其发展的不同阶段也显示出不同的企业伦理层次。这表明,企业伦理也有先进性要求与广泛性要求之分。

二、企业文化与企业惯例

企业高质量发展需要良好的企业文化作为基础,企业核心竞争力的打造需要强有力的企业文化。企业文化是企业共有的价值观(shared values),正是企业员工共同认可的价值观使企业达成价值共识,形成强有力的文化竞争力,这是单纯的企业管理所达不到的。

企业文化的作用表现在:一是具有巨大的凝聚作用。通过企业的榜样、网络、习惯等形式进行传播,产生共识,形成一种约束和规范机制,具有较强的管理功能。企业文化把企业精神、企业价值观作为核心和基石,强调员工普遍认同的价值观的塑造。同时贯彻尊重人、理解人、关心人、信任人的原则。企业文化之所以受到越来越多企业的青睐，就在于它以文化为手段，突出企业共同价值观和企业精神。以共同价值观为导向，以形成企业各部门、各层次人员对目标的共识，从而达到观念统一、行动一致，形成对组织的归属感与认同感，最后达到提高生产效率的目的。二是强有力的企业文化具有个性特征，对外具有较强的识别功能，是企业核心竞争力的表现，可以明显地提高企业的经营业绩。据美国学者约翰·科特与詹姆斯·赫斯科特对美国几十家公司的调查，那些企业文化强的企业经营业绩较高，而企业文化弱的企业经营业绩一般较差。其原因在于，企业文化营造出一种企业精神、团队意识、共同的价值观等，形成了一股凝聚力量，并把这种力量贯彻到生产、销售等各个部门中去，从而取得巨大的经济效益。不仅如此，随着企业文化的发展，它的影响范围也在不断扩大。成功的企业文化不仅为企业内部人员共享，还可以影响到企业之外，甚至影响到其他企业，可以渗透到企业的产品品牌、服务质量、企业形象、信誉中去。三是企业文化的塑造有助于企业的和谐稳定，公平正义、诚信价值等正向的价值信念的塑造。企业文化是一个完整的体系，包括企业的物质文化、制度文化和精神文化层次结构，是由企业使命、企业价值观、企业伦理、经营理念等内容构成的统一体，需要长期的培育和积淀。

企业惯例是企业文化的重要组成部分。按照制度经济学的观点，制度有两种：内在制度与外在制度。惯例就是一种内在制度。柯武刚将内在制度定义为："群体内随经验而演化的规则，而外在制度则被定义为外在地设计出来并靠政治行动由上面强加于社会的规则"。[①] 他认为，有四种不同类型的内在制度：一是习惯(conventions)，这种规则的便利性毋庸置疑，以致人们基本上都能出于自利动机而自动地服从这类规则。二是内化规则(internalised rules)，人们通过习惯、教育和经验习得了规则，并达到在正常情况下无反应地、自发地服从规则的程度。三是习俗和礼貌(customs and manners)，违反这种规则并不会自动地引发组织的惩罚，但共同体内的其他人都会非正式地监督遵守规则的情

---

① 柯武刚.制度经济学：社会秩序与公共政策[M].北京：商务印书馆，2000：120-122.

况。四是正式化内在规则(formalised interal rules),这种规则虽然是随经验而出现的,但他们在一个群体内是以正规方式发挥作用并被强制执行的。[①]

惯例有好坏之分,要么是起支撑的作用,要么是起破坏作用,潜规则就是一种不良惯例。惯例对企业管理、企业文化的建构以及企业伦理的开展都十分重要。从制度学的角度来看,惯例是一种制度,因为它符合"集体行动控制个人行动"。一旦形成惯例,在群体当中必定有共识性基础。文化规则和惯例是群体中至少60%以上的人认同的习惯。惯例是一种内生的非正式制度,非正式制度是一种内化的规则,通过习惯、教育和经验形成的规则。很多习惯、惯例最先并不是以文化形式出现的,但后来影响到企业的整体价值观。所以不要小看企业惯例。惯例不是人为设置的,而是自发形成的,用惯例处理问题简单或到位。惯例是不断演化的,根据环境很快适应和改变,因此包含人们大量的智慧,对社会而言是很重要的经验或习惯。惯例可以形成强大的凝聚力,是一种补充,起到与一般正式制度不同的作用。企业文化惯例的价值取向和价值偏好与企业竞争力是密切相关的。只有那些倡导公平正义、讲责任的惯例才可能使企业竞争力上升。符合伦理、规范、正义原则的惯例会对企业竞争力产生重要影响。

三、企业伦理与企业文化的关系

企业伦理与企业文化之间是相互联系、相互促进的。二者都是促进企业管理的重要文化因素,企业伦理寓于文化之中,但也有差异性。首先,企业文化具有文化的个性特征和共性特征,既注重企业内部的整体性和一致性,又强调企业的个性以及同其他企业的差异。这种差异表现为不同的经营理念、行为方式、行为规范等。而企业伦理尽管层次的不同,但作为一种规范的要求,一种公正的、合理的经营手段公平竞争、合理取利等对每个企业都是一样的。其次,企业文化讲伦理的目的主要是获取更大的利益,换言之,它更注重伦理的工具价值,而伦理要求目的与手段的统一。再次,企业文化是从文化的角度研究企业的经济行为,而企业伦理是从伦理规范的角度研究企业行为,从而调节企业的

---

① 柯武刚.制度经济学:社会秩序与公共政策[M].北京:商务印书馆,2000:123.

内部和外部关系,是从企业的责任、权利义务方面对企业行为的规范。最后,对企业伦理的研究可以从各个层面来进行,既要从市场经济的大背景出发,又要研究与企业伦理相关的伦理行为。只有这样,才能确立企业伦理的真实定位和发展方向,以便更有利于企业伦理建设。

企业社会责任是企业伦理的重要内容。责任分为主动的责任与被动的责任。主动的责任是指应做的事,如责任感、职责、尽责任、岗位责任等;被动的责任是指罚责,指行为主体对行为及其后果的担当,是一种行为及其后果的问责,"必须承担的罚责"。企业社会责任(CSR),是指企业组织对利益相关者承担的义务和责任,并且为其决策的活动对社会和环境的影响而承担的责任,是一种责任担当。根据卡罗尔的企业社会责任金字塔,认为责任可以分为广义的企业社会责任和狭义的社会责任。广义的社会责任包括经济责任、法律责任、伦理责任、慈善责任;狭义的企业社会责任包括道德责任、慈善责任。责任与自由是分不开的,企业道德选是自由的,因而要对其行为后果承担责任,责任也是道德选择的一种特征。企业社会责任的界限应该看自由的程度。

目前,有人认为,企业社会责任是一种企业账,履行企业社会责任就是去做公益活动,是一种慈善捐赠,这样的理解是片面的。企业在运作过程中,对利益相关者履行的责任,这对企业和利益相关者都是有利的。企业在经营过程中要与供应商、客户、政府、竞争者、消费者、银行、股东以及其他利益相关者打交道,存在一定的利益关系。负责任的企业注重平衡各方的利益,在经营过程中注重内部与外部关系,最终达到经济、环境、社会的平衡以及企业和社会的可持续发展。实现可持续发展的过程其实就是履行社会责任的过程,管理大师波特强调,"将社会责任与经营策略结合,将是企业未来新竞争力的来源"。管理学界最具影响力的学者之一彼得·德鲁克认为:任何一个组织都不只是为了自身,而是为了社会存在,企业也不例外。目前,有很多企业把社区投资融入整个商业策略发展过程。例如,企业在所在地投资建学校,既提升了与当地政府的关系价值,又为教育事业和社会做出了贡献。

四、企业伦理与企业价值观

价值是客体对主体的意义，一般讲的价值是肯定的价值。价值观是关于价值问题的基本观点，价值观念是在长期价值活动中积淀而成的关于某一类事物价值信念、价值取向、价值标准、价值规范的稳定思维模式。

企业价值观是指企业在追求经营成功的过程中所推崇的基本信念及奉行的目标。彼得森认为，价值观是形成态度和行为动机的重要信念，价值观能在身边无人或无人知道怎么做时教你如何作为。"诚实""责任""公平"和"忠诚"这类词都是价值观的具体化。例如，得州仪器公司的价值观是"诚实"：尊重并提升人的价值、做诚实的人；"创新"：学习与创造、大胆行动；"承担义务"：承担责任、保证取得胜利。

伦理与价值观念既有区别又有联系。伦理是在对与错之间、两种权利之间作出选择时进行思维过程的体现，当不同价值观之间发生矛盾与冲突时，伦理会帮你确立运用适当原则进行决策的程序。单有价值观而不做伦理决策显得空洞而抽象，没有价值观引导的伦理决策就会缺乏方向。价值观使我们明白伦理决策的重要性；遵照伦理行事有助于我们选择正确的价值观。

【案例引入】

被透支的公众信任——水滴筹

慈善众筹作为伴随互联网发展而新兴的公益救助形式越来越得到大众的认可。据统计，仅在"水滴筹"一家平台 2019 年就累计产生超过 4 亿次捐赠行为。在慈善众筹呈现欣欣向荣的发展态势之时，在 2019 年底，一个名为《卧底水滴筹：医院扫楼，筹款每单提成》的视频在网络上不断发酵，引发社会各界对慈善众筹平台运营混乱的高度关注，各方面纷纷表达了对"水滴筹"平台的诸多的质疑和不满，甚至引发对整个网络慈善捐赠的质疑，这种质疑实际上是公众信任透支的表现。

2019 年 11 月，全国首例因网络个人大病众筹求助引发的纠纷在北京朝阳法院一审宣判。一审判令，筹款发起人莫某违反约定用途将筹集款项挪作他用，构成违约，全额返还筹款 153 136 元并支付相应利息。

莫某违约使用筹款被举报后,2018年9月,"水滴筹"向北京朝阳区法院提起诉讼,要求莫某返还全部筹集款项153 136元,并按照同期银行贷款利率支付自2018年8月31日起的利息。法院审理查明,莫某除在"水滴筹"筹得的款项外,还先后在其他慈善基金会内获取8.88万余元的资助款。莫某因未披露真实情况,将筹集款挪作他用,法院令其返还筹集款,并支付"水滴筹"自2018年8月31日以来的利息。媒体报道,莫某已经履行法院判决。

此外,朝阳区法院还同时向民政部、北京水滴互保科技有限公司(简称水滴筹公司)发送司法建议,建议健全规范,完善资金监管使用,推进相关立法,加强行业自律,建立网络筹集资金分账管理及公示制度、第三方托管监督制度、医疗机构资金双向流转机制等,切实加强爱心筹款的资金监督管理和使用。

以水滴筹为例,造成信任缺失的原因从表面上看是平台的信息不对称,而从本质上看是平台的营利性与公益性的矛盾。

【案例问题讨论】

1. "水滴筹"究竟是一种商业模式还是一种慈善模式?
2. 商业化慈善模式是否必然产生伦理问题?

第二节 企业文化价值取向与企业竞争力

良好的企业文化提升企业的经济价值与伦理价值,提升企业竞争力。企业竞争力的来源是什么?战略管理学家迈克尔·波特在《竞争战略》《竞争优势》中从技术结构、战略决策、产业环境、成本管理等方面来探讨企业的竞争力的要素。汉—普登·特纳等在《国家竞争力——创造财富的价值体系》把文化因素当作竞争力的源泉。管理学家沙因认为,企业文化产生的必要条件是企业成员在相当长的一段时间里保持相互间的密切联系或交往,并且该企业无论从事何种经营活动,均获得了相当的成就。当他们处理所遇到的问题时,不断重复使用的解决问题的方式方法就会生成他们企业文化中的一个部分。有效使用的时间越长,他们就会越深入地渗透于企业文化之中。所有经济活动和行为都取决于经营者或决策者的价值观。康芒斯则认为,个体行动是"交互影响的行动",制度经济学所指出的"人"具有"制度化的头脑",个人的行动是个体间的行动。"他们学习种种风俗习惯,学习语言,学习和其他的个人合作,学习为共同的目标而工作,学习通过谈判来消除利益冲突,学习服从许多机构的业务规则,在这些机构里他们是成员。"[1]这样的假定说明,人是离不开集体的,人的活动总是在集体中的活动,由于他的"制度化的头脑",他就会去遵守规则、服从规则,调节自己与他人的利益,适应规则。这又为"集体行动控制个人行动"即在制度框架内的集体行动的可能性提供了重要依据。

以上这些观点从不同的角度谈到了企业竞争力的来源,而大部分学者认为,企业文化无论是在价值观的塑造还是在强化管理方面都具有巨大的作用。约翰·科特在《企业文化与经营业绩》中,把企业文化视为企业经营业绩好坏的重要条件。他认为,企业中的工作群体能够建立他们自己独特的亚文化,而这些小型文化既可能损伤企业的经营业绩,也可能有助于提高企业经营业绩。那些鼓励不良经营行为、阻碍企业进行合理经营策略转变的企业文化容易在相当长的岁月里缓慢地、不知不觉地产生,且往往产生于企业正处于获得较好经营业绩的时候。这种企业文化一旦存在,就极难改变。

【案例引入】

巴林银行倒闭

尼克·李森是巴林银行新加坡分行负责人,年仅28岁,在未经授权的情况下,他以银行的名义认购了总价70亿美元的日本股票指数期货,并以买空的做法在日本期货市场买进了价值200亿美元的短期利率债券。如果这几笔交易成功,他将会从中获得巨大的收益,但阪神地震后,日本债券市场一直下跌。据不完全统计,巴林银行因此损失10多亿美元,这一数字已经超过了该行拥有的8.6亿美元的总价值,故巴林银行不得不宣布倒闭。这家有着233年历史,在英国发挥过重要作用的银行换了新主。

事发后,警方将尼克·李森拘捕。1999年7月,尼克·李森因患癌症被保外就医,他回到了伦敦。此前,他在狱中撰写了《我如何弄垮巴林银行》。在书

---

[1] 康芒斯.制度经济学(上)[M].北京:商务印书馆,1997:92.

中,尼克·李森描述整个事件的真实经过。当然,李森自有李森的感受,但是,比尼克·李森感受更为深刻的,恐怕就是他的上司彼得·诺里斯了。彼得·诺里斯说:"我认为可以从中吸取很多教训,最基本的一条就是不要想当然认为所有的员工都是正直、诚实的,这就是人类本性的可悲之处。多年来,巴林银行一直认为雇用的员工都是值得信赖的,都信奉巴林银行的企业文化,都将公司的利益时刻放在心中。而在李森的事件中,我们发现他在巴林银行服务期间一直是不诚实的。所有金融机构的管理层都应该从李森事件中吸取教训,意识到用人的风险所在。巴林银行存在着内部管理机制的诸多不足,一直没有及时发现李森的犯罪行为,而当发现时却为时已晚。所以,我认为教训是,应该随时保持极高的警惕性。"

【案例问题讨论】

1. 运用所学的经济伦理学原理分析巴林银行倒闭的原因。
2. 你认为公司的员工应该绝对地信赖吗?如何处理个人利益与公司利益?

第三节 企业伦理决策

一、西方企业决策学派的理论观点

决策学派是第二次世界大战之后发展起来的一门新兴的管理学派。其主要代表人物是曾获1978年度诺贝尔经济学奖的赫伯特·A. 西蒙(Herbert A. Simon),他吸取了巴纳德的许多思想,形成了一门有关决策过程、准则、类型及方法的较完整的决策理论体系。另一位重要代表人物是詹姆士·马奇。总体来看,决策理论学派的主要观点有以下几个:

(1)决策是管理的中心。他们认为,不仅最高管理阶层要进行决策,组织的所有阶层包括作业人员都要进行决策,它贯穿于整个组织活动之中。组织是作为决策者的个人组成的系统,管理就是决策。

(2)决策贯穿于管理的整个过程。他们认为,决策不只是"从多个备选方案中选定一个方案"的行为,而是包括几个阶段和涉及许多方面的过程。具体来看主要划分为以下几个阶段:一是收集情报阶段,为决策活动做准备;二是拟订计划阶段,确立决策目标;三是根据当时的情况和对未来发展动态的预测,从各个被选方案中选定一个,可称之为"抉择活动";四是对已选的方案进行评价,可称之为"审查活动"。

(3)决策是程序化与非程序化的结合。一个组织的决策根据其活动是否反复出现,可分为程序化决策和非程序化决策。经常性活动的决策应程序化以降低决策过程的成本,只有非经常性的活动,才需要进行非程序化的决策。

(4)决策的标准是"令人满意"而不是"最优化"。以往的管理学家往往把人看成以"绝对的理性"为指导,按最优化准则行动的理性人。西蒙认为,事实上这是做不到的,应该用"管理人"假设代替"理性人"假设。"管理人"不考虑一切可能的复杂情况,只考虑与问题有关的情况,采用"令人满意"的决策准则,从而可以做出令人满意的决策。西蒙认为,决策者一旦发现了符合其欲望水平的备选方案,便结束搜索,选定该方案。他把这种模式叫做"寻求满意"。

决策理论学派的缺陷在于:首先,在企业决策中,把企业自身的利益放在第一位,甚至是唯一考虑的因素,而对企业外部社会的利益考虑甚少。这在西蒙的决策理论中有充分的体现。其次,只重经济的、技术的、法律的分析,而没有伦理分析。从西蒙决策步骤的描述中我们不难看出,他虽然关注到决策前有关情报信息之收集和分析的重要性,但只提到对所处环境的经济、技术、法律等方面的情报收集和分析,而忽略了必要的伦理分析。从而把企业活动看作一种"纯企业行为"。再次,只重决策技术而忽视人的问题。这在西蒙的程序化决策和非程序化决策理论中得以体现。但是,这个理论依然没有提及人的因素,虽然提到人的非理性问题,但只是进行对象化的、客观的分析。最后,重经济绩效而忽视社会效益。在做出决策时,他们只用企业的经济绩效来衡量决策方案的好坏,而对社会效益考虑不够。西蒙的决策理论假定公司的目标是取得令人满意的利润,这一目标仍然没有考虑到社会价值、社会效益,由于目标并没有考虑社会效益,因此在搜寻信息的过程中,涉及伦理因素并对公司决策有改进的信息往往被最先过滤掉,或者由于决策者找到了令人满意的备选方案,因此放弃了对信息的进一步搜寻,也放弃了许多能改进公司最终决定的伦理决策。

二、企业决策与企业伦理决策界定

企业决策是指,企业决策者为了使企业达到某一特定目的,并根据本企业自身的利益和特点而进行的有意识的、有选择的行动。企业决策的内容很广,一般包括:投资决策、财务决策、市场营销决策、产品组合决策、新产品开发决策、工作分享决策、人事决策等。企业伦理决策是指,在企业决策过程中充分考虑到伦理要素的重要性,将伦理原则、伦理规范及伦理要求引入实际的企业决策过程,使伦理要素对企业决策过程发挥规范、引导、制约和监督的作用,并最终促成满意效果的达到。

企业为什么需要伦理决策?一方面,现代企业决策离不开对伦理要素的考虑,需要进行伦理决策,需要对决策所涉及的利益相关者利益的重视,需要对决策中的诸要素进行比较、分析,并进行价值判断和评价。爱德华·福瑞曼和丹尼尔·R.吉尔伯特认为:"所有的战略决策都要涉及道德问题,因为它们让某些人受益,而使另一些人遭损。人们对这一基本真理的认同正在导致一场管理革命。"另一方面,企业的决策行为需要规范的约束。企业决策同人类其他任何一类活动一样,都是一种涉及人与人的参与和协作的有组织的群体行为活动。凡是在那种存在着人与人之间关系的活动中,则肯定存在着某些协调人与人之间的活动的原则和行为规范。这些原则和规范引导和约束人们的行为,同时,企业决策活动也要受其约束。

在决策过程中,伦理问题无时不在,需要时时面对。美国学者劳拉·L.纳什(Laura L. Nash)列举了企业决策所遇到的 12 个涉及伦理的问题,供管理者在决策时考虑:(1)你已准确地定义决策问题了吗?(2)如果你站在他人的立场上,会怎样定义问题?(3)问题是怎么产生的?(4)作为一个个人和公司成员,你对谁、对什么看得最重?(5)你做决策的意图是什么(即达到什么目的)?(6)你的决策意图与可能的结果相符合吗?(7)你的决策会损害谁的利益?(8)你能在做决策前与受决策影响的各方讨论该决策问题吗?(9)你认为从长远来看该决策与现在看上去那样有成效吗?(10)毫无顾忌地与你的上司、高层管理者、董事、家庭,以及整个社会谈论你的决策或行为吗?是否会感到不安?(11)

如果理解正确,人们对你的行为产生什么样的看法呢?误解了又会怎样?(12)什么样的条件下,你会允许对你的立场有例外?① 由此不难看出现代企业决策需要伦理,企业决策不能仅仅考虑经济、技术和法律的可行性。只有按伦理标准检测和衡量企业决策,才能使决策不至于仅服从于对企业利润最大化的追求,而更多地体现伦理关怀。

伦理决策在企业决策中的地位是什么?既要重视在企业决策中伦理决策的充分运用,不能使伦理决策缺位,又要具体问题具体分析;既要充分体现伦理因素在决策中的作用,又不能机械地运用。

伦理决策及其在企业决策中的地位应视决策的环境与决策的内容和性质而定。当决策方案与伦理规范冲突时,即方案违背了伦理道德,伦理要素的地位就会凸显,处于首要位置,具有一票否决权。也就是说,即使决策能产生良好的经济效果也应予以否决。因为决策一旦产生了伦理问题,既给社会造成灾难,又给企业造成重大损失,这样的方案是应坚决予以否定的。另外,当决策方案未与伦理规范冲突时,或者决策涉及的伦理问题较少或不存在伦理问题时,此时的伦理决策的重要性就会下降。总之,伦理要素在决策中的地位是根据决策的环境和条件不同而变化的,我们既要重视在企业决策中伦理决策的充分运用,不能使伦理决策缺位,又要具体问题具体分析;既要充分体现伦理因素在决策中的作用,又不能机械地运用。此外,伦理决策标准的正确把握和运用,也是合理进行企业伦理决策的重要保证。

在决策程序上应做到以下几点:一是确定备选决策方案。要制订一组决策方案,包括决策者考虑的几个选项。二是评估备选决策方案。确立了备选方案组后,接下来要评估每一个备选方案。评估的根据是有关的标准:经济标准,政治标准,技术标准,社会标准,伦理标准。

企业决策的自由与责任问题。选择要得以进行,必须以人具有一定的自由为前提。这种自由,既包括一定历史时代给人们提供的、使其能够按照自己的目的和愿望进行选择的可能性,即社会自由,也包括人们独立地按照自己的目

---

① Laura L. Nash. Ethics without the Sermon[J]. Harvard Business Review,November-December 1981:79—80.

的和愿望在这些可能性中作出决定并采取行动的意志自由。

【案例引入】

企业中的伦理决策

在美国西弗吉尼亚州的一个小镇里,矿工们从距地表几百米的巷道中采掘煤炭。两天来,已发现巷道中的瓦斯浓度在不断增加,负责安全事务的主管已将此事向矿井经理进行了汇报。瓦斯量的不断增加严重威胁到工人的安全,在瓦斯被彻底清除之前,矿井应当被暂时关闭。矿井经理从以下几方面进行考虑:(1)瓦斯泄漏浓度的危险性并不大;(2)有大量的煤炭订单急需完成;(3)关闭矿井将要付出成本;(4)或许瓦斯在达到爆炸临界之前可以自行消散。

基于这些考虑,他要求安全事务主管封锁这一消息。两天之后,瓦斯爆炸发生了,事故造成部分巷道坍塌,3名矿工死亡,另外8名矿工被困在地下等待援救。瓦斯爆炸的破坏力极大,巷道的坍塌程度可想而知,及时打通巷道、挽救幸存者的生命这一工作将花费约700万美元。矿井经理所面临的问题是如此巨大的开支是否值得?归根结底,一个人的生命价值由谁来进行衡量?如何衡量面对公司股东与被困工人,矿井经理应当更多地为哪一方利益负责?

他是应该采用更稳健、更安全、成本更低廉的救援工作方式以节省大笔开支,还是应当采用更迅速、更危险、成本更高昂的救援方式来尽可能地挽救幸存者的生命呢?矿井经理选择了后者,竭尽全力挽救幸存矿工。他组织了24人的救援队伍。经过3天的努力,人们发现救援工作的难度超乎想象。而且矿下又发生了两次瓦斯爆炸,夺去了3名救援人员的生命,最终经过艰苦努力被困矿工得救了。①

【案例问题讨论】

1. 请运用所学的经济伦理学的有关知识分析矿井经理的决策行为。他违背或遵守了什么道德原则?
2. 你认为矿井经理的救援工作是否值得?为什么?

---

① [美]理查德·T.,德·乔治·经济伦理学[M].李布,译.北京:北京大学出版社,2002:34—35.

本章思考题

1. 价值观与企业伦理的关系是什么?
2. 价值观的作用是什么?
3. 为什么需要价值观念?
4. 什么是企业伦理决策?
5. 如何进行企业伦理决策?
6. 企业文化在企业伦理决策中起什么作用?

参考文献

1. 康芒斯.制度经济学:上[M].北京:商务印书馆,1997.
2. 柯武刚.制度经济学:社会秩序与公共政策[M].北京:商务印书馆,2000.
3. 徐大建.企业伦理学[M].北京:北京大学出版社,2010.
4. [美]理查德·T.,德·乔治.经济伦理学[M].李布,译.北京:北京大学出版社,2002.
5. 许淑萍.决策伦理学[M].哈尔滨:黑龙江人民出版社,2005.
6. 唐玛丽·法里斯科尔,迈克·霍夫曼.价值观驱动管理[M].徐大建,郝云,张辑,译.上海:上海人民出版社,2005.

第十章　经营管理伦理

1999年1月18日近90岁高龄的彼得·德鲁克在回答"我最重要的贡献是什么？"这个问题时，他写下了这段话："我围绕着人和权利、价值观、结构和规范来研究管理学，而在所有这些之上，我聚焦于'责任'，那意味着我是把管理学当作一门真正的博雅艺术来看待的。"①

【案例引入】

无脑的执行者

阿道夫·艾希曼（Adolf Eichmann，1906年3月19日—1962年6月1日），纳粹德国的高官，也是在犹太人大屠杀中执行"最终方案"的主要负责者，被称为"死刑执行者"。1942年艾希曼出席万湖会议，被任命负责执行屠杀犹太人的最终方案，并且晋升中校。换句话说，将犹太人移送集中营的运输与屠杀作业大部分是由艾希曼负责。第二次世界大战之后，艾希曼被美国俘虏，但之后逃脱，经过漫长的逃亡后，艾希曼流亡到了阿根廷。1961年，以色列的情报部门摩萨德查出艾希曼的下落，并将其逮捕。他在耶路撒冷受审，被以人道罪等十五条罪名起诉。这次的审判也引起国际上的广泛关注，1962年6月1日，艾希曼被处以绞刑。

犹太裔著名政治思想家汉娜·阿伦特以《纽约客》特约撰稿人的身份，现场报道了这场审判，并于1963年出版了《艾希曼在耶路撒冷——关于艾希曼审判

---

① 彼得·德鲁克.管理新现实[M].吴振阳，等，译.北京：机械工业出版社，2019.序言IX.

的报告》,在汉娜·阿伦特所撰写的《耶路撒冷的艾希曼:关于邪恶之强制性报告》中这样描述审判席上的纳粹党徒艾希曼,"不阴险,也不凶横",完全不像一个恶贯满盈的刽子手,就那么彬彬有礼地坐在审判席上,接受绞刑,他甚至宣称"他的一生都是依据康德的道德律令而活,他所有行动都来自康德对于责任的界定"。艾克曼为自己辩护时,反复强调"自己是齿轮系统中的一环,只是起了传动的作用罢了"。作为一名公民,他相信自己所做的都是当时国家法律所允许的;作为一名军人,他只是在服从和执行上级的命令。

【案例问题讨论】

1. 阿道夫·艾希曼为什么认为他认真履行了"帝国赋予的管理职责"?
2. 管理到底有没有善恶之分?

第一节 经营管理与伦理

一、管理与伦理

21世纪是一个管理的世纪。"管理是决定一切事业盛衰成败的关键,重视管理、加强管理是全体人类的需要和整个时代的呼声。"[1]管理学俨然已经成为社会科学中最热门的显学,管理的技术手段业已达成人类历史从未企及的高峰,然而,在世界范围内各种管理"失范"普遍存在于社会、企业以及个人管理的各个层面。为增加人类福祉而产生的管理,正在走向人们期望的负面。

在社会管理层面,管理的"失范"已经在全球造成严重后果,甚至引发深重的灾难。在一些发达国家,贫富差距日益扩大造成不可调和的社会矛盾,例如,系统性的种族歧视造成少数族裔屡遭迫害、枪支泛滥引起的对基本生存和安全权利的蔑视和剥夺等。我国也出现了金钱至上的"拜物教"、无序资本恶意扩张扰乱经济运行、生态环境遭到严重破坏等管理问题。不同价值观下的社会管理现状形成巨大反差。

---

[1] 钱学森,杨沛霆:《现代领导科学和艺术》,军事译文出版社 1985:49.

在组织管理层面,管理的价值目标已经被扭曲甚至虚无化。随着科学技术的迭代跃迁和资本作用的不断强化,各种组织包括企业界普遍存在着这样的一种思潮,管理的唯一目的就是实现利润最大化,而且管理提升的唯一途径就是依靠现代科技作为技术驱动和无差别的政策、规则作为强力约束手段,资本从相关经济利益上激发人的潜能作为前两者的有效补充,因此,由资本、政策、科技的三位一体基础上的管理是最为合理、高效、正当的范式。让人感到讽刺的是,金融风暴的始作俑者们,如雷曼兄弟、安然、房地美和房利美都无一例外地遵从以上的原则。然而,为什么管理的最终结果和衍生效应竟然是以世界经济的剧烈震荡、巨额资本蒸发、诚实无辜投资者的利益遭受侵害作为结局。这些已经发生并且还在持续发生,以及未来势必以各种改头换面形势继续发生的事实,让我们不得不正视和审慎思考,管理作为一种最基本的社会职能,不可避免地要面临着正当性审视和价值评判。管理的价值判断理所当然地决定了各种管理行为,缺失了价值引导和价值判断的管理极有可能的结果是导致管理的"恶"。

在个人管理层面,个人在管理中的价值目标与企业的价值目标、社会价值目标的不相容也日益凸显,造成个体与企业、社会的矛盾和冲突,在全世界范围内这种关系紧张普遍存在,在局部地区以极端和暴力的形式爆发出来。同时,在个人自我管理中,人的内在精神追求和基本的道德操常常被弱化和边缘化。取而代之是在个人管理中,个人价值信念的扭曲和变态恶习肆意妄为。首先,体现在人类对于生态环境的肆意破坏。个人管理伦理已经无法遏制人们沉迷于对于自然界的主宰,盲目滥用人类改造世界的能力。其后果必然是生态的严重失衡。其次,体现在人类精神枯竭萎缩,盲目追求物质享受和感官刺激,人已经异化成为物质的附庸。例如,社会公众人物屡屡突破个人道德底线,偷逃税款、滥用毒品和背叛婚姻承诺等丑闻屡见不鲜;个别位高权重者徇私枉法、贪污腐化、以权谋私屡见不鲜。

不论是社会、企业还是个人,如今都必须面对这个陌生而即将习以为常的世界,那就是易变(Volatility)、不确定(Uncertainty)、复杂(Complexity)、模糊(ambiguity)的 VUCA 时代已经来临。它意味着原有的管理世界的速度、方向、相互作用关系变得前所未有地不可预测,进而让以往的各种"认知""逻辑"和"范式"的基本假设发生巨变,管理正在面临前所未有的挑战。

二、经营管理伦理

经营管理伦理是以道德为基础,以经营管理为目的,以利益相关者的需求为导向的,处理经营管理活动中的伦理问题,维护企业利益相关者权益、社会利益和国家利益的伦理规范体系。它是企业伦理在管理实践中的具体运用和升华。经营管理伦理既是管理活动中处理伦理关系的实践,又是经营主体在经营活动中处理与利益相关者关系时所遵循的价值标准和规范。它体现了现代管理学与伦理学的交叉融合,具有较强的理论研究价值和现实意义。

经营管理伦理的实质就是使管理活动成为一种合乎道德要求的活动,它与传统的伦理道德相比,更加注重对人的价值的追求和对社会秩序、公共利益的维护。经营管理伦理不仅是管理活动中处理伦理关系的实践,而且是处理与利益相关者关系的规范。经营主体的经营活动有多种形式,但无论是哪一种,都不能脱离道德的约束。从价值标准来看,经营管理伦理是一个价值系统,它包含着关于价值取向、价值评价和价值选择的问题。

经营管理活动中涉及的伦理关系主要包括两个方面:一是管理与被管理者之间的伦理关系;二是经营主体与社会利益相关者之间的伦理关系。在管理活动中,管理者与被管理者之间的伦理关系主要体现为:管理者对被管理者应遵循一定的道德要求;管理者应积极参与被管理者的管理活动;在管理中要尽可能地为被管理者着想,为他们提供方便;管理者应尊重被管理者,在处理与他们之间的关系时,应做到平等、公正、诚信、不欺骗和不欺负他人。企业与社会利益相关者之间的伦理关系主要体现为:经营主体应为社会提供优质产品和服务,积极承担社会责任;企业应保护环境,关心生态平衡。

经营管理伦理有助于维护企业利益相关者的权益,包括经营主体内部利益相关者的权益和外部利益相关者的权益。在经营主体内部利益相关者方面,企业应尽可能地为股东创造价值,并努力为员工创造物质财富、为顾客创造价值,从而使他们能够分享企业发展所带来的利润;在经营主体外部利益相关者方面,经营主体应尽力减少环境污染和生态破坏、保护自然资源和生态环境、维护消费者合法权益和公平竞争秩序、保障职工合法权益等。为了更好地维护外部利益相关者的权益,企业在处理与外部利益相关者的关系时,还应遵循相应的伦理原则。这些原则包括:诚信、公平、平等、互利、尊重、责任和忠诚等。具体体现在以下几个方面:

(1)价值观的体现。经营管理伦理是企业文化的重要组成部分,它体现了企业的价值观和经营理念。这些价值观和理念在经营管理中得到了体现和实践。

(2)协助决策的指导。经营管理伦理为管理者提供了决策的道德框架,帮助他们在面对道德困境时做出符合伦理标准的选择。

(3)提供行为的规范。经营管理通过制定规章制度来规范员工的行为,而经营管理伦理则提供了这些规章制度背后的道德基础。

(4)利益相关者的期望。经营管理需要满足不同利益相关者的期望,包括员工、客户、投资者、供应商和社会等。经营管理伦理确保这些期望在道德层面得到尊重和平衡。

(5)关注风险管理。经营管理伦理有助于识别和管理与经营主体行为相关的道德风险,如不道德的商业行为可能带来的法律诉讼、声誉损失等。

(6)强化竞争优势。良好的经营管理伦理可以成为经营主体的竞争优势,因为它有助于建立企业的正面形象,吸引和保留人才,以及赢得客户的信任。

(7)追求可持续发展。经营管理伦理有助于强调对环境和社会的责任感,这与企业的可持续发展战略相辅相成,有助于经营主体在长期内保持竞争力。

(8)强化法律遵从性。道德是法律的基础,经营管理伦理有助于企业遵守法律法规,但往往也要求企业超越法律的最低要求,追求更高的道德标准。

(9)增强全球化背景下的适应性。在全球化的商业环境中,经营主体需要适应不同文化和法律体系中的伦理标准,这有助于提升经营管理在全球化背景中的灵活性和敏感性。

(10)促进企业履行社会责任。经营管理伦理有助于强化企业对社会和环境的责任,促使企业在追求经济利益的同时,考虑其对社会和环境的影响,更好地履行其社会责任。

第二节　经营管理中的伦理原则

一、效率原则

效,《辞海》释义为:"效果、功用、立论的标准"等;率,在《辞海》中指一定的标准和比率。"效率"的英语"efficiency"是从拉丁文"efficientia"演化而来的。词根 fect＝make、do,前缀 e＝ex,指向外,可以理解为向外的努力才能获得成果。最早被使用在机械工业中,后逐步被经济学、政治学、法学、管理学等学科广泛使用。尽管在不同语境中"效率"有着不同含义,然而只有从哲学、伦理学视角才能解读出"效率"的本质内涵。效率,本身既是人类改造世界的一种活动,也是对这种改造活动能力评价标准,代表了主、客体互动系统功效,是人们有目的活动的目标,因此,效率事实上已经成为人类普遍认同、值得追求的价值目标。效率,本身就是一种值得欲求的"善"。如同效用原则的伦理思想被普遍认同,效率的伦理含义在管理领域已经成为共识。

然而,由于种种原因,效率本身是"价值无涉"的偏见,以及对效率不具有伦理内涵的误解,基于各种目的被人为地忽视,这也正是造成当今管理中道德"失范"和"价值扭曲"的主要原因。效率本身既体现了对于资源的合理配置,也体现了这种配置手段的合理性,或者说效率既关乎管理目的,也关乎管理手段。有限的资源通过管理产生效率,最终实现较高的产出和社会福利,从一般意义上讲,这本身就是一种管理目的"善"的简单表达。相对而言,无效率和低效率都意味着资源的浪费和错误使用,显然是非善;如果是人有意识而形成的低效率或无效率,那就是某种程度相对的"恶"。

效率始终是实现经营管理伦理思想中重要的核心观念。管理学家邓肯说:"如果说人们把一个词与管理联系得最为紧密的话,那么这个词就是效率。"[①]

---

① W. Jack Duncan. *Great Ideas in Management: Lessons from the Founders and Foundations of Managerial Practice*[M]. San Francisco: Jossey-bass Publishers, 1988.

效率是管理伦理应有之义。

经营管理伦理中的效率思想,不同于实用主义视角下的片面追求效用的工具理性,应当吸纳了效用主义中追求"最大多数人的最大幸福"的效率思想,认同其中合理利己主义思想,摒弃其中极端个人利己主义,实现了对"理性经济人"假设下的工具理性的超越。企业伦理思想中的效率观是融合了自由、平等、正义、权利等其他价值观的伦理思想。效率伦理思想应该具有鲜明的人文主义内涵和哲学意蕴,辩证地吸收了效用主义中的核心思想,扬弃了效用主义最大化的观点,融合了罗尔斯正义论中的价值内涵,使企业伦理中的效率观成为追求目的善和手段善的统一,兼顾了效率和公平的平衡,追求社会效率与个人效率的一致。

作为管理对象活动中两个紧密关联的重要核心,管理目的指导管理手段,借助管理手段实现管理目的。管理目的是主体在意念上,事先建立的对未来的判断,是引发管理活动的自觉动因,决定着管理的方向和内容。管理手段是建立在管理目的基础上,实现管理目的的具体的方法路径。管理目的是主体管理价值判断的一种外化体现,而逻辑次序先于手段。管理本身就意味着人类对自身生物性的超越,借助理性和各种手段,实现主体的价值追求。而管理手段指的是管理目的的实现的现实性中介和桥梁。

效率伦理,从价值论上对效率提出了阐释。如果企业及企业的存在,不能通过社会赋予的职能结合企业的努力,产生对社会和对人类贡献,那么这样的企业将被视为没有效率,也不具有价值。从这个意义上讲,企业的效率就是其外显于企业,并且能够被人类所使用或感知的价值。正如马克思所指出的,"如果此物没有用,那么其中包含的劳动也就没有用,不能算作劳动,因此不形成价值"[1]。

(一)效率才能证明管理的价值

无论是商业企业,还是非营利性企业其本身,并不是为了自身的目的而存在,而是为了实现某种特殊的社会目的,行使某种特定的社会职能,并在行使职

---

[1] 李宏伟.管理效率的哲学研究[M].北京:知识产权出版社,2013:45.

能和能力范围之内服务于社会,并使个人在其中能拥有社会地位和创造自身的价值。就企业其自身而言,企业的存在是手段,企业的存在并不是目的。企业的核心问题以及最重要的使命,是要回答:"他们应该为社会和个人做出什么样的贡献?"而不是"企业自身是什么?"或者"企业将成为什么?"对于企业,无论是商业企业还是非营利企业,其使命和具体的任务是各不相同的。但对企业的评价标准却具有一个基础和普遍的标准,那就是企业是否能够创造效率。作为商业企业来讲,经济效率是考察其运作的首要标志。正如德鲁克所说:"管理必须把经济效率放在首位,而且在每一项决策和行动中,都要以经济效率作为出发点,只有立足于经济效率通过自己在经济方面取得的成果管理,才能证明自身存在的必要性,进而证明自身的价值。"[1]因为只有获得合理的经济效率,企业才能获得相应的经济资源和物质回报,而这些是保证和维持企业自身生存和发展的必要物质基础和条件。很难想象一个拥有崇高理想,但不具备任何实际物质基础和经济实力的企业,是如何为这个社会创造价值并做出应有的贡献的。营利性企业获得合理的经济效率也意味着必须获得合理的利润。

(二)效率赋予了经营主体生存和发展的道德合理性

企业这种特殊的经营主体,通过系统性地整合经济和物质资源能极大地影响人们的生活,而最终影响人们的信念。同时,它也体现了通过企业而形成的经济和社会的进步,将成为人类不断自我完善的驱动。正如德鲁克引用斯威夫特具有实用主义意味的例子来说明的那样,如果某人能使只长一根草的地方长出两根草,他就有理由成为比沉思默想的哲学家或形而上学体系的缔造者更有用的人。从这个意义上讲,效率成果本身比效率概念本身更具有实际意义的。在传统的西方观念中,物质主义并不意味着是善的,也并不代表是社会进步的象征,它甚至更像某种异端邪说被人们所排斥,或将其置于道德的对立面。如今,随着工业化进程的不断深入,以及各种伦理学家对于物质资源创造和财富的追求道德合理性,进行了不同的论证和解读。新的世界观已经形成,人类改变自然和不断地实现人类能力的突破,被视为某种天命,就是人类能力的展现

---

[1] 彼得·德鲁克.德鲁克管理思想精要[M].李维安,等,译.北京:机械工业出版社,2019:14.

以及突破自然环境对人类活动的限制,使人类成为属人世界的主人。正如马克斯·韦伯的观点,人们认为有机会成为创造效率的主体,这是上天的拣选;所获得的效率成果,也被视为某种上天的恩赐。尽管在当时西方社会之外,绝大部分的国家和政府还将其主要的责任,设定在保持经济和社会的稳定,不能接受由经济的快速发展有可能会引发的贫富差距,进而将经济活动控制在能被道德观念所接受的范围之内。正是对于效率合理性的道德认同,促进了西方工业社会的快速发展。德鲁克认为,效率是企业生存的一个重要的条件,尽管它不是唯一的决定性的条件,但是不可或缺的重要物质基础,效率是企业未来的成本,是其维持其经营活动的所必需的成本。

(三)效率有助于为经营主体的存在和发展创造必要的环境

效率伦理思想中,以经济利润为代表的效率其实质,也是自由市场营利性特征的一种具体体现。一个适合于经营主体生存与发展的环境,其显著的特征就是有其内在良好的运作机制和淘汰机制,能够使资源得到有效的配置,并能维护整个运行机制的公平性和可靠性。在市场运行中利用其价格机制,来推动资源配置和资本的合理流动。那么在这样的环境中,追求效率对于企业讲则意味着必须宏观地了解整个市场的动态,清晰地辨识本企业在市场中所处的地位和具有的优势,制定可行的战略,通过一系列强而有力的管理,来实现其战略在具体经营活动中的效率。这种效率体现在企业的市场占有率、品牌知名度、可持续发展、公共关系、盈利能力等各个方面。由于企业的权利是建立在其效率和责任之上的,因此只有具有效率的企业,才有合法存在的前提,而这种注重效率的外部环境也从外部促使企业可持续地为社会提供相应的贡献。

二、责任原则

现代西方经营管理伦理的责任维度继承了西方责任伦理思想,从古希腊的斯多葛学派到古希腊的西塞罗,再到近代的康德以及希波克拉底、马克斯·韦伯都对责任伦理思想产生了重大的影响。正如西塞罗所言,虽然哲学提供许多既重要又有用的、经过哲学家们充分而又仔细地讨论过的问题,关于道德责任这个问题所传下来的那些教诲,似乎具有最广泛的实际用途,因为任何一种生活,无论是公共的还是私人的、事业的还是家庭的。所作所为只关系到个人的还是牵扯到他人的,都不可能没有其道德责任,因为生活中一切有德之事均有履行这种责任而出,而一切无行之事皆因忽视这种责任所致。[1] 康德的《道德形而上学原理》中明确指出:"道德行为不能出于爱好而只能出于责任。"[2]责任,是康德伦理学的一个重要的范畴。责任如何才能在实践理性中产生作用呢？只有在善良意志对于道德行为的指引为基础的前提之下。康德的这种责任观是将人们的善良意志作为实践理性的根本,而实践理性对责任的自我觉察使人的行为回归于理性,最终彰显人类对于理性追求作为其自由意志存在的标志。康德认为,实践理性通过责任规范人的行为,而规则在行为规范过程中逐步内化为准则,准则是主观化后形成的价值评价标准,因此责任就是对于规则认同,并主观化为准则的价值评价标准。只有出于责任的行为才能凸显其道德价值。马克思·韦伯基于新教伦理对资本主义的影响,在康德的责任概念和范畴中提炼出与"信念伦理"互为对立的"责任伦理",体现了主体应当对自己的行为所承担的责任,也由此开启了主体的道德实践对于责任伦理的觉知。这些都反映了马克斯·韦伯的主张和终极关怀以及对于个人在现代性困局中的行动指引。马克斯·韦伯所意指的责任伦理既包含了善和自由意志的信念价值,也包含了各个维度对可预见的后果进行评价的效果价值。责任伦理是对信念伦理的发展和补充,正如其所言:"信念伦理和责任伦理并不是截然对立的,而是互为补充的,唯有将两者结合在一起,才能构成一个真正的人,一个能够担当政治使命的人。"[3]

(一)经营管理中责任伦理的逻辑起点:经济责任和效率责任

企业作为社会的重要器官,行使社会所赋予的特定职能,其前提是承担自身的经济责任,使企业能够正常地运转,通过某种途径使当前的企业行为或资源分配产生社会总福利的盈余,通过这种社会总福利的盈余来维持社会的进步和发展。

---

[1] 西塞罗.论老年,论友谊,论责任[M].北京:商务印书馆,1998:115.
[2] 康德.道德形而上学原理[M].苗力田,译.上海:上海人民出版社,1986:34.
[3] 马克斯·韦伯.学术与政治[M].冯克利,译.北京:三联书店,2013:116.

企业的存在,正如马克思在《资本论》中所指出的,是一种由劳动者所结成的协作型企业,也可以理解为科斯所提出的企业的存在是为了节约成本的观念。企业通过特殊的契约关系,在法律允许的边际和市场经济允许的机制下运行并发展,从而满足社会赋予它的特定功能。企业所承担的某种特定的社会职能,就是企业存在的意义和目的,也是企业的责任。正如德鲁克所指出的:"企业必须履行经济责任,以促进社会发展,并遵循社会的政治信念和伦理观念。如果套用逻辑学家的说法,这些都属于会限制修正鼓励或阻碍企业经济活动的附带条件。"①企业的经济责任是企业重要的责任和原则,也是企业存在的目的和意义,是经营管理伦理的责任维度逻辑起点。

企业作为一种最重要的社会企业,它的运行将会带来大量的非经济性成果,例如,为员工创造满意的生活、对社区有所贡献以及对文化的塑造给予新的活力。对于企业来讲,如果没有经济效率那么企业就无法生存,更不可能得到发展。因此企业的首要责任是维持本身的正常运作和行使正常的社会职能。从这个意义上讲,企业的首要责任就是他的经济责任。"创造经营效率是企业的主要责任,事实上一个不赚钱或收支不能平衡的企业,可以说是一个不负责任的企业,因为他在浪费社会资源,经营效率是一切的基础,没有他企业不可能履行其他任何责任。不可能成为员工心目中的好雇主,不可能成为所在城市的好市民。也不可能成为社区居民眼中的好邻居。"②同时,企业的正常运作其核心成果是外显于企业的。评价企业的存在价值以及管理的成败优劣都要将目光聚集在企业的具体经营成果上。从企业的实际存在价值的外显层面,经济责任能否得到企业的履行也是企业或者经营管理的关键评价因素。

企业为了弥补或应对风险并承担未来的责任,就必须获得相应的经济回报,否则企业将难以为继,从而无法承担社会所赋予的特定职能。即使企业的存在并不是为了自身,它通过发挥自身的机能来满足社会社区以及个人的需求,企业不是目的,而是一种手段。

---

① 彼得·德鲁克.管理的实践[M].齐若兰,译.北京:机械工业出版社,2019:7.
② 彼得·德鲁克.德鲁克论管理[M].何缨,康至军,译.北京:机械工业出版社,2019:147—148.

(二)责任伦理的核心内涵:社会责任

企业在履行本身的经济责任的同时,更要承担相应的法律责任和道德责任,这两者平衡在企业中的外显就是社会责任。

企业在社会责任的两个重要的领域,都需要承担起必要的责任。一方面,是企业所造成的对社会的影响;另一方面,是社会本身所存在的矛盾和问题。企业对社会所产生的影响就像一个硬币的两面,具有积极的正向影响,同时必然会带来一些消极的负面影响。对于企业身处社会之中所带来的正面或负面的影响,所引发的连锁反应以及长尾效应都可能超出我们的想象和控制。针对前者,企业最重要的社会责任是完成企业的使命和核心任务。"它们的第一社会责任是做好本身的工作,他们对其产生的影响无论是对人和社区产生的影响,还是对社会整体产生的影响,都负有责任,无论他们的工作是照顾病人,生产产品还是促进学习深造,如果他们超越做好本身工作所必要的影响,那么他们的行为就是不负责任的。"[①]针对后者,德鲁克同样提出了他的见解:"第 1 条社会责任的法则就是尽量限制对人的影响,其他方面的影响也是如此。各种对社会与社区的影响都是干扰,只有按狭义定义和严格解释的情况下,才使人可以忍受……第 2 条法则也许更重要,就是预见潜在影响的责任,一个企业应该要看得远,并深入思考哪些影响会成为社会问题。然后,企业应该有这个责任来防止不良的副作用。"[②]

履行社会责任与企业的使命进行有机的结合,并将其视为一种崇高的商业道德,这对于社会责任是最有建设性的观点。"最理想的情况是,一个企业能把满足社会需求和愿望(包括自身影响产生的需求和愿望),转化为实现效率的机会。这尤其意味着将盈利业务转变为满足社会需求的业务,是一种商业道德的要求。"[③]这种将企业的社会责任进行分析和预测最终转化为企业或企业创造效率的契机,在当今的社会中显得尤为珍贵。尽管在大多数传统的观点看来,这样的两种需求是不相容的,甚至是相互矛盾的。作为企业应对来自内部和外部

---

① 彼得·德鲁克.管理新现实[M].振阳等,译.北京:机械工业出版社,2019:80.
② 彼得·德鲁克.不连续的时代[M].吴家喜,译.北京:机械工业出版社,2020:200.
③ 彼得·德鲁克.不连续的时代[M].吴家喜,译.北京:机械工业出版社,2020:203.

的巨大挑战已实属不易,他们不得不将他们宝贵而有限的注意力和资源一直聚焦在最重要的核心任务上;或者换种说法,企业最重要的挑战是如何应对眼前的困难、解决当下的问题,把正在处理的事情做到更加完善。而将社会责任作为企业的创造成果的机会,这无疑需要大量的创新和前瞻性的战略布局,而且往往这种机会很难与企业所经营的主要业务相融。但事实和历史已经证明,这是一种狭隘的偏见。可以想象,今天很多行业和很多服务的需求在100年前,都是一个创新地满足社会需求的想法和愿望,最终通过人们不懈的努力变成了现实。在当时绝大部分人眼中,把人们对美丽的追求变成一个有利可图的产业,把人们从不同目的地转送到其他他们需要到达的地方,而形成的各种层次的交通网络,将人们居住的住宅变成了新兴的大产业这些都是难以想象的。这些在当时看似光怪陆离的需求,以及这些需求所带来的机会随时都在发生,如果这些需求没有得到满足,人们一般会将其视为某种负担,而一旦将其视为某种机会,那么如何实现它,以及它必须被实现,则被视为那些有良知人的"责任"。尽管这些机会需要卓尔不凡的远见以及脚踏实地的勇气,同时借助技术的发展和创新,道德层面所有人都赋予这样的努力是正当性和必要性。从这个意义上来讲,将现在的社会需求转化成某种机会并持续不懈地努力,是企业道德的具体体现。

(三)责任伦理的不变底线:不要明知其害而为之

经营管理伦理思想中的责任维度,应当在强调权利的同时,明确了伦理视域中的经营管理中责任底线。正如2 500年前希波克拉底誓言,表达了其对于经营管理伦理中承担重要角色的管理者所必须承担的责任底线:"不要明知其害而为之!"[①]

首先,"不要明知其害而为之"是经营管理伦理中责任维度最具有代表性和根本性的价值原则,是企业中不伤害原则的要求和体现,尽管不伤害原则在古希腊就已经被先贤们在伦理思想中反复强调,不仅是对普通民众进行的引导和约束,也反映了对于人的生命价值和生命意义的关切。不伤害他人,将不作恶

---

① 彼得·德鲁克.不连续的时代[M].吴家喜,译.北京:机械工业出版社,2020:204.

作为更"普世"、更符合人的理性直觉"善"的奠基。这与法律领域和文化领域对不作恶的概念和定义具有完全不同的内涵。这其中充满了一种人与人之间关切和对于善的引导。

其次,"不要明知其害而为之",用一种否定性和禁止性的方式表达了对企业应该遵守的道德行为的要求,也表达出了对这种道德原则的期望。这种符合直接理性的道德行为倡议得到了普遍的认同,表明了这一原则本身是在人类社会的理性实践中,所形成的共识以及最好的结果。这也解释了以消极方式传递的观念,要求受众被动接受和执行,最后却得到了积极的效果。显然,禁止性的伦理规范并没有将人类的"善"囚禁于中,相反,它给予了更多的可能性和"善"的指引。

最后,"不要明知其害而为之",并不是对双重效应原则的经营管理场景中的简单应用,也不是单纯将利害关系简单地进行权衡后进行取舍。这种"不要明其知其害而为之"又反映出一种对企业主体的自律,从某种意义上讲,正是这种责任伦理使企业在伦理层面为自己立法。企业按照企业认同和预设的管理准则承担责任,基于这样的伦理准则展开负责任的企业行为。

企业管理不仅是行使"不明知之其害而为之"的一个限制性行为,而且是有责任去发展出一个积极向上提高社会总福利的积极行动,是对一种更高的道德原则的提倡和实践。通过这种企业行为和企业伦理目标宣传、推动、实施的过程,可以使企业中的成员更加尊重人的自由发展的权利,树立正确的个人与社会之间的价值关系。通过这种伦理观念而建立起来的企业,内部的文化和制度,正是这一伦理思想的实施保障。企业通过这种伦理思想,确定了其管理"有所为"和"有所不为"之间的合理程度,并达到企业发展、个人发展和社会发展三者之间的有机结合。

三、人本原则

现代经营管理的最为基本前提就是对人性的假设。

人本主义(Humanism)(也有译为人道主义和人文主义),是指从人自身出发研究自然与人、社会与人、人与人的关系以及对人自身本质研究的理论。英语源自拉丁文"humanitas",最早在古罗马西塞罗著作中所使用意指的"人性"

和"万物之灵"。从普罗泰戈拉"人是万物的尺度"所表达出将人的感性视作判断世界根本,到苏格拉底对于人"善"的伦理精神的探索,从柏拉图的"从人的理性中抽离出理念"论,到亚里士多德"人是理性的动物"提出,都反映了古希腊的理性人本思想是人本主义的源头。在之后的人本主义发展中,文艺复兴运动冲破了中世纪铁幕的束缚,将反对封建神学,提倡人的个性解放和意志自由的人本主义思想推向高潮,也使人自身价值得以肯定。通过近代思想家如培根、霍布斯、斯宾诺莎将唯物自然观和人的理性相结合,以及康德的人为自然立法的主体性论证,费尔巴哈的实践主体的人本主义哲学等思想都为现代的人本主义思想奠定了基础。现代的叔本华、尼采、克尔凯郭尔从唯意志论和非理性角度为人本主义书写了注脚。

现代管理的人本主义包含以下内容:首先,它是人本主义历史观,对"人"的本质的追问,从"灵性人""智性人""政治人"到"经济人",用人的本质演变揭示历史变化。其次,理性和非理性交融的人本主义管理思想,强调管理中人的理性以及对效率的追求,但同时主张兼顾对管理中非理性因素的洞察以及合理利用。最后,作为价值观的人本主义,将这种人本主义价值观作为管理宗旨和伦理目标,现代经营管理思想应当以是否能够实现管理中人的价值、人的使命、人的责任、人的追求、人的欲求作为终极守望。

(一)管理科学性与人性的结合

现代的管理实践中,存在着这样的一种现象:管理成为抽象的、抹杀人性色彩的一种工具理性。在这样的管理世界中,任何人文、人伦的内容都被边缘化和丑化。即使部分行为科学也曾涉及人与管理之间的关系,但仍将其视为诸多工具要素中的一环。而且随着科学技术的发展,管理走向物化、虚化和异化的特征已经包裹了人的最基本的感性和行为。就此整个管理世界已经成为脱离人性的一个抽象的理性世界。

美国的工程师弗雷德里克·泰勒的科学管理思想最早成为管理世界中科学性的代表,其产生和发展影响了整个世界,同样也对德鲁克管理思想带来了巨大启发。正如德鲁克所说:"泰勒是已知的人类历史上第一个不把工作视为理所当然却重视,并加以研究的人。促使泰勒进行的研究工作的首要动机是,他想把工人从繁重的劳动和疲惫的身心中解脱出来……泰勒的希望是通过提升工人的劳动生产力,从而为劳动者争取到有尊严、体面的生活。"[1]没人能否认他是管理思想史中的一座丰碑。正如洛克对泰勒的评价:"泰勒的记录令人叹为观止……他的许多见解至今仍然有效。"[2]在那个美国企业从小到大,从简单到复杂的转型期间。在那个年代,美国企业的发展几乎面临了同样的机遇和挑战:层出不穷的新兴技术、茁壮成长的广大市场、来自劳动者的不满和压力、缺乏系统性和标准化的管理等,每一个层面和每一个角度都急迫地需要通过管理来改变这一切,尽管当时人们对管理应该是什么、将会是什么并没有清晰的概念。泰勒提供了他的解决方案,迅速地在学界和企业界得到了认可。泰勒利用它的科学管理,有力地推动了这个转变。正是由于他的努力,使人们看到了管理的科学性和有效性。

管理伦理对于人性的关注,不得不提及梅奥的人际关系理论。在管理学的历史上没有哪一个研究能像梅奥的霍桑实验这样产生巨大的波澜,强而有力地对抗了科学管理。引发如此经久不衰的广泛争论,并产生如此丰硕研究成果。正因之前的科学管理思想对于工程技术的过分强调,才引发了后来形成的人际关系运动。实验开始于麻省理工学院电气工程教授吉尔逊指导的照明实验,最早的实验意图是在研究工作场景中照明与员工生产率之间的相互关系,很快得出了初步的结论是:"这样的上下浮动与照明度并无直接关联。"[3]但在随后的多次实验中,包括继电器装配实验室研究和绕线观察室研究,他们得出了不同寻常结论:企业中的成员不仅有物质的需求,也拥有同社会系统中一样的社会需求。从某种意义上讲,企业可以视为一个社会系统。在这个视角下,可以更好地理解正式企业的效率逻辑与非正式群体之间的情感逻辑之间不相容和冲突,有效地进行平衡。实验提出了一个全新的观点,即人们可以尝试通过理解人类的行为和交流激励员工。梅奥对扩张实验进行了更加深入的解读,通过对工业

---

[1] 彼得·德鲁克.管理前沿[M].闫佳,译.北京:机械工业出版社,2019:26.

[2] Edwin A. Locke. The ideas of the Frederick W. Taylor. An Evaluation[M]. Academy of Management Review,1982(7):22—23.

[3] Charles E. Snow. Research on industrial illumination:A discussion of the relation of illumination intensity to productive Efficacy[J]. Tech Engineering News,1927(8):272.

生活可能导致人的无力感、强迫性、非理性行为详细分析，为其后的人际关系运动奠定了理论基础。人际关系运动最主要的目的，是希望通过重塑社会规范来帮助工业生活恢复正常，促进人与人之间的有效地合作。作为心理学家的梅奥教授得出这样的结论，管理者需要对管理以及管理所涉及的人性社会面和员工的行为动机进行深入的了解，由此也诞生了"社会人"的人性假设。

人本管理思想的核心，是管理中人性与科学的有机融合和统一。德鲁克正是在辩证地批判和继承管理中科学与人性的两个不同维度，管理在主体性上实则是人们的一种意志、欲求、价值取向的综合体现和人的自我认定，而在其客体上体现了对人类行为和思想的指引、规制和架构人类发展蓝图，用客观世界反映人的本质存在。

(二) 管理实践性的人本伦理

首先，人性取决于人的现实实践，在社会实践中人成为人本身。人是构建功能社会的根本，人对终极圆满的基本信念，将引致一个不同的社会以及生成一种不同社会与个人之间基本功能的关系。一个人如果在社会中没有相应的功能以及应有的地位。对于这个个人来讲，这个社会不仅是不合理的，同时也是难以理解的。由于缺乏功能和身份个人，实际上被同类社会放逐，成为无本之木，无根之人，社会在这些人眼中，只是某种宿命的安排，不具备真正的意义。

其次，人作为管理的主体和管理的客体使人本精神在管理实践中得到确证。经营管理伦理中的人本维度只有通过这种管理实践才能避免沦为抽象形式化的教条，只有通过真实地负责任地在管理活动中，才能用现实世界与理论的契合度来评价和反馈理论的有效性。这种人本的理念必须在管理实践中通过激发管理主体和管理客体的经验感知，将人本精神下的人的行动意志、思想意志建立实践的对象目标和对象反馈，克服那种由于缺乏对管理实践而形成的理论真空。把经营管理伦理中的人本主义看作是重要的企业资源通过强调人的理想价值观和判断力来推动经营管理在绩效上取得更好的表现。

最后，人在管理实践中体现人的价值。人是构成企业乃至社会的最基本单元，因而企业和社会的活动在很大程度上由个人的行动汇聚而成，并受个人的行为动机和价值观影响。在管理实践中对整个管理行为意义深远的是人类的行为法则和其潜在的价值观和行为动机。而管理学的终极目标以及管理实践的最终指向，都是在发现人类行为和其价值观动机之间的内在联系，归纳出人类行为可以进行管理的原理和准则，用以进行控制、协调、预测，进而对人类社会和企业提供前进的指引和动力。

第三节 市场营销管理中的伦理问题

随着经济的不断发展，市场营销活动越来越频繁，这也给经营主体的发展带来了更多的机遇。然而，在实际的市场营销管理活动中，由于市场营销活动本身具有一定的复杂性，所以在开展营销管理工作时，容易出现诸如产品质量不过关、虚假广告宣传等问题，严重影响了经营主体在公众中的形象，甚至损害消费者的利益。随着市场竞争的日益激烈，市场营销活动的伦理问题已经成为经营主体经营管理中一个极为重要的课题。因此，建立企业营销管理伦理是当今世界许多国家企业经营管理发展中的必然选择。

市场营销管理伦理是指企业在市场营销过程中，为了维护、增进、实现和发展与消费者、供应商、合作伙伴和其他利益相关者的社会利益，在营销战略规划与执行过程中所遵循的基本价值准则和道德规范市场营销管理中的伦理问题是一个广泛而复杂的话题，它涉及多个方面，包括但不限于市场细分、市场调研、产品开发、定价、分销、人员推销和广告等。以下是一些主要的伦理问题和相关讨论：

(1)市场细分/定位。市场细分可能引发伦理问题，特别是当某些细分市场，如儿童或老年人市场，受到公共政策的保护时。例如，某烟草公司曾针对女性市场推出特定品牌的香烟，这种做法遭到了社会的广泛批评。

(2)市场调研。在市场调研中，调研者需要遵守科学方法和职业道德，保护被访者的隐私和匿名权。然而，存在一些道德问题，如公司试图通过调研获取竞争者的敏感信息。

(3)产品开发。产品的安全性和真实性是长期存在的伦理问题。例如，烟草、酒精和枪支等产品经常引起伦理争议。此外，可能对环境有害的产品，如化工产品和塑料制品,也受到消费者和政策制定者的审查。

(4)定价。在定价策略中,如果企业在促销时隐瞒产品信息,如型号过时或无法升级的事实,可能引发伦理问题。此外,非价格因素,如降低产品质量或数量,也与定价伦理相关。

(5)分销。在分销渠道中,大企业可能利用其市场力量压迫小企业,或通过送礼和贿赂等不正当手段影响交易。

(6)人员推销。销售人员在面临激烈的竞争和经济压力时,可能采取不道德的销售行为。销售经理需要确保公平对待销售人员和竞争者,并定期就公司政策和个人道德问题进行沟通。

(7)广告。广告可能误导受众或给不感兴趣的人造成压力。广告伦理问题包括信息的误导性、广告代理的角色、对受众的责任以及媒体的立场。

(8)国际营销。在国际营销中,伦理问题更加复杂,因为需要考虑到不同的文化、传统和价值观。例如,贿赂外国政府官员或向第三世界国家倾销产品都是不道德并且可能是违法的行为。

(9)诚信缺失和责任缺失。这些问题成为制约企业发展的"瓶颈",需要企业在营销活动中引起足够的重视。

(10)产品伦理问题。企业在产品的设计、包装、质量以及伦理营销方面的行为需要全面分析,以避免产生非伦理营销行为,并提出改善措施。

市场营销管理伦理是企业在市场营销活动中所应遵循的基本价值准则和道德规范,其表现形式主要包括:企业对消费者的伦理责任;企业对供应商和合作伙伴的伦理责任;企业对社会和环境的伦理责任;企业对其他利益相关者的伦理责任。市场营销管理伦理是企业在营销活动中所应遵循的基本价值准则和道德规范,它涉及营销活动的各个方面,包括市场营销战略、营销组合、营销传播、产品开发、价格制定等。因此,要做好营销管理,就必须正确理解和把握营销管理伦理在经营活动中所起的作用及其表现形式。

一、公平交易的伦理问题

在市场经济环境下,经营主体与消费者之间的交易方式主要包括买卖关系、租赁关系以及服务合同等形式，其中，买卖关系是市场营销管理中最主要的交易方式。而在交易过程中，公平交易也是一项重要的伦理规范，它要求交易双方必须遵循自愿、平等、公平以及诚实信用等基本原则。因此，公平交易也是经营主体在市场营销管理过程中应遵循的基本原则之一。

由于一些企业缺乏对市场营销管理过程中公平原则的重视，因而导致其在市场营销管理过程中不能充分保证公平交易。在市场营销管理中，经营主体违背公平原则的主要表现有：在产品定价方面不能遵循合理定价原则，致使其产品价格高于成本价；在销售方面不能遵循等价有偿的原则，致使其销售价格低于成本价；在售后服务方面不能遵循产品质保原则，致使消费者在购买商品后难以享受到相应的售后服务。

二、隐私保护伦理问题

随着信息技术的快速发展，网络在人们的生活中起着越来越重要的作用，与此同时，企业在营销过程中也逐渐利用网络进行信息收集和传播，这给消费者个人隐私安全带来了严重的威胁。从网络上的信息传播来看，网络具有虚拟性、匿名性等特点，这也使得企业利用网络进行信息传播时更加肆无忌惮。因此，如何保护消费者的个人隐私成为当前企业需要解决的重要问题之一。目前，我国许多企业并没有意识到个人隐私保护的重要性，在营销过程中不注重对消费者隐私的保护。例如，许多企业在营销过程中收集消费者的个人信息并加以利用，甚至有些企业将收集到的消费者信息泄露给竞争对手等，这些都是当前我国企业在市场营销过程中存在着隐私保护伦理问题。

【案例引入】

国家网信办对滴滴处以 80.26 亿元罚款[①]

滴滴公司违反《网络安全法》《数据安全法》《个人信息保护法》的行为事实清楚、证据确凿、情节严重、性质恶劣，国家网信办对滴滴依法作出网络安全审查相关行政处罚共计人民币 80.26 亿元。

---

① 参见澎湃新闻，https://www.thepaper.cn/newsDetail_forward_19112194。

滴滴公司共存在16项违法事实，归纳起来主要有八个方面：一是违法收集用户手机相册中的截图信息1 196.39万条；二是过度收集用户剪贴板信息、应用列表信息83.23亿条；三是过度收集乘客人脸识别信息1.07亿条、年龄段信息5 350.92万条、职业信息1 633.56万条、亲情关系信息138.29万条、"家"和"公司"打车地址信息1.53亿条；四是过度收集乘客评价代驾服务时、App后台运行时、手机连接桔视记录仪设备时的精准位置（经纬度）信息1.67亿条；五是过度收集司机学历信息14.29万条，以明文形式存储司机身份证号信息5 780.26万条；六是在未明确告知乘客的情况下分析乘客出行意图信息539.76亿条、常驻城市信息15.38亿条、异地商务/异地旅游信息3.04亿条；七是在乘客使用顺风车服务时频繁索取无关的"电话权限"；八是未准确、清晰说明用户设备信息等19项个人信息处理目的。

此前，网络安全审查还发现，滴滴公司存在严重影响国家安全的数据处理活动以及拒不履行监管部门的明确要求，阳奉阴违、恶意逃避监管等其他违法违规问题。滴滴公司违法违规运营给国家关键信息基础设施安全和数据安全带来严重的安全风险隐患，因涉及国家安全，依法不公开。

此次对滴滴公司的网络安全审查相关行政处罚，与一般的行政处罚不同，具有特殊性。滴滴公司违法违规行为情节严重，结合网络安全审查情况，应当予以从严从重处罚。一是从违法行为的性质来看，滴滴公司未按照相关法律法规规定和监管部门要求，履行网络安全、数据安全、个人信息保护义务，置国家网络安全、数据安全于不顾，给国家网络安全、数据安全带来严重的风险隐患，且在监管部门责令改正情况下，仍未进行全面深入整改，性质极为恶劣。二是从违法行为的持续时间来看，滴滴公司相关违法行为最早开始于2015年6月，持续至今，长达7年，持续违反2017年6月实施的《网络安全法》、2021年9月实施的《数据安全法》和2021年11月实施的《个人信息保护法》。三是从违法行为的危害来看，滴滴公司通过违法手段收集用户剪贴板信息、相册中的截图信息、亲情关系信息等个人信息，严重侵犯用户隐私，严重侵害用户个人信息权益。四是从违法处理个人信息的数量来看，滴滴公司违法处理个人信息达647.09亿条，数量巨大，其中包括人脸识别信息、精准位置信息、身份证号等多类敏感个人信息。五是从违法处理个人信息的情形来看,滴滴公司违法行为涉及多个 App,涵盖过度收集个人信息、强制收集敏感个人信息、App 频繁索权、未尽个人信息处理告知义务、未尽网络安全数据安全保护义务等多种情形。

【案例问题讨论】

1. 对滴滴公司作出网络安全审查相关行政处罚决定的主要依据是什么?

2. 未来对于网络执法的重点方向和领域有哪些?应该如何加强对消费者的隐私保护?

三、消费者权益保护伦理问题

在当今社会,企业和消费者之间的关系日益密切,而企业在为消费者提供产品和服务的过程中,应尽可能地满足消费者的各种需求,这也是企业应承担的社会责任。从我国的实际情况来看,企业在处理与消费者之间的关系时,往往采取一种"人为刀俎,我为鱼肉"的态度。例如,部分企业为获得更大的利益,在生产过程中任意夸大产品功能和质量,而忽视了产品使用过程中的安全和健康问题。还有一些企业在为消费者提供商品时,利用各种手段对其进行欺骗、敲诈甚至是侵害消费者权益。这些行为不仅违背了诚实守信的原则和商业道德准则,同时极大地损害了消费者的利益,甚至会破坏整个社会的经济秩序。

【案例引入】

500 万辆车涉造假,日本汽车史上最大丑闻是如何酿成的[①]

丰田旗下的大发公司被发现,几乎全部车型(超 100 万辆)都存在质量数据造假,造假时间长达 30 年。当时,丰田集团掌门人丰田章男出面鞠躬道歉,称这一行为背叛客户信任,绝对不能接受,承诺限期整改。

但短短半年后,丰田章男又出来道歉了,这一次的情况更严重——丰田、本田、马自达、雅马哈和铃木这 5 家公司被政府通报,在汽车性能测试中存在欺诈行为,一共涉及 38 款车型、规模超过 500 万辆。

[①] 参见财经汽车,https://baijiahao.baidu.com/s?id=1801117667548556052 6&wfr=spider&for=pc。

根据调查,丰田有 7 款车型(170 万辆)出现问题,不仅在行人保护测试中提交虚假数据,还在碰撞试验中非法加工试验车辆。马自达的作假更夸张,在碰撞试验中,用倒计时器控制安全气囊爆炸;还在密闭环境中进行 1 小时车辆测试,影响发动机测试结果。通报发布后,丰田、本田和马自达 3 家企业的高管分别召开记者会,就相关事件向公众道歉。

这桩日本汽车史上最大的丑闻,导致多款车型停止生产和出货,并将直接拖累日本 GDP。此前大发停止生产和出货后,日本经济产业省的工业生产指数显示,2024 年 1 月汽车行业生产指数环比大幅下降 15.9%,2 月下降 8.1%。

2024 年 6 月 4 日上午,日本国土交通省派出 5 名员工,前往位于爱知县丰田市的丰田汽车公司总部,开始现场检查。检查的结果是:7 款车型不符合日本认证标准。雷克萨斯品牌旗下的"RX"车型被政府点名,在 2015 年的发动机输出测试时,由于未达到目标数值,使用了为得到该数值而经过电脑调整后重新测试的数据。后来的调查发现,测试用的排气管已损坏,属于数据篡改。

日本国土交通省的调查显示,丰田有 7 款车型(170 万辆)出现问题,其中 3 款在产车型在行人保护测试中提交虚假数据,如在引擎盖碰撞项目中本该测车头两个角,结果只测了一个角;4 款已停产车型在碰撞试验中非法加工试验车辆。

马自达的作假更夸张,在 50 公里/小时正面碰撞试验中,安全气囊爆炸靠倒计时,而不是传感器,涉及车型均为日本本土市场销售车型,分别是昂克赛拉、阿特兹以及马自达 6。另外,为了通过发动机测试,马自达将车辆在密闭环境中进行了 1 小时测试,受该事件影响,现款 MX5RF 和马自达 2 将暂时停止销售。

本田则承认了过去 8 年多对 20 多款新车的噪声(NVH)和排放测试的成绩是虚假记载,涉及 22 款车型,325 万辆车。雅马哈发动机的 3 款车型涉及在不适当的条件下进行噪声实验,铃木的 1 款车型涉及在制动测试成绩中造假。

日本交通大臣斋藤哲夫说:"违规行为损害了汽车用户的信心,动摇了汽车认证体系的根基,对此深表遗憾。"

丰田集团社长丰田章男在记者会上道歉称:"我们忽视了认证过程,在没有采取适当的预防措施的情况下就大规模生产了我们的汽车。"

【案例问题讨论】

1. 日本汽车史上最大丑闻是如何酿成的?
2. 日本车企集体造假,对于消费者而言有何影响?

四、广告宣传中的伦理问题

广告宣传在企业营销管理中发挥着重要作用,但在实际工作中,部分企业为了追求经济利益,无视国家法律法规,进行虚假广告宣传,欺骗和误导消费者,给消费者造成了经济损失,严重的还会危害消费者的生命财产安全。例如,在"王老吉"凉茶广告宣传中,虽然其产品具有降火功能,但该企业夸大其功效,误导消费者认为其凉茶可以治疗咽喉疾病和呼吸道疾病。而该企业的这一行为不仅给消费者造成了经济损失,同时也给企业的社会形象造成了不良影响。再如,某企业生产的钙奶产品因其含有大量的香精、色素等食品添加剂而被有关部门查处。这一案例充分说明了广告宣传存在着社会伦理问题。

五、产品定价中的伦理问题

从目前我国的市场来看,部分经营主体为了追求短期的利益,而不考虑消费者的实际需求,盲目地根据自身的经济实力定价,在一定程度上损害了消费者的权益。例如,一些企业为了刺激市场需求,采用"价格战"的方式来争夺市场份额。在此过程中,部分企业通过降低商品价格的方式来获取更多的利润。但是,这样做不仅会给消费者造成浪费,而且也会损害企业自身在公众中的形象。此外,一些企业为了扩大销售渠道、占领市场份额等目的,便采用"饥饿营销"的方式来吸引消费者购买商品。例如,当商品数量较少时,就会引发消费者"抢购"现象;当商品价格较低时,也会引起消费者"抢购"现象。因此,企业在定价过程中应该遵循一定的伦理规范。

六、加强市场营销管理伦理建设

首先,树立正确的营销观念,加大对伦理道德的宣传力度。在营销过程中,企业必须树立正确的营销观念,通过宣传和教育使员工认识到道德在企业发展过程中的重要性,从而使员工养成良好的道德品质。

其次,健全经营管理制度,加强对营销人员的管理。企业应建立健全完善的市场营销管理制度,将员工的利益与企业的整体利益结合起来,这样既能保障企业经济效益,又能提高员工福利水平。

最后,加大对伦理道德建设的宣传力度,营造良好的道德氛围。加大对伦理道德建设的宣传力度,可以通过在企业内部设立相应的部门以及在社会上举办相关活动等形式来实现。同时在社会上大力提倡诚信、公平、正义等优良道德传统文化,形成良好的社会氛围。

总之,企业在市场营销实践中,一方面,要把伦理道德建设放在重要位置来抓,只有这样才能提高企业员工职业道德素养、增强员工责任意识和法制观念、构建良好的社会秩序和市场环境,最终实现企业健康稳定发展;另一方面,需要对市场营销管理中的伦理问题予以足够的重视,通过采取有效措施来改善我国企业在市场营销管理中存在的伦理问题和面临的伦理困境。

第四节 人力资源管理中的伦理问题

人力资源管理是经营主体特别是现代企业中必不可少的一项工作,对企业的发展有着不可忽视的作用。随着经济的发展,人力资源管理的作用也越来越明显。但是,在人力资源管理的过程中,暴露出一系列伦理问题。这些问题在一定程度上阻碍了经营主体人力资源开发、管理和发展。人力资源管理中存在的伦理问题主要有:忽视人力资源管理工作中的道德风险、缺乏对员工个人信息的保护、对经营主体员工缺乏人文关怀、人力资源管理中的公平问题等。

一、忽视人力资源管理工作中的道德风险

道德风险是指企业在管理工作中由于道德因素的存在而引起的风险,例如,管理者为了获得更多的物质利益,会在企业中安插自己的亲戚、朋友,造成人员流失;为了避免企业员工产生不满情绪而故意提高工作待遇;等等。这些

都是道德风险在管理工作中的表现。虽然这些问题在一定程度上能够帮助企业得到更好的发展,但是这些问题的存在也会影响到企业的正常运作。因此,在进行人力资源管理工作时,必须重视道德风险。

道德风险是指由于管理者的过失或错误造成的损失。例如,企业为了节约成本而使用廉价劳动力;管理层为了获得更多利益而在招聘时不遵守公开原则;为了减少员工流动率而提高员工待遇;等等。这些问题都会影响到企业的正常运营,给企业造成一定损失。

因此,在进行人力资源管理工作时,必须重视道德风险问题,认真制订出解决方案,尽可能地降低人力资源管理工作中出现的道德风险。

二、员工基本权利保护的伦理问题

在人力资源管理的过程中,员工的基本权利保护是一个比较重要的问题。在现代社会,员工的基本权利不仅仅是指个人在工作中享有的基本权利,同时包括员工在生活中享有的基本权利。这两个方面都属于人力资源管理中必须保护和维护的方面。只有这样,才能让员工在工作中感到更加幸福,才能使员工积极主动地参与到工作中,从而提高工作效率。

【案例引入】

公布离职员工个人信息,公司是否违法[①]

2021年11月11日,员工陈某向某陶瓷公司书面提出解除劳动关系,并从次日开始不去公司上班。随后,该公司在通知栏上发出通知,注明若陈某逾期不回公司将按自动离职处理,并公布了陈某的住址、身份证号码、户籍等相关信息。2022年1月,陈某以公司发布的通知侵害其隐私权为由,向法院提起诉讼,要求某陶瓷公司在通知栏上发布书面致歉书,并赔偿精神损害抚慰金。某陶瓷公司辩称,因公司内有与陈某同名同姓的员工,为作区分公开了陈某部分身份信息,但并无用做他用,且在诉前调解阶段已在通知栏公开道歉,故公司不构成对陈某隐私权的侵害。

---

① 参见澎湃新闻,https://www.thepaper.cn/newsDetail_forward_20889129。

三水法院经审理认为,某陶瓷公司发出通知时,陈某已离开公司,公司的行为不具有必要性和合理性。若因管理需要确须发布通知,应对陈某个人信息进行有效遮蔽,可注明陈某所属具体部门以作区分,故公司在通知栏公布陈某个人信息的通知,侵害了陈某的隐私权。虽公司辩称已出具致歉书并张贴在通知栏,但未载明致歉对象及发给陈某,所以不能视为已向陈某赔礼道歉。此外,鉴于该公司仅在公司通知栏上发布,影响范围不大,其过错程度和造成的损害后果不算严重,陈某亦未提供证据证明其因此遭受精神损害,故法院对陈某要求赔偿精神损害抚慰金的诉求不予支持,判决某陶瓷公司向陈某进行书面道歉并发布在公司通知栏。

一审宣判后,陈某不服提起上诉。佛山中级人民法院经审理认为,某陶瓷公司发布包含陈某的居民身份证、户籍信息、住址等的通知确实侵害了陈某的个人私密信息,但该公司仅在公司通知栏上发布涉案通知,并未在社会范围公开传播,且陈某亦未提供证据证明其因此遭受精神损害,其向某陶瓷公司索要精神损害抚慰金的理据不足。

综上,佛山中级人民法院判决驳回上诉,维持原判。

在人力资源管理的过程中,如果没有对员工进行必要的保护,那么就有可能出现以下情况:员工因个人信息泄露而遭受不必要的损失;因缺乏对员工个人信息保护而使员工的隐私和名誉受到侵犯;因缺乏对员工个人信息保护而导致员工产生消极心理;因缺乏对员工个人信息保护而使企业形象受损;因缺乏对员工个人信息保护而影响企业的凝聚力和执行力;因缺乏对员工个人信息保护而引发的法律风险;等等。

三、员工雇用中的伦理问题

在员工雇用过程中,存在着伦理问题,主要表现在:有些企业雇用的是没有道德、不受约束的"超级员工"。在有些企业中,对员工的要求并不是很严格,只要会做就可以了。员工没有达到要求,企业就会找借口让员工离开,或者是以其他方式来进行惩罚。例如,公司在招聘人员时,对应聘者的学历、工作经历等并不加以限制。但是,很多应聘者可能并没有达到公司的要求,在这种情况下,公司就会对其进行惩罚。

《中华人民共和国劳动法》对于劳动关系的规定中并没有明确指出用人单位与劳动者之间的关系以及权利和义务,这就造成了许多企业利用《中华人民共和国劳动法》的漏洞来逃避责任。因此,企业要想使员工与企业之间形成一种平等和谐的劳动关系,就要明确双方之间的权利和义务关系。同时,加大对劳动者权益保护的力度。《中华人民共和国劳动法》中规定了用人单位不得以任何理由拖欠、克扣劳动者工资和加班费等合法权益。对此,企业要提高对员工权益保护的重视程度,在员工雇用过程中严格遵守法律法规和劳动合同规定。

四、劳资关系中的伦理问题

劳资关系是企业与员工之间的关系,它既是一种经济关系,也是一种政治关系。在现实生活中,劳资双方常常会发生矛盾和冲突。在劳资矛盾中,有两种最常见的情况:一种是企业不能正确处理好与员工的关系,从而影响到企业的发展;另一种是企业处理好了与员工的关系,使企业健康发展。劳资矛盾的发生与发展对企业和社会都会造成严重的影响。

一方面,企业员工在经济上得不到保障,可能出现一些违法行为;另一方面,劳资矛盾会直接影响到企业和社会的稳定。因此,如何妥善处理好劳资关系问题是一个十分重要的课题。

在我国传统文化中,"义利观"是一个十分重要的伦理思想。它强调把个人利益与集体利益、国家利益统一起来,认为"义"大于"利",应该把个人价值与社会价值相统一起来。义利观强调的是道德伦理上的基本原则和道德规范,而不是具体行为规范和道德原则。这种思想对我国传统文化的形成起到了积极作用,但是,随着社会的发展和文化环境的变化,传统义利观逐渐被现代义利观所取代。

五、职场性骚扰和歧视

职场性骚扰和歧视是当今社会普遍存在的现象,许多国家通过立法禁止职场的性骚扰和歧视行为。在我国已经颁布了《妇女权益保障法》《未成年人保护法》等法律,但很多企业并没有予以重视,甚至存在着这样的现象:如果员工在企业中有被性骚扰或受到歧视的情况,一些企业通常会选择沉默。这也就导致了职场性骚扰和歧视现象的存在。

公司应当设立专门的投诉机构。如在工作过程中,一旦发现有被性骚扰或受到歧视的情况,公司应当立刻将其调离原岗位或者辞退。如果公司没有设立专门的投诉机构,也可以与当地的妇联或者人力资源管理部门进行联系,由有关部门进行处理。如果情况比较严重,公司应当在适当的时候将其辞退。

在人力资源管理中存在的伦理问题还有很多,本书只选取了其中一些较为常见和突出的问题进行分析和探讨。这些问题可能影响到企业在社会上的形象和声誉。因此,企业必须重视人力资源管理中存在的伦理问题,采取有效措施进行解决,从而提高企业在社会上的形象和声誉。

第五节　生产制造管理中的伦理问题

在企业生产中,一方面,生产企业的目的是满足消费者的需要,生产过程本身是以消费者为目的的行为;另一方面,生产过程本身也是以满足消费者的需要为目的。因此,企业生产过程中产生了一系列的伦理问题。这些伦理问题主要表现在产品质量、产品安全、环境保护等方面。解决企业生产中的伦理问题,关键在于强化企业自身伦理管理,提高企业生产人员的道德素养,通过制度约束和道德宣传教育等手段来规范企业的生产行为。

在企业生产中,管理者面临的最大伦理困境是如何在生产制造的全过程和全周期中保持其活动的合道德性,以下几方面的问题是当今最为突出的矛盾焦点:

(1)产品质量问题。如果生产过程中的原料、设备等出现问题,产品质量就会受到影响,这将会导致企业形象受损。如果这种情况在企业内部得不到及时处理和解决,就会对企业造成难以估量的损失。

(2)安全问题。如果生产过程中存在安全隐患,那么一旦出现事故,后果不堪设想。在企业的生产过程中,如果对安全不够重视,出现安全事故的概率就会增加,带来严重的后果。

(3)环境保护问题。如果企业在生产过程中不注重环境保护和资源利用,就会造成环境污染和资源浪费,这种行为也会给企业带来严重的影响。

因此,企业在进行生产活动时必须充分考虑到各种伦理问题的存在,并采取相应的措施来避免这些伦理问题。

一、环境保护的伦理问题

随着人们对环境保护意识的加强,越来越多的企业认识到了环境保护的重要性。但是,由于传统的"人类中心主义"和"非人类中心主义"观念在企业生产过程中仍然盛行,所以企业生产过程中出现了许多严重的环境污染和破坏问题。

例如,石油加工过程中产生的大量废油污染了水体和土壤;在化工生产过程中产生大量废水,对水体造成污染;在化工生产过程中排放大量有害气体,对大气造成污染;在造纸、制革、印染等过程中使用大量有毒原料和化学品,对生态环境造成了严重危害;等等。这些问题的出现,严重损害了人们的身心健康,破坏了生态环境和社会和谐。企业应通过强化自身的环境保护意识来自觉地实现企业生产活动的清洁化,即企业在进行生产活动时要建立起一套合理、有效、先进的生产技术与管理模式。同时,要加大对企业环境保护的执法力度,通过制定严格的法律法规来规范企业生产行为。此外,还应加大环境保护宣传教育力度,增强公众的环保意识和责任感。通过以上措施,最大限度地减少对环境的危害。

【案例引入】

大众"排放门"事件[①]

据路透社报道,美国联邦贸易委员会(FTC)表示,大众汽车为解决"排放门"丑闻,已向受到影响的美国车主支付了98亿美元(约合人民币686.6亿元)的赔偿。其中,大众汽车共向美国消费者支付了超过95亿美元,而大众供应商Robert Bosch向美国消费者支付了超过3亿美元。

---

① 参见澎湃新闻,https://www.thepaper.cn/newsDetail_forward_8474764。

对于上述消息的真实性,《国际金融报》记者试图与大众中国方面联系,但截至发稿前,均未获得应答。

2015年,美国西弗吉尼亚大学和联邦清洁运输委员发现,大众汽车在其旗下部分车型中设置了一套失效模式用以骗过美国国家生态环境局(EPA)的排放测试系统,但在实际行驶中,这些车型的排放超标10～40倍之多。资料显示,涉事车辆包括大众在2009—2015年间生产的甲壳虫、高尔夫以及帕萨特等众多热门车型。

2015年9月,美国环境保护署指控大众在旗下部分柴油车的尾气检测中作弊。由此,轰动一时的大众"排放门"事件正式拉开帷幕。随后不久,大众承认在柴油车辆中使用软件以在排放测试中作弊,共有超过55万辆污染程度超标的柴油汽车被投放至美国市场。

为与美国相关部门和美国消费者达成和解,据报道,大众需要支付高达150亿美元的和解费用,其中,100亿美元用于回购47.5万辆排放超标的车辆,27亿美元用于缓解环境污染,20亿美元用于促进零排放汽车的研发。此外,还要考虑要额外补偿涉事车主5 000美元至1万美元不等的损失费。

此次大众支付的赔偿仅仅是给受到大众"排放门"事件影响的美国车主。在和解报告中,FTC提到,有86%的消费者选择退车或者是终止租赁,而不是选择修理。不少网友得知"98亿美元"赔偿额时,不禁感叹数额之巨大。据路透社报道,到目前为止,大众在"排放门"引起的罚款、车辆回购和其他和解费用上的成本已高达300亿欧元(约合333亿美元)。

事实上,因排放造假,大众不仅在美国遭到起诉。2018年,德国也给大众开出了高达10亿欧元(约合11.7亿美元)的罚单,此次罚款的金额也被列为德国历史上对一家公司的最高罚款之一;波兰竞争和消费者保护局也给大众开出了1.206亿兹罗提(约合3 180万美元)的罚单;韩国不仅封杀了大众80款车型在该国的销售,还打算对其处以高达178亿韩元(约1 606万美元)的罚单。

但《国际金融报》记者统计发现,大众汽车被曝出"排放门"后,本身销量并未受到明显的负面影响。在之后的几年中,大众汽车的销量每年同比增长,2016年还超过丰田成为全球销量霸主,并一直维持至今,其中,中国市场销量为其总销量贡献了超四成。2019年,大众在华销量为423万辆,在中国市场也是当之无愧的榜首。

汽车资深评论人娄兵曾向《国际金融报》记者表示,这是因为大众尾气作弊事件几乎不会对消费者本身构成伤害,排放超标基本只能对环境产生负面影响。也就是说,大众排放造假并不会对消费者使用造成影响,大众因为作弊事件承担罚款、赔偿等损失,也只会影响其财务报表的利润乃至股价波动后的市值。

二、生产安全的伦理问题

产品安全是指在生产和使用产品的过程中,不因偶然的或者人为的原因,造成人身伤害或者财产损失。安全生产是企业生产经营活动的基本原则和基本要求,也是企业生存和发展的基石。任何企业都不能忽视产品安全问题,也不能因为追求经济效益而忽略产品安全。

虽然人们的生命和健康对生产经营活动具有重要意义,但是一旦发生人身伤害和财产损失,则会严重影响企业的生存发展。因此,在生产经营活动中,必须把保证产品安全放在第一位。但是,在现实生产经营活动中,由于市场竞争激烈以及一些企业追求利润最大化目标而忽视了产品安全问题。

(1)在市场竞争中,一些企业为了提高自己的竞争力,把生产安全问题置之脑后。有些企业为了获取更多的利润而置消费者生命财产安全于不顾;有些企业为了提高产品在市场上的知名度而不择手段地宣传虚假广告;还有些企业为了更多地争取订单而忽视产品安全问题。这些行为严重影响了产品质量和企业信誉,损害了消费者利益。

(2)一些企业为了降低生产成本、增加利润,采取偷工减料等手段生产质量不合格的产品,对消费者人身和财产安全造成威胁。例如,一些企业在生产过程中偷工减料,使用劣质材料或以次充好;有些企业在生产过程中违规操作或对机器设备疏于管理;还有些企业在生产过程中偷梁换柱、以次充好等。

(3)一些企业为了提高自己在市场上的竞争力和扩大知名度而不惜采取一切手段来宣传虚假广告或夸大宣传,误导消费者。例如,一些厂家为了吸引消费者购买他们的产品而不惜欺骗消费者;有的厂家为了提高自己在市场上的知名度而不惜虚假宣传;还有些企业为了扩大自己的销量而弄虚作假。这些行为不仅损害了消费者利益,而且严重损害了社会公共利益和社会风气。

三、产品安全中的伦理问题

产品安全是指消费者在使用产品过程中所产生的身体或心理上的伤害,或对人身伤害的预防。在产品生产过程中,企业要充分考虑到消费者的人身安全和财产安全。如果一个企业在生产过程中发生了产品安全事故,那么后果将非常严重,不仅影响到企业自身的声誉和形象,还影响到其他消费者对其产品质量的信赖,给企业带来严重的经济损失。

【案例引入】

隐藏 30 年的塑化剂[①]

2011 年,中国台湾省因"致命添加剂"——塑化剂引起的食品安全事件引得全世界人心惶惶。自 4 月台湾省多家知名运动饮料及果汁饮品等被查出含致癌物质"塑化剂"以来,这一风波愈演愈烈。据台湾省卫生部门统计,截至 5 月 30 日,台湾省受其污染的产品超过 500 种,近千家厂商受到牵连。

2011 年 3 月,台湾省卫生署进行例行抽验时,在一款名为"净元益生菌"中发现了可致癌的塑化剂 DEHP。追查发现,其来源是昱伸香料公司所供应的食品添加剂——起云剂。

此事一出,在台湾省引起轩然大波。相关部门连日来持续追查发现,凡是浓稠状饮料、儿童食品、钙片等保健品的厂商几乎全部沦陷,数量高达千家以上,其中包括统一企业、长庚生物科技、白兰氏、美达、泰华油脂等知名厂商,产品涉及运动饮料、水果饮料、茶饮料,以及儿童感冒糖浆、儿童钙片、乳酸菌咀嚼片、化妆品等 500 多种。其中,统一、白兰氏、美达等企业生产的产品均在中国大陆有售。台湾省卫生专家甚至称,这可能是目前最大的塑化剂污染事件。

据了解,此次被查出的塑化剂 DEHP 主要来源于两家公司:一家是上面提到的昱伸香料公司;另一家是宾汉香料化学公司,该公司相关责任人称,其公司

---

① 参见分析测试百科网,https://www.antpedia.com/news/16/n-146916.html。

生产的起云剂中添加塑化剂已经长达30年。

目前,该事件相关责任人已经被警方控制,台湾省卫生部门正配合持续追查涉案公司下游出货的对象,将违规食品下架封存、销毁。目前已下架果汁、果酱类食品超过40万公斤,运动饮料、茶饮料超过98万瓶,益生菌类粉包超过26万公斤。对于其他产品,岛内有关机构将从5月31日零时起展开"扫荡",届时,使用起云剂的运动饮料、果汁、茶饮等五大类食品,都须提供检验安全证明,否则一律下架回收,违者将受重罚。

【案例问题讨论】

结合以上案例,探讨食品安全背后的原因以及可能的解决办法。

一些企业在生产经营过程中缺乏安全意识,存在很多不安全因素。例如,食品加工过程中使用大量添加剂;一些企业在生产过程中违规操作、违反劳动纪律、超负荷运转,出现安全事故;一些企业忽视产品质量管理和质量监督,或者以牺牲产品质量来换取利益;一些企业存在严重的假冒伪劣产品问题等。这些都给消费者带来了严重的经济损失。为了避免出现这种情况,在生产经营过程中要加强对员工的职业道德教育和提高员工道德素质;要建立健全法律法规,完善法律监督体系。

四、解决企业生产中伦理问题,强化企业自身伦理管理

加强企业自身伦理管理,首先要加强企业伦理意识教育,提高企业生产人员的道德素质。企业生产人员对企业生产的伦理问题认识不足,不能有效地控制自己的行为,容易造成生产中的伦理问题。因此,企业应该加强对员工的道德教育,使其树立正确的价值观和人生观,认识到自己在生产过程中应该遵循的道德准则。其次,要通过制度约束和道德宣传教育来规范企业的生产行为。加强对企业生产人员的监督、检查、考核。通过法律手段对违反职业道德的行为进行处罚。最后,要加强社会舆论监督力度。在社会上形成一种正确的舆论导向,增强消费者对产品质量安全的信心,提高消费者对产品质量安全的监督能力和维护自身合法权益的能力。

总之,企业要想在日益激烈的市场竞争中生存和发展下去,就必须重视伦理管理,有效地解决生产中出现的伦理问题。只有这样,才能使企业在激烈的市场竞争中立于不败之地,才能使企业更好地为消费者服务。

本章思考题

1. 什么是管理伦理？什么是经营管理伦理？
2. 阐述伦理道德对于企业组织的意义。
3. 在人力资源管理中,典型的伦理问题有哪些？
4. 根据效率原则的观点,如何理解其对企业生存与发展的重要性？
5. 企业管理中应遵循的伦理原则有哪些？

参考文献

1. 彼得·德鲁克. 德鲁克管理思想精要[M]. 李维安,等,译. 北京:机械工业出版社,2019.
2. 彼得·德鲁克. 管理的实践[M]. 齐若兰,译. 北京:机械工业出版社,2019.
3. 彼得·德鲁克. 德鲁克论管理[M]. 何缨,康至军,译. 机械工业出版社,2019.
4. 彼得·德鲁克. 管理新现实[M]. 吴振阳,等,译. 北京:机械工业出版社,2019.
5. 彼得·德鲁克. 不连续的时代[M]. 吴家喜,译. 北京:机械工业出版社,2020.
6. 彼得·德鲁克. 管理前沿[M]. 闾佳,译. 北京:机械工业出版社,2019.
7. 李宏伟. 管理效率的哲学研究[M]. 北京:知识产权出版社,2013.

第十一章　ESG 与企业社会责任伦理

将社会责任与经营策略结合,将是企业未来新竞争力的来源。

——[美]迈克尔·波特

【案例引入】

企业家陈东山先生"日行一善"

陈东山先生,深圳市东山防水隔热工程有限公司董事长、湖北省公安县"日行一善"陈东山基金会理事长。他积极践行企业社会责任,成为践行企业社会责任的典范。

陈东山先生受中国传统文化影响,在企业经营中融合家国情怀,自 1990 年起,30 余年内捐资超 3 000 万元,惠及人数超过 16 万。他主张企业既是经济体,也应当承担社会责任,持续投入家乡扶贫及建设,包括福利院、道路、医院等公益设施。此外,他创立"日行一善"陈东山基金会,通过多种公益活动,促进地区社会文化发展。陈东山先生的实践展现了企业家应有的商业智慧与人文关怀,诠释了深厚的社会责任感和家国情怀。

陈东山先生在其企业运营实践中,坚持认为企业的目标不仅应追求利润,还应负起社会责任,促进社会正面发展。他的实践彰显了现代企业家如何在追求经济效益的同时,确保道德和社会责任的均衡,体现了"义利并重"的商业哲学。陈先生特别强调诚信的重要性,认为这是企业和个人立足社会的根本。遵循"日行一善,善行一生"的信念,他通过创建公益基金会,长期进行教育捐助、公益设施建设及支持困难群体,将企业社会责任内化于日常经营之中。面对新冠疫情和洪涝灾害等社会危机,陈东山先生积极响应,通过捐款捐物,展现了企业在社会危机中的重要作用和社会担当。

陈东山先生深谙"舍与得"的哲学,认为企业成功不应牺牲社会利益,而应追求与社会的共赢。他特别重视教育公平,通过"助学圆梦"计划,为困难学生提供经济上和精神上的支持,帮助他们达成教育目标,进而促进社会公平。他的贡献不止于资金援助,他还持续关注受助学生的学业和成长,提供学习辅导和心理支持,确保他们顺利完成学业。这种全面的支持策略不仅培养了未来的人才,也为企业的长期发展积累了人力资源,展现了社会责任感和战略眼光。

【案例问题讨论】

1. 你认为陈东山先生"舍与得"的哲学对经营企业有什么启示?

2. 有的人看来,承担企业社会责任是增加成本的事情,甚至是一场表演给公众看的"秀"。但许多企业已将"企业社会责任"视为未来立于不败之地的"软实力"竞争力。那么,承担企业社会责任究竟会给企业带来怎样的竞争优势呢?

对于企业而言,ESG 的重要性不言而喻。企业重视 ESG 不仅是市场趋势和政策要求的必然结果,更是企业自身实现可持续发展和提升竞争力的关键所在。推动环境保护、社会责任、公司治理三位一体建设是企业实现高质量可持续发展的必由之路,即 ESG 是企业发展的必由之路。

第一节 ESG 的概念、起源发展及相关理论

一、ESG 的概念界定

ESG 是环境(Environmental)、社会(Social)和治理(Governance)三个英文单词的首字母缩写,是一种关注企业环境、社会责任、公司治理表现而非财务绩效的投资理念和评价标准。

在 2004 年 6 月联合国发布的《在乎者赢》(*Who Cares Wins*)报告中,首次正式提出了"ESG"这一概念。该报告强调了环境保护、社会责任和公司治理三

个维度是相互关联并且互为影响的。报告中呼吁政府和监管机构应该积极推动企业对 ESG 相关信息的披露,并鼓励商业界加强责任履行,将 ESG 因素融入未来的投资决策过程中。

具体而言,报告中"环境"指的是应对气候变化、资源节约、污染防治和生物多样性保护;"社会责任"涵盖了产品和客户责任、员工权益、供应链管理以及社区参与;"公司治理"则包括防范商业贿赂、优化董事会结构、提高税务透明度及管理社会和环境议题的治理机制。此份报告标志着国际社会在金融市场中推广 ESG 理念的一个重要起点,反映出全球对可持续发展和责任投资日益增长的重视。

环境 Environment(E)	社会 Social(S)	公司治理 Governance(G)
生物多样性/土地利用	社群相关	会计责任
碳排放	有争议的议题	反故意并购措施
气候变迁相关风险	客户关系/产品	董事会架构/规模
能源使用	多元化议题	贪污及贿赂
原料来源	员工关系	CEO 双重性
监管/法律风险	健康及安全	管理阶层的薪酬计划
供应链管理	人力资本管理	所有权结构
废弃物及回收相关	人权相关议题	股东权利
水资源管理	对社会负责的行销及研发	透明度
天气相关事项	与工会的关系	投票程序

图 11.1 ESG 的主要内容体系

二、ESG 的起源与发展

ESG 并非孤立的概念,而是源于历史上的伦理投资抑或道德投资并逐渐演变而来。早期的社会责任投资(Socially Responsible Investment,SRI)已经囊括了现代 ESG 投资中的环境保护、道德伦理等核心要素。2006 年以后,随着 ESG 概念的进一步发展,国际组织和各大协会开始将公司治理纳入 SRI 的考量范围内,使得 SRI 与 ESG 之间的界限日益模糊。过去十余年的发展表明,尽管联合国负责任投资原则组织(UNPRI)依然将 ESG 投资视为一种独立的投资策略,与 SRI 有所区分,但从实践的角度来看,这两种策略已经逐渐融为一体。

(一) 萌芽期：宗教是道德投资的源头

社会责任投资 (SRI) 的起源可以追溯至基于道德价值的道德投资，其中宗教信仰常常对道德投资产生重要影响。在宗教信仰成为投资动机的情况下，与宗教教义相悖的行业和做法往往被排除在投资之外。美国记录中最早的道德投资案例之一涉及 18 世纪的贵格会教徒，他们因反感欧洲大陆的传统习俗，限制其成员投资于奴隶贸易，并避免涉足赌博、军火等领域。与此同时，卫理公会创始人约翰·韦斯利 (John Wesley) 在其著作《论金钱的使用》中提倡，金钱的使用者不应参与那些"有损于邻人"的行业，如化工厂。此外，伊斯兰银行业也展示了基于宗教的道德投资实践，避免涉资酒精、赌博、猪肉及其他禁忌物品。尽管这些宗教驱动的投资原则在两百年间被某些宗教团体执行，但它们对主流经济活动的影响相对有限。

(二) 形成期：伦理投资是主导

20 世纪，伦理投资的动机更多地源于社会观点而非宗教观念。这一时期的道德投资反映了当时的政治气候与社会趋势。特别是在 20 世纪 60、70 年代的美国，道德投资者强调促进工人权益、商业伦理、种族与性别平等，并避免支持或从越南战争中获利的公司和组织。这一时期标志着现代社会责任投资 (SRI) 的萌芽。

1971 年，由 Luther Tyson 和 Jack Corbett 创立的和平世界基金 (Pax World Fund, PWF) 在美国推出了首个以社会责任为导向的共同基金。Tyson 和 Corbett 都曾在联合卫理公会教会处理和平、住房与就业问题。通过 PWF，他们创建了这一共同基金，将社会和财务标准并用于投资决策过程中，特别是拒绝投资那些利用越南战争获利的企业，同时强调劳动者权益。

到了 20 世纪 90 年代，SRI 步入了一个新的阶段，即结合价值观驱动、风险和收益导向的现代社会责任投资。1987 年，联合国对"可持续发展"进行了明确定义。在这一阶段，社会责任投资以追求投资收益为目的，同时在决策过程中考虑环境、社会与公司治理因素，采用负向筛选、可持续性发展主题以及积极的股东主义等策略。

(三) ESG 概念诞生："利益相关者理论"的自然产物

随着 21 世纪的到来，全球化推动了世界经济的繁荣，但基于股东价值最大化的商业运行模式也逐渐暴露出多种全球性问题,其中就包括环境问题。特别是随着安然公司(Enron)财务造假丑闻的曝光,公司价值与治理问题成为投资领域新的关注维度。

另外,"利益相关者"一词最初由 R. 爱德华·弗里曼(R. Edward Freeman)在 1984 年提出,随后,"利益相关者管理"理论在实际中得以发展。该理论强调,企业的经营管理者应综合平衡各方利益相关者的需求,与传统的股东至上主义相比,利益相关者理论认为企业的发展离不开所有利益相关者的参与和投入,并追求所有利益相关者的整体利益。经过多年的发展,这一理论在 21 世纪具有更为坚实的社会基础,ESG 的提出便是其自然的延伸。"ESG"一词最初由当时的联合国秘书长科菲·安南在 2004 年提出,他邀请全球 50 家主要金融机构的 CEO 探讨如何将环境(E)、社会(S)和公司治理(G)三大领域与资本市场有效结合。一年后,《在乎者赢》报告发布,展示了整合 ESG 因素的企业能实现更优财务表现的案例。另一份由联合国环境署(UNEP)提供的《佛瑞希菲尔德报告》则详细阐述了 ESG 与公司市值之间的关系。2006 年,在联合国环境署和联合国全球契约(UNGC)的支持下,联合国负责任投资原则组织(UNPRI)成立,标志着 ESG 投资理念的正式提出,并被经济界 ESG 接纳。

(四)成熟期:ESG 因素纷纷被纳入投资决策体系

随着 ESG 理念影响力的持续扩展,越来越多的投资机构开始将 ESG 因素纳入其投资决策体系中。此外,全球各国监管机构和证券交易所也相继推出了一系列政策,旨在加强上市公司对 ESG 信息的披露管理。同时,ESG 的评估标准和框架也日益完善,其中较为知名的评级机构包括 MSCI 和汤森路透(Thomson Reuters)。这些进展不仅体现了市场和监管对 ESG 价值认知的提升,也促进了 ESG 投资理念在全球范围内的深入实施与发展。

三、ESG 的相关理论

(一)环境正义理论

环境正义理论深植于社会公平与道德责任的土壤中,它追求在环境政策和实践中实现公正,确保资源分配和环境风险的承担不因人们的种族、财富或社会地位的不同而有所差别。这一理论不仅关注环境问题的解决,更强调解决这些问题过程中社会正义和人权的基本原则必须被尊重。

环境正义运动起源于20世纪70年代末至80年代初的美国,最初作为民权运动的一部分,关注低收入和少数族裔社区如何不成比例地承受有害废物处理设施和其他环境负担的问题。这些社区往往缺乏足够的政治影响力来反抗不利的环境决策,因而容易成为"环境牺牲区"。罗伯特·布拉德(Robert Bullard)被公认为是环境正义运动的先驱之一,其研究揭示了种族和社会经济因素在环境政策和实践中的重要作用,这些因素导致某些社区承受了不成比例的环境风险。随着全球对环境和社会不公的关注加深,环境正义理论在1992年的联合国环境与发展会议(又称里约地球峰会)上获得了进一步的推广,全球政府、非政府组织及企业界领袖达成关于可持续发展的共识。环境正义理论强调,所有人——特别是历史上经常被边缘化和忽视的群体——应有权平等参与环境决策过程,表达他们的需求和关切。

环境正义的理念已经成为国际环境政策讨论的重要组成部分,关注点从地方或国家层面的环境决策扩展到全球环境治理,如气候变化、生物多样性保护和跨国污染问题。这一理论还强调发达国家与全球南方国家之间在全球环境资源使用和环境退化责任分担方面的不平等。

随着时间的推移,环境正义理论不断深化和扩展,开始整合更广泛的社会理论,如生态女性主义、后殖民理论和全球化理论,探索环境不公的更深层次原因。这种理论的发展不仅丰富了环境正义的分析框架,也促进了对环境问题的更全面和深入的理解,为全球社会提供了应对环境危机的新思路和新方向。

(二)利益相关者理论

1. 利益相关者理论的起源与发展

利益相关者理论的提出标志着对企业管理和道德哲学的深入探讨,这一理论的发展始于1984年,R. 爱德华·弗里曼在他的开创性著作 *Strategic Management: A Stakeholder Approach* 中详细阐述了这一理念。弗里曼提出,企业的责任不应仅限于追求股东利益的最大化,还应关注其他利益相关者,包括员工、客户、供应商、社区和政府的利益和需求。该理论提倡在企业决策过程中考虑所有利益相关者的权益,从而推动企业实现更全面和平衡的发展。随着全球化进程的加速和社会责任意识的提高,利益相关者理论逐渐被广泛应用于企业社会责任(CSR)的实践中,特别是在环境保护、社会公正和治理透明度方面。

21世纪初,一系列企业丑闻和经济危机加深了对企业道德和责任的关注,凸显了忽视广泛利益相关者可能导致的风险。这些事件促使利益相关者理论在企业治理和战略管理中的应用得到加强。此外,环境、社会与治理(ESG)问题的兴起使得企业越来越需要考虑其操作对环境的影响、在社会中的作用以及决策过程的治理结构。

总之,利益相关者理论的发展不仅改变了企业对自身角色和目标的认识,还为企业如何在全球化和充满挑战的环境中有效运作提供了重要的理论支持。随着社会和环境挑战的不断增加,这一理论在现代企业管理和策略制定中的重要性越发凸显。

2. 利益相关者理论在 ESG 中的应用

利益相关者理论在环境、社会和治理(ESG)领域的应用是其理论发展的重要里程碑。ESG 框架强调,企业在运营活动中需要充分考虑到环境保护、社会责任和良好治理的重要性。在这一框架下,利益相关者理论为企业提供了一个全面的视角,以识别和平衡不同利益相关者的需求和期望,从而推动企业的可持续发展。

在环境保护层面,利益相关者理论强调企业应负责任地管理其对自然环境的影响,包括减少环境污染、合理采取资源等措施。企业需要与社区、环保组织及政府等利益相关者合作,共同推进环境保护项目。

在社会福利层面,利益相关者理论要求企业在其经营活动中增进社会福祉,关注员工、客户和社区的利益,包括提供良好的工作条件、公平的就业机会以及积极参与社区建设和发展。

在企业治理层面,该理论强调企业决策的透明度和公正性,要求建立健全的公司治理结构和机制,确保所有决策过程中利益相关者的声音被听取和考虑。

通过这些应用,利益相关者理论在 ESG 实践中展示了企业如何通过负责任的行为,在追求经济目标的同时为社会和环境带来积极贡献。总体而言,该理论在现代企业管理中的运用不仅促进了企业的可持续发展,也帮助企业在全球化的市场环境中建立起更强的信任和支持,从而实现长期的成功和影响力。这种全面考虑各方利益的管理策略,是当代企业应对环境和社会挑战的重要工具。

(三)传统古典经济学理论

现代西方经济学的发展起源于亚当·斯密,随后由大卫·李嘉图、西斯蒙第、穆勒和萨伊等人进一步发展,逐渐形成了被称为古典经济学的理论体系。古典经济学将人视为"经济人",即一个理性追求最大效用的个体,其行为不受任何社会结构或社会关系的影响,完全基于个人经济利益。

在"经济人"理论的基础上,古典经济学认为企业管理者作为股东的代理人,其主要责任是追求企业利润的最大化,从而实现股东权益的最大化。然而,当管理者将企业资源用于追求利润之外的"社会产品"时,可能导致利润分配上的牺牲,从而影响到股东、员工及顾客的利益。具体表现为:如果社会责任活动导致利润和股息降低,则损害股东利益;如果因社会活动导致工资和福利减少,则损害员工利益;如果产品价格提升导致销量下降,最终可能影响企业的持续运营,使所有利益相关者承受损失。

在经济学理论发展中,米尔顿·弗里德曼(Milton Friedman)的观点代表了一种根深蒂固的古典经济学立场,他在《资本主义与自由》一书中坚称,企业的唯一社会责任是增加其利润。根据弗里德曼的论断,企业管理者作为股东的代理人,其行为应完全反映股东的利益,而非从事任何可能损害股东财务回报的社会责任活动。他认为,除了追求利润最大化外,企业追求其他社会目标是对股东权益的背叛,并可能导致企业资源的低效配置。此外,弗里德曼还批评职业经理人追求社会目标相当于扮演未经选举的政策制定者,这种行为超越了他们的职责范围,并可能侵蚀市场的自由和效率。哈耶克(Friedrich Hayek)也持类似观点,他反对企业执行社会责任的做法,认为这会加剧政府对市场的干预,从而损害市场自由。

然而,从微观经济学角度出发,如果企业在其经营活动中引入社会责任实践，比如环境保护、社会福利等 ESG 相关行为，虽然可能短期内增加经营成本，但长远来看，这种做法能提升企业的品牌价值和市场竞争力。从经济理论的更广角度考虑，企业的社会责任活动也可以视为对未来潜在市场风险的一种投资，通过减少环境风险和提高社会稳定性，企业可能从中获得更为持久和稳定的回报。

因此，对于现代企业而言，合理地平衡股东利益与社会责任成为一项挑战和机遇。这要求企业在追求财务回报的同时，也需要考虑其长期的社会影响和环境责任，以实现可持续发展。对于管理者来说，如何在不牺牲企业利益的前提下有效地履行社会责任，是一个需要深思熟虑的问题。

第二节　ESG 的基础——企业社会责任

有人（如弗里德曼）认为，唯有追求利润或"利润最大化"才是企业的根本目的，主导着企业的全部行为，而企业的其他目标归根结底都是为了追求利润。按照这种企业目的观，企业的社会责任便无从谈起。如果一定要谈企业的社会责任，那么由于企业的根本目的就是利润最大化，所以企业的社会责任就是实现利润最大化。

以上观点是否完全合理，有待进一步探究。企业之所以会出现并生存下来的根本原因是，它能提高经济效率，适应生产力的发展。早在 18、19 世纪，亚当·斯密和马克思等人就对企业生产中分工协作所导致的直接生产成本的节约和生产效率的提高做出了详细的分析。20 世纪以来，新制度学派经济学家从交易成本和制度效率的角度对企业的经济效率问题做了进一步的分析研究。

一、企业社会责任概念的界定

（一）何为责任

责任是指行为主体对其行为及其后果的承担，是对行为及其结果的一种问责，涵盖了"分内应做的事"和"必须承担的罚责"。责任的确定涉及多个因素，如法律、道德伦理规范、行为与结果之间的因果关系以及社会共识等。

自由与责任密不可分,自由不仅是行动的能力,更是主体做出选择的能力。道德选择是在一定的道德意识支配下进行的,意味着人们在行使自由时,需要考虑到其行为的道德和伦理后果。与此同时,责任是道德选择的核心特征。人们在自由活动中,通过道德选择,自觉地承担对社会、集体、他人和自己的责任。这不仅包括法律上的责任,还包括伦理和道德上的责任。例如,一个企业在决定生产某种产品时,需要承担其产品对消费者、环境和社会的责任。如果企业选择忽视这些责任,即使它在法律上是自由的,其行为仍然可能被视为不道德。

(二)企业社会责任

企业社会责任(Corporate Social Responsibility,CSR)作为一种管理理念和实践,旨在促进企业对社会、环境和利益相关者的责任担当,以推动社会的可持续发展和改善社会福祉。在当今全球化和信息化的背景下,企业社会责任已成为商界和学界关注的焦点之一。一般认为,企业社会责任(CSR)的概念于20世纪初开始被提及,随着工业化和全球化的发展而逐渐得到关注和发展。1923年,奥利弗·谢尔顿(Oliver Sheldon)将企业社会责任与公司经营者满足产业内外各种人类需要的责任联系起来,认为企业社会责任包括道德因素。这一观点强调了企业在社会中的广泛责任,而不仅仅是追求经济利益,为后来对企业社会责任的发展和理解奠定了基础。1953年,鲍恩(Howard Bowen)出版的《商人的社会责任》被普遍认为是现代企业社会责任的起源。他在该书中指出,按照社会所期望的目标和价值来制定政策、进行决策或采取行动是商人的义务。①

目前被广泛接受的企业社会责任概念指的是组织通过透明和道德的行为,为其决策的活动对社会和环境的影响而承担的责任。也就是说,企业在经营活动中追求经济利益的同时,积极承担对社会、环境和利益相关者的责任,致力于实现社会的可持续发展。具体而言,广义的企业社会责任应该涵盖经济责任、法律责任、伦理责任、慈善责任等。经济责任是企业的基础责任,要求企业通过合法和有效经营来创造利润,保证股东权益并推动经济增长。法律责任要求企

---

① [美]霍华德·R.鲍恩.商人的社会责任[M].肖红军等,译.北京:经济管理出版社,2015:10.

业遵纪守法,确保经营活动合法合规,维护市场公平竞争和秩序。伦理责任超越法律责任,要求企业遵循道德准则,践行诚信、透明的商业行为,维护利益相关者的权益。慈善责任指的是企业通过公益活动、捐赠和志愿服务等方式来回馈社会,支持社区发展和社会公益事业。狭义的企业社会责任主要是指道德责任和慈善责任。

但需要注意的是,根据企业对社会责任的态度、实施方式和动机的不同,有主动的企业社会责任和被动的企业社会责任之分。

1. 主动的企业社会责任

主动的企业社会责任是指企业在遵纪守法的基础上自愿超越法律法规的最低要求,积极践行和承担企业社会责任,在追求自身利润的同时力求实现社会、环境和经济的可持续发展。这些企业将CSR纳入其核心战略,视为企业长期成功和竞争优势的一部分。它们不仅关注短期的财务收益,更注重长期的社会和环境效益。通过开发绿色产品、采用可持续的生产技术等手段,企业在没有外部压力的情况下,自愿采取各种行动,以减少负面影响,促进可持续发展。这些企业会定期发布CSR报告,公开企业在社会责任方面的表现和进展,增强透明度和公众信任。

在商业实践中,企业主动关注并维护各利益相关者的权益。它们积极与员工、社区、消费者、供应商等进行沟通与合作,并对其诉求做出回应。例如,企业可能组织定期的公众咨询会,设立专门的沟通渠道,确保各方声音都能被听到和重视。同时,企业注重设定长期目标,持续投入资源进行企业社会责任活动。它们实施并支持长期项目,如环境保护计划、教育资助计划、健康卫生项目等。这些企业不仅仅是进行短期的慈善捐赠,而是通过系统性地投入和管理,确保这些项目能够持续产生积极的社会影响。并且一些企业将CSR理念融入企业文化和领导力的建设,通过培训和宣传,让企业员工深刻理解和认同CSR的价值,并在日常工作中贯彻落实。

2. 被动的企业社会责任

被动的企业社会责任是指企业在外部压力下,遵守法律法规或回应利益相关者的要求而进行的社会责任活动。这种CSR行为通常不是企业自发的战略选择,而是在外部强制或压力下采取的行动。也就是说,被动的 CSR 企业主要是为了满足法律和法规的最低要求,以避免因不合规而遭受法律诉讼和罚款。这些企业并不主动超越法律要求,而是严格遵循现有的法律法规,以确保其运营合法。例如,当环境保护法规变得更加严格时,企业才会相应调整其生产流程,以符合新标准。

在一些外部压力条件下,企业也会采取 CSR 活动来应对危机。这些压力一方面来自监管机构的检查、消费者的投诉或非政府组织的抗议;另一方面来自利益相关者的要求或批评。企业往往在被曝光或面临外界强烈批评后,才会采取相应的措施,以缓解压力和负面影响。此外,企业在面临公共关系危机或声誉风险时,常常被动地进行 CSR 活动,以修复形象。这些企业在出现负面新闻、产品召回、环境污染事件等危机时,会迅速采取 CSR 行动,以挽回公众信任和企业声誉。

值得注意的是,被动 CSR 活动通常是短期的,缺乏长期的战略规划和持续投入。这类企业在进行 CSR 活动时,往往只关注短期内的危机处理和形象修复,而没有系统地将 CSR 纳入长期发展战略。例如,一些企业在面临舆论压力时,可能进行一次性的慈善捐赠或短期的社区服务项目,而不是持续关注和投入这些领域。

通过表 11-1,我们可以更加直观地了解到主动与被动的企业社会责任之间的区别。

表 11.1　　　　主动企业社会责任与被动企业社会责任

因素	主动的企业社会责任	被动的企业社会责任
动机	自愿承担社会责任,追求可持续发展	外部压力或法律合规
行动方式	战略性、长期承诺、创新驱动	应对危机、短期行为、被动回应
利益相关者	积极沟通与合作	外部压力下的回应
资源投入	持续、长期投入	临时、短期投入
目标	建立长期竞争优势和品牌声誉	修复形象,避免法律和声誉风险

【案例引入】

毒可乐事件 VS. 蒙牛跻身行业前列

1. 毒可乐事件

2022年3月,印度法庭对美国的可口可乐、百事可乐公司分别做出35亿美元的处罚。

印度认为这两家公司在生产当中使用了大量的塑料瓶和易拉罐等不易降解的材料,同时,也对印度的本土环境造成了不同程度的破坏。且不说这个理由是否合理,可口可乐与百事可乐公司为了不影响自己的生意,都乖乖交了罚款。

其实在更早以前(1999年6月)非常有名的"毒可乐事件",当时在比利时有近120位市民在喝完他们的可乐之后,出现了不同程度的呕吐、头晕头痛的中毒迹象。

在隔壁的法国也有80余人出现了相同的情况。这对于有着百年历史的可口可乐可谓被"架在火上烤"。

比利时与法国政府要求该公司收回在自己国家的所有产品。

可口可乐公司先是派出了相关人员调查,查清楚了出现问题的原因:一个是比利时的包装上出了问题,产生了有害物质;另一个是法国的消毒剂被污染了。

随后,他们收回了比利时和法国的部分产品。那时的他们还没有意识到问题的严重性,也没有人出来致歉,仅仅是在官网上发表了一份正规到只有专家才能看懂的官方解读报告。

这下两国政府与民众都不高兴了。政府下达要收回所有可口可乐的文件,接着,所有的民众都加入了抵制可口可乐的行动当中。而百事可乐这时候可高兴坏了,他们开始抢占可口可乐空缺和退出的市场。

这时,可口可乐总部才意识到了事情的严重性,立刻派董事会主席和CEO赶往比利时开新闻发布会致歉,并且许诺每个比利时的家庭都会得到一瓶可口可乐。而且花了不少的钱把自己的道歉信登满了比利时各大媒体的头条。

然而,这样的商誉影响不仅是比利时和法国。当你的产品生产不再环保和卫生、你的企业不再充满人文关怀时，全世界的消费者都会用行动告诉"你"——我不再喜欢你了。

仅用十天时间，可口可乐公司股票价格下跌6%，共收回14亿瓶可口可乐，中毒事件造成的直接损失高达6 000多万美元，那一年可口可乐的盈利下降了近1/3，高层领导被迫辞职，全球裁员5 000多人，这也成了可口可乐历史上最大的一次危机。

从此之后，可口可乐知错就改，斥巨资改善印度、欧美国家的污水处理厂，修建零碳排放社区以及产品包装的不断改进。目前，已经连续三年取得MSCI给出的ESG评级当中的AA级。

由此，我们从可口可乐的E（环境保护）、G（公司治理）的不良表现看到了对于企业商誉、市值、内部管理的负面影响。

2. 蒙牛主动靠近ESG

说到蒙牛，我们想到的就是高碳排放的牛。根据联合国数据统计，畜牧业的碳排放量占全球总碳排放量的15%，而牛是碳排放量最多的动物物种，占畜牧业的65%，因为牛是一种经常喘粗气和排气的动物，呼吸速度又快，还会排出甲烷。

那如此高排放企业是如何做到连续三年央企ESG先锋50指数排行第一的呢？

在畜牧业上游奶源端，蒙牛10年来在乌兰布和沙漠种植了9 000多万棵树木，打造出了全球瞩目的沙漠绿洲中的有机牧场。

在生产端，蒙牛已经有22家国家级绿色工厂，全面应用太阳能、沼气发电等可再生能源，包括部分工厂的污水处理也已零碳运营。产品的包装也有所革新，大家平时喝的优益C从2022年开始变成无标签包装，油墨的去除可减少近一半的包装碳排放。

在物流端，用数字化环保可周转纸箱代替传统的瓦楞纸，每年可节约7.8万吨原纸，减少树木砍伐206万棵，减少1 680吨二氧化碳排放。

除了环境（E），像社会（S）有质量管控、营养普惠工程、公益捐款，治理（G）有可再生农业管理、人才发展等。不管在战略上还是实施环节蒙牛都对中国企业的 ESG 实践做了很好的示范。

【案例问题讨论】

通过以上可口可乐"被动"选择践行 ESG 与蒙牛"主动"选择践行 ESG 的案例,思考是本就成功的企业应该接受 ESG 还是 ESG 使得企业更成功?

二、企业社会责任的演变

随着现代企业理论的不断发展,西方学界在过去半个多世纪里围绕"企业应承担何种责任"这一问题进行了激烈的讨论。从 20 世纪 30 年代至 60 年代,关于公司社会责任的讨论尤为集中且影响深远,主要包括两场著名的论战:第一场是 20 世纪 30 年代多德(Dodd)与伯利(Berle)之间关于管理者受托责任的辩论;第二场是 20 世纪 60 年代曼尼(Manne)与伯利关于现代公司功能的讨论。

在第一场辩论中,伯利主张,无论是基于公司的法定地位还是章程规定,公司及其管理者所拥有的所有权力,只要股东存在利益关联,这些权力必须始终用于服务所有股东的利益。因此,当权力的行使可能损害到股东利益时,应当对这种权力加以限制。相对地,多德提出了不同的见解,他强调法律支持经济活动的原因并非仅仅是其作为所有者利润的来源,更重要的是其对社会的贡献。

到了 1962 年,曼尼在其《对现代公司的"激烈批判"》一文中,探讨了现代公司在政治、社会中的地位和作用以及它在价值观念的分配与实现中应扮演的角色。曼尼坚持自由市场的原则,他认为,只有专注于利润最大化,公司才能在竞争激烈的市场中生存,并成功销售产品。

这些讨论集中体现了两种对立的观点:一方认为,企业首要的责任是追求利润最大化,仅服务于股东利益,而无需承担其他社会责任;另一方则认为,企业应承担更广泛的社会责任,不仅仅是为股东,而是为所有利益相关者服务,体现企业的社会良心。

在现代企业理论的演变中,西方学者们长期围绕"企业应承担何种责任"这一问题展开了持续的辩论。亚当·斯密早期提出的观点认为,个体在追求个人利益的同时,由一只"看不见的手"引导,从而无意间增加了整个社会的福祉。

这一观点归纳为："Business is business"（生意就是生意）。此观念认为企业是一个超道德的实体，其唯一的职责是营利和提升企业所有者的利益，而社会责任的履行主要是通过法律法规，即政府的职责。

米尔顿·弗里德曼是这一观点的著名支持者，他在1970年为《纽约时报》撰写的文章中，从经济学和哲学角度，阐述了企业的社会责任应局限于在开放和自由竞争的市场中诚实无欺地进行交易，以此来实现利润最大化。他在《资本主义与自由》中指出，企业的管理者和工会的领导人在满足他们的股东或成员的利益之外还要承担社会责任这样的观点是在根本上对自由经济特点和性质的错误认识。他认为，企业只有一种社会责任，就是在法律和规章制度允许的范围内从事增加其利润的活动。[1] 他的分析框架中强调，企业由股东拥有，存在一个委托—代理关系，管理者作为企业的雇员，其责任是根据所有者的意愿管理企业，为股东尽可能地增加利润。

然而，20世纪80年代以来，"利益相关者"理论的兴起对传统的股东价值最大化理论提出了挑战。爱德华·弗里曼在1984年提出的利益相关者理论认为，管理者不仅应对股东负责，还应考虑其他利益相关者，如员工、消费者、供应商、当地社区及管理层等的需求。利益相关者理论基于契约理论，将企业视为由各个利益相关者构成的"契约联结体"，强调企业行为对这些利益相关者产生的直接影响。

自90年代起，利益相关者理论与公司社会责任理论逐渐融合，为公司社会责任研究提供了新的理论基础和内容。这一融合明确了公司应为谁承担责任的问题，使得公司社会责任的定义更为精确，并允许根据对相关利益、相关者利益的衡量，判定公司社会责任的表现。这种理论的发展，不仅丰富了公司社会责任的概念，也为理解企业在现代经济中的角色提供了更深刻的视角。

【案例引入】

娃哈哈的成长之路

娃哈哈的成长之路，可以说是一段社会价值与商业价值相生相伴的过程。

---

[1] [美]米尔顿·弗里德曼.资本主义与自由[M].远明,译.北京:商务印书馆,2024:3.

其创始人宗庆后在生命的最后阶段，最为关心的事情之一，依然是企业在经营实践中如何与更多的利益相关方共荣共生。宗庆后认为，环境保护、社会责任、企业治理是企业可持续发展的必由之路，即实现 E、S、G 有机结合，企业才能行稳致远。

娃哈哈作为杭州亚运会官方非酒精饮料赞助商，正在开展"无废亚运工厂"的创建，通过从源头及技术上进行改进，全方位推进各类固废源头减量和资源化利用，让"无废"理念融入生产生活。一是加强绿色采购，形成绿色供应链，倡导供应商供应材料的包装回收和循环利用，鼓励供应商在材料外包装制定上优先选用利于回收再使用的材料。二是把绿色无废理念融入产品设计，探索绿色设计，推动各类产品易产生固体废物的包装耗材实现减量。三是通过推广使用可循环包装产品和物流配送器具，减少生产周转环节的固废产生。

此外，娃哈哈一直坚持产业振兴，帮助欠发达地区建立"造血"功能；开展慈善事业，教育助学捐资救灾，至今累计为慈善事业捐赠 7 亿元；践行"家文化"，与员工共享企业发展成果。

从 1994 年起，娃哈哈积极响应国家西部大开发的号召，先后在老少边穷地区投资 87 亿元建立 76 家分公司，通过培育当地"造血"功能，有力带动了地方经济发展，让当地老百姓通过辛勤劳动富裕起来，通过授人以渔的方式输出"造血"能力。娃哈哈从校办企业起家，对教育事业始终怀有赤诚之心，他们捐赠了 23 所希望小学，连续 21 年参与杭州市"春风行动"，帮助 3 万余名困难学生圆了"大学梦"。[1]

在发展的道路上亦不忘员工，娃哈哈的企业文化中有句话叫做"发展小家，凝聚大家，报效国家"，说的就是员工是企业发展的基石，要把发展成果与员工共享，每年给他们增加工资，同时给他们解决住房问题，打造"职工之家""文化俱乐部"，让员工有归属感，这样员工就会安心发展企业大家，企业的效益才会好。

---

[1] 参见 ESG 全球领导者峰会 宗庆后经典演讲：https://baijiahao.baidu.com/s?id=1792371113096566791&wfr=spider&for=pc。

【案例问题讨论】

通过娃哈哈的案例,思考当下,为何实现"E、S、G 有机结合,企业才能行稳致远"?

三、ESG 与 CSR 的关系

随着企业对 ESG 的认识日益加深,ESG 已成为企业战略的核心组成部分,不仅体现了企业的社会责任,更是其可持续发展的关键因素。企业的 ESG 实践已经从传统的企业社会责任(CSR)活动,如捐款和社区服务,拓展到包括低碳转型、人才发展、安全管理以及合规治理在内的广泛战略层面。可以认为,ESG 是 CSR 在资本市场中的一种进阶和延伸,虽然与 CSR 在多个层面上保持一致,但也展现出独特的特点和重点。

从共同点来看,ESG 和 CSR 都强调企业在社会和环境责任上的影响及其在促进可持续发展方面的作用;在风险管理和合作机会上,两者均能帮助企业识别和处理风险,并在全球化的商业环境中寻找合作可能;此外,二者均注重促进企业的长期价值和可持续性,对投资者和员工创造利益。

然而,在差异方面,首先,ESG 的提出使企业社会责任与资金端更紧密相连,通过责任投资的驱动,将企业的社会责任绩效与融资成本、市值直接关联;其次,ESG 相较于 CSR 更加强调公司治理的重要性,这不仅包括传统的公司治理,还包括针对 ESG 议题的治理机制;最后,ESG 进一步强调企业在环境、社会及公司治理类议题上的风险控制策略和方针,特别是那些与核心业务和未来增长战略直接相关的 ESG 风险及机遇。

因此,在现代企业管理中,ESG 和 CSR 应视为互补和相互融合的概念。企业可以通过具体的社会责任活动来实现 ESG 目标,展示其在环境、社会和治理方面的承诺及成果。

【案例引入】

巴斯夫"1+3"社会责任项目与 ESG 可持续发展[①]

巴斯夫作为核心的"1"（一家企业），带动供应链的"3"（一家供应商、一家客户、一家物流服务商），构建包括职工生命健康与安全、生产物流安全、污染防治在内的责任关怀体系，提升供应链的社会责任管理水平和竞争力，从而保障整个供应链的持续健康发展。

巴斯夫大中华区董事长兼总裁楼剑锋认为，未来企业的成功不仅在于商业成就，更在于为环境和社会创造价值。巴斯夫通过一系列举措，将可持续发展理念融入其业务与经营中。比如开发数字化解决方案，用来计算巴斯夫4.5万种产品"从摇篮到大门"的碳足迹，以推动全价值链的碳排放透明度和标准化等。

巴斯夫致力于推动价值链减碳，对供应商的可持续发展提出要求。巴斯夫通过供应商审计，确保其业务运行符合环保、安全和公平的标准。巴斯夫的目标是到2025年90%的采购项目需纳入可持续发展评估，2022年底已实现85%的项目纳入评估。此外，巴斯夫推广供应商碳管理项目，分享低碳产品和碳足迹计算的方法，共同推动整个供应链的减碳。

巴斯夫将可持续发展理念深度融入管理体系和运营。公司设立了专门的可持续发展部门和团队，负责整合核心业务和决策过程。巴斯夫还设立了企业可持续发展委员会，由集团执行董事会成员领衔，涵盖各业务部门全球负责人、总部企业中心各部门负责人以及地区负责人，共同探讨相关话题和运营事务。此外，公司设立了"净零加速"项目部门，聚焦低碳生产技术、循环经济及可再生能源项目，加速项目和研发实施进度，达成2050年全球二氧化碳净零排放的目标。

巴斯夫认为，虽然推动产品碳足迹的减少，短期内可能增加成本，但这是保障企业取得减排效果的关键步骤。巴斯夫倡议建立统一和规范的碳排放统计核算体系，以推动可持续发展转型。

[①] 参见《专访巴斯夫大中华区董事长兼总裁楼剑锋：未来企业的成功，不仅是商业上取得成就》，每日经济新闻，https://baijiahao.baidu.com/s?id=1774456779207701735&wfr=spider&for=pc。

巴斯夫的"1+3"社会责任项目和ESG可持续发展理念的践行展示了跨国企业如何通过协同供应链合作伙伴，共同履行社会责任，推动可持续发展。在未来的商业环境中，企业的成功将不仅体现在商业成就上，更应在环境和社会价值的创造上有所体现。巴斯夫的实践为其他企业提供了有价值的参考，展示了可持续发展的新路径和新机遇。

【案例问题讨论】

1. 请用所学知识分析巴斯夫为什么要履行企业社会责任。企业社会责任链（"1+3"）项目建设的意义何在？

2. 你认为企业自觉提高社会责任标准对企业的成本和利润有什么影响？请结合案例说明理由。

3. 通过案例，试分析巴斯夫是如何践行ESG的发展战略的？

第三节　我国的ESG实践与挑战

一、ESG的中国实践

自2004年联合国全球契约组织（UNGC）首次提出ESG概念以来，该理念逐渐成为全球广泛认可的投资和企业运营指南。近年来，全球范围内的ESG投资日益增加，特别是在中国，ESG已经成为引领企业发展和投资决策的重要理念。ESG标准正在深刻地影响经济结构、产业标准以及消费者偏好。不同地区根据其经济社会发展的具体情况和行业特点，在探索和实施ESG理念上各有侧重。

在中国，虽然ESG概念起步较晚，最初被视为西方发达国家的进口产品，但随着对经济和社会可持续发展的追求，ESG理念已逐渐融入国家战略，特别是在碳达峰和碳中和的目标中显得尤为重要。中国政府通过制定和实施一系列政策和措施，如ESG信息披露、环境信息披露和绿色金融等，推动了ESG理念的发展。各监管机构，如环保部门、国资委和证监会等，都在积极制定相关政策，以引导和规范包括中央企业、银行业和保险业在内的关键行业，推动它们在

ESG 投资和环境效益提升等方面的表现。总体而言,ESG 理念的推广和实施在中国正逐步形成一个由政府主导的"自上而下"的管理体系,旨在通过政策引导和监管措施,加强对企业社会责任和可持续发展的重视,确保长期的经济、社会和环境协调发展。这一变化不仅是对传统发展模式的重大调整,也为中国乃至全球的可持续发展提供了新的思路和实践经验。

表 11.2 是我国近年来 ESG 相关政策的指引。自 2020 年 9 月中国发布"双碳战略"以来,ESG 政策频出,ESG 体系不断深化与完善,以创新、协调、绿色、开放、共享为核心的中国特色 ESG 理念随着中国高质量发展的深入有望进一步推进。2022 年 7 月 24 日,中国本土唯一的 ESG 报告指南《中国企业社会责任报告指南 5.0(CASS-CSR 5.0)》应运而生,并成为全球报告倡议组织(GRI)唯一认可的国别标准。

表 11.2　　　　　　　　　我国 ESG 相关政策指引

时间	发布机构	政策指引	具体内容/意义
2018 年	中国证监会	《上市公司治理准则》	规定上市公司有责任披露 ESG 信息。新准则将"可持续发展"和"绿色发展"列为上市公司的指导原则
	上海证券交易所和深圳证券交易所	《ESG 信息披露指南》	要求上市公司在"披露或解释"的基础上发布 ESG 相关信息。指南在 2020 年生效
2021 年	全国人民代表大会常务委员会	《中华人民共和国公司法(修订草案)》	国家鼓励公司参与社会公益活动,公布社会责任报告
2022 年	国务院国资委	《提高央企控股上市公司质量工作方案》	明确上市央企 ESG 信披要求
		《中央企业节约能源与生态环境保护监督管理办法》	明确"一企一策"碳达峰行动方案
		《中央企业合规管理办法》	明确 ESG 合规是央企合规重要工作方向
		成立社会责任局	指导推动企业积极践行 ESG 理念

第十一章　ESG 与企业社会责任伦理　345

续表

时间	发布机构	政策指引	具体内容/意义
2022 年	中国证监会	《上市公司投资者关系管理工作指引》	要求上市公司在与投资者沟通的内容中增加上市公司 ESG 信息
		《关于完善上市公司退市后监管工作的指导意见》	优化风险
		《关于加快推进公募基金行业高质量发展的意见》	引导公募基金发展绿色金融
		《推动提高上市公司质量三年行动方案(2022—2025)》	聚焦公司治理,与 ESG 中 G 契合
	原中国银行保险监督管理委员会	《银行业保险业绿色金融指引》《银行保险机构公司治理监管评估办法》修订版	强化保险业绿色投资脱虚向实
	上海证券交易所	《上海证券交易所股票上市规则:(2022 年 1 月修订)》	明确要求上市公司按时编制和披露社会责任报告等非财务报告
2023 年	中国证监会	《公开发行证券的公司信息披露内容与格式准则第 2 号——年度报告的内容与格式》	初步形成 ESG 披露框架
	国务院国资委	《央企控股上市公司 ESG 专项报告编制研究》《央企控股上市公司 ESG 专项报告参考指标体系》《央企控股上市公司 ESG 专项报告参考模板》	国资委研究中心表示正在研究推动中央企业控股上市公司到 2023 年全部实现 ESG 信息披露
	中国证监会	《上市公司独立董事管理办法》表示正在指导沪深证券交易所研究起草《上市公司可持续发展披露指引》	与 ESG 中公司治理维度相互契合 加速推进本土化 ESG 体系发展
	深圳证券交易所	《深交所上市公司自律监管指引第 3 号——行业信息披露》修订版 《深交所上市公司自律监管指引第 4 号——创业板行业信息披露》修订版	强化 ESG 信披要求

二、中国 ESG 发展的问题与挑战

我国 ESG 评价体系发展面临的挑战更大,数据的可获得性、机构的独立程度、评级体系的建立完善都需进一步努力,图 11.2 是我国企业实践 ESG 面临的困难的调查。

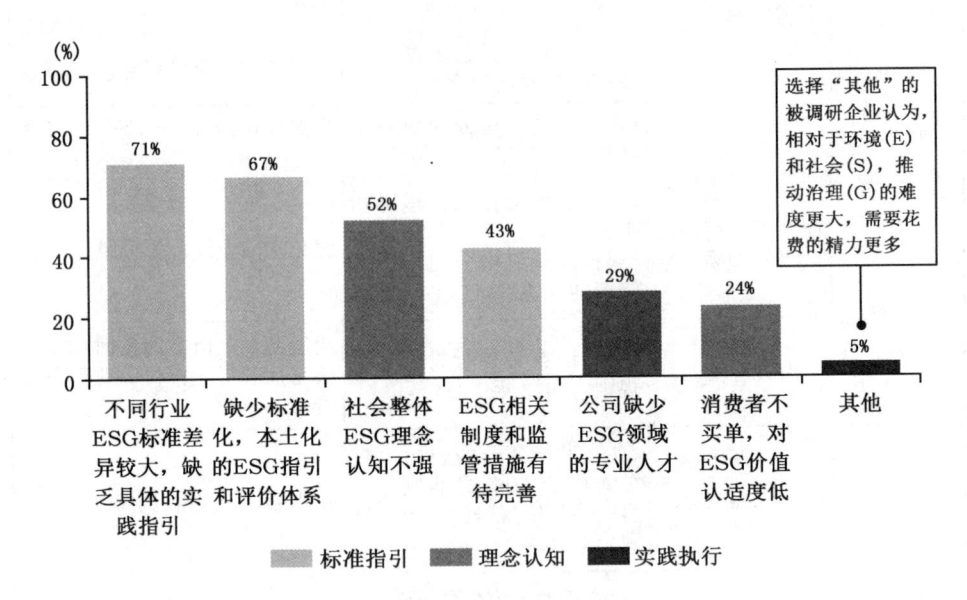

图表数据(企业实践 ESG 面临的困难调查):
- 不同行业 ESG 标准差异较大,缺乏具体的实践指引:71%(标准指引)
- 缺少标准化,本土化的 ESG 指引和评价体系:67%(标准指引)
- 社会整体 ESG 理念认知不强:52%(理念认知)
- ESG 相关制度和监管措施有待完善:43%(实践执行)
- 公司缺少 ESG 领域的专业人才:29%(实践执行)
- 消费者不买单,对 ESG 价值认适度低:24%(实践执行)
- 其他:5%

选择"其他"的被调研企业认为,相对于环境(E)和社会(S),推动治理(G)的难度更大,需要花费的精力更多

资料来源:《中国企业 ESG 战略与实践白皮书》。

图 11.2 企业实践 ESG 面临的困难的调查

(一)标准化和披露不足

中国的 ESG 信息披露标准尚未统一,导致上市公司的 ESG 信息披露不完整或不可信。虽然中国已推出一些指导性文件和标准,如 CERDS 发布的自愿性披露指南,旨在建立符合中国 ESG 重点的统一披露实践,但实际遵守和广泛采纳程度仍存在不确定性。现阶段我国具有多种类型相关信息披露制度,主要可分为强制披露制度、半强制披露制度以及自愿披露制度。

在我国,环境信息披露制度的实施主要分为三类:强制性披露、半强制性披露以及自愿性披露。首先,强制性披露制度针对重点排污单位及其子公司,要

求这些企业必须披露相关的环境信息。其次,半强制性披露制度适用于非重点排污的上市公司,这类公司在信息披露上有较为宽松的标准,但需按照既定标准执行或在不能遵守时提供合理解释。最后,自愿性披露制度则主要鼓励上市公司披露相关信息。

这种分级的信息披露制度导致企业在执行中的不一致性,特别是在 ESG 信息披露方面。多数企业倾向于进行描述性的披露,而不是提供可以量化 ESG 表现的定量指标。这种做法往往使得 ESG 报告的实用性和参考价值受到限制,因为过多的主观描述可能导致投资者对企业的真实 ESG 水平产生误解。此外,由于缺乏严格的监管和标准,企业可能倾向于只披露对自身有利的信息,而避免披露可能对其形象或业绩产生负面影响的信息。

因此,完善 ESG 信息披露的标准和监管,推动企业提供更加准确和全面的信息,对于提高企业的透明度、促进投资者作出更为明智的决策以及推动企业可持续发展具有重要意义。这不仅有助于提升投资者对企业 ESG 表现的理解和信任,还有助于推动社会整体责任投资和绿色发展战略的实施。

(二)数据质量和可用性问题

对于外国投资者来说,可衡量、可比较的 ESG 数据是至关重要的。然而,中国公司公开的 ESG 数据质量和可用性仍然是一个重大挑战,这限制了对企业 ESG 表现的准确评估。缺乏指引机制的主要问题在于,掌握较多宏观信息的国家有关部门无法将市场或投资者、民众等关注的 ESG 信息重点传递给企业,虽然企业是信息提供方,但在缺乏指引的情况下,企业无法最有效地整合手中持有的大量信息,因此存在有价值的信息被忽略而披露的 ESG 信息价值较低的情况。

(三)政策体系不完整

在中国,尽管通过政策引导是推动 ESG 体系发展的主要手段,与国际标准相比,我国的相关政策体系仍有待进一步完善。例如,2015 年联合国提出了 17 项可持续发展目标(SDGs),作为全球发展的蓝图。美国对此迅速做出反应,发布了《解释公告 IB2015-01》,这一公告基于完整的 ESG 考量,明确表示支持

ESG 体系的发展,并鼓励在投资决策中应用 ESG 指标。[①] 这表明美国在 ESG 体系发展方面的积极态度和行动,从而为投资者和政策制定者提供了明确的方向。

相较之下,中国在 ESG 政策的具体实施和国际接轨方面还存在一定的差距,主要表现在政策的详尽程度、系统性以及操作的可行性方面。为了缩小这种差距,中国需要从多个层面加强 ESG 体系的建设,包括但不限于加强与国际标准的对接、提高政策的透明度和执行力,以及通过教育和培训提升公众和企业对 ESG 价值的认识和理解。

此外,通过引入更多基于市场的激励机制,如税收优惠、补贴等,可以有效促进企业和投资者采纳 ESG 标准,从而加快 ESG 体系在中国的落地和普及。通过这些措施,可以帮助中国更好地融入全球可持续发展的趋势中,提升国家的国际竞争力和可持续发展能力。

(四)法规遵从与监管环境

在中国,尽管政府已经制定了多项 ESG 相关政策和规定,但监管体系的整合程度仍然有待提高。目前,国内对 ESG 的监管主要由政府部门、中国证监会等机构承担,尽管第三方机构也参与协助企业进行信息披露,但在 ESG 信息披露的研究和监管方面,专业人才和专门机构的缺乏仍是一个突出问题。相较于国际上已经建立的绿色可持续金融跨机构监管机制,中国的 ESG 监管服务尚未形成类似的跨部门协作模式,这限制了对相关政策执行的有效监督和企业行为的规范。

此外,中国目前主要依靠政府推动 ESG 体系的发展,而缺乏非营利组织在监管和推动 ESG 实践方面的参与,这在一定程度上影响了 ESG 体系在国内的完善和发展速度。由于监管体系的分散和非营利组织参与度低,使得国内建立完整的 ESG 体系面临较大挑战。

尽管存在这些困难,随着政策的不断推进和市场需求的增加,预计未来中国的企业将更加积极地披露 ESG 数据,并逐步提升其 ESG 表现。这不仅有助

---

① 冯佳林,李花倩,等. 国内外 ESG 信息披露标准比较及其对中国的启示[J]. 当代经理人,2020(03).

于中国实现其碳达峰和碳中和的目标,也将推动社会公平和可持续发展的实现。中国的 ESG 发展正逐步向国际接轨,展现出积极的发展潜力和前景。

本章思考题

1. 如何理解 ESG 的概念、起源与发展?
2. 结合自由与责任的关系,说明企业社会责任的边界是什么?
3. 如何理解 ESG 与 CSR 二者的关系?
4. 结合实际,可发现我国现有的 ESG 发展体系还不够成熟。试分析有哪些亟须提升的地方?

参考文献

1. 徐大建. 企业伦理学[M]. 北京:北京大学出版社,2010.
2. [美]菲利普·科特勒. 企业的社会责任[M]. 北京:机械工业出版社,2011.
3. [美]霍夫曼. 价值观驱动管理[M]. 徐大建,郝云等,译. 上海:上海人民出版社,2005.
4. [美]约瑟夫·W·韦斯. 商业伦理:利益相关者分析与问题管理方法[M]. 北京:中国人民大学出版社,2005.
5. 叶陈刚,等. 商业伦理与企业责任[M]. 北京:高等教育出版社,2016.
6. 李志青,符聪,等. ESG 理论与实务[M]. 上海:复旦大学出版社,2021.
7. 彭华岗. 环境、社会及治理[M]. 北京:经济管理出版社,2023.

第四部分

新时代中国特色社会主义经济伦理建设

第十二章　社会主义市场经济体制与市场伦理

> 无论是谁,如果他要与旁人做买卖,他首先就要这样提议:请给我,我所要的东西吧。同时,你也可以获得你所要的东西——这句话是交易的通义。我们所需要的相互帮忙,大部分是依照这个方法取得的。①
>
> ——亚当·斯密

【案例引入】

鸿星尔克"一夜爆红"

2021年,河南遭遇特大暴雨灾害。向河南灾区捐赠5 000万元物资的鸿星尔克,一时间在线上线下都火了:连续几日占据微博热搜,直播间涌入大量网友,数百万人"野性消费"参与扫货。线下门店也是挤满顾客,有的实体店销售额暴增十多倍。鸿星尔克库存告急,以至于直播间的主播都被网友们催促"快去踩缝纫机,把产品都赶出来让大家买"。

如潮水般的力挺和关爱,背后是一个善引发善、爱传递爱的动人故事。网友发现,"出手大方"的鸿星尔克,是营收远远落后于同行的企业。2020年鸿星尔克的营收为28亿元,净利润为-2.2亿元,2021年一季度净利润为-6 000多万元。"感觉你都要倒闭了还捐了这么多",自己家底不厚,却向灾区捐赠大笔物资,并且低调地在宣传上舍不得花钱,官方微博连会员都没有买。这种强

---

① 亚当·斯密.国富论[M].郭大力,译.北京:商务印书馆,2015:12.

烈的"反差",感动了无数网友。于是,一传十、十传百,网友自发支持的力量不断汇聚,效应层层叠加,最终造就了鸿星尔克的意外出圈和爆红。

支持鸿星尔克,实际上是人们对善良价值的坚守,对"好人有好报"正义观的执着坚持。"为众人抱薪者,不可使其冻毙于风雪",这是中国人朴素而可贵的价值观,也是几千年流传下来的崇德向善文化的重要内涵。对于一家保持社会责任感的良心企业,网友纷纷表示,"我们不允许你没有盈利"。风卷残云式的扫货,是对鸿星尔克真诚善良的回馈。有一句流传很广的话这样说:"中国人的善良是刻在骨子里的。"感恩每一个无私付出的举动,让每一个善良的人都被善待。

透过鸿星尔克爆红,我们更能看到爱心接力传递的力量,中国人团结一心的力量。经历过疫情、洪灾等考验的中国人,对同舟共济、守望相助有着更深的感悟和更强烈的共鸣。无论是鸿星尔克中"你支持灾区,我们支持你",还是21岁女大学生创建"救命文档",网友接力更新270余版,访问量破650多万次,还是人民子弟兵、消防人员等奋战在抗洪一线,广大群众自发参与进来,涌现无数凡人善举,都是以温暖传递温暖,一点一滴的微光汇聚成风雨同行的无穷力量。这是具有鲜明中国特色的有情有义、担当大义和齐心协力。

良善不被辜负,爱与爱的传递继续。鸿星尔克直播间里,两位主播不停地劝说大家要理性消费,其董事长也表示,"会继续做好产品和服务,用品质为国货品牌正名"。企业把大众"心疼"换来的流量与销量,转化为成长进步的动力,为社会贡献更多光与热,网友则汇聚温暖同时理性支持,更多的人与爱同行,为同舟共济付诸行动,鸿星尔克爆火引出的正能量还在源源不断地传递下去。[1]

【案例问题讨论】

对于鸿星尔克在自己企业濒临破产的情况下,依然选择向灾区捐赠大量物资的行为,应该如何看待?

---

[1] 中央纪委国家监委. 鸿星尔克爆红:善引发善的动人故事[EB/OL]. https://www.ccdi.gov.cn/pln/202107/t20210726_142068.html.

在新媒体时代,鸿星尔克感动了无数网友。网友自发支持的力量不断汇聚,效应层层叠加,最终造就了鸿星尔克出圈和爆红。由此也可以看出,企业建立良好的企业形象和增强企业声誉,展现出诚信负责、可担大任的发展态度,从而增强消费者认同和信任。企业声誉对于企业口碑传播至关重要,尤其是在互联网发达时代,信息传输使热点能更快速地传递到每个人,人们都会主动或被动地接收到信息,并会主动或无意识地分享给身边的人。结合"野性消费"即风卷残云式的扫货事件来看,鸿星尔克热度的暴涨虽然同互联网的传播作用有一定关系,但从本质上来看,关键在于依托于企业道德形成的企业声誉,企业的道德责任感和其经济业绩是正相关的。"野性消费"事件热度过去后,消费者的消费惯性以及企业承担社会责任和建立企业声誉的举措,能为企业带来更大的竞争优势。

第一节 市场经济与市场伦理

市场经济是资源配置的一种方式,是一种分工合作的经济体系。市场经济作为一种宏观的经济体制,与计划经济一起有效地解决资源配置和人的激励问题。但是,市场经济和计划经济在交易方式及运行机制上有着根本的区别。计划经济体制下市场主体的经济合作更多的是通过对经济的计划和指令得以实现的,市场经济下人们的经济合作主要是通过契约、以竞争为中心的价格机制实现交易的,市场经济是一种伦理经济、信用经济、契约经济,相比计划经济更有效率、更公平。

一、市场经济的含义

分析市场经济,首先要定义市场。在传统的自然经济下,社会生产力水平低下,分工简单,市场主体基本上是自给自足的,决策权的分配主要是来自传统的血缘关系和人身依附关系,经济体系也是依靠非经济动机来运作的。波兰尼认为19世纪之前生产和分配中的秩序主要归功于互惠、再分配、家计这三个行为原则。① 物质资料的生产和交换都是处于自然经济的缝隙中，市场也是十分原始的，人们交换需求的愿望还不是很强烈，人们的分配、交换、消费更多的是以实物为主。人们经济行为动机也不是物质利益的最大化，而是更加侧重于社会地位、社会权利和资产。随着生产力不断发展和三次社会大分工的出现，现代大工业代替手工业，自然经济和封建制度瓦解，资本主义生产方式产生与发展，人们生产的物质资料丰富起来，人们交换的商品数量、品种、范围全面丰富起来，形成了一个多样化完整化的市场体系。例如，马克思在分析小生产方式解体并向社会化大生产过渡时提出，劳动者脱离生产资料成为无产者，不仅为生产资料的大规模集中、产业工人的形成提供了条件，还建立了国内市场。②"市场是人们为了交换或者为了买卖而汇聚的场所。"③经济学之父亚当·斯密也把市场视为由交换而形成的社会分工体系，即市场是社会分工发展的产物，是市场主体社会分工后实现经济交换、利益交换和效用交换的领域。总之，从经济学角度来看，市场区别于简单商品生产条件下个别的、偶然的交换，现代意义上的市场是指整个商品流通领域或商品交换关系的总和，其中有大量的买者和卖者参与，它是同商品、货币、价值、价格等相联系的经济范畴，是一个劳动分工和交换的体系，其交换过程是一系列复杂而又有规则的行为。

  市场经济是商品经济发展到一定高度的产物。很多学者从不同角度对市场经济进行定义。有学者从商品经济形式的角度来定义市场经济概念，如《经济大辞典》认为，市场经济指的是："价值规律通过市场供求关系和价格变动，自发地调节社会生产和流通，以实现生产要素按比例分配于各生产部门的一种商品经济形式。"④有学者从市场目的、交易方式、组织方式对市场经济进行定义：市场经济是一种分工合作的经济体系或组织形式，其目的是解决资源配置问

---

  ① 卡尔·波兰尼.大转型:我们时代的政治与经济起源[M].刘阳,冯钢,译.北京:当代世界出版社,2020:43—56.
  ② 刘元春,丁晓钦.发展与超越[M].北京:中信出版集团,2024:16.
  ③ 卡尔·波兰尼.大转型:我们时代的政治与经济起源[M].刘阳,冯钢,译.北京:当代世界出版社,2020:57.
  ④ 于光远.经济大辞典[M].上海:上海辞书出版社,1992:550.

题,解决问题的方式则是由市场的供求关系所形成的价格机制。① 也有学者从综合的角度对市场经济进行定义,由于从不同的角度对市场经济定义,不同学者对市场经济的定义也会有所不同,但是总的来说,市场经济是建立在契约之上的自由平等的交易,借助价格机制解决资源配置的核心问题。市场经济配置资源的方式不同,也会产生不同的经济体制。

二、市场经济体制的主要类型

从生产力发展进程的大范围看,人类社会在不同的历史时期,市场经济体制主要分为以下类型:传统的自然经济体制、自由的市场经济体制、社会主义市场经济体制。

（一）传统的自然经济体制

在传统的自然经济下,经济单位更多是自给自足的封闭体系。在传统人们的生活水平处于低层次,生产力低下,经济运行的动力更多是来源于传统习惯和经济强制力。当时的人们信息交流较少,人们对物质利益追求的动机不明显,经济主体之间的沟通和联系比较少,整个经济长期发展缓慢。随着生产力的不断发展,商品的交换规模和发展水平都得到了一定程度的扩大和提高,现代大工业代替了手工业,自然经济瓦解,商品货币关系和价值规律处于主导地位,市场这一机制成为配置社会资源的最基本手段。

（二）自由的市场经济体制

在手工业向机器大工业过渡时期,资本主义更多的是完全放任的自由市场经济,这一经济体制来源最早可以追溯到亚当·斯密以自由主义理论为基础的"看不见的手"。根据亚当·斯密的观点,政府的职能主要有三项:第一,保护社会,使其不受其他独立社会的侵犯;第二,尽可能保护社会上各个人,使不受社会上任何其他人的侵害或压迫,这就是说,要设立严正的司法机关;第三,建设并维持某些公益事业及某些公共设施,这种事业与设施,在由大社会经营时,其

---

① 徐大建.企业伦理学[M].北京:北京大学出版社,2009:53.

理论常补偿所费而有余,但代由个人或少数人经营,就绝不能补偿所费。[①] 即政府的角色更多的是一种"守夜人"的模式。这种自由市场经济体制反映了当时新兴工商业者的利益和要求。但是,随着市场经济的不断发展,自由市场经济体制也慢慢暴露出其固有的缺陷,这就要求政府对市场进行一定的干预。比如凯恩斯主义学派的兴起以及后来出现的对国家干预的方法和政策提出建议的货币主义、供应学派、制度经济学等,但是以私有制为基础的自由市场经济体制决定了原则上只有当个人经济活动会损害他人自由时,国家才会通过法律手段对市场活动进行限制。自由市场经济体制崇尚市场效率反对市场干预。

(三)社会主义市场经济体制

社会主义市场经济体制是社会主义经济关系借助市场运行的一种经济体系,是一种新的经济体系。我们都知道,在资本主义社会,市场经济和私有制相结合,促进了生产力的大幅度提升,比如马克思认为:"资产阶级在它的不到一百年的阶级统治中所创造的生产力,比过去一切世代创造的生产力还要多,还要大。"[②]但是,在促进生产力提高的同时,以私有制为基础的自由市场经济也必然会导致垄断的形成和发展,资本主义社会存在的生产社会化和私人占有之间的矛盾必然会导致生产过剩危机。在马克思和恩格斯等看来,社会主义社会相比资本主义社会,在一定程度上能够更好地克服资本主义私有制所带来的不公正等制度弊端。社会主义制度作为人类社会崭新形态,和以私有制为基础的自由市场经济有着本质的不同,这就决定了社会主义市场经济体制在具备市场经济特点共性的基础上,还具备自身的特征。社会主义市场经济体制是在市场基础上的市场调节与计划调节相结合,以公有制为基础,以实现共同富裕为根本目的。

三、市场经济伦理特征

市场主体的经济活动是市场经济的重要组成部分,它通过各种方式与我们

---

① 亚当·斯密.国民财富的性质和原因的研究:下卷[M].郭大力,王亚南,译.北京:商务印书馆,1981:252—253.

② 卡尔·马克思.共产党宣言[M].北京:人民出版社,2014:32.

所有人发生联系。市场蕴含着一个基本逻辑,如果一个人想得到好处,就先要让别人得到好处。例如,生产者想获得利润,就需要给消费者提供令其满意的产品或服务,为消费者创造价值;工人想得到更高的薪水,就需要生产出市场上符合客户意愿的产品。市场竞争,本质上是为他人创造价值的竞争。例如,斯密认为,我们获得自己的饭食,并不是出于屠夫、酿酒师以及面包师的恩惠,而是出于他们自私的打算。① 即意味着在竞争的市场上,利己和利他本质上是统一的。在激烈的竞争环境下,市场主体需要遵守一定的伦理道德规范,比如:自立、进取、勤勉、节俭、谨慎、平等、守约、诚实、公平、遵法市场十德。② 但由于资源的稀缺性和人类生活的社会性,人们在进行经济活动的时候必然会发生各种利益冲突,并且也确实出现了一些损人不利己的道德行为,比如令人想起现在都心有余悸的三鹿奶粉事件。部分人在面临巨大的竞争压力和金钱诱惑时,贪婪愚昧往往会让人失去初心。制假贩假、商业贿赂、贪污腐败、行业垄断等不正当行为极大地扰乱了市场秩序,有的人可能在短期内获得一定利益,但是从长远来看,必然会被市场所淘汰。事实也证明,市场经济并非排斥市场伦理;相反,市场经济和市场伦理是互相提携的关系,市场经济想要长远发展,市场经济体制下的市场主体就需要遵守以下规范:

第一,自立之德。市场经济主体是按照市场经济自主性的要求参加市场经济活动的主体,是集人权、财权、物权、信息收集权等为一体的独立的经济主体,是自主经营、自负盈亏的经济法人,不能受他人任意摆布和依赖他人的恩赐生活。

第二,平等之德。价值规律是市场的基本规律,而价值规律就需要市场主体在商品交换的时候需要遵守等价交换的原则,这种等价性原则背后的市场之义就是交换双方的平等性。同时,市场经济的发展离不开公平竞争。所谓公平竞争,即在市场上不存在歧视问题,市场主体在遵守市场规则的基础上,应该坚持机会公平。

自立之德和平等之德是市场经济实现交换的根本前提和要求。另外,由于

---

① 亚当·斯密.国富论[M].郭大力,译.北京:北京商务印书馆,2015:12.
② 赵修义.社会主义市场经济的伦理辩护问题[M].上海:上海人民出版社,2021:201.

市场经济是蕴含着契约精神的经济体制,因此还包括得出以下一些规范:

第一,守约之德。市场经济是建立在契约之上的经济,即在交易过程中市场主体的权利的相互转让。如果交易双方信守承诺,那么市场交易即可顺利进行;反之,如果市场主体不信守承诺,那么不仅交易没法做成,还会给交易双方带来一定的损失。

第二,诚实之德。诚实是市场主体的美德。如果大家在市场交易中相互欺骗,那么就会使得市场交易成本上升,从而根本上破坏市场体制,因此市场经济想要实现持续发展,离不开诚信美德。

上述行为规范可以通过根本守约诚实推导出来,作为市场经济基本前提,是市场主体需要遵守的行为准则。除了上述行为规范,市场经济体制的结构特征是以竞争为中心,因此市场主体还需要遵守以下规范:

第三,进取之德。竞争是市场经济的重要特点,没有竞争市场经济就难以运行,优胜劣汰是市场的基本法则。市场的竞争是来自多方位的竞争,因此,企业要想在市场竞争中站稳脚跟,必然离不开进取的美德。

第四,勤勉之德。勤勉是对市场主体的基本要求。相比传统自然经济和计划经济体制下的市场主体来说,市场竞争体制对市场主体提出了更高的要求,迫使市场主体更加勤勉。

第五,节俭之德。价格机制是市场竞争的关键。市场主体要想在价格竞争中取胜,就必须尽量做到成本最小化,实现成本领先。而想降低成本,就需要节俭这一美德。

第六,谨慎之德。市场竞争是激烈的,也是残酷的,当事人要承担一定的风险,这就意味着市场主体需要谨慎地计划和盘算,才能在市场中持续地立足。

第七,守法之德。市场经济是一种法制经济,这也是市场经济内在属性的客观要求。在激烈的市场竞争中,人们意识到竞争需要一定的行业规则和标准,以及在此基础上形成的国家意志的法律法规。如果没有法律法规,从长远来看,每个参与市场的主体的利益都会受到损害,因此市场需要守法之德。

上述这些行为规范既有从个人本身角度出发的行为准则,也有对处理人与人之间关系的规范准则,是效率与公平的统一体,如果市场主体不遵守这些规范准则,市场经济体制就无法得到持续发展。

【案例引入】

白象方便面,因提供残疾人岗登上热搜[①]

2022年冬残奥会开幕之际,与之一同登上热搜的还有国产方便面品牌——白象。3月6日,白象登上微博热搜第4位,随后相关话题不断登上微博榜单。据悉,白象作为冬残奥会的赞助商,其雇用员工中有近1/3是残障人士,因此受到了众多网友的关注。

相关报道显示,2011年白象集团还占据17%左右的方便面市场份额,与今麦郎、统一大致持平,但到2020年白象的市场份额只有7%,而康师傅却有46%。即便如此,白象食品多年以来依旧坚持聘用残疾人。白象食品公司有近1/3的员工存在身体缺陷。湖南分公司成立之初,便开始吸纳大量残疾人,提供就业岗位。其工作车间专门进行了无障碍改造,公共区域,包括食堂、洗手间等,分别设有防滑垫、无障碍扶手、安全通道等,切实为残疾人做实事。

像这样的社会性公益行为,白象食品做了很多。2021年的河南暴雨,不止"自身难保"的鸿星尔克慷慨捐款,白象也为灾区捐款500万元。同时,免费提供泡面、热水以及休息区域;2020年疫情防控期间,向武汉雷神山医院捐赠了2 000箱食品和300万元……

根据天猫白象旗舰店销售数据,热销TOP1的店铺产品月销量超过10万元,销量1万元以上的店铺也不在少数。而且,得益于残奥会的举办,白象被画上"雇用残障人士""拒绝日资收购""捐助河南"等众多优质标签。这使得白象食品在残奥会期间,唯品会平台销量涨幅近200%、抖音官方账号粉丝数量增加了近20万……

【案例问题讨论】

对于白象在面临市场份额降低的情况下,依然坚持聘用"自强员工"的行为,应该如何看待?

[①] 销量暴涨200%"国货之光"白象方便面,因提供残疾人岗登上热搜[EB/OL].新浪网,http://k.sina.com.cn/article_2081511671_7c1158f700100xlge.html.

第二节　市场伦理局限性

市场经济是一种以市场机制为基础调节的社会资源配置方式，通过借助经济利益，把市场主体联系在一起，形成一个市场主体互惠利益的场所。但是，由于人们对利益的态度和追求利益的动机和方式不一样，因此也会形成不同的利益观和价值观。市场经济本身具有一定的局限性，尤其是在资本主义自由市场经济下，"经济人"已经成为"事实上的人"，并把"自利"当作为人的本性。"无形之手"也备受推崇。在这种价值观下，市场中充满着伦理危机。自由市场中以个人利益为根本、市场主体的自利理性行为为根本、个人权利最大化为根本的价值观在一定程度上使得市场中的人们"道德迷失""价值失衡""情感冷漠"，也使得市场中充满欺骗，公共伦理困境的现象凸显，市场开始"脱嵌"社会。市场的局限性主要体现在以下几个方面：

一、市场经济无法解决外部性问题

外部性是指某利益主体（企业或个人）的活动对旁观者利益的影响。外部性分为正外部性和负外部性。正外部性是指某利益主体的活动行为让他人或者社会受益，而受益者并未支付费用；负外部性是指某利益主体的行为使得他人或者社会利益受损，但是，该利益主体本身并未承担这部分成本。外部性主要是用来描述市场机制无法判断清楚的市场主体间的相互影响，当这些影响没有计入相关产品的价格和成本中，便有可能产生正的或负的效益。例如，一个工厂把自己门前的道路修好，使得附近没有承担成本的工厂间接获益；一家化工厂向河中排放废物，废物排放越多，河中鱼的存活率就越低，那么生活在河下游的居民利益就会受损，但是，该化工厂做出决策的时候并没有对下游的渔民予以补偿。社会成本和私人成本、社会效益和私人效益的差异，单靠市场调节是无法得到有效解决的，需要政府来调节。

二、市场经济无法解决信息不对称问题

信息不对称是指交易中的市场主体由于拥有的信息不同由此造成信息的不对称。信息不对称主要分为以下三种：第一种是事前信息不对称，例如，你去商场购物，你除了了解商品上标注的物品信息之外，对于其他信息一无所知；买股票之前你也不知道这家公司的真实财务状况，只能看到披露的数据；恋爱结婚前你对对方的人品等并不是完全的了解。事前信息不对称容易导致"逆向选择""劣币驱逐良币""柠檬市场"等，从而阻碍经济发展，一方面导致高质量商品被驱逐市场，直接导致社会福利损失；另一方面将导致高质量知识被驱逐出去。第二种是事后信息不对称。事后信息不对称是指双方签订契约以后，一方向另一方隐瞒自己的真实行为。例如，你把钱借给别人，但是别人用借来的钱去挥霍，没打算还钱；你雇用的员工也并没有像面试说的那样勤勤恳恳工作，而是在上班时间选择"摸鱼"或者干自己的私活；一些投保人购买了家庭财产保险后也不像以前那样妥善看管家中的物品。事后信息不对称容易产生"道德风险"的问题，实际上是一种损人利己的行为。第三种是第三方信息不对称，就是双方当事人都知道的信息，但是没法向第三方证实。第三方信息不对称容易导致所谓的"敲竹杠"问题，或者换句话说"碰瓷"，如在人为车多的地方，"碰瓷者"通常寻找机会进行所谓的"意外"接触，他们可能被轻微触碰，但却强行要求大量赔偿，就是对方钻了你的空子，占了你的便宜，从而导致契约关系无法正常进行。

三、市场机制无法解决收入不平等问题

尽管每个市场主体都希望能够从市场经济活动中获得好处，但是，总有一些人能够在竞争中脱颖而出，每个人的回报也是千差万别。如萨缪尔森指出："市场并不必然带来公平的收入分配，市场经济可能会产生令人难以接受的收入水平和消费水平的巨大差异。"[1]"自由放任竞争可能带来普遍的不平等：那些营养不良的儿童长大之后可能生出更多营养不良的儿童，收入和财富的不平等

---

[1] [美]保罗·萨缪尔森.经济学[M].萧琛，等，译.北京：华夏出版社，1999：29.

会一代一代延续下去……在走向竞争性更强的市场大潮中,许多国家如美国、瑞典等出现了更多的收入不平等现象。"[1]市场机制是以优胜劣汰、适者生存为原则的,市场经济主体追求的是自身利益和效率的最大化,而不是社会公正和收入平等,这就很容易使得市场主体是在牺牲他人利益的基础上追求个人目的的实现,很多人为了自身的成功不择手段、无视公平,最后造成两极分化、加剧社会矛盾和冲突。

四、市场机制容易造成垄断

市场机制的有效作用是以充分竞争为前提的,但是,自由竞争往往容易出现垄断。在垄断的条件下,垄断者为获取垄断利润最大化,容易造成社会效率低下,忽视社会平等和公正。并且很多由社会消费的公共产品难以通过正常的市场机制加以分配,加上公共产品具有非排他性和非竞争性,因此容易出现"搭便车"的问题。

五、市场经济蕴含着以"经济人"假设为基础的伦理危机

"经济人"两大特点为自私和理性,即经济人在进行各种选择的时候,以衡量成本—收益为基础,倾向于自身利益的最大化。市场主体在这种假设的指引下,一方面,往往容易把人看作"经济人"或者"原子式"的个人,效益成为至善,而容易忽视精神层面的价值和社会道德价值。另一方面,现实中的人往往不一定是理性的,如席勒所认为的人身上还具备动物精神;也就是说,人并非总是理性的。以股票市场为例,股票市场往往存在"随大流"的现象,也会存在"笨蛋"领着"聪明人"走的行为。这些精神不仅仅在经济领域,在其他领域有时候也会被放大,而这种非理性的行为一旦被商家捕捉到,商家便会利用人性的弱点进行获利,如商家抓住部分消费者对于完美身材的非理性追求而欺骗消费者购买并不划算的健身卡等,等消费者真正冷静下来并仔细思考时,才发现自己的行为并不是出于理性的思考。

---

[1] [美]保罗·萨缪尔森.经济学[M].萧琛,等,译.北京:华夏出版社,1999:224.

六、市场经济背后"无形之手"的公共伦理困境

自亚当·斯密在《国富论》一书中提出"无形之手"后,"无形之手"一直被西方主流经济学所推崇,即认为个人在"无形之手"的作用下,个人追逐自身利益的理性行为必然会实现社会利益。但是事实证明,"无形之手"在发挥其积极作用的同时,也产生了一些负面作用,如阿克洛夫认为的"无形之手"已经成为绊倒消费者的"看不见的脚",在自由放任的市场经济下,人们积极性和能动性被激发的同时,也使得部分人的极端个人主义、拜金主义、享乐主义等价值观涌现出来,人们越来越沉浸于个人物质和表层的精神上的享受和满足,而公民对于社会公共精神层面的追求慢慢被忽视,人们的奉献精神等美德也在慢慢消失。

七、市场经济对道德领域的侵略性

随着市场经济越来越成熟,市场经济已经渗透到人们生活的各个领域,仿佛我们已经进入一个市场必胜论的时代,一切东西都可以用金钱购买,包括一些免费的公共物品和具有道德性质的物品。例如,用金钱购买公共大剧院免费的门票、友谊、大学入取名额等,市场经济通过对这些领域的入侵,试图把"良善生活"这一概念从人们的生活中排除出去。物的世界的增值是以人的世界贬值为代价,道德领域受到了一定的冲击。

【案例引入】

核废料储存点

多年来,瑞士一直都在设法寻找一个储存放射性核废料的地方。尽管瑞士严重依赖核能,但是很少有社区想让核废料存放在他们那里。当时被指定可能堆放核废料的一个地方是位于瑞士中部叫做沃尔芬西斯的小山村。1993年,也就是在人们对这个问题进行公投前不久,一些经济学家对这个小山村的居民进行了调查,询问这些居民是否会投票赞同在他们的社区里建设一个核废料储存点。

尽管在该山村储存核废料对居住在该地的街坊邻里来说被认为是不受欢迎的,但是该山村居民的微弱多数(即51%的村民)表示,他们会接受这一决定。

显而易见,这些居民的公众义务感压倒了他们对风险的关切。后来这些经济学家在他们的研究中增加了一个补偿观点,即假设瑞士国会提议在你所在的社区建立一个核废料储存点,并每年对该社区的每位居民进行现金补偿。

调查结果表明:小山村居民的支持率不是上升了,而是下降了。经济激励的增加减少了一半的支持率,即从原来的51%降到了25%。给钱的想法,实际上降低了人们赞同把核废料储存在自己社区的意愿。当增加了补偿额度的时候,结果也于事无补。甚至当所提供的年度金额高达每人8 700美元(远超瑞士一般人月收入)时,该山村居民的支持率还是很低。①

【案例问题讨论】

1. 你会支持这种做法吗?
2. 为什么金钱激励措施反而会失效呢?

第三节 我国社会主义市场经济的伦理要求

不同于自由市场经济下的个人主义价值观,我国以社会主义核心价值观为基础,立足完善社会主义市场经济体制实现共享发展,注重机会公平,着力增进人民福祉,实现共同富裕。

一、我国社会主义市场经济体制形成过程

中华人民共和国成立后,经过三年新民主主义经济建设,以毛泽东同志为主要代表的中国共产党人在1953年提出要向社会主义过渡,"只有完成了由生产资料的私人所有制到社会主义所有制的过渡,才有利于社会生产力的迅速向前发展"②。1956年,经过三年社会主义改造,《中国共产党第八次全国代表大会关于政治报告的决议》宣布,中国已基本建立社会主义的社会制度。然而,在探索中国特色社会主义经济体制和建设道路的过程中,毛泽东对照搬苏联的办

---

① [美]迈克尔·桑德尔. 金钱不能买什么[M]. 邓正来,译. 北京:中信出版社,2012:124—128.
② 毛泽东年谱:第2卷[M]. 北京:中央文献出版社,2013:200.

法总觉得不满意,从1957年提出要处理好十大关系起对马克思主义基本原理和中国具体实际进行"第二次结合",寻求中国独立自主地进行社会主义建设的科学道路,取得了一系列独创性理论成果和巨大实践成就,为在新的历史时期开辟社会主义市场经济体制和开创中国特色社会主义提供了宝贵经验、理论准备、物质基础。[1]邓小平指出,"要发展生产力,经济体制改革是必由之路"[2]"社会主义和市场经济之间不存在根本矛盾"[3],市场经济本身不具有任何社会制度属性,"它为社会主义服务,就是社会主义的;为资本主义服务,就是资本主义的。"[4]经过一系列探索,在党的十四大将社会主义市场经济体制确立为经济体制改革目标[5]以来,新经济体制的建立和完善得到不断推进。2002年,中国共产党第十六次全国代表大会宣布,社会主义市场经济体制初步建立[6]。

2019年,中国共产党十九届四中全会历史性地宣告社会主义市场经济体制是现阶段社会主义基本经济制度[7]。习近平在庆祝中国共产党成立100周年大会上首次提出,"我们坚持和发展中国特色社会主义",创造了人类文明新形态[8]。再到党的二十大把"构建高水平社会主义市场经济体制"[9]作为加快构建新发展格局、着力推动高质量发展的重要战略任务,要求在未来五年,"社会主义市场经济体制更加完善"[10]以中国式现代化全面推动中华民族伟大复兴,构建人类文明新形态。相较于资本主义市场经济体制,社会主义市场经济体制融合了社会主义公有制的制度优势和市场经济体制的体制优势,作为当前我国社会

---

[1] 中共中央关于党的百年奋斗重大成就和历史经验的决议[M].北京:人民出版社,2021:14.
[2] 邓小平文选:第3卷[M].北京:人民出版社,1993:138.
[3] 邓小平文选:第3卷[M].北京:人民出版社,1993:148.
[4] 邓小平文选:第3卷[M].北京:人民出版社,1993:203.
[5] 十四大以来重要文献选编:上[M].北京:人民出版社,1996:13.
[6] 十六大以来重要文献选编:上[M].北京:中央文献出版社,2008:2.
[7] 中共中央关于坚持和完善中国特色社会主义制度、推进国家治理体系和治理能力现代化若干重大问题的决定[M].北京:中央文献出版社,2019:19.
[8] 在庆祝中国共产党成立100周年大会上的讲话[EB/OL].中国共产党新闻网,http://dangjian.people.com.cn/n1/2021/0702/c117092-32146533.html.
[9] 高举中国特色社会主义伟大旗帜 为全面建设社会主义现代化国家而团结奋斗——在中国共产党第二十次全国代表大会上的报告[M].北京:人民出版社,2022:29.
[10] 高举中国特色社会主义伟大旗帜 为全面建设社会主义现代化国家而团结奋斗——在中国共产党第二十次全国代表大会上的报告[M].北京:人民出版社,2022:25.

主义基本经济制度的重要组成部分,是中国特色社会主义的重大理论和实践创新,开创了人类社会经济体制的新的文明形态,具有资本主义市场经济体制所不具备的显著优势,体现了人类社会体制文明的鲜明特征,对人类文明发展具有重大意义。

社会主义市场经济体制和社会主义基本经济制度是紧密结合在一起的。十九届四中全会明确指出:"公有制为主体、多种所有制经济共同发展,按劳分配为主体、多种分配方式并存,社会主义市场经济体制等社会主义基本经济制度。"[①]在所有制结构上,以社会主义公有制经济为主体,多种所有制经济共同发展,不同所有制的经济可以在资源基础上实行多种形式的联合经营。在生产经营过程中,适应市场经济要求,建立产权清晰、权责明确、政企分开、管理科学的现代企业制度;建立竞争有序、高水平开放,实现以国内大循环为主体、国内国际双循环相互促进的新发展格局,实现资源优化配置;建立以间接手段为主的完善的宏观调控体系,促进国民经济健康可持续运行;在分配制度上,把按劳分配和多种分配方式结合起来,把按劳分配和按生产要素分配有机结合起来,既有利于资源配置、提升效率,也能防止两极分化、促进共同富裕。

市场与政府的关系问题是一个逐步深入的过程。中国共产党第二十次全国代表大会指出,充分发挥市场在资源配置中的决定性作用,更好地发挥政府作用。市场在资源配置中的作用从"辅助"到"基础性"再向"决定性"的转变,是对社会主义市场经济理论的创新,是对中国特色社会主义市场经济内涵"质"的提升,是打破了西方对社会主义与市场经济不可共融以及市场和政府二元对立、此消彼长的陈旧观念。市场与政府二者的关系并不是此消彼长的截然对立关系,在社会主义市场体制下,市场的决定性作用和更好地发挥政府作用是一个有机整体。一方面,通过政府作用来纠正"市场失灵"。市场调节在实现资源配置、科技创新、信号传递、调动劳动者积极性等方面有其自身的优势,但是,由于市场调节具有自发性、滞后性和无序性等难以克服的弊端,往往容易出现贫富分化、资源浪费、公共物品供给不足等问题,这就必然要求更好地发挥政府作

---

① 中共中央关于坚持和完善中国特色社会主义制度 推进国家治理体系和治理能力现代化若干重大问题的决定[N].人民日报,2019-11-6.

用。另一方面,通过市场在资源配置中的决定作用来抑制"政府调节失灵"作用。市场在资源配置中起决定性作用,并不是说不重视政府的作用,而是要明确政府职责,更好地发挥政府作用,比如在宏观经济调控、市场监管、公共服务、社会治理、环境保护等方面发挥政府的作用,把"看得见的手"和"看不见的手"进行有机地结合。

三、我国社会主义市场经济体制对"公共善"追求

公共善不是简简单单地对个人进行加总,公共善更多体现的是人们立足于一种公共价值观的基础上,对公共目标的追求,是对公共利益的一种重视。公共善不仅仅是一个简单的利益和效用系统,而且包括更深层次、更人性化的东西,比如公民良知、政治美德、权利和自由意识、精神财富、道德正直、正义、友谊、幸福、美德等。公共善是道德上的善,作为一个基本要素,尽最大可能促进人的发展和人们美好社会生活的实现。只有在符合正义和道德善的条件下,才是真正的公共善。[①] 公共善并不是自动生成的,或是个人利益追求的自动结果,否则就不能很好地解决目前的市场泛化现象,贫富差距等缺乏对公共善考虑的问题。公共善的实行要靠市场参与者的道德、市场机制的约束以及制度的建构。我国社会主义基本经济制度追求的是市场经济与公共善的结合。在我国,政府与市场之间呈现一种创造性与共生性关系,我国在社会主义市场经济下,社会主义基本经济制度与市场经济的结合、共同富裕作为社会主义市场经济价值目标、全民共享、全面共享理念的形成等都使得我国社会主义市场经济公共善可能得以实现。

(一)社会主义基本经济制度与市场经济的结合,超越了资本主义市场经济的局限,不仅发挥了市场经济的优势,而且使得公共善可能得以实现

我国社会主义基本经济制度既注重市场经济的资源配置效率,又注重公平,并且可以达到效率与公平的内在统一。[②] 在社会主义制度下发展市场经济,是我国特色社会主义经济制度最鲜明的特点。习近平总书记指出:"我国经济

[①] 华梦莲.论市场经济与公共善[M].上海:上海财经大学出版社,2024.
[②] 郝云.论我国基本经济制度建设的效率与公平[J].云梦学刊,2020(5).

发展获得巨大成功的一个关键因素,就是我们既发挥了市场经济的长处,又发挥了社会制度的优越性。"①十九届四中全会明确了公有制为主体、多种所有制经济共同发展,按劳分配为主体、多种分配方式并存,社会主义市场经济体制等社会主义基本经济制度。习近平总书记指出:"中国特色社会主义制度是当代中国发展进步的根本制度保障,是具有鲜明特色、明显制度优势、强大自我完善能力的先进制度。"②中国经济这些年的迅速发展离不开中国特色社会主义一系列制度安排,而西方国家的制度安排显然没有做到这一点,尤其是在经济制度安排上,大部分西方国家政府更多的是充当市场配角,扮演补台角色。而这种不受限制的资本主义全球化和金融化并没有使得西方国家维持社会稳定,反而使得百姓生活水平停滞不前,贫富差距拉大。而我国基本经济制度和资本主义私有制经济不一样,我国基本经济制度的确立是在遵循唯物史观的基础上,社会基本经济制度的完善标准不仅在于促进生产力的发展,而且最终体现人民的利益和社会公共善。

(二)高水平社会主义市场经济体制独特的价值优势

改革开放40多年来,社会主义市场经济体制极大地解放和发展了社会生产力。进入新时代,我们党对社会主义市场经济规律的认识和驾驭能力不断提高,市场体系和宏观调控体系持续完善。踏上全面建设社会主义现代化国家新征程、向第二个百年奋斗目标进军。同时,我国经济已转向高质量发展阶段,我国社会发展中的矛盾和问题更多地体现在发展质量上,国内经济"三期叠加",国际局势深刻变化,安全风险和不确定性骤增。党的二十大报告着眼全面建设社会主义现代化国家的历史任务,作出"构建高水平社会主义市场经济体制"的战略部署。在高水平社会主义市场经济体制下,除发挥市场竞争机制的作用、依法规范和引导市场经济发展外,还具有独特的价值优势。一是社会主义与市场经济的结合使市场经济的发展符合"以人民为中心"的发展方向。在社会主义市场经济体制下,具有社会主义本质特征的"人民至上"的价值理念渗透在所

---

① 习近平经济思想学习纲要[M].北京:人民出版社,2022:78.
② 习近平.庆祝中国共产党成立95周年大会上的讲话[EB/OL].共产党员网,https://www.12371.cn/special/jd95year/qzdh/.

有制结构、分配制度和市场对资源配置的决定性作用之中,使市场经济的发展符合"以人民为中心"的发展方向。二是社会主义市场经济体制对公共善的追求引导新质生产力更加注重公平正义。社会主义市场经济体制把社会主义的本质与公共善相结合、把社会主义基本经济制度与市场经济的结合、共同富裕作为社会主义市场经济价值目标、全民共享、全面共享理念的形成等都引导新质生产力更加注重公平正义。三是社会主义市场经济对自由市场经济体制的弊端的革除为市场经济的发展扫除市场制度性障碍。在社会主义市场经济下,通过加强反垄断和反不正当竞争,对资本进行规范和约束,正确处理不同形态资本之间的关系,依法规范和引导资本健康发展。社会主义市场经济体制通过不断改革开放释放活力,坚持建设开放包容的市场经济体系与更好发挥政府作用相统一,为市场经济的发展扫除市场制度性障碍。

(三)共同富裕是社会主义市场经济体制的价值目标

我国当前所提出的共同富裕的理念是对马克思主义理论在社会主义建设阶段的发展与创新。中国共产党以实现共产主义作为目标价值,以中国特色社会主义市场经济作为实践形式,把"政治实用原则"和"市场机制"有机结合,为共同富裕的实现奠定雄厚的物质基础。社会主义制度最大的优越性就是实现共同富裕,这也是社会主义区别于资本主义和其他一切剥削制度的重要标志。在社会主义市场经济阶段,我国始终坚持改革开放的社会主义方向即共同富裕的道路,而不是资本主义的"少数人富裕"的道路。资本主义自由市场经济是以私有制为基础的,因此不管其社会福利程度如何高,必然会导致一部分人的资本无限扩张,一部分人却贫穷潦倒,最终结果是造成两极分化,马克思对于这一现象也进行过批判。同时,自由市场经济重利轻义,以保护私人利益为目的,以个体为中心,强调个人的自由和平等,因此,公共善的理念被自由市场经济所排挤。马克思和恩格斯认为,资本主义灭亡的根本原因是资本主义私有制无法解决社会化大生产与生产资料私人占有之间的矛盾。我国社会主义市场经济在吸取市场经济的共性的同时,还把我国社会主义核心价值观、集体主义、全面共享理念等价值观融入进来,不仅消除传统资本主义市场经济的个人主义的弊端,也将儒家"群体本位"的思想融入市场经济文化中,有效地化解个人利益和集体利益的矛盾。中国的发展走的是一条和平的道路,秉持的价值理念是集体主义价值理念,而不是西方资本主义的以个人本位为核心的价值观,个人本位的核心价值长期以来会压制牺牲、美德等价值观。这也就确保了在促进经济效率发展的同时,必然会保证社会公平,先富带后富,实现共同富裕,促进公共善的实现。

党的十八大以来,习近平总书记就把扶贫作为关乎党和国家政治方向、发展道路的大事,并提出了一系列新的思想和新的要求。习近平总书记在十九届四中全会明确指出:"坚持以人民为中心的发展思想,不断保障和改善民生、增进人民福祉,走共同富裕道路的显著优势。"[1]习近平总书记认为,我们追求的发展道路必须是以人民利益至上,我们追求的富裕也是全体人民共同的富裕。习近平总书记的扶贫开发理论是新时代实现共同富裕的体现。新时代的共同富裕,是以解放和发展社会生产力为前提,是以坚持共享发展、实现公平正义为核心,不仅强调物质富裕,也强调精神富裕。在这样一个强调共享理念的时代,习近平总书记强调物质财富和精神财富是由人民共创,也由人民共享。新时代的共同富裕理论更加兼顾效率和公平,并植根于中国特色社会主义的伟大实践,坚持共同富裕是我党必须坚持和践行的重要价值理念。新时代的共同富裕理论对于丰富和发展马克思主义的共同富裕的理论和调动人民群众的积极性、创造性等都具有非常重要的现实意义,"一个都不能少"的共同富裕才是真正的富裕。公共利益的实现才是真正利益的实现。

【案例引入】

雷曼兄弟公司破产[2]

雷曼兄弟公司成立于1850年,是一家总部设在纽约的银行,国际投资公司。自成立以来,雷曼兄弟公司历经美国内战、两次世界大战、大萧条而屹立不倒。它曾被纽约大学金融学教授罗伊·史密斯,描述为"一只有19条命的猫"。

---

[1] 党的十九届四中全会决定[EB/OL].(2019—11—05)[2020—06—03]. https://china.huanqiu.com/article/9CaKrnKnC4J.

[2] 雷曼兄弟公司简介[EB/OL].(2008—09—16)[2024—07—03]. http://news.sohu.com/20080916/n259586986.shtml.

1994年,雷曼兄弟通过IPO在纽约证券交易所上市,正式成为上市公司。2000年,在雷曼兄弟公司成立150周年之际,其股价首次突破100美元,进入标普100指数成分股。2005年,雷曼兄弟公司管理的资产达到1750亿美元,标准普尔公司对其索赔的评级。同年,雷曼兄弟被欧洲货币评选为年度最佳投资银行。雷曼兄弟公司曾在住房抵押贷款的证券业务中处于领先地位,但最终在这项业务引发的次贷危机中落败。2008年9月9日,雷曼兄弟股价开始暴跌,一周内股价暴跌77%,公司市值从112亿美元大幅缩水至25亿美元,直到最后破产。

【案例问题讨论】
1. 雷曼兄弟公司破产究竟是怎么发生的?
2. 雷曼兄弟公司破产有什么社会危害?
3. 根据市场经济运作机制,雷曼兄弟公司破产对于我国的启示是什么?

第四节 中国特色社会主义市场经济运行中的伦理建设

我国在中国特色社会主义理论的旗帜下,经济建设取得了相当大的成就。我国坚持推动共享发展,就是要按照人人参与、人人尽力、人人享有的要求,坚持全民共享、全面共享、共建共享、渐进共享,注重机会公平,保障基本民生,着力增进人民福祉。共享理念实质就是坚持以人民为中心的发展思想,体现的是逐步实现全体人民共同富裕的要求。共同富裕是一个不断累积共享发展成果的过程,共享发展是实现共同富裕的必然要求和必经过程。共享发展将是一个由低级到高级、由不均衡到均衡的发展过程。人类在实现共享发展的基础上将继续探索从必然王国到自由王国的道路。但是也应该客观认识到,在这条通往自由王国的道路上,由于受各种因素的影响,道德状况在经济领域也不是令人满意的。在经济领域,有的经济主体为了个人善,不惜破坏别人的善甚至是公共善,经济领域中的道德示范行为在种类上和数量上都扩大的趋势,其影响不仅仅限于经济领域,其他领域也受到影响。市场经济的等价交换、利润最大化的原则容易滋生全社会一种急功近利的浮躁情绪,而这种浮躁的情绪使得市场主体为了自身的个人利益,而不顾社会和他人的利益,也容易产生道德滑坡。为了实现市场经济可持续发展,我国需要加强公共道德建设和加强道德力量在分配中的作用。

一、加强公共道德建设

公共道德的建设需要处理好社会公正和个人公正的关系。社会公正主要是从国家有效的制度供给的角度来阐释,其是一种道德评价以及伦理认定,主要针对一定的社会结构以及社会关系而言。个人公正主要表现在个人为人处事方面能够遵循社会法律法规、惯例习俗等,严格规范自己的行为和个人品行的正直性。社会公正是个人公正赖以生存的土壤,罗尔斯认为,一个人友爱、信任、同情、正义感的形成,都要"诉诸一种公正制度背景"[1]。而作为人格美德的公正也是社会公正美德的前提和条件,当个人德行的公正美德和社会公正美德达成一致的和谐统一的时候,社会才会协调发展。因此,我们既要重视社会制度的建设,增强制度的道德合理性,也要重视个人的公共道德建设,这样有利于共同发展公正的社会风尚以及个人品格。

目前,我国社会在大力发展市场经济的过程中,当市场主体秉持着个人经济利益至上的观念的时候,个人利益和社会利益必然会存在着失衡的现象,而这种价值观念的形成容易造成人情冷漠,每个人都从个人本位出发,认为任何人不过是不同利益的主体,自己靠自己来拯救。极端的个人主义把人和人之间的关系单一化了,认为人们之间的关系只是不同利益主体的对立关系,反映到具体行为就是为了自己的利益会不惜损害他人的利益,这种价值观把人与人之间的关系物化为金钱关系,公共道德在他们看来成为不必要的摆设。这一价值观同我国社会主义核心价值观是相违背的,同我国的优秀传统文化也是相违背的。尽管传统文化中的有些内容由于时代的局限性可能和现代社会所不相吻合,但是,其中一些优秀传统文化也能够不受时间与空间的限制,被现代人所遵从,包括但不限于诸如爱国、克己、奉公、尊老、节俭等美德。上述美德并没有明

---

[1] [美]罗尔斯.正义论[M].何怀宏,等,译.北京:中国社会科学出版社,1988:493.

确的时间限制,可以说是永恒的人类社会所共有的美德,并不会随着经济发展的好坏、快慢而被改变。但是,要解决这一现象,也不能仅仅停留在意识形态的层面,还要政府从制度安排上体现社会公正,充分发挥政府作用,习惯和道德也要同时发挥自己的作用,把市场、政府、道德三者进行有机的结合。

二、加强道德力量在分配中的作用

在收入的分配中,效率和公平的原则长期以来是人们十分关注的问题,即做蛋糕和分蛋糕的问题。在长期的社会实践中,人们越来越意识到贫穷不是社会主义,共同富裕才是我们的目标。因此,当经济发展到更高的阶段以后,公平的因素会考虑更多,以防止收入悬殊,如果收入差距过大,必定会引发严重的社会问题,进入所谓的中等收入陷阱中。在社会主义分配的客观经济规律作用下,搞好个人收入分配,对调动劳动者积极性起着十分关键的作用,因此需要兼顾效率和公平,再分配更加注重公平。只有这样,改革发展的成果才能真正地让人民共享,当前我国改革正处于改革的攻坚期,因此分配制度的改革都需要有长远和宏观的眼光,不仅仅要注重效率提升,更要注重公平的价值标准,这样才能真正发挥社会主义分配制度的优势,真正提升我国治理能力的现代化水平。尤其是我国在实现了第一个百年奋斗目标"小康社会"以后,现在正朝着"共同富裕"迈进。相比"快速做大蛋糕",如何实现好"公平地分配蛋糕"就显得格外重要,也更加具有挑战性和复杂性。

道德对人们的收入分配也有着重要的影响。如果说第一次分配是市场调节的效应,第二次分配是政府的调节效应,那么第三次分配则是道德调节的效应。"第三次分配,即在道德力量作用之下的收入分配,与个人的信念、社会责任心或对某种事业的感情有关,基本不涉及政府的调节行为,也与政府的强制无关。这就是说,这是在政府调节之后,个人自愿把一部分收入转出去的行为。"[1] 第三次分配同前两次分配不一样,第一次分配以效率为基础,第二次分配遵循的是公平和效率兼顾的原则,而第三次分配则以道德激励为基础,以社会

---

[1] 厉以宁.股份制与现代市场经济[M].南京:江苏人民出版社,1994:79.

协调为原则,以此更好地缩小收入分配差距。在道德力量影响下,社会收入的分配可以更好地实现协调,社会生活的质量也会提高,并且公共服务领域也可以更好地发挥作用。由于三次分配各有利弊,因此 2021 年 8 月,中央财经委员会第十次会议明确提出要"构建初次分配、再分配、三次分配协调配套的基础性制度安排"。[①] 国家提出通过从制度安排的角度使得这三次分配协调配套。这一要求从制度层面更加完善分配制度,也有利于加强中华儿女团结,增强社会整合的情感基础,更快实现全体人民共同富裕。

在发展势头强劲的市场经济中,道德的力量作为第三种力量在市场经济的发展中起着重要的推动作用和平衡效应,中国所走的路是一条适合自己国情的路,始终坚持的是以人民的利益为中心,坚持社会公平正义,把公有制和市场经济相结合,让不同阶层的人都共享市场经济的成果。总之,一个和谐的社会就应该是最大范围地满足其所有成员的最大利益,并使得社会共同利益得到最大限度的发展,并且贫富差距的范围控制在最小范围,以此进一步提升所有个体成员的利益所得和生活水平。

本章思考题

1. 市场经济需要道德吗?
2. 市场经济的伦理特征有哪些?
3. 市场经济有哪些伦理局限性?
4. 自由市场经济和社会主义市场经济的异同点有哪些?
5. 市场经济和公共善的关系是什么?
6. 我国社会主义市场经济伦理要求有哪些?

---

① 习近平主持召开中央财经委员会第十次会议强调 在高质量发展中促进共同富裕 统筹做好重大金融风险防范化解工作[N].人民日报,2021—08—18.

参考文献

1. 习近平经济思想学习纲要[M].北京:人民出版社,2022.
2. 中共中央关于党的百年奋斗重大成就和历史经验的决议[M].北京:人民出版社,2021.
3. 邓小平文选(第3卷)[M].北京:人民出版社,1993.
4. 徐大建.企业伦理学[M].北京:大学出版社,2009.
5. 郝云.利益理论比较研究[M].上海:复旦大学出版社,2007.
6. 赵修义.社会主义市场经济的伦理辩护问题[M].上海:上海人民出版社,2021.
7. [匈]卡尔·波兰尼.大转型:我们时代的政治与经济起源[M].刘阳,冯钢,译.北京:当代世界出版社,2020.
8. [美]迈克尔·桑德尔.金钱不能买什么[M].邓正来,译.北京:中信出版社,2012.
9. 刘元春,丁晓钦.发展与超越[M].北京:中信出版集团,2024.
10. [英]亚当·斯密.国富论[M].郭大力,译.北京:商务印书馆,2015.
11. [美]罗尔斯.正义论[M].何以宏,等,译.北京:中国社会科学出版社,1988.
12. 厉以宁.股份制与现代市场经济[M].南京:江苏人民出版社,1994.

第十三章　社会主义共同富裕与分配正义

共同富裕是中国特色社会主义的本质要求。

促进社会公平正义,逐步实现全体人民共同富裕。

——习近平

【案例引入】

红星村共同富裕之路

长沙市雨花区井湾子街道红星村,集体年收入近4亿元,被誉为"三湘第一村",是湖南省村集体经济发展的生动缩影。如何分配好村集体收入"蛋糕"?既兼顾居民改善生活,又持续拓展集体产业版图,二十年来红星村给出了充分就业、共同创富的答案。

1. "认股"20年,居民"聚薪成炬"共创富

2002年12月31日,红星村通过评估集体资产,2 534名户籍居民被认定为村集体企业股东,每个股东5万股。2012年,红星村完成"村改居",调整为4个社区。按红星实业集团党委书记罗跃的话说:"村改人不散,村撤心仍齐,以持股形式把2 534名村民紧密联系在一起。""认股"二十年,集体经济收入"滚雪球"壮大,2010年破亿元,2016年破2亿元,2022年达到3.88亿元。村级产业辐射,带动充分就业。红星实业集团董事会秘书龙洪波提供了一组数据:原红星村居民,30%的人在集体企业就业,30%的人在社会单位就业,30%的人自主创业,10%的人由集体及自有物业出租获益,人均年收入10万元以上。

邓冬兴联合其他股东，将发放的生活补贴"攒起来办大事"，筹资经营建筑设备租赁公司，业务由小变大，投资规模近5 000万元。"一些股东赚了钱，又自己投资'单干'，成立了7~8家建筑设备租赁和建材销售公司。"

"2003年开始，我累计将家里生活补贴的70%以上投入创业。"居民彭海波说，有固定的生活补贴保障，就"敢于创业"，现在做施工塔吊租赁业务，资产达4 800万元。像这样将股东资金"集腋成裘"创业的故事，在红星村形成一种"创富"现象。红星实业集团党委委员杨金花介绍，760多位居民自主创业，主要集中在设备租赁、建筑业、娱乐、餐饮等行业，积累资产500万元以上的约有49人。

2. 算好分配账，产业版图"酵母"般扩张

集体经济算好"分配账"，收益"大头"投入产业滚动发展，是红星村持续至今的做法。早在20世纪80年代末，红星村获得土地拆迁补偿"第一桶金"，不像其他地方那样分红，而是全部留作村产业发展基金，投资200多万元建设红星商业大楼；后又建立井湾子家具城，长沙城南崛起"湖南家具第一城"，年成交数十亿元。"大手笔"是建设红星全球农批中心，水果年交易近500亿元，居全国同类市场前三，交易覆盖21个国家和地区。这个中部地区最大的"菜篮子""果盘子"，从2016年集体收入2.18亿元中拿出1.48亿元，2021、2022年集体收入中也分别投资2.38亿元、2.7亿元，连续多年筹建，才有这艘"航母"启航。

以集体收入为杠杆，撬动产业版图"酵母"般扩张。红星冷链产业，是省内冷库容量、辐射面最大的冷冻食品集散中心；农业博览会，打造"永不落幕的中部农博"品牌……"红星村资金链围绕集体产业上下游，拓展'农字头'会展，从湖南走向了陕西、山西、东盟、非洲等地。"

如今，村办实体红星实业集团资产过百亿元，业务覆盖流通、加工、房地产、金融四大板块，成为有13家子公司的农业产业化国家重点龙头企业。红星商圈、红星村品牌名动天下。

富了的红星村，跳出去带动更多的村民致富。红星村有间"乡村振兴办公室"，前往溆浦、花垣等地开展产业结对帮扶。在茶陵县设立油脂公司，帮助老区发展油茶种植加工产业；在永州启动生猪一体化养殖项目，带动养猪1.2万

多头,可以直供港澳地区。近年来,红星村与100多个县建立产销对接,川流不息的货车驶向共同富裕"快车道"。

【案例问题讨论】

红星村分配往事诠释了什么样的共同富裕之路?

红星村的致富之路诠释了社会主义共同富裕的本质和内涵,注重做大"蛋糕"的同时利用好分配杠杆,让村民人人成为企业的股东。早在20世纪80年代末,红星村获得土地拆迁补偿"第一桶金",不像其他地方那样分光,而是全部留作村产业发展基金。这一做法使得村办企业有了资金的积累并代代相传,企业不断做大做强,走上了可持续发展之路。这样的致富道路充分体现了村集体的力量,把握住了公平正义的分配原则,令村民满意,集中力量办大事,铸就了长久的共同富裕道路与公正的分配理念。

【案例引入】

创新机制,实现共同富裕

浙江森宇实业有限公司是森宇控股集团全资控股子公司,始创于1997年,总部设在世界小商品之都——浙江省义乌市。公司致力于铁皮石斛的育种、育苗、组培、栽培以及保健食品、饮料、酒品、生物制品的开发,是一家集研发、生产和销售为一体的全产业链运作的农业科技型企业,也是国家级铁皮石斛栽培农业标准化示范基地。公司一直专注于名贵珍稀药材——铁皮石斛的人工栽培和开发利用,建成了拥有国际先进水平的智能化温、光、湿度控制组培车间,探索出了石斛品种的组织培养快速繁殖的培养基配方和炼苗的关键技术。

创新机制,实现利益共享。一方面,在不改变农民土地承包经营权的前提下,统一流转土地,同时鼓励农民积极参与铁皮石斛基地的建设,探索发展股份合作制利益联结机制,支持农户与新型农业经营主体开展股份制或者合作股份制利益联结机制,实现"土地流转+优先雇用+社会保障"等利益联结方式,使农民不仅获得流转土地费用,年收益1000元/亩。另一方面,优先雇用当地农民到森山健康小镇内工作,可获得工作收益,人均年收益为4.2万元。森宇在引导当地农民参与农业生产的过程中,尝试采用"包干"的方式与指定农户建立稳固的合作关系,使农户获得更大劳动参与积极性,实现更高的劳动收入。"包干"方式是以农户或农民自组户为单位,根据劳动能力动态划定生产区域,并最终以农业生产成果为依据进行以"包干区"为单位的独立结算。"包干"制度让农民做老板,为当地农民创造了更多的发展机会和更大的劳动平台。

【案例问题讨论】

企业如何以创新促进高质量发展的共同富裕道路?

案例中,浙江森宇实业有限公司是以创新促进高质量发展共同富裕道路的典型。其创新表现在技术创新和制度创新两个方面:技术上,建成了拥有国际先进水平的智能化温、光、湿度控制组培车间,探索出了石斛品种的组织培养快速繁殖的培养基配方和育苗方式;制度上,在不改变农民土地承包经营权的前提下,统一流转土地,同时鼓励农民积极参与铁皮石斛基地的建设,探索发展股份合作制利益联结机制,支持农户与新型农业经营主体开展股份制或者合作股份制利益联结机制,实现"土地流转+优先雇佣用+社会保障"等利益联结方式,实现了劳动力、土地、托底保障等多要素参与分配的模式,契合了中国特色社会主义市场经济的分配原则。

第一节　共同富裕与分配正义的理论逻辑

仅仅从字面上理解,共同富裕意为"大家一起富裕",它本身就带有公平正义的色彩。公平正义对于共同富裕的意义是双重的:一方面,公平正义内在于共同富裕之中,是共同富裕的应有之义,实现共同富裕是公平正义伦理原则和价值理念的实践性形态或经验性形态;另一方面,由于现实生活中的财富分配存在着诸多不公平的现象,推动实现共同富裕必须以公平正义伦理原则和价值理念作为行动的指引,如果违反了公平正义伦理原则和价值理念,就不可能实现真正的共同富裕。面对社会生活中财富分配领域的种种不公平现象,如何合理地、恰当地运用公平正义伦理原则和价值理念促进共同富裕,既是理论问题,更是实践问题。

对于我国社会主义制度来讲,共同富裕是社会主义的本质要求,是追求社会公平正义的富裕。习近平总书记在党的二十大报告中明确指出,"共同富裕是中国特色社会主义的本质要求",把共同富裕作为中国式现代化的一大重要特征加以阐述,强调要"扎实推进共同富裕"。推动实现共同富裕必须以公平正义的分配原则为保障,以公平正义为目标才能真正构建社会主义共同富裕。

一、社会主义共同富裕理论内涵

中国特色社会主义共同富裕思想的生成源远流长。从理论渊源上看,得益于马克思主义经典著作中共同富裕的思想;从文化传承上看,深受中华优秀传统文化中蕴含的"富民""大同"思想的影响。

(一)理论渊源

共同富裕是马克思主义的一个基本目标,是人类社会美好追求。人的解放和全面发展是马克思主义的终极关怀,要实现这一目标,必然要求追求共同富裕,两者统一于相同的伦理目标。马克思和恩格斯终其一生都在关心无产阶级的生活,希望能够超越资本主义社会的内在矛盾,消除资本主义私有制对工人阶级带来的剥削和压迫,以期实现"自由人联合体",即共产主义社会,实现人的解放和全面发展,实现共同富裕。

中国特色社会主义共同富裕的重要论述不仅继承了马克思主义经典著作关于共同富裕与人的解放和全面发展相统一的伦理目标,而且立足于我国发展进入新时代的历史方位和回答新时代课题的基础,进一步发展和丰富了这一思想。

从农村土地革命阶段"平分土地"、限制剥削,到解放战争时期的"没收地主土地""耕者有其田",从社会主义建设初期毛泽东同志强调的"农民共同富裕的唯一出路是走社会主义道路""这个富,是共同的富,这个强,是共同的强"[①],

明确实现社会主义"共同富裕"目标的长期性和艰巨性,并以此拉开了社会主义工业化建设的帷幕。

邓小平同志对共同富裕目标进行了深刻的阐释:"社会主义不是少数人富起来、大多数人穷,不是那个样子。社会主义最大的优越性就是共同富裕,这是

---

① 毛泽东文集:第6卷[M].北京:人民出版社,1999:495-496.

体现社会主义本质的一个东西。"以"先富"带"后富",推进广大人民群众物质与精神的全面"共同富裕",并进一步从生产力与生产关系的向度揭示社会主义的本质,即"解放生产力,发展生产力,消灭剥削,消除两极分化,最终达到共同富裕"①。从江泽民同志提出的分配领域要逐步形成"高收入人群和低收入人群占少数、中等收入人群占大多数的'两头小、中间大'的分配格局",兼顾"效率"和"公平","既鼓励先进,促进效率,合理拉开收入差距,又防止两极分化,逐步实现共同富裕"②,到胡锦涛同志提出的"依法逐步建立以权利公平、机会公平、规则公平、分配公平为主要内容的社会公平保障体系,使全体人民共享改革发展成果,使全体人民朝着共同富裕的方向稳步前进"③。由此凸显再分配中"社会公平"的重要性,"共同富裕"的理论内涵进一步深化,从经济"共富"逐步拓展为人的全面发展。

党的十八大以来,中国共产党人将稳步实现全体人民的共同富裕作为为人民谋幸福的"着力点"。"消除贫困、改善民生、逐步实现共同富裕,是社会主义的本质要求,是我们党的重要使命。"④从十八大报告提出的"共同富裕是中国特色社会主义的根本原则""必须坚持人民主体地位"到党的十九大报告提出的到21世纪中叶"全体人民共同富裕基本实现",从党的十九届五中全会强调要"扎实推动共同富裕",使"全体人民共同富裕取得更为明显的实质性进展"到"全面建成小康社会,一个不能少""共同富裕路上,一个不能掉队",从2020—2035年"全体人民共同富裕迈出坚实步伐",到2035年至21世纪中叶"全体人民共同富裕基本实现"⑤。党的二十大报告指出:"中国式现代化是全体人民共同富裕的现代化。共同富裕是中国特色社会主义的本质要求,也是一个长期的历史过程。我们坚持把实现人民对美好生活的向往作为现代化建设的出发点和落脚点,着力维护和促进社会公平正义,着力促进全体人民共同富裕,坚决防止两极分化。"习近平总书记指出,我们要实现的是全体人民的共同富裕,是人民群众

---

① 邓小平文选:第3卷[M].北京:人民出版社,1993:373.
② 江泽民文选:第1卷[M].北京:人民出版社,2006:227.
③ 胡锦涛文选:第2卷[M].北京:人民出版社,2016:291.
④ 中央党史和文献研究室.十八大以来重要文献选编:下[M].北京:中央文献出版社,2018:31.
⑤ 习近平谈治国理政:第3卷[M].北京:外文出版社,2020:22—23.

物质生活和精神生活都富裕,"促进共同富裕与促进人的全面发展是高度统一的"。

中国共产党人的百年奋斗之路是为人民谋幸福、为民族谋复兴的共同富裕之路,共同富裕不仅是中国特色社会主义的本质特征,更是中国式现代化的重要特征;中国式现代化不仅是强国的现代化,更是14亿中国人民共同富裕的现代化。

(二)文化传承

中华优秀传统文化是中华民族传承与发展的文化根基,其中包含着丰富的共同富裕思想。具体来说,中华优秀传统文化中的"富民""大同"思想为中国共产党人所吸收并加以创造性转化与创新性发展,使其关于共同富裕重要论述具有深厚的文化底蕴支撑。

1. 中华优秀传统文化中的"富民"思想

中国的"富民"思想最早起源于《尚书》。《尚书》中率先提出"民惟邦本,本固邦宁""民之所欲,天必从之"的政治观,同时发出"裕民""惠民""政在养民"的富民主张。西周初期,在汲取夏桀、殷纣亡国的惨痛教训之后,统治者意识到"敬德保民"的重要性,产生了"皇天无亲,唯德是辅"的观点,也因此提出了"损上益下,民说无疆"的富民观。春秋时期孔子提出"足食""富而后教""因民之所利而利之",认为人民的富足是为政府提供充足的财源和实施教化的基础。其后,孟子提出:"易其田畴,薄其税敛,民可使富也。"他认为,富民的途径在于发展生产和减轻赋税。

荀子通过分析国民财富分配和国家兴亡的关系,认为民富有利于促进生产,生产越是发达,国家才会越富裕,从而形成"上下俱富"的政治主张,把民富与国富在理论上统一起来。而"富民"的目的在于实现有效的国家治理。管仲是中国历史上较早提出"富民"为"治国之道"的思想家。他在《管子·治国》中写道:"凡治国之道,必然富民,民富则易治也,民贫则难治也。……故治国常富,而乱国必贫。是以善为治国者,必先富民,然后治之。""仓廪实而知礼节,衣食足而知荣辱。"人民富裕的国家容易治理,如果百姓贫困就会"危乡轻家",以致"陵上犯禁"。所以,善于治国的统治者,都知道先使人民富裕起来。

2. 中华优秀传统文化中的"大同"思想

"大同"思想作为中华优秀传统文化中的一种社会理想和美好愿景,关系着整个社会的福祉,期盼着我国劳动人民对于美好生活的期待。早在先秦时期,儒家就倡导建立一个普遍富裕的"大同社会"。后经儒家学派的发展、扩展和弘扬,形成了具有丰富内涵的哲学思想。《礼记·礼运·大同篇》中写道:"大道之行也,天下为公,选贤与能,讲信修睦。故人不独亲其亲,不独子其子,使老有所终,壮有所用,幼有所长,矜寡孤独废疾者,皆有所养。……是谓大同。"这里描绘出一种没有压迫、没有剥削,社会和谐安定的"大同"世界,成为人们对于美好生活的憧憬与追求。

因此,在我国古代多次的农民起义和近现代以来的改革与革命中,都把"大同"思想作为反对剥削、反对压迫、争取进步的一面旗帜和精神指引。从东汉末年张角和张鲁宣扬的"万年太平"理想、明末李自成推行的"均田免粮"口号,到太平天国时期洪秀全提出的"有田同耕,有饭同吃"的太平梦想,再到近现代资产阶级改良派康有为撰写的《大同书》、资产阶级革命派孙中山倡导的"天下为公""世界大同"等,无不反映中国人民对于"大同"理想的不懈追求。

二、社会主义分配正义的理论遵循

马克思主义者并不是抽象地谈论分配正义,而是在现实的社会主义实践中体现分配正义的正当诉求。对于当代的中国马克思主义者而言,分配正义在不同的时期呈现不同的内容,这是当代社会主义实践的现实境遇。在中国特色社会主义背景之下,分配正义均要遵循三个基本原则,即社会主义分配起点正义原则、社会主义分配过程正义原则以及社会主义分配结果正义原则。

(一)社会主义分配起点正义原则

生产资料公有制是分配正义的初始起点。在马克思看来,探寻分配正义与否,要将问题置于社会生产总过程中来考察。分配作为社会生产总过程其中的一环,不仅对于社会再生产起承上启下的作用,而且在一定程度上反映了各个经济主体之间的利益关系。生产资料公有制作为分配正义的起点,否定了资本主义生产资料私有制的非正义性,为共同富裕提供了制度前提。

所以,肃清生产资料私有制带来的剥削是肃清起点不平等的最重要一步,财富的最初始分配就已经决定了剥削的存在,生产资料的所有权制度,即在资本主义私有制框架下,财富的累积可以代代相传,从而造成了财富分配的巨大不平等。由此可知,私有制社会往往导致公共生产资料和财富的私人占有,进而形成对他人以及后人正当权益侵犯的条件。正是在这个意义上,马克思主义者认为,物质资源的所有权应当属于社会全体成员所拥有,这是马克思主义分配正义赖以存在的物质基础。

首先,通过建立生产资料公有制,实质上就确立了社会上每个成员在生产资料占有上的平等地位,为社会走向共同富裕提供了制度基础。正如马克思所说:"如果生产的物质条件是劳动者自己的集体财产,那么同样要产生一种和现在不同的消费资料的分配。"[①]其次,在公有制的前提下,生产资料由社会成员共同享有,这有助于克服资本主义逻辑中的个体盲目追逐利润的趋势。并且这一原则是确保每个社会成员都能平等参与劳动,享有公平分配的前提。最后,通过建立生产资料公有制,可以有效地消除除劳动以外的其他生产要素对分配端带来的影响,有助于实现分配原则的经济公平正义。因此,在不改变分配起点正义的情况下,只是寄希望于通过改变分配原则正义来实现所有人的共同富裕,共同富裕的实现将成为空中楼阁。

(二)社会主义分配过程正义原则

按劳分配是社会主义社会分配正义的基本原则。作为以公有制为基础、以劳动量为衡量尺度的公平分配原则,按劳分配是指劳动者在进行社会必要扣除以后,"等量劳动获取等量报酬"的分配方式。依据劳动价值论,劳动力是财富生产要素中最具有活力的因素,因为只有创新性劳动才能生产出对人类有价值的物品,没有这种活劳动,客观的自然资源无法转化为对人类生活有益的产品,因而按劳分配原则是社会主义分配正义的重要基础。马克思指出:"小孩子同样知道,要想得到和各种不同的需要量相适应的产品量,就要付出各种不同的和一定量的社会总劳动量。这种按一定比例分配社会劳动的必要性,绝不可能

---

① 马克思恩格斯选集:第3卷[M].北京:人民出版社,2012:365.

被社会生产的一定形式所取消,而可能改变的只是它的表现形式,这是不言而喻的。"[1]需要指出的是,马克思主义所主张的按"劳"分配,既包括通常的体力劳动,也包括专业服务、职业管理、金融运作以及科技创新等智力劳动。当然,这里的"劳"不是通常所讲的劳动投入量,而是特指能为市场所认可的劳动。在生产资料归人民群众的社会里,生产资料的拥有者是人民群众,因此马克思主义者认为,人民群众既可以获得作为劳动者所应该取得的按劳分配收益,又可以获得作为生产资料所有者所能够分享的平等收益。

当然,按劳分配也有它的缺陷,因为劳动是不平等的权利,按劳分配原则具有相对性。具体地讲,要区分"自我所有"参与按劳分配的情况。所谓的"自我所有",是指一种天赋,因而不能为个人所负责,但对天赋的使用情况是个人可以负责的,因而我们既要否定天赋因素参与分配的正当性,又要认定按劳分配的正当性;也就是说,我们既要反对资本(生产资料)的私有,也要反对劳动的私有。例如,社会上一部分"富二代"完全凭借其父辈资产成为企业大股东或者公司董事,虽然养尊处优且花天酒地,但依靠对生产资料的控制能够获得大量财富,这是不符合劳动贡献原则的。尽管如此,未来的社会形态会逐渐超越按劳分配的形式,向"各尽所能、按需分配"的共产主义社会迈进。

需要注意的是,马克思主义所设想的"按需分配",要注意区分"必须的需要"和"非必须的需要";也就是说,"按需分配"不是满足所有人的所有需要,而是满足与社会发展水平相适应的生活需要。根据这种想法,"按需分配"就不一定只存在于共产主义高级阶段,哪怕在社会主义初级阶段,"按需分配"也是"按劳分配"方式之外的分配形式,如对那些生活在贫困线上的弱势群体,政府就应该提供与当前的社会发展水平相适应的社会保障。由此可知,"按劳分配"与"按需分配"并不是前后衔接的分配形式,或者说是历史性的分配方式,它们实际上是互相补充、互相共融的收入分配形式。

(三)社会主义分配正义结果正义原则

人的自由全面发展是分配正义的最终结果。马克思对分配结果正义的分

---

[1] 马克思恩格斯文集:第10卷[M].北京:人民出版社,2009:875.

析建立在对分配起点正义与分配过程正义关系的规律性揭示的基础上,体现了真理尺度与价值尺度、合规律性与合目的性的有机统一。马克思所追求的分配结果正义,并非资产阶级利益代表的狭隘正义,而是以实现全人类自由和解放为特征的普遍正义。马克思所追求的分配结果正义并非仅仅局限于生产资料或消费资料的正义性分配层面,而是以实现全社会成员能够自由全面发展、提升个人能力、展现个体性格为特征的全体、全面的分配正义。

资本主义的分配结果导致社会财富的两极分化和劳动的异化。在私有制和资本逻辑的统摄下,劳动者没有生产资料,只有依靠出卖自己的劳动力来换取微薄的、仅供糊口的生活资料。与此同时,资本家不断将通过剥削获取的剩余价值转化为资本,进行资本积累和扩大再生产。在马克思看来,资本积累不仅是资本不断扩张的基础,而且是生产关系不断进行再生产的过程。正是这一再生产过程,维持了资本主义社会的生产关系、社会关系,维护了资本主义制度的持久性和永恒性,这也意味着雇佣工人的劳动地位、社会地位的停滞与固化。工人越来越贫困,资本家越来越富有,社会财富分化为两极,即有产者和无产者,两者相互对立,社会矛盾不断加深。

人的自由全面发展意味着人们摆脱了资本主义旧式分工分配,是共产主义社会的根本特征,是共同富裕的价值旨归。实现人自由而全面的发展是马克思追求的根本价值目标,也是共产主义社会的根本特征。在共产主义社会,国家和社会已经实现共同富裕,摆脱了生产力发展受限和狭隘的生产关系的桎梏,每个社会成员都能够平等分享丰富的物质成果。在共产主义社会中,丰富的物质成果使社会成员能够摆脱旧的社会分工和商品货币关系的限制。他们不再被迫为了生存而争斗,而是成了自然界和人类社会的真正主宰。

就发展趋向和价值目标而言,分配正义与共同富裕具有内在一致性,是一个相统一的过程。分配正义更注重对过程及其规则的批判与建构,而共同富裕则更注重对富裕结果的描绘。

第二节 共同富裕道路中分配正义的演变

随着中国现代化发展引发的社会转型冲突,确立中国特色社会主义市场经济体制导致的接轨阵痛,追求共同富裕,落实分配正义问题逐渐成为中国特色社会主义社会的突出问题。大致地说,中华人民共和国成立后的社会主义现代化建设开启了中国特色社会主义分配正义的历史实践,历经了由计划经济体制下的平均主义分配制度到社会主义市场经济体制下的按劳分配制度的机制变迁,在中国特色社会主义市场经济体制下多元分配制度自身的演变进化。

一、计划经济时代平均主义分配观与共同富裕道路的实践

社会主义革命和建设时期,党在经济体制方面对分配制度进行了曲折的探索。中华人民共和国成立后,中国共产党带领中国人民不懈探索、勇于实践,确立了社会主义基本制度及与之相适应的经济体制,为中国在一穷二白的基础上建立独立的、比较完整的工业体系和国民经济体系提供了制度基础,也为推动共同富裕奠定了践行分配原则正义的制度基础。1953年国家开始以"一化三改"为核心的社会主义改造。随着社会主义改造基本完成,我国所有制结构实现了由多种所有制向单一公有制转变,与之相应的分配方式也由多种分配方式向按劳分配集中,确立了以公有制为基础的经济制度。

(一)平均主义分配方式与共同富裕道路的探索

1956年起中华人民共和国开启了"社会主义全面建设"的时期,中华人民共和国在政治上确立了社会主义制度,在经济上确立了计划经济体制,初步构建了社会主义现代化建设的基本框架。中华人民共和国初步探索了社会主义建设的问题,开始全面检讨公有制和计划经济体制的弊端,并试图找到更符合中国现代化建设实际的出路,这集中体现在毛泽东同志的《论十大关系》以及《关于正确处理人民矛盾的问题》中。

(二)计划经济体制下平均主义分配方式的反思

单一的计划经济无法改变中华人民共和国成立初期"一穷二白"的经济社

会基础,极度落后的社会生产力水平,以及广大人民群众处于"挨饿受冻"中的生活水平。这一时期,遵循的基本是"平均主义"的分配正义观,执行的是高度集中的计划经济体制,落实的是"统一分配"的收入分配制度。具体地说,农村地区多是依据"工分"进行收入分配,城市工厂多是执行"等级工作制"。从"各尽所能、按劳分配"的正面影响来说,这种分配正义观在一定程度上发挥着调节劳动者生产积极性的功能,但从负面作用来说,这种分配正义观日益助长"大锅饭"分配的平均主义倾向,最终削弱了劳动者的生产积极性,降低了生产效率。

这种弊端没有清晰地把握生产力水平和生产关系状况的内在关系,没能认识到分配正义的原则性与分配体制的灵活性,从而产生了活力不足的生产效率,最终导致了"共同贫穷"和落后,偏离了共同富裕的道路。

二、先富逻辑下社会主义按劳分配原则重启的共同富裕道路

改革开放和社会主义现代化建设新时期,党在实现共同富裕的分配思路上发生了转变。党的十一届三中全会实现了中国发展模式的转型,进而提出了"以经济建设"为中心的社会主义现代化任务。与之相应的是,社会主义的分配模式也逐渐抛弃了"平均主义"的窠臼,注重调动广大人民群众的生产积极性。在广大的农村地区,实现了"家庭联产承包责任制",提高了农民生产的积极性,极大提高了粮食产量,保障了人民群众的基本生活,在城市地区,扩大企业自主经营权,打破"平均主义"分配的工资结构。

(一)改革开放初期先富逻辑的内生

改革开放初期,最为迫切的问题是打破社会主义社会"平均主义"分配的窠臼,提高广大人民群众和企业工人的生产积极性,进而建成社会主义现代化国家,从而实现国家富强和民族复兴的百年梦想。中国共产党通过重新思考社会主义的本质,开启了社会主义共同富裕道路的基本路径。作为改革开放的总设计师,邓小平同志不仅创新性地提出了关于社会主义本质的理论思考。在这种社会主义本质理论的指导下,中国共产党的执政理念得到了提升,社会主义现代化建设的路径得到了拓展,通俗地说,"富裕"代替"贫穷"成为社会主义本质,让一部分地区通过"优先发展"先富起来、让一部分人通过"辛勤劳动"先富起来成为推进改革的标志。

（二）改革开放初期社会主义按劳分配的恢复

在分配领域，改革开放就是以打破"大锅饭"为开端的。改革开放时期历经了计划经济体制下的"平均主义"分配正义观到市场经济体制下的"按贡献分配"的正义观的嬗变。

1979—1986年，是恢复和确立社会主义"按劳分配"原则的时期。在这一阶段的农村地区普遍实现了"联产承包责任制"，城市地区的企业普遍扩大了生产自主权，由此引发了收入分配制度的大变革。1986—1992年，是社会主义分配理论实现突破的时期，中共中央明确提出了"效率优先，兼顾公平"的分配原则。所谓效率优先，就是要鼓励有条件的企业做大做强，引领中国企业的发展方向，允许它们在合法经营的基础上取得高额利润，鼓励有条件的个人冒尖致富，引领中国公民合法致富的发展路径，允许它们在诚实劳动的基础上取得高额回报。中共中央这一阶段明确提出了社会主义初级阶段理论，清晰确认了"社会主义有计划商品经济体制"的改革目标，并进一步确定了收入分配方式的原则，即社会主义初级阶段的分配方式以"按劳分配"为主、其他分配方式为辅，允许多元分配方式的共存；也就是说，社会主义初级阶段的分配方式不是唯一的。

三、社会主义市场经济分配制度调整以追求共同富裕目标

改革开放以来中国共产党"让一部分人先富起来"的分配理念及其推行的系列分配举措，极大地将以往被束缚的创造活力激发了出来，整个社会的财富追求面貌也发生了巨大的改观，分配制度随着财富的增长而不断调整。但这一阶段有计划商品经济体制的内在弊端，即商品的市场配置方式和生产要素的计划配置方式间的内在矛盾冲突，日益成为中国特色社会主义分配制度改革所面临的严峻挑战。实际上，中国的分配制度改革在此背景下也受到了来自国内国际等方面的压力并出现了社会动荡，因而客观地说，这是中国社会要求进行更深层次的分配制度改革而发出的历史信号，它客观上要求党必须适应生产力发展的内在要求，适时适当地建构新的分配制度，以满足中国特色社会主义市场经济发展的要求，进而实现社会主义市场经济的良性发展，从而为社会财富分

配有序发展提供一个良好的体制和制度平台。

　　早在1993年,党的十四届三中全会提出了"效率优先、兼顾公平"的收入分配制度。党的十五大报告提出了"按劳分配"与"按生产要素分配"相结合的收入分配方式,体现了中共中央更加注重社会公平的分配导向。党的十六大报告明确了效率与公平的关系,将其归纳为"初次分配注重效率,再分配注重公平"。党的十七大报告在十六大报告的基础上,强调"初次分配和再分配"都要处理好效率和公平的关系,"再分配"则更加注重公平,这意味着社会主义市场经济体制下的初次分配和再分配不仅要讲效率也要注重公平,体现了社会主义分配正义的理论发展。

　　党的十八大报告为社会主义市场经济体制下的收入分配制度改革进一步指明了方向。一是要注重提高居民收入在国民收入分配中的比重,这意味着社会主义市场经济体制下的收入分配虽然允许并认可"少部分人先富起来",但是,社会主义市场经济体制绝不允许贫富差距的拉大,而是要注重提高广大居民的实际收入水平。二是要注重提高劳动报酬在初次分配中的比重,这意味着社会主义市场经济体制下的收入分配虽然允许并认可各种生产要素的贡献,但是,社会主义市场经济体制绝不允许"资本要素对劳动要素"的绝对垄断,而是要注重提高广大劳动者的收入水平,向着共同富裕的目标迈进。

　　在党的十八届五中全会上,党中央从维护分配结果正义的价值诉求出发提出了共享发展理念,强调该理念关注社会分配问题,体现的是分配原则和分配结果的正义性。党和政府所采取的这一系列分配制度的改革,无论是从共享的主体和客体而言,还是从共享的路径和过程来说,都延续了促进分配结果正义所要秉持的基本理念。换言之,共享发展是我国追求分配结果正义理想、实现共同富裕的最直接体现,也是从分配原则正义和分配结果正义层面为实现共同富裕进行系统性布局。此外,党的十九大以来,党中央坚持以人民对美好生活的向往为目标,"着力解决发展不平衡不充分问题和人民群众急难愁盼问题,推动人的全面发展"。党的十九届五中全会在全面建成小康社会目标的基础上,对维护分配结果正义和实现共同富裕做出阶段性战略部署,提出到2035年,"人的全面发展、全体人民共同富裕取得更为明显的实质性进展"的战略目标。

党的二十大从走出适合自身国情的现代化道路出发,探索维护分配结果正义的全面布局,不仅强调"着力维护和促进社会公平正义,着力促进全体人民共同富裕,坚决防止两极分化"的物质层面的目标;而且重视先进文化在促进人的全面发展方面也起到了越来越重要的作用,提出"不断厚植现代化的物质基础,不断夯实人民幸福生活的物质条件,同时大力发展社会主义先进文化,……促进物的全面丰富和人的全面发展"。回眸中国共产党的百年奋斗历程可以发现,党自成立之日起就将消灭剥削和压迫、维护分配正义、实现共同富裕作为持之以恒的工作和使命。党对分配正义的百年探索为推动共同富裕提供了坚实的物质基础和实践基础。

第三节 实现共同富裕的分配正义路径

扎实推进共同富裕,实现分配正义是一项前无古人的开创性事业,没有先例可循。关于如何实现共同富裕是我们党和全国人民当前面临和必须解决的一个重大时代课题。对于这一重大课题"不可能找到现成的教科书",只有靠我们自己在实践中"摸着石头过河",在解决实际问题中不断探索实现共同富裕分配正义之路的具体举措。同时,随着中国特色社会主义市场经济体制的推进和完善,我国的经济发展水平不断提高,发展速度日益趋向稳定,国民收入也得到了大幅度提升。大致上说,我国的经济发展速度与国民人均收入的提高基本是同步的,市场经济发展的水平与国民人均收入的水平是相当的。与此同时,社会主义保障体系的建设还亟待加强,以满足人民群众不断提高的社会保障诉求。

一、正确处理效率与公平的关系

在推进社会主义市场经济体制的过程中,究竟是按经济效率分配,还是按照社会公平分配?实际上,效率与公平的问题也是历届党的代表大会报告均有涉及的主题,究其实质,效率与公平并不是孰轻孰重的问题,而是能否契合我国社会主义市场经济体制改革的分配正义问题。

可以在平等与效率之间进行假定取舍,不平等固然不利于经济的发展,但是,激励对于促进经济运行效率是必要的。在效率和平等之间存在取舍的假定下,效率与公平不可以共生。其实,我们认为在追求更多公平的同时可以获得更高效率经济增长,重点在于市场、政府的有效运行。在存在着寻租的经济中,个人收益与社会回报之间的差异巨大,那些得到高收益的人未必就是那些做出最大贡献的人,对继续追求财富的人起到逆向激励作用。因此,通过把个人收益与社会贡献结合起来并减少寻租的范围,矫正市场失灵,市场就能更好地运行,打破效率与平等之间的假定取舍,彰显市场经济的内在正义性。

共同富裕要求更加注重分配正义,共同富裕的实现不仅依赖于经济利益和物质财富的合理分配,还涉及社会资源、发展成果以及社会权利等的合理分配。在扎实推动共同富裕的新阶段,社会主义分配将更加注重公平和效率之间的平衡,分配领域也更加广泛和包容,分配机制更加具有协调性和联动性,致力于构建人人享有的合理分配格局。

共同富裕下的社会主义分配更加注重公平和效率之间的平衡。共同富裕强调高质量的发展,即创造更加普惠公平的条件,鼓励勤劳创新致富,注重发展的平衡性、协调性和包容性,促进共同富裕和人的全面发展的高度统一。因此,在当前扎实推进全民共同富裕的背景下,我国将更加注重分配的公正性、协调性和共享性,既着力构建公平和效率原则相平衡的发展环境与政策条件,又注重激发人民群众勤劳创新致富和精神富足的内生动力,最终让人民群众共享发展成果。

二、合理平衡三次分配

共同富裕下的分配机制更加具有协调性和联动性。当前在推动共同富裕的策略中,"构建初次分配、再分配、三次分配协调配套的基础性制度安排"受到社会各界的广泛关注。一般来说,初次分配以注重效率原则的市场分配为主导,再分配以注重公平原则的政府分配为主导,三次分配以注重自愿原则的社会成员间慈善性分配为主导。

初次分配、再分配、三次分配遵循着不同的原则,相互间有着紧密的联系。

初次分配按照市场机制使劳动和各种要素获得对应的报酬,通过市场竞争机制的有效激励,使财富创造的源泉得以充分涌流,夯实共同富裕的物质基础。与效率优先的初次分配相比,再分配更加注重公正性,是在初次分配基础上,通过政府调节机制对社会资源的再分配。在再分配环节,通过加大政府税收、社保、转移支付的调节力度,提高政策的精准性,能够有效纠正初次分配中形成的差距,促进基本公共服务的均等化。

三次分配通过社会成员间自愿合法的慈善性捐赠,促进社会资源的合理流动。当前虽然第三次分配规模相对较小,但第三次分配对促进共同富裕具有独特价值。例如,作为初次分配和再分配的重要补充,第三次分配以友爱互助、相互帮扶的方式优化资源配置,形成了良好社会分配格局。第三次分配所体现的道德力量或公益精神有助于形成良好社会风尚,成为构建共同富裕的精神文化之维。总体而言,共同富裕下的初次分配、再分配、三次分配间的协调性、联动性增强,需要根据经济社会发展的具体阶段因地制宜地进行调整组合,构建各有侧重又有机联动的社会主义分配体系,夯实实现共同富裕的基础性平台。

(1)在社会初次分配领域,要充分考量劳动力、土地、资本以及技术信息等生产要素的作用,因而在社会初次分配领域要依据各种生产要素的贡献进行合理分配,充分调动各种市场要素的生产积极性和创造性,从而实现经济效率提高、物质财富涌流的财富创造机制。

(2)在社会再分配领域,要充分考量落后地区、弱势群体的利益,因而在社会再分配领域要对不同的地区、不同的群体区别对待,适当地向低收入地区、低收入群体倾斜,进而普遍提高广大人民群众的收入水平和生活待遇,保证社会主义社会安定团结的局面,充分彰显社会主义的优越性。

(3)共同富裕绝不允许贫富差距的拉大,而是要注重提高广大居民的实际收入水平。注重提高劳动报酬在初次分配中的比重,这意味着社会主义市场经济体制下的收入分配虽然允许并认可各种生产要素的贡献,但是社会主义市场经济体制绝不允许"资本要素对劳动要素"的绝对垄断,而是要注重提高广大劳动者的收入水平。简言之,共同富裕之路兼顾效率和公平,更加注重公平因素在显著激发经济活力中的作用。

三、以高质量发展筑牢共同富裕的物质基础

实现共同富裕,需要以持续不断的财富创造为基础,这就是把"蛋糕"做大。如果财富创造的总量不够大,即便能够进行公平正义的财富分配,也不能实现全体人民的共同富裕,其结果只是陷入"共同贫穷"之中。高质量发展是促进生产力提高最有效的方式,是贯穿我国未来全面发展的一条主线,是实现共同富裕的前提条件和必然路径。习近平总书记在党的二十大报告中指出:"高质量发展是全面建设社会主义现代化国家的首要任务。"当前,我国发展不平衡不充分问题仍然突出,城乡区域发展和收入分配差距较大,发展质量效益有待提高,居民生活品质还需改善,精神文明和生态文明建设还有很大提升空间,只有坚持高质量发展才能更好满足人民由物质文化需要转变为更高层次的美好需要,才能更好化解当前社会主要矛盾,夯实共同富裕的物质基础。

(1)坚持创新驱动发展塑造发展新动能新优势创新是实现高质量发展的核心要素,也是推动共同富裕的重要手段。党的二十大报告提出,加快实施创新驱动发展战略,加快实现高水平科技自立自强。坚持创新驱动能够有效提高发展的新动能,着力解决发展不充分问题。因此,要把满足人民对美好生活的向往作为科技创新的落脚点,把惠民、利民、富民、改善民生作为科技创新的重要方向,以高水平创新成果推动高质量发展的新动能、新优势、新赛道,提高经济发展的质量和效益,筑牢实现共同富裕的物质基础。

(2)统筹推进区域协调发展提升发展的均衡性区域协调发展是实现高质量发展和共同富裕的必要条件。党的二十大报告提出要"促进区域协调发展",着力增强发展的整体性协调性,推动高质量发展。统筹推进区域协调发展,能够有效解决我国发展中的不平衡问题以及城乡发展差距问题,提高发展的均衡性,促进共同富裕。

(3)全力推进绿色发展促进人与自然和谐共生。高质量推进绿色发展不仅是满足人民日益增长的优美生态环境需要的必然要求,更是在实现高质量发展的同时,促进共同富裕的重要途径。共同富裕的内涵不仅包括人民对于物质财富、精神财富的需求,也包括对于良好生态环境的需求。在新的起点上,我们需

要坚定不移地推动绿色发展,持续深入开展蓝天、碧水、净土保卫战,促进人与自然和谐共生,为人民创造更加良好的生产生活环境。

(4)全面推进乡村振兴促进农民共享共同富裕。全面推进乡村振兴不仅是高质量发展阶段的一项紧迫任务,也是构建新发展格局和践行共享发展理念的重要体现。习近平总书记指出:"人民幸福安康是推进高质量发展的最终目的。"全面推进乡村振兴是实现共同富裕的必由之路,也是提高民生福祉、增强人民生活品质的重要体现。

四、建立社会保障体系

社会保障措施的目的是对普通群众的生活实施一系列的保护性措施,以帮助人民群众由于失业、生病、工伤、年老而造成的收入损失。社会保险主要是针对年老、失业、疾病、伤残等影响生活质量的行为,社会救助主要针对突发的自然灾害或者社会灾害引发的行为。相对于社会保险和社会救助,社会福利基本上是针对社会所有成员的,这种措施是在最低生活保障的基础上,额外补助人民群众的生活,属于最高层次的社会保障。

社会保障发挥着现代社会的分配正义价值,推进了现代文明社会的进步。一方面,作为平等原则的体现,社会保障为实现公民生存权提供了最基本的保证,进而为每个人的发展提供了条件。当然,社会保障并不能超越一个国家的经济发展水平而提供,更不是无原则地实施按需分配。另一方面,从形式上看,社会保障是针对所有人的,但从本质上看,社会保障的针对人群主要是社会中跌入底层的弱势群体。这种保障有助于社会秩序的稳定,也有利于国民收入差距的缩减。

从我国社会保障建立的历史来看,我国早期的保障体系主要包括劳动保险和社会福利,主要包含全民所有制企业和事业单位的干部职工。随着社会经济的改革开放,贫富差距拉大的现实向我们逐步提出了构建覆盖城乡、面向大众的社会保障体系的基本要求。但是,直至今日,我国的社会保障体系仍然有待完善。从我国社会保障体系建设的问题来看,主要存在两个方面的问题:一个是社会保障资金缺口较大,覆盖面不全;另外一个是我国的社会保障资金的使用需加强监督。因此，我国社会保障的建设需要从我国的实际情况出发，规范社会保障制度建设，构建多元化的社会保障模式。

当然，我国人口众多，地区发展存在差异，社会保障在实行过程中不可避免地会存在发展不平衡和不充分的问题。社会保障不仅是民众生活的"安全网"和收入分配的"调节器"，同时是经济运行的"减震器"和社会稳定的"稳定器"，对于国家治理和社会安宁具有重大意义。因此，习近平总书记在二十大报告中指出，要"健全覆盖全民、统筹城乡、公平统一、安全规范、可持续的多层次社会保障体系"。"多层次"保证了在中国复杂的发展形势背景下要顾及全体成员社会保障的整体性和全面性，体现了社会保障分配正义原则。共同富裕的目标必然要求我们建立一个更高质量、更加公平、更可持续的社会保障体系。

本章思考题

1. 简述共同富裕的内涵。
2. 简述共同富裕与分配正义间的理论关联。
3. 概述中国特色社会主义分配正义道路的演进。
4. 简述我国三次分配各自的侧重点。
5. 如何完善我国实现共同富裕的分配正义之路？

参考文献

1. 马克思恩格斯选集[M]. 北京：人民出版社，2012.
2. 习近平谈治国理政[M]. 北京：外文出版社，2020.
3. 毛泽东文集[M]. 北京：人民出版社，1999.
4. 邓小平文选[M]. 北京：人民出版社，1993.
5. 江泽民文选[M]. 北京：人民出版社，2006.
6. 胡锦涛文选[M]. 北京：人民出版社，2016.

第十四章　中国特色社会主义基本经济制度伦理

改革开放40年的实践启示我们：制度是关系党和国家事业发展的根本性、全局性、稳定性、长期性问题。

——习近平

【案例引入】

和尚分粥

从前有座寺庙，庙中住着七个和尚。他们的粮食有限且没有标准的分粥工具，每天七个和尚在吃饭时都要面临分粥的问题，对此他们一直尝试不同的方案，试图寻得公平合理的分配方法。

一开始，方丈指定了一个和尚专门负责分粥事宜。很快，大家就产生了不满，因为这名和尚偷偷给自己最多最稠的粥。方丈于是又指派了另一个和尚负责分粥事宜，结果依然如此，负责分粥的和尚总是偷偷占便宜。

于是，方丈决定，让每个人轮流负责分粥一天。一周后，大家依然觉得不满意，因为每个人除了自己分粥那天之外，每天都吃不饱。

七个和尚经过讨论，决定共同推选出他们认为的道德感最强的和尚来主持分粥，他们相信这名德高望重的和尚能够让大家公平吃粥。一开始，因为极强的道德感，这名和尚平均分粥，但过了一阵子后，有人开始想方设法讨好这名和尚，希望他在分粥的时候悄悄给自己多一点，于是又回到了专人负责制的分粥困境，这名和尚开始享受其他人的追捧，开始给自己和他喜欢的人多分一点，新的不公平现象产生了。

单纯依靠道德显然也无法从根本上解决问题,七个和尚意识到,分粥需要有监管,有人负责分粥,就要有人负责对分粥的过程和结果进行监督和检查。他们设定了三人分粥委员会与四人监察委员会,希望通过分工与监督,确保每个人都能吃到一样多的粥。但很快,他们发现监察委员会与分粥委员会经常产生各种争执,有人觉得粥分得不好,有人觉得监察太过于挑剔等,每次分粥都要经历争吵、调解、达成一致的复杂过程,虽然大家觉得分粥比以前平均了,但是由于分粥效率低下,耗时过多,最后大家总吃不到热粥,吃粥的体验感极低。

在经过了多轮尝试后,七个和尚进行了反思。他们决定每人轮流一天,但是每天负责分粥的那名和尚要等大家都挑完了才能拿走剩下的最后一碗粥。结果大家发现,每个和尚为了确保自己也能吃饱,于是自觉地平均分粥,实现了高效率和公平分配,和尚之间的矛盾也就消失了。

【案例问题讨论】

请围绕案例,从分配、效率、制度等多角度展开讨论。

同一团体在同样的情境之中,选择了不同的运转制度,产生了不同的效果。第一种制度,由于权力的绝对集中导致了腐败;第二种制度,对公平有所考虑,但轮流的权利与权力产生了轮流的腐败,腐败的问题依然存在;第三种制度,看到了道德本身所具有的约束作用,但仅仅依靠道德无法对权力产生强有力的约束;第四种制度,在实施过程中引入监督机制,但权力的多样性造成了明显的利益分歧,内耗严重,严重降低效率;第五种制度,考虑了结果分配的平均性,通过规则的设计制约权力,但可能存在对分配者本身不公平的情况。案例之中的寺庙,可以理解为一个社会的缩影,粥是共同的资源,分粥工作实质上就是如何让社会中的每个成员都对资源与利益分配结果满意的博弈过程。

不同的制度,不同的分配方式,产生了不同的结果。由此可见,任何一个社会的良性运转都离不开符合这一社会或组织实情和需求的合理制度,制度的有效性直接决定了工作效率与治理效果。好的制度,既能让成员获得合理收益,又能团结成员、提高效率、推动发展;不合理的制度,影响社会和谐与稳定,阻碍发展。在中国特色社会主义发展阶段,通过不断地实践,中国特色社会主义基本经济制度的日趋完善,与基本经济制度紧密联系的基本经济制度伦理建设,既蕴含了党和国家执政理念对社会主义市场经济发展提出的具体要求,也彰显了我国经济伦理思想赋予时代发展的价值推动。

第一节 我国基本经济制度经济性与伦理性的统一

公有制为主体、多种所有制经济共同发展,按劳分配为主体、多种分配方式并存,社会主义市场经济体制等社会主义基本经济制度,既体现了社会主义制度优越性,又同我国社会主义初级阶段社会生产力发展水平相适应,是党和人民的伟大创造。

——中共中央关于坚持和完善中国特色社会主义制度、推进国家治理体系和治理能力现代化若干重大问题的决定

正义是人类对制度最常用的形容词之一,制度既是保障,又是约束,是人类为推动社会文明与进步而衍生的产物。制度的安排是否合理,关系国计民生,也关系个体的生活,因为制度反映的是一个群体共同的问题,制度设计、运行与变化都必然服务于特定的群体。作为实践活动的推动工具,制度必然被相关价值所塑造,产生某些行为倾向,正如习近平总书记强调:"政治制度不能脱离社会政治条件和历史文化传统来抽象评判。"[1]社会主义基本经济制度是指那些体现我国社会主义性质,规定着国家经济生活基本原则,对国家经济社会发展具有重大影响的经济制度。[2] 我国基本经济制度的实践对国家整体发展与社会政策走向产生重大影响,事关人民群众的切身利益。习近平总书记指出:"公有制为主体、多种所有制经济共同发展,按劳分配为主体、多种分配方式并存,社会主义市场经济体制等社会主义基本经济制度,既有利于激发各类市场主体活

---

[1] 中共中央文献研究室.十九大以来重要文献选编:上册[M].北京:中央文献出版社,2019:25.
[2] 中共中央党校经济学部."十四五"《纲要》新概念——读懂"十四五"的100个关键词[M].北京:人民出版社,2021:80.

力、解放和发展社会生产力,又有利于促进效率和公平有机统一、不断实现共同富裕。"①其中,凝练了现阶段我国基本经济制度的建设方向,蕴含了我国基本经济制度所代表的意识形态与价值取向,明确了我国基本经济制度是经济目标与伦理目标相统一的社会主义属性。

一、制度价值的衡量标准:效率与公平的统一性

中国式现代化既要创造比资本主义更高的效率,又要更有效地维护社会公平,更好实现效率与公平相兼顾、相促进、相统一。

——习近平

综观以往的奴隶社会、封建社会和资本主义社会的社会经济制度,效率与公正价值难以实现统一性。其中有诸多复杂的原因:一是不同执政团体所设定的基本经济制度必然受不同阶级利益的驱动,以利益最大化为目的很难实现效率与公平的统一;二是统治者由于权力与有自身的利益在其中,往往无法设计出无效率的产权制度;三是更加重视效率目标的制度往往未能将公正作为同样重要的目的。在马克思制度分析的方法论,经济制度充分体现了社会系统结构中生产力与生产关系的矛盾与运动。用唯物史观解读社会主义基本经济制度的效率与公平,需要认识到社会基本经济制度与一般法律制度及道德规范的区别。社会基本经济制度是经济基础范畴,反映社会的生产关系,而生产资料所有权及产品的分配活动对生产力发展和经济效率产生重要影响,生产资料的占有方式及由此决定的分配方式决定了制度本身的公正性。因此,效率与公平的统一性是社会主义基本经济制度价值的衡量标准,社会基本经济制度的效率取决于其是否适应一定社会生产力发展,基本经济制度的公正性取决于所有制和分配制度是否与生产力相适应。

我国社会主义基本经济制度既注重市场经济的资源配置效率,又注重公平,并且可以达到效率与公平的内在统一。公有制为主体,多种所有制经济共

---

① 坚持用全面辩证长远眼光分析经济形势 努力在危机中育新机 于变局中开新局[N]. 人民日报,2020—5—24.

同发展是确保效率与公平的内在一致性的决定因素。按劳分配为主体、多种分配方式相结合的分配制度是确保效率与公平内在一致性的直接因素。社会主义市场经济制度是确保效率与公平内在一致性的重要保障。我国改革开放四十多年所取得的巨大成就归功于经济体制的改革和对外开放,并不断地打破固有僵化的体制和思维惰性,尤其是顶层制度设计和制度安排起到了至关重要的推动作用。① 因而,我们可以说社会基本经济制度遵循了制度的一般规律,遵循了制度的合理性标准,效率标准与公正标准相统一是制度的价值所在。

二、制度的价值旨向:经济性与人民性的统一

以人民为中心,实现经济性与人民性的统一,切实维护绝大多数人民的利益是社会主义经济制度的基本价值要求。关于"带领人民创造美好生活,是我们党始终不渝的奋斗目标。必须把人民利益摆在至高无上的地位,让改革发展成果更多更公平惠及全体人民,朝着实现全体人民共同富裕不断迈进"②的重要论述,更是集中体现了人民至上的价值取向。

首先,发展必须明确发展的主体力量与代表的利益阶层。一切为了人民是我国基本经济制度建设的根本价值目标,即我国制度的建设与完善是我们国家如何对待人民的具体表现,是党中央治国理政思想在实践中的初心与目的,是否以人民为中心,是社会主义社会不论在哪一历史阶段、经历哪一种发展形态都必须一以贯之的原则。其次,坚持人民的主体地位,坚持落实人民的根本利益才能推动我国基本经济制度的进一步创新与实践。"最能促进生产的是能使一切社会成员尽可能全面地发展、保持和施展自己能力的那种分配方式"③,从社会发展规律看,社会主义分配正义原则利于推动高质量发展与利于维护大多数人的利益应当是相统一于社会主义社会之中的,生产力的进一步发展为实现人民利益奠定最基本的物质基础,而以人民为中心的发展理念最终是为了落实

---

① 郝云,贺然.论我国基本经济制度建设的效率与公平[J].云梦学刊,2020(5).
② 习近平.决胜全面建成小康社会 夺取新时代中国特色社会主义伟大胜利——在中国共产党第十九次全国代表大会上的报告[M].北京:人民出版社,2017:45.
③ 马克思恩格斯选集:第3卷[M].北京:人民出版社,1995:544-545.

人的全面发展,主观能动性的提升能够反作用于生产力发展。因而,以增进人民福祉为制度建设的最终目标,既是对国家精神的响应与落实,坚定中国特色社会主义的发展道路,又能最大限度地发挥群众的主体性力量,为国家发展提供源源不断的根本动力。

三、制度的结果导向:高质量发展与共同富裕的统一

基本经济制度的建设必须有利于推动社会的高质量发展,高质量的发展从本质上有别于利益最大化,社会主义基本经济制度在结果上追求的是高质量发展与共同富裕的相统一,通过高质量发展,最终达到共同富裕。

马克思在《资本论》中提及"这个内容只要与生产方式相适应,相一致,就是正义的;只要与生产方式相矛盾,就是非正义的"[1],是否对生产力产生进一步推动应当成为制度的评判标准之一。不仅仅是生产,对于分配同样如此,恩格斯在《反杜林论》中提及"当一种生产方式处在自身发展的上升阶段的时候,甚至在和这种生产方式相适应的分配方式下吃了亏的那些人也会欢迎这种生产方式。……只有当这种生产方式已经走完自身的没落阶段的颇大一段行程时,当它多半已经过时的时候,当它的存在条件大部分已经消失而它的后继者已经在门口的时候——只有在这个时候,这种越来越不平等的分配,才被认为是非正义的,只有在这个时候,人们才开始从已经过时的事实出发诉诸所谓永恒正义"[2]。仅仅追求生产效果的制度,无法抵挡来自历史和人民的追问,只有制度本身蕴含与生产力匹配的价值目标,且二者合力赋予制度推动社会发展的动力,才能成为这一社会中正义的制度。具有社会主义属性的社会主义基本经济制度,经济性与伦理性始终统一。目前,高质量发展是全面建设社会主义现代化国家的首要任务,基本经济制度建设涉及生产、分配、交换等各环节,制度的伦理要求必然也要与这一生产力要求相适应。

贫困与平等是人类社会出现后一直在面临与解决的两个普遍性问题,由此衍生出对发展与分配二者关系的研究。在当今中国,这两个维度的问题被综合

---

[1] 资本论:第3卷[M].北京:人民出版社,2004:379.
[2] 马克思恩格斯选集:第3卷[M].北京:人民出版社,1995:491-492.

成共同富裕的目标:一方面,意味着要保证高质量的发展;另一方面,要保证人民群众拥有参与社会共建的机会与共享成果的权利。其中,高质量发展是前提,只有足够大的蛋糕,才能让人民群众拥有足够多可供分配的基础。当然,共同富裕是中国特色社会主义的本质要求,共同富裕的思想天然也包含了对分配制度的讨论,即基于某种特定的分配制度所实现的共同体的共同富裕。我国社会财富的分配过程,实质上是指社会财富通过初次分配、再次分配与第三次分配完成流转的动态过程。初次分配由市场作为主导,是社会财富与生产活动中各生产要素所有者之间的分配;再次分配是在初次分配基础上政府通过税收等社会政策进行的财富第二次分配;第三次分配则是民间自发性通过公益捐助等形式进行的分配活动。在党的二十大报告中,习近平总书记强调要进一步完善分配制度,构建初次分配、再次分配、第三次分配协调配置的制度安排,形成合理的收入分配格局,帮扶弱势群体,要以增进民生福祉,提高人民生活品质为发展目标。从经济伦理范畴展开解读,我国基本经济制度中的构建初次分配、再次分配、第三次分配的制度安排也反映着分配正义作为一种道德观念的演变。

制度的变迁调整了利益格局的划分,也影响着社会成员道德行为的选择。在高质量发展中促进共同富裕的过程反映了国家意志在调节分配关系、规范分配活动中的价值理念与道德意识,包括了在共同富裕道路中社会生产与分配所持有的道德原则、为适应生产力发展而产生的制度变革提出的伦理规范、分配主体的道德操守。共同富裕使社会成员可以得到其应得,保证了付出与收益的正向比例,是对劳动的鼓励与支持,是对社会公平、和谐与稳定的追求。在高质量发展中推进共同富裕,是在经济发展的目标中体现了国家、社会、人民群众对美好的期盼,并为此达成的共识。共同富裕,即要构建一个正义的分配秩序,这样的分配正义秩序既可以提高社会经济、政治、文化等领域各方面的积极性,推动高质量发展,同时构建了一个社会和谐稳定且具有道德性的文明框架,确保了共同富裕所要实现的一切以人民为中心,发展成果惠及全体人民的发展目标。

总之,我国基本经济制度兼具工具理性和价值理性。工具理性反映了制度求利性的运行逻辑,体现了如何通过权力约束保证权利的有序实现,有效地推动发展。而对我国基本经济制度价值目标的伦理性分析即是对制度价值理性的讨论，是求义性运行逻辑的彰显，必须代表社会群众的美好愿望与实际诉求，体现的正是通过"价值—行为"体系，将增进人民福祉的制度价值与我国特色社会主义道路发展耦合的实践过程。我国基本经济制度的存在符合历史发展的基本规律，其运行方式具备科学合理性，其目的充分体现了人民理所应当的诉求，是人民的权利的保障，是国家通过制度的落实对此予以维护。作为经济领域基本的道德原则而存在，基本经济制度同时也是具有社会共识的价值原则。

第二节 我国基本经济制度的公正性分析

公有制为主体、多种所有制经济共同发展，按劳分配为主体、多种分配方式并存，社会主义市场经济体制等社会主义基本经济制度，既体现了社会主义制度优越性，又同我国社会主义初级阶段社会生产力发展水平相适应，是党和人民的伟大创造。

——中共中央关于坚持和完善中国特色社会主义制度推进国家治理体系和治理能力现代化若干重大问题的决定

经济改革是全面改革的重中之重，我国基本经济制度是把社会主义制度与社会主义市场经济有机结合，在国家的总体制度中具有极为重要的基础性地位。作为社会生产关系的制度体现，基本经济制度的调整与改革对整个社会的方方面面都产生了巨大影响，基本经济制度中的所有制、分配制度及经济运行机制反映了经济活动中的生产、分配与交换之间辩证统一的关系。基于中国共产党领导下的基本经济制度从本质上完成了对资本主义私有制社会的超越，其公正性正是体现在以人民民主为基础，依靠这一制度妥善地处理了各方利益需求与矛盾，最大限度保证了发展所需的凝聚力，调动了各阶层积极性。从制度的整体来看，所有制、分配制度与社会主义市场经济体制三者共处于社会主义基本经济制度逻辑整体中，所有制结构、分配结构、社会主义市场经济体制的价值取向与社会主义基本经济制度必然保持一致性，因而它们同样具有经济性与伦理性,它们的存在与变革都具有公正性。

一、从所有制谈公正

邓小平曾强调公有制与共同富裕是我们所必须坚持的社会主义的两个根本原则[①]。所有制是生产关系的核心与本质规定,是生产资料归谁所有的经济制度,体现了社会的经济关系,同时对生产过程中的交换及分配产生决定性影响。我国始终坚持公有制为主体,多种所有制经济共同发展的所有制基础。

我国所有制结构调整经历过集体所有制、国有制、股份制与股份合作制、三资企业、个体所有制、私营经济等多种所有制经济,混合所有制经济中的这些具体形式中,占主体地位各不相同,运行模式各具特点,但以公有制经济为主,且多种所有制经济的耦合激发了市场经济活力,产权主体的多元化对所有权产生约束,多种所有制经济共同发展让个人利益与整体利益都能得到发展。因此,我国基本经济制度是以公有制经济为主体,多种所有制经济共同发展。生产关系决定分配关系,生产活动最终产品的分配方式是由生产资料所有制形式所决定的。公有制经济为主体,生产资料所有制作为社会经济关系的基础,通过其使用、占有、支配等关系结合可以创造收益,收益就是生产资料所有制的直接表现。

一方面,生产资料公有制有别于资本主义生产资料私有制,以人民利益而不是个人私利为社会生产的主要目的,能够有效缓解私有制与生产社会化的尖锐冲突,既有效发挥国有制经济的主导作用,又支持非公经济的发展,全面落实不同经济主体的利益增长。多种所有制经济共同发展的创新提出,克服了过往僵化的、单一性的计划经济,适应了新时代中国特色社会主义生产力发展的多样性要求,为社会主义经济发展提供了坚实的基础。另一方面,以公有制经济为主体、多种所有制经济共同发展的基本经济制度通过生产对分配的决定性作用,成为社会主义共同富裕道路分配正义的分配基础。首先,基本经济制度通过生产资料所有制决定了收入分配制度的选择和收入分配方式的实现,"分配

---

① 邓小平文选:第 3 卷[M].北京:人民出版社,1993:111.

本身是生产的产物",分配所得来源于生产的生产资料、人力资源、产品、利益所得,收入分配的选择必须考虑到是否与基本经济制度相匹配,收入分配的实现方式要能够调动各方面积极性,推动经济发展与社会稳定;其次,在一定的收入分配制度和收入分配方式下,生产资料为收入分配提供物质基础。基本经济制度为分配制度的运行提供了经济基础,分配制度需要协调错综复杂的各种利益关系并解决不同关系之间的矛盾,基本经济制度在此扮演了保驾护航的角色。

二、从分配制度谈公正

从经济伦理学层面而言,对分配制度是否正义的研究更接近于通过价值判断确保公平,或促进不公平向公平转变。社会主义分配正义,从字面上来理解,是指社会主义社会中所追求的可以使每个人都得到其应得的一种分配制度或分配方式。从广义上说,可以等同于社会正义;从狭义上说,可以总结为社会资源分配中的公平与正义问题。因此,社会主义分配正义反映了一种价值关系,是特定的时代与特定的社会条件中所追求的人与人之间、社会之间的物质利益关系的正当性与合理性。

社会主义共同富裕之路上的分配,包含了生产前、生产中、生产后的分配。在生产前的分配,是对生产资料、生产工具的分配;在生产中的分配,是个人从属于生产关系的具体表现,是劳动者在生产之间的分配;在生产后的分配,则具象为产品的分配、收入的分配。我国收入分配理论的发展始终与政策改革息息相关,我国市场经济的转化为收入分配理论提供了实际分析案例,随之演化的收入分配理论为政策改革提供了理论依据与改革思路。20世纪50年代初,我国对收入分配理论的研究集中于按劳分配,主要分析劳动者收益与生产之间的关系。20世纪50年代末至60年代初,对于按劳分配制度的条件、依据、正当性与合理性、如何界定"劳"等展开了更深度讨论,"劳动力个人私有制是按劳分配的直接依据"就是此时提出的。改革开放后,对按劳分配的讨论深入到劳动与报酬、公平与效率之间的问题。20世纪80年代中后期,配合市场经济体制的改革,按劳分配制度进化为"市场型按劳分配""按劳动贡献大小分配"等新形式。20世纪90年代初,按劳分配与按要素分配的重要关系得以重视,由此开始了在社会主义市场经济条件下的按生产要素分配制度。在此基础上对"公平与效率""先富与后富"关系的辨析,形成了"坚持效率优先,兼顾公平""让一部分人、一部分地区先富起来"的我国共同富裕道路的基本雏形。现阶段,我国以按劳分配为主体、多种分配方式并存的分配制度以多种所有制形式并存的所有制结构为基础,其中,公有制经济为主体在经济制度中占据主体地位,与公有制经济相适应的分配方式就是按劳分配,与其他多种非公有制经济相适应的分配方式则是其他多种分配方式。因此,我国分配制度必然是具有多元性特点的。

从分配的主体与被分配者来看,在我国分配主体与被分配者随着不同时期社会与经济的发展而有所不同,市场、国家、社会都可以作为分配的主体,而被分配者可以总结为全社会。在社会主义市场经济中,市场在初次分配中是分配功能的基础性主体,企业与个人成为对应的被分配者。当市场无法完全解决分配问题,从而产生了分配不公时,国家在再分配中发挥调节作用,此时被分配者范围扩展,个人、企业、行业等都包含其中。除此之外的社会组织可以成为第三次分配主体,此时被分配者更多的是需要被照顾的家庭与个人,即通过慈善机构等社会自发性质的组织,通过慈善或捐赠等缓解部分急需帮助的群体,以社会力量进一步推动分配的公平与公正。

综观分配的过程,社会主义分配正义在社会主义市场经济下需要依靠初次分配、再次分配与三次分配共同实现。在初次分配中,财富通过市场机制分配;在再次分配中依靠国家运用税收和财政政策调节贫富悬殊,通过完善社会保障及发展公共服务事业完成社会财富的二次调剂;通过第三次分配,拥有财富存量较多者采取慈善捐赠等援助手段实现对弱势群体的部分财富转移,由此,初次分配、再次分配与第三次分配构建出的实现社会主义分配正义的完整过程,社会主义分配正义在其中蕴含了分配尺度的合法合理性、分配程序的规范与正当性、分配结果的公平与正义性。

三、从社会主义市场经济体制谈公正

经济体制是经济制度的实现形式与载体[①],经济体制改革的核心应关注于政府与市场的关系。市场经济的运行机制其实是指建立在生产资料所有制和收入分配制度基础之上的资源配置机制[②],重点突出社会主义制度和市场经济体制深度结合为一体的基本特征,蕴含着经济运行体制的社会主义本质属性。[③]中国式现代化要求社会发展现代化,要求基本经济制度现代化,要求与基本经济制度相适应的经济运行机制现代化,在其中极为重要的是,如何在高速发展的市场化进程中与具备公正性的道德秩序形成相辅相成的匹配。

我国目前不断完善的治理体系与治理能力现代化体现着社会主义制度的优越性,也是中国共产党的执政能力的体现。治理不同于管理,重要的原因在于,治理不是主体自身的自我管理,也不是权、责、利完全一致基础上的相互间主体边界清晰条件下简单地自上而下的垂直约束和制约,而是不同利益主体之间形成权力、利益、责任等方面的制度结构和约束秩序。从治理对象和行为主体上包括微观上的单位治理(如公司治理)、宏观上的社会治理(如国家治理);从治理领域和制度安排上,包括政治、经济、社会、文化等不同领域,并在此基础上形成国家总体治理体系。[④] 我国基本经济制度下的社会主义市场经济体制也正是遵循这一特质,努力推进公有制为主体,多种所有制经济共同发展的所有制与市场经济有机结合,实现不同利益主体多元发展的平衡格局。

不同于资本主义经济制度与计划经济,社会主义市场经济体制采用的以公有制为主体、多种所有制经济共同发展,有效地将市场经济与社会主义制度从对立转化为有机融合。以解放和发展生产力作为检验的标准,围绕社会主要矛

---

① 顾海良,邹进文.中国共产党经济思想史(1921—2021)(第四卷)[M].北京:经济科学出版社,2021:335.

② 刘伟.坚持和完善中国特色社会主义基本经济制度推动现代化经济发展[J].北京大学学报(哲学社会科学版),2020(01).

③ 顾海良.基本经济制度新概括与中国特色社会主义政治经济学新发展[J].毛泽东邓小平理论研究,2020(01).

④ 刘伟.坚持和完善中国特色社会主义基本经济制度推动现代化经济发展[J].北京大学学报(哲学社会科学版),2020(01).

盾的历史演变及时代转化推动运行机制的具体实践,牢牢把握住依靠人民力量才能推动国家发展的根本遵循。在社会主义市场经济体制改革进程上,把所有制结构及实现方式的改革与市场配置资源的机制创新统一起来,既坚持所有制的社会主义性质,又坚持发挥市场在资源配置上的决定性作用;在企业所有制及产权制度改革上,把国有企业产权制度改革及公司治理结构完善与国有经济分布结构调整统一起来,既坚持"两个毫不动摇",又坚持增强和发挥国有企业在市场竞争中的竞争力、创新力、控制力、影响力、抗风险能力;在调控机制上把现代化经济体系中的市场体系培育与宏观调控方式转变统一起来,推动市场秩序完善,在培育商品和要素市场的同时转变政府职能,完善宏观调控机制,努力构建"市场机制有效,微观主体有活力,宏观调控有度"的经济体制。[1]

综上所述,从伦理探寻的角度而言,正义必须是制度的首要价值。国家制定的经济基本模式及经济制度对社会利益分配格局产生决定性影响。伴随着经济与社会发展,紧跟利益格局变动而产生的基本经济制度变革是具有历史必然性的。公有制为主体、多种所有制经济共同发展的所有制关系规定奠定了我国其他经济制度的本质属性,所有制关系决定利益分配方式,即所有制关系也决定了在分配上以按劳分配为主体、多种分配方式并存的收入分配制度。在所有制关系与分配关系的作用下,我国在资源配置机制上必然必须坚持和巩固社会主义市场经济体制,同时为在经济运行机制和调控方式上把社会主义制度和市场经济有机结合创造了制度可能,使充分发挥市场在资源配置中的决定性作用、更好发挥政府作用具有更为坚实的制度条件。[2] 所有制、分配制度与社会主义市场经济体制三者统一于我国基本经济制度,适应于不断变化的社会主义生产力发展要求,因其始终代表着最广大人民根本利益的社会发展共识而保持活力与动力。

---

[1] 刘伟.中国特色社会主义基本经济制度是中国共产党领导中国人民的伟大创造[J].中国人民大学学报,2020(01).

[2] 刘伟.中国特色社会主义基本经济制度是中国共产党领导中国人民的伟大创造[J].中国人民大学学报,2020(01).

【案例引入】

共同富裕的华为探索①②

华为公司成立于1987年,而《华为基本法》1995年萌芽,1996年正式开始起草,1998年3月审议通过。《华为基本法》被认为是改革开放以来,中国企业制定的第一部企业管理大纲,也是中国企业第一个系统地、完整地凝练企业文化价值观的总结。作为一家私营企业,华为显然是与众不同的。在长久的摸爬滚打中,华为靠着独特的发展理念与价值准则,成功打造成了具有社会主义性质的中国企业。以华为见中国的发展,"华为共富"正是中国式现代化的一个缩影,以坚守"大道之行,天下为公"的根本理念,通过华为"员工持股制度"的劳动群众集体所有制,铸造了"大道华为"的民营经济"公有制"实现典范。

《华为基本法》分为宗旨、经营政策、组织政策、人力资源、控制政策、修订法六大模块,在宗旨部分,具体细分了核心价值观、基本目标、公司的成长与价值的分配四个方面,为华为明确了发展导向与实践的价值准则,也彰显了华为发展的坚定内核。作为开篇,华为的核心价值观可以视为华为发展的精神概括,从追求、员工、技术、精神、利益、文化、社会责任七个方面构建企业的价值体系。在发展的总目标上,明确实业经济的长远发展方向,具有国际化的发展视野。在员工上,通过制度建设与利益分配,让员工与企业形成真正的命运共同体。在技术上,保持学习与开放,要求进步。在精神上,强调了与国家同在的使命感。在利益上,不仅仅重视公司效益,同时将顾客、员工与合作者纳入利益共同体,保障各主体(而不仅仅是公司)的合理利益。在文化上,先进性地看到了精神文明对于物质文明的推动作用,及早地看到了企业文化对于推动企业发展的引导作用。在社会责任上,领先于国内众多企业,在20世纪90年代就已然决心承担起企业社会责任。华为的企业精神建设也体现在基本法的各个角落。例如,第九条"我们强调人力资本不断增值的目标优先于财务资本增值的目标"

---

① 华为基本法[EB/OL]. 百度百科: https://baike. baidu. com/item/%E5%8D%8E%E4%B8%BA%E5%9F%BA%E6%9C%AC%E6%B3%95/7237692? fr=ge_ala.

② 薄士坤. 非上市公司股权激励变革中的道与术——华为公司股权激励制度分析[EB/OL]. [2023年6月29日]. https://baijiahao. baidu. com/s? id=1770034766850639978&wfr=spider&for=pc.

表达了他们看待员工的价值观,第十一条"我们将按照我们的事业可持续成长的要求,设立每个时期的合理的利润目标,而不单纯追求利润的最大化"反映了他们对利益的态度,第十五条"我们不单纯追求规模上的扩展,而是要使自己变得更优秀"表达了企业成长的本质追求,在第十六条至第二十条价值分配部分中更是强调了劳动创造价值,坚持公平,坚持对员工价值的高度认同。在有关经营的部分,以可持续发展、提高竞争力、注重研发、与顾客始终保持密集联系、与国际接轨为其发展态度。在组织管理上,强调整体性、制度化、责任分权与科学规范,肯定奋斗,团结协作。

除了《华为基本法》,华为的员工持股制度也值得一提。华为并未上市,其自创的员工持股制度实现了企业 100% 由员工持股。其中,华为投资控股有限公司工会委员会持股 99.25%,任正非持股 0.75%,并对于公司重大事务有一票否决权。作为中国最早一批开展股权激励的民营企业,华为现已推出内部股、虚拟股票期权、虚拟受限股、TUP 和 ESOP1 五大股权激励方案。为解决融资问题,华为于 1990 年开始建立内部股,对内部员工发行的内部股实质上是将工资白条转为股份,这也成为华为股权激励计划的源头。而后,经过向外学习与多方探讨,于 2001 年推出股票期权计划,采取国际通行的期权激励方式,员工实股转换为虚拟股,通过未分配的净利润会导致净资产的增加,进而促进股价的增长,此时的期权激励已将员工与企业共置于一个利益共同体。2004 年,华为正式将员工持股方案命名为虚拟受限股制度(ESOP),这一制度自此成为华为股权激励制度的主导。在这一制度中,赋予了股份的收益,也界定了持股员工的义务,新设退休保留股份、饱和配股制度与奖励配股机制,充分从员工角度考虑了员工的成长与保障,充分调动了企业员工的激励性,从内部实现了华为的强大凝聚力。2012 年起,华为推出针对非中国籍员工的长期激励措施 TUP(Time—based Unit Plan),该制度以五年为一个周期,本质上是一个奖金分配性质的利润分享计划,即员工无须出资购买 TUP,在五年内可获得与虚拟受限股同等的分红值和增值权,五年后到期 TUP 权益归零。2018 年后,由于国际形势的影响,华为在 2020 年进行了新一轮股权激励方式的创新,制定了 ESOP1 制度,进一步扩大了虚拟受限股的惠及范围,放宽了准入门款与保留条件,打造了"以奋斗者为本"标签。总的来说,华为的员工持股制度一直紧跟企业发展与国际形势不断完善,但制度的每一次完善并未削弱员工的利益,相反,是以更全面的考虑为更多的员工提供了更多的保障。也正是这种共同富裕式的员工激励制度,让华为拥有非常高的员工忠实度与非常强大的企业凝聚力,这些力量是华为勇闯世界不断突破的强大动力与可靠支持。

从《华为基本法》与员工持股制度改革可以看出,华为从企业发展、企业精神、企业文化等方方面面,都是坚定不移地在走社会主义发展道路,华为为自己的企业毫不动摇地赋予了社会主义属性。"大道华为"实至名归,也正是这富有中国特色社会主义的发展方式成就了华为。

【案例问题讨论】

1. 通过阅读、了解《华为基本法》与华为的发展历史,你认为华为的独特性是什么?
2. 请从经济伦理学角度,评价华为的员工持股制度改革。
3. 如何理解华为的社会主义属性?

第三节 我国基本经济制度伦理建设与实践

改革开放35年来,我国经济社会发展取得了重大成就,根本原因就是我们通过不断调整生产关系激发了社会生产力发展活力,通过不断完善上层建筑适应了经济基础发展要求。

——习近平

经济的发展关系着国家发展的方方面面,渗透进社会的一切领域,中国特色社会主义经济体制的改革从根本上决定中国经济发展的广度与深度。在新古典经济学的理解中,完全竞争市场中的资源通过"看不见的手"就能实现其最优配置状态,但随着时代发展的多元化,现代经济早已进化为更具复杂性的自我演化系统,推动经济繁荣与社会稳定,制度及制度内含的价值观功不可没。一定社会的价值关系总是与一定社会的制度逻辑相连的,任何一种社会制度的内在必然蕴含着与之相适应的价值原则[①],也包含着特定伦理体系的构建。具备公正性的基本经济制度如何培育与完善始终是我国特色社会主义发展道路中的根本性战略问题,制度伦理建设与实践是为基本经济制度的不断完善提供精神支撑与价值导向。

一、坚持党的领导是基本经济制度伦理建设的重要根基

一个国家、一个阶级的发展必定要有坚强的核心力量为领导。"没有共产党,就没有新中国,就没有新中国的繁荣富强。坚持中国共产党这一坚强领导核心,是中华民族的命运所系。"[②]坚持中国共产党的领导既是国家政权具有强大凝聚力的保证,同时是人民当家作主的基本保障;我们必须明确制度伦理建设除了要与时俱进,同时必须坚持党的领导。

首先,人民性是我国经济制度伦理建设的重要原则,中国共产党以群众路线作为执政方针,一是保证了在党领导下的制度建设权始终握在人民的手中,避免落入少数人或特殊利益群体的掌控;二是保证了制度建设始终能以人民利益为根本出发点,实现对人民权益的制度保障。

其次,坚持效率与公平的统一性是我国基本经济制度始终不变的基本要求。坚持党的领导,就是在基本经济制度建设过程中,正确、充分地发挥政府的宏观调控作用,避免市场逐利性过分地野蛮生长及混乱秩序,将具有公平、正义等正面能量的价值引入市场,引导社会主义市场经济向良性发展。

最后,坚持党的领导遵循了历史的选择与人民的选择,能够充分发挥集中力量办大事的制度优势。这是由于党的领导与人民当家作主的统一,从根本上隔断了西方式低效政治带来的党派纷争、阶级对立、国家内战等种种隐患,避免了利益集团对国家治理的浸染。

中国共产党的领导是中国制度建设的根本之基。党和国家在基本经济制度的建设中负有重要的道德责任,中国共产党在确立党的责任体系的过程中,既为人民当家作主确立了具体的目标导向,也通过价值观念和制度规范约束具

---

① 马克思恩格斯文集:第3卷[M].北京:人民出版社,2009:214—215.
② 习近平.在庆祝全国人民代表大会成立60周年大会上的讲话[N].人民日报,2014-9-6.

体的实践行动。一方面,要将党的执政理念融入市场经济道德责任的建设中;另一方面,要构建经济发展的伦理体系。

二、习近平新时代中国特色社会主义理论思想为基本经济制度伦理建设提供科学的理论指导

作为观念的集合,意识形态深深影响着群众对于事物的认知与把握。"如果主导的意识形态试图让人民将公正想象成与现存规章同样久远,进而从一种道德意义上服从这些规章,那么一种成功的、对立的意识形态的目标则是让人民相信,不仅明显的不公正是现存制度固有的一部分,而且一种公正的制度只有通过个人积极参加变革制度才能产生。"[①]习近平同志形象地指出:理想信念就是共产党人精神上的"钙"。正因为中国共产党的最高理想和最终目标是实现共产主义,所以在进行收入分配改革时,不能单纯站在所谓"理性人"的立场上,而是必须坚持理想和信念,重视意识形态的重要性。

习近平总书记曾提出,我们要建立中国特色、中国风格、中国气派的文明研究学科体系、学术体系、话语体系,为人类文明新形态实践提供有力理论支撑。新时代中国特色社会主义理论思想,是中国共产党执政以来的重要思想结晶,其中包含了毛泽东思想、邓小平理论、"三个代表"重要思想、科学发展观及习近平新时代中国特色社会主义思想,是科学社会主义理论逻辑与中国社会发展的历史逻辑辩证统一的时代发展,同时蕴含着中国制度发展的基本逻辑。一方面,我国基本经济制度的守正与创新,体现了对社会主义本质规定的坚定遵循,体现了基本经济制度的变革始终紧扣时代、扎根改革开放的伟大实践,持续完善中国特色社会主义基本经济制度,做好基本经济制度伦理建设更是离不开科学的理论指导;另一方面,以习近平新时代中国特色社会主义理论思想为指导,是以更好地服务中国式现代化为目的,将中国实践转化为中国的理论体系建构,为基本经济制度伦理建设夯实基础。之所以新时代中国特色社会主义理论思想能够成为指导基本经济制度伦理建设的理论基础,正是因为这一理论思想

---

① [美]道格拉斯·C.诺斯.经济史上的结构和变革[M].厉以平,译.北京:商务印书馆,1992:68.

回答了中国为什么要实现中国式现代化、将以什么样的方式推动高质量发展等新时代之问。

三、实现人民幸福生活是基本经济制度伦理建设的根本价值追求

一切为了人民,以人民为中心作为我们党坚定不移的奋斗目标,正是我国基本经济制度伦理建设的根本价值取向,"因为这些政策见效、对头,人民都拥护。既然是人民拥护,谁要变人民就会反对"[①]。

在资本主义社会中,缺乏价值目标的财富生产成为剥削人的工具与手段,最大限度地追求剩余价值使劳动发生了异化,财富反而成为束缚人发展与解放的阻碍。我国共同富裕追求和创造的财富具有社会主义属性,对待发展保持着"财富从物质上来看只是需要的多样性"[②]的立场,认同马克思所论述的"真正的财富就是所有个人的发达的生产力"[③]。作为唯物史观的根本内容,人民性同时是中国特色社会主义的根本价值追求,基本经济制度的生成与建设始终是为了成为人民利益的根本保障。公有制为主体、多种所有制经济共同发展是为了进一步解放和发展生产力,为广大人民迈向更加美好的生活提供坚实的物质基础,按劳分配为主、多种分配方式并存是通过公平分配落实人民幸福生活的可行路径,社会主义市场经济体制则是为人民幸福生活提供政府的作用与社会的保障。人民,是支撑我国共同富裕道路得以不断向前的利益动机,实现共同富裕最终是为了满足人民群众对美好生活的渴望与需求。正如马克思批判财富异化问题时表达的"生产将以所有人富裕为目的"[④],实现共同富裕与实现人民群众全面发展是相辅相成且辩证统一的,以实现人民群众的全面发展为价值目标,才能始终保证我国经济发展的正义性,实现人民幸福生活才能体现我国社会主义基本经济制度伦理建设的基本价值追求。

[①] 邓小平文选:第3卷[M].北京:人民出版社,1993:72.
[②] 马克思恩格斯全集:第30卷[M].人民出版社,1995:524.
[③] 马克思恩格斯全集:第30卷[M].人民出版社,1995:104.
[④] 马克思恩格斯全集第46卷(下)[M].北京:人民出版社,1980:222.

四、发展新质生产力是基本经济制度伦理建设的有效保障

制度的建立同样必须依附于社会的生产力水平,因为生产力的发展是构成基本经济制度的来源。当前,我国整体经济发展依然存在不平衡不充分的问题,我国的经济发展正在经历从高速增长阶段转向高质量发展阶段的历史过程,"推动高质量发展是一场关系经济社会全局的深刻变革"①。高质量发展的本质即为了进一步解放和发展生产力,没有高度发展的生产力,无法完成高质量的发展,也就没有共同富裕的可能性,制度伦理建设将成为一纸空谈。

经济的高质量发展为社会发展带来财富,"财富都是以物的形象出现的,不管那是实物,或者是通过那些处于个人之外的偶然与个人同时并存的实物表现出来的社会关系"②,财富创造物质的同时也对社会关系产生作用。经济的高质量发展之所以可以为共同富裕道路厚植基础,在于实现高质量发展的同时,劳动资料可以获得极大丰富,劳动对象拥有多样性的发展,科学技术水平实现不断提升,生产者劳动者得以解放,"异化劳动"得以消除。人民群众的全面发展程度与经济高质量发展背景下的社会发展程度相联系,财富不断累积创造的物质条件,是为实现人民群众全面发展而服务。发展新质生产力就是推动高质量发展的内在要求和重要着力点③。

中国式现代化是一场社会运动,与社会制度紧密相连,关系到生产力与生产关系的重新调整,而生产力与生产关系的变革、调整则贯穿于社会主义基本经济制度变革过程之中。新质生产力的提出标志着我国当前发展的现状需要突破,新质生产力有利于进一步夯实发展的物质与技术基础、有利于产业结构的优化、有利于平衡不同地区的发展,还有利于提高劳动者素质、有利于改变劳动者就业结构、有利于新型人才的培养,这些无疑都与社会主义基本经济制度紧密相关。新质生产力与基本经济制度伦理建设,既是生产关系为生产力的演

---

① 刘鹤.必须实现高质量发展[N].人民日报,2021-11-24.
② 马克思恩格斯全集:第2卷[M].北京:人民出版社,1957:52.
③ 十四届全国人大常委会第二次会议《政府工作报告》辅导读本(2024)[M].北京:人民出版社,2024:19.

化提供制度依托,又是生产力的提升为生产关系的优化提供前提。因此,新质生产力是基本经济制度伦理建设的有效保障。

五、尊重利益差异,平衡多元利益格局是基本经济制度的伦理建设的现实要求

有利益的产生,必然存在利益的矛盾与冲突。不同的阶级与团体,对利益的诉求有所不同,个体基于利益、个人偏好等诸多因素可以产生对于公平的不同理解,片面地、狭隘地追求一种绝对公平的标准显然是不现实的。制度伦理建设的最终目的指向实践,即在价值观念上从"现实的人"走向实践中的消除明显不公与共同富裕。在这一前提下,我国基本经济制度衡量公平,以是否有利于生产力发展、是否有利于促进人的全面发展来作为重要参照的,在制度的建设中设定了党和国家的道德责任、企业的道德责任、经济活动中个体的道德责任等,通过制度伦理建设为经济发展奠定一定的道德基础。

实践发现,早期工业化国家普遍出现过利益阻断、社会断裂的问题,即资产阶级以牺牲其他阶级利益为代价,由此造成的两极分化最终诱发种种社会不稳定问题,资本主义经济体制中存在着市场与政府、资产阶级与无产阶级、垄断等种种矛盾与局限性。我国基本经济制度之所以能够有效避免资本主义经济发展的种种困境与悖论,一方面,制度的设计深刻认识到以人民为中心,尊重不同团体、不同阶层的利益,考虑与协调了市场、政府、企业等多方面关系,确保各经济主体,包括企业、政府、个人等各主体的利益分配问题,尽可能地统一宏观整体与微观主体的利益目标。另一方面,深刻理解整合社会的本质,一是构建一个平衡的、多元的利益格局,保障合理的利益,完成合理的利益分配,建立有效的利益表达机制;二是通过发挥政府调控的极大优势,从供给侧与需求侧两方面对国民经济实行总量调控,在多元化利益分配格局中尊重合法利益差异化,鼓励公平竞争,调动各方面的积极性,在资源配置机制上同时避免了"市场失灵"和"政府失灵"。

因此,思考利益矛盾的处理方法,如何将利益矛盾转化为推动发展的群众力量将是我国基本经济制度下的制度伦理建设与实践中值得深思的关键问题。

六、正确的价值观为基本经济制度伦理建设提供道德动力

经济活动归根到底是社会活动,是具有人的属性的活动。经济制度的主体是社会中的人,制度建设始终离不开社会对其产生的种种影响,左右人的行为的是包含着价值取向的动机,因而制度建设与人的价值取向、道德观念及所处环境的政治、文化等因素具有千丝万缕的关系。显然,道德的败坏与沦丧不利于社会与经济的发展,个人对财富与利益的强烈渴求与欲望膨胀导致了个人自私、贪婪、追求享乐等种种人性弱点。若资本逐利性与财富增殖逻辑充斥着社会文化环境,那么不良社会文化滋养下产生类似享乐主义、拜金文化、自私自利的个人意识、有钱就是老大、拼爹等种种不良文化现象将对社会道德体系产生极大威胁。长此以往,社会成员对道德产生怀疑与动摇,最终可能引发社会成员对法律这一保护屏障发起挑衅与破坏,将造成社会进一步动乱。

全球化的深刻背景与西方思想的冲击,带来了价值分裂的陷阱,价值的分裂造成了人的价值与物的价值、精神道德价值与物质效用价值之间的失衡。社会中存在的所谓的向西方学习"自由"精神的群体,他们要求将个人的主体意识最大化,凡事以"我"为主,不愿让"我"为他人让步或牺牲等强烈的自我意识,使他们日益养成了个人主义,而抛弃了个人处于社会之中、个人是集体一员的这些大局观。个人的意识觉醒推动了个人主观能动性发挥强大的作用,但过于自私的、缺乏道德自觉的个人意识是对社会道德体系发出的挑战。当个体的道德意识缺乏自觉调节,在道德评价上时时以个人为先,最终将导致社会主义核心价值观引导作用的失效,所谓道德将慢慢沦为空洞的名词。

国家与社会作为一个整体,其公共秩序与集体利益代表着这一整体能够引领社会成员过上更为美好的生活。诚然,公共秩序与集体利益需要成员付出成本,以维护集体运转,但倘若大多成员纵容自己的贪婪与自私,长此以往,这个集体便丧失了运转的根基,变得不堪一击。作为社会成员,每个人的内在都具有一定的道德性;作为个体,每个人的内在同时又具有自私性,如何发挥道德的作用正确引导个体的行为需要环境与外在介入性引导。因此,道德建设对于国家的发展至关重要,具有道德自觉性的公共意识通过社会道德机制引导社会价值取向,开展道德教育等,避免社会主义核心价值观被稀释,避免道德被消解,才可能从根源上为制度伦理建设提供道德动力。

综上所述,社会主义与市场经济的结合一直备受国际学术界争议,社会的发展必然会产生利益的冲突与矛盾,经济发展的复杂性必然也会带来道德失范的社会现象,市场经济自带的逐利性与社会主义所倡导的种种价值观显然存在着诸多矛盾。恰恰由于这些冲突的存在,体现了我国基本经济制度伦理建设的重要性、必要性与独特性。一方面,正是由于我国基本经济制度伦理建设所具有的社会主义属性,支撑着社会主义市场经济体制不断完成突破性发展,伦理建设的价值引导作用有效地引导和规范着市场经济;另一方面,市场经济变幻带来的艰巨与挑战也不断刺激着制度伦理建设的巨大潜力,既实现了马克思主义中国化的多重超越,也实现了中国精神与中国文化在时代洪流中的创造性转化与创造性发展。从某个程度来说,我国经济发展的向好离不开与之适应的经济伦理建设,我国市场经济发展趋于完善以及不断修正各种社会关系的过程中,基本经济制度的建设及其背后的制度伦理体系构建都发挥着举足轻重的作用。制度伦理的确定与形成,为制度的发展、社会的发展与国家的发展提供了稳定的精神动力。

习近平总书记强调,中国梦意味着中国人民和中华民族的价值体系和价值追求。作为国家意志在国家治理中的具体体现,制度蕴含了治国理政的重要思想,内含着当代中国的价值观与精神追求。经济社会的发展并不仅依靠技术和制度,更需要精神力量的推动。我国的基本经济制度是社会主义生产力与生产关系的制度体系,也是顺应时代发展的价值要求之体现,制度背后的精神正是制度变革的底气来源。中国的经济制度在特色社会主义道路中坚持守正与创新,守正即坚持制度的自信、遵循制度内在的伦理价值;创新即顺应时代与国家的发展不断前进。以守正为底线与原则,以创新为动力、不忘初心,方能行稳致远。

本章思考题

1. 我国基本经济制度是什么?
2. 我国基本经济制度如何体现经济性与伦理性的统一?
3. 我国基本经济制度的公正性是如何体现的?
4. 如何推动我国基本经济制度的伦理建设?
5. 请谈谈制度伦理建设对制度的作用。

参考文献

1. 中共中央文献研究室. 十九大以来重要文献选编[M]. 北京:中央文献出版社,2019.
2. 中共中央党校经济学部. "十四五"《纲要》新概念——读懂"十四五"的100个关键词[M]. 北京:人民出版社,2021.
3. 史瑞杰,韩志明等. 面向公平正义和共同富裕的政府再分配责任研究[M]. 北京:中国社会科学出版社,2021.
4. [美]道格拉斯·C.诺斯. 经济史上的结构和变革[M]. 厉以平,译. 北京:商务印书馆,2005.
5. 何建华. 发展正义论[M]. 上海:上海三联书店,2012.

后 记

本教材由上海财经大学马克思主义学院教授、上海市伦理学会副会长郝云教授主编,负责教材大纲制订、团队组织、全书统稿等工作。参编人员具体分工如下:导论、第一章和第二章、第九章,郝云,上海财经大学马克思主义学院教授,经济学博士;第三章,陈蒙果,郑州西亚斯学院商学院讲师,经济学博士;第四章、第十一章,彭敏,上海财经大学浙江学院马克思主义学院讲师,哲学博士;第五章,李文静,上海财经大学马克思主义学院马克思主义中国化博士生;第六章,马津润,上海财经大学马克思主义学院讲师,经济学博士;第七章,屈甲茂,上海财经大学马克思主义学院马克思主义中国化博士生;第八章,贺然,上海商学院马克思主义学院讲师,法学博士;第十章,张昊,上海和黄药业有限公司,哲学博士;第十二章,华梦莲,上海财经大学马克思主义学院讲师,经济学博士;第十三章,朱丽莉,上海立信会计金融学院马克思主义学院副教授,法学博士;第十四章,陈思思,黎明职业大学马克思主义学院讲师,哲学博士。

在编写过程中,陈思思、彭敏、李文静进行了文字校对等工作;还有一些教师和博士硕士同学,陈思思、彭敏、崔婷婷、关舒予、项寅浩、杜姣、毋多媛等提供了相关案例,在此一并表示感谢!